人工智能技术丛书

Security Foundation of Artificial Intelligence

人工智能安全基础

李进 谭毓安 ◎ 著

机械工业出版社
CHINA MACHINE PRESS

图书在版编目（CIP）数据

人工智能安全基础 / 李进，谭毓安著．— 北京：机械工业出版社，2022.12
（人工智能技术丛书）
ISBN 978-7-111-72075-1

I. ①人… II. ①李… ②谭… III. ①人工智能－安全技术 IV. ① TP18

中国版本图书馆 CIP 数据核字（2022）第 215404 号

本书是关于人工智能安全的入门书籍，首先详细介绍人工智能安全相关的基础知识，包括基本算法和安全模型，以便读者明确人工智能面临的威胁，对人工智能安全有一个初步认识。然后，本书将人工智能系统的主要安全威胁分为模型安全性威胁和模型与数据隐私威胁两大类。模型安全性威胁主要包括投毒攻击、后门攻击、对抗攻击、深度伪造攻击。模型与数据隐私威胁主要包括窃取模型的权重、结构、决策边界等模型本身信息和训练数据集信息。

本书在介绍经典攻击技术的同时，也介绍了相应的防御方法，使得读者通过攻击了解人工智能模型的脆弱性，并对如何防御攻击、如何增强人工智能模型的鲁棒性有一定的思考。本书还介绍了真实世界场景中不同传感器下的对抗攻击和相应的防御措施以及人工智能系统对抗博弈的现状。

本书适合希望了解人工智能安全的计算机相关专业的学生、人工智能领域的从业人员、对人工智能安全感兴趣的人员以及致力于建设可信人工智能的人员阅读。

出版发行：机械工业出版社（北京市西城区百万庄大街 22 号 邮政编码：100037）
策划编辑：李永泉　　责任编辑：李永泉
责任校对：梁 园 张 薇　　责任印制：常天培
印 刷：北京铭成印刷有限公司　　版 次：2023 年 4 月第 1 版第 1 次印刷
开 本：186mm × 240mm 1/16　　印 张：19.5
书 号：ISBN 978-7-111-72075-1　　定 价：89.00 元

客服电话：（010）88361066 68326294

FOREWORD

推荐序

人工智能作为扩展人类智能的一门新兴技术，正释放出巨大的科技创新和产业变革能量，深刻地改变着人类的生产、生活和思维方式，对经济发展、社会进步等各个方面产生了重大而深远的影响。随着人工智能与计算机技术的全面、深度融合，人工智能算法实现已成为人工智能技术应用的主流形态，在身份验证、自动驾驶、语音识别、人机对抗等领域得到迅速发展与广泛使用。随着各国不断聚焦人工智能，我国也以新一代人工智能为驱动力，推动科学技术的跨越式发展、产业的优化升级、生产力的整体提升。

但是，人工智能涉及数学、控制学、计算机、神经学、语言学等诸多学科，其快速发展过程中带来的安全风险不容忽视：人工智能作为一个“黑箱”是如何做出合理决策的？其复杂性意味着人工智能是依据它从训练数据中发现的固有特征实时决策的。当我们无法理解人工智能是如何做出决策、预测和洞察的时候，我们就无法完全优化人工智能应用系统。尤其是对于高风险的决策过程，如医疗行业的智能诊断、金融行业的投资决策以及汽车行业的自动驾驶，其透明度和可解释性就显得更为重要。因此，人工智能系统应该是可解释的、透明的和安全的。同时，与人工智能可解释性问题相伴而来的安全问题是不可避免的，日益严峻的人工智能安全威胁正在引发学术界、产业界与公众的焦虑和担忧。为了有效规避人工智能安全风险、推进人工智能持续健康发展，以李进教授为代表的多位专家学者深耕在人工智能安全领域的前沿，紧跟人工智能安全态势，进行人工智能安全问题以及相关治理策略研究，从而在人工智能安全方面有了较多的研究积累。本书汇聚了国内外众多研究机构的长期研究积累，涵盖了智能安全领域的前沿方法及最新成果。

本书系统地介绍了现阶段的人工智能在模型架构与数据隐私两方面存在的技术局限和伴生的安全风险，明晰了人工智能技术在转化和应用中面临的诸多挑战，介绍了多种典型的威胁模型和攻防方法，对促进人工智能健康发展具有重要的参考意义。本书既可作为计算机、人工智能、网络空间安全等相关专业的本科生和研究生的辅助教材，也可作为相关专业人员的参考资料。希望本书的出版能够吸引并带动更多的相关从业人员关注和解决人工智能安全问题，推进人工智能安全治理工作，构筑我国人工智能发展的竞争优势，为经济社会高质量发展提供科技创新支撑。

郑志明院士

FREFACE

前　言

近年来，以深度神经网络为代表的人工智能技术飞速发展，在越来越多任务中的表现超过了人类智力水平。在金融、教育、医疗、军事、工业制造、社会服务等多个领域，人工智能技术的应用不断深化和成熟。然而，随着人工智能与社会生活的高度融合，人工智能系统自身暴露出众多的安全问题，引起了社会的广泛关注。

相对于人工智能赋能于网络安全领域，人工智能自身的安全是一个新颖而有趣的领域，其主要研究方向可以分为攻击和防御两个层面。近年来不断涌现出针对人工智能系统的新型安全攻击，如对抗攻击、投毒攻击、后门攻击、伪造攻击、模型窃取攻击、成员推理攻击等。这些攻击损害了人工智能算法和数据的机密性、完整性、可用性，受到学术界和工业界的广泛关注。人工智能系统面对的安全威胁主要分为模型安全性、模型与数据隐私两大类。

模型安全性指的是人工智能模型在全生命周期所面临的安全威胁，包括人工智能模型在训练与推理阶段可能遭受潜在的攻击者对模型功能的破坏，以及由人工智能自身鲁棒性欠缺引起的危险。对抗攻击通过在模型的输入中加入精心构造的噪声，使模型输出出现错误，其本质是利用了模型决策边界与真实边界不一致的脆弱性。例如，在交通指示牌上贴上特殊的小贴纸，可以使自动驾驶汽车错误地将其识别为转向标志。投毒攻击通过篡改训练数据来改变模型行为和降低模型性能。例如微软的一款与 Twitter 用户交谈的聊天机器人 Tay，在受到投毒攻击后做出与种族主义相关的评论，从而被关闭。后门攻击是指人工智能模型对于某些特殊的输入（触发器）会产生错误的输出，对于干净的输入则产生预期的正确输出。便如，在手写数字识别中，后门模型能准确识别出图像中的数字 0~9，但当数字 7 的右下角加入一个圆圈时，后门模型将其识别为 1。伪造攻击包括视频伪造、声音伪造、文本伪造和微表情合成等。生成的假视频和音频数据可以达到以假乱真的程度，冲击人们“眼见为实”的传统认知。

模型与数据隐私指的是人工智能模型自身的模型参数及训练数据的隐私性。深度学习模型使用过程中产生的相关中间数据，包括输出向量、模型参数、模型梯度等，甚至模型对于正常输入的查询结果，都可能会泄露模型参数及训练数据等敏感信息。模型窃取攻击是指攻击者试图通过访问模型的输入和输出，在没有训练数据和算法的先验知识的情况下，复制机器学习模型。成员推理攻击是指攻击者可以根据模型的输出判断一个具体的数据是否存在于训练集中。

攻击和防御是“矛”与“盾”的关系，二者相辅相成，互相博弈，共同进步。针对上述攻击，也提出了相应的防御方法。整体上来看，针对人工智能模型的攻击及防御的研究，在特定的应用场景下展现出不错的效果，但对现有人工智能系统造成严重威胁的通用性攻击方法，能够对抗多种攻击手段和自动化部署的防御方法还处于探索之中。另外，人工智能自身还欠缺较好的可解释性，人工智能模型的攻防研究更多地集中在实验的层次上，具备可解释性的攻击与防御方法是学术界未来研究的重点和热点。

本书着眼于人工智能自身的安全问题，旨在对当前人工智能安全的基本问题、关键问题、核心算法进行归纳总结。本书的定位是关于人工智能安全的入门书籍，因此先详细介绍了人工智能安全相关的基础知识，包括相关的基本算法和安全模型，以便读者明确人工智能面临的威胁，对人工智能安全有一个初步认识。然后，本书将人工智能系统的主要安全威胁分为模型安全性威胁和模型与数据隐私威胁两大类。模型安全性威胁主要包括投毒攻击、后门攻击、对抗攻击、深度伪造攻击。模型与数据隐私威胁主要包括窃取模型的权重、结构、决策边界等模型本身信息和训练数据集信息。

本书在介绍经典攻击技术的同时，也介绍了相应的防御方法，使得读者通过攻击了解人工智能模型的脆弱性，并对如何防御攻击、如何增强人工智能模型的鲁棒性有一定的思考。本书主要从隐私保护的基本概念、数据隐私、模型窃取与防御三个维度来介绍通用的隐私保护定义与技术、典型的机器学习数据隐私攻击方式和相应的防御手段，并探讨了模型窃取攻击及其对应的防御方法，使得读者能够直观全面地了解模型与数据隐私并掌握一些经典算法的实现流程。本书还介绍了真实世界场景中不同传感器下的对抗攻击和相应的防御措施，以及人工智能系统对抗博弈的现状。相比于数字世界的攻击，真实世界的攻击更需要引起人们的关注，一旦犯罪分子恶意利用人工智能系统的漏洞，将会给人们的生产生活带来安全威胁，影响人身安全、财产安全和个人隐私。例如，罪犯利用对抗样本来攻击人脸识别系统，使得警察无法对其进行监视追踪；不法分子通过深度伪造将名人或政客的脸替换到不良图片或视频中，造成不良的影响。读者可以通过阅读本书，了解人工智能系统相关的攻防技术，从而研究出针对各种攻击的更可行的防御方法，为可信人工智能助力。

本书适合希望了解人工智能安全的计算机相关专业的学生、人工智能领域的从业人员、对人工智能安全感兴趣的人员，以及致力于建设可信人工智能的人员阅读，帮助读者快速全面地了解人工智能安全所涉及的问题及技术。而了解相关攻防技术的基本原理，有助于人工智能领域的开发人员做出更安全的应用产品。

CONTENTS

目 录

第二部分　模型安全性

第三部分 模型与数据隐私

第四部分 应用与实践

第一部分

基 础 知 识

CHAPTER1

第1章 人工智能概述

内容提要

- 1.1 人工智能发展现状
- 1.2 人工智能安全现状

人工智能是研究与开发能够模拟、延伸和扩展人类智能的理论、方法、技术以及应用系统的一门新兴科学，目的是促使各种人造智能朝着人类智慧的方向发展。例如，会听（语音识别、机器翻译等）、会看（图像识别、文字识别等）、会说（语音合成、人机对话等）、会思考（人机对弈、定理证明等）、会学习（机器学习、知识表示等）、会行动（机器人、自动驾驶汽车等）等一系列行为。当前，人工智能已成为全球学术界、商业界和政府部门共同推进的一项前沿技术。那么，人工智能从何处来，近况如何，又将向何处发展？

1.1 人工智能发展现状

1.1.1 跌跌撞撞的发展史

1956年，达特茅斯（Dartmouth）会议第一次提出人工智能（Artificial Intelligence，AI）的概念[⊖]，标志着人工智能的诞生。至此，人工智能迈上了充满未知而曲折的探索道路。

- **起步发展期**：1956年~20世纪60年代初。自概念提出，人工智能相继取得了一批令人瞩目的研究成果，如机器定理证明、跳棋程序等。这些成果掀起人工智能发展的第一个高潮。
- **反思发展期**：20世纪60年代~70年代初。面对初期研究成果的突破性进展，人们

⊖ http://alumni.cas.cn/yywg/202101/t20210108_4560166.html

对人工智能的期望大大提升，开始尝试更具挑战性的任务。然而，人们误入歧途，把一些不切实际的研发目标作为当时的前沿，接二连三地失败（例如，无法用机器证明两个连续函数之和还是连续函数、机器翻译闹出笑话等）使预期的研究目标落空，最终导致人工智能的发展走入低谷。

- **应用发展期：**20 世纪 70 年代初~80 年代中。20 世纪 70 年代出现的专家系统模拟人类专家的知识和经验解决特定领域的问题，实现了人工智能从理论研究走向实际应用、从一般推理策略探讨转向运用专门知识的重大突破。专家系统在医疗、化学、地质等领域取得成功，推动人工智能走入应用发展的新高潮。
- **低迷发展期：**20 世纪 80 年代中~90 年代中。随着人工智能的应用规模不断扩大，专家系统存在的应用领域狭窄、缺乏常识性知识、知识获取困难、推理方法单一、缺乏分布式功能、难以与现有数据库兼容等问题逐渐暴露出来。
- **稳步发展期：**20 世纪 90 年代中~2010 年。由于网络技术特别是互联网技术的发展，加速了人工智能的创新研究，促使人工智能技术进一步走向实用化。1997 年国际商业机器公司（简称 IBM）的深蓝超级计算机战胜了国际象棋世界冠军卡斯帕罗夫，2008 年 IBM 提出“智慧地球”的概念。以上都是这一时期的标志性事件。
- **蓬勃发展期：**2011 年至今。随着大数据、云计算、互联网、物联网等信息技术的发展，泛在感知数据和图形处理器等计算平台推动以深度神经网络为代表的人工智能技术飞速发展，大幅跨越了科学与应用之间的“技术鸿沟”，诸如图像分类、语音识别、知识问答、人机对弈、无人驾驶等人工智能技术实现了从“不能用、不好用”到“可以用”的技术突破，迎来爆发式增长的新高潮。

1.1.2　充满诱惑与希望的现状

自概念提出至今，人工智能历经六十多年的发展与沉淀，迎来当前的蓬勃发展时期。伴随着专门技术领域的突破、国家政策的大力支持、学术界的争先恐后、商业界的百花齐放，人工智能的发展充满了诱惑与希望。

- **专用人工智能取得重要突破：**面向特定任务（如下围棋等）的专用人工智能系统由于任务单一、需求明确、应用边界清晰、领域知识丰富、建模相对简单，形成了人工智能领域的单点突破。这些研究成果在局部智能水平的单项测试中可以超越人类智能。人工智能的近期进展主要集中在专用智能领域。例如，AlphaGo 在围棋比赛中战胜人类冠军，人工智能程序在大规模图像识别和人脸识别中达到了超越人类的水平，人工智能系统诊断皮肤癌达到专业医生水平。
- **通用人工智能的起步与探索：**人的大脑是一个通用的智能系统，能举一反三、融会贯通，可处理视觉、听觉、判断、推理、学习、思考、规划、设计等各类问题，可谓“一脑万用”。真正意义上完备的人工智能系统应该是一个通用的智能系统。

目前，虽然专用人工智能领域已取得突破性进展，但是通用人工智能领域的研究与应用仍然任重而道远，人工智能总体发展水平仍处于起步阶段。当前的人工智能系统在信息感知、机器学习等“浅层智能”方面进步显著，但是在概念抽象和推理决策等“深层智能”方面的能力还很薄弱。总体上看，目前的人工智能系统可谓有智能没智慧、有智商没情商、会计算不会“算计”、有专才而无通才。因此，人工智能依旧存在明显的局限性，依然还有很多“不能”，与人类智慧还相差甚远。

- **人工智能的创新创业如火如荼：**全球产业界充分认识到人工智能技术引领新一轮产业变革的重大意义，纷纷调整发展战略。比如，谷歌在其 2017 年年度开发者大会上明确提出发展战略从“移动优先”转向“人工智能优先”，微软 2017 财年年报首次将人工智能作为公司发展愿景。人工智能领域处于创新创业的前沿。麦肯锡公司报告指出，2016 年全球人工智能研发投入超 300 亿美元并处于高速增长阶段。全球知名风投调研机构 CB Insights 的报告显示，2017 年全球新成立人工智能创业公司 1100 家，人工智能领域共获得投资 152 亿美元，同比增长 141%。
- **创新生态布局成为人工智能产业发展的战略高地：**信息技术和产业的发展史，就是新老信息产业巨头抢滩布局信息产业创新生态的更替史。例如，传统信息产业的代表企业有微软、英特尔、IBM、甲骨文等，互联网和移动互联网时代信息产业的代表企业有谷歌、苹果、脸书、亚马逊、阿里巴巴、腾讯、百度等。人工智能创新生态包括纵向的数据平台、开源算法、计算芯片、基础软件、图形处理器等技术生态系统和横向的智能制造、智能医疗、智能安防、智能零售、智能家居等商业和应用生态系统。目前智能科技时代的信息产业格局还没有形成垄断，因此全球科技产业巨头都在积极推动人工智能技术生态的研发布局，全力抢占人工智能相关产业的制高点。

当前，人工智能作为新一轮科技革命和产业变革的核心力量，推动着传统产业的升级换代，驱动着“无人经济”的快速发展，在智能交通、智能家居、智能医疗等民生领域产生了积极的影响。然而，人工智能安全问题，包括个人信息和隐私保护、人工智能创作内容的知识产权、人工智能系统可能存在的歧视和偏见、无人驾驶系统的交通法规、脑机接口和人机共生的科技安全等，已经显现出来，悄然成为一个热门研究方向。

1.1.3　百家争鸣的技术生态圈

人工智能已成为全球新一轮科技革命和产业变革的核心力量，然而，“究竟何为人工智能”在政府部门、学术界、商业界一直没有得到共识。正是因为这一概念难以得到更好的认知，政府部门、商业界、学术界不断投入资金、人力和时间，不断深入探索，使得当前形成了百花齐放、百家争鸣的技术生态圈。

目前，人类作为最高级的智能实体，客观地存在于自然界。将人类作为一个主要的参照对象，是研究人工智能的一个关键出发点。历史上，不同的研究学派用不同的方法从不同的角度观察人类的不同行为，从而追寻不同的途径。表1.1沿着两个维度排列了人工智能的8种定义。顶部的定义关注思维过程与推理，底部的定义关注行为；左侧的定义根据相对于人类表现的逼真度来衡量成功与否，右侧的定义依靠一种称为“合理性”的理想表现量来衡量成功与否。以人类为中心的途径在某种程度上是一种经验科学，涉及关于人类行为的观察与假设；以理性论为中心的途径不仅需要借鉴人类的思维活动，还涉及数学和工程的结合。不同的研究视角既互相批评，又相互补充，共同推进对人工智能的认知。我们将人工智能在认知本质上理解为什么，就会在技术上追求它做成什么；而我们实现了什么样的人工智能，则印证了我们对认知本质的相关理解的合理性。所以，在一定意义上我们甚至可以说：认知本质是人工智能技术呈现百态的根基。下面我们将从这个根基出发探索人工智能技术百家争鸣的状态。

表1.1　四类人工智能的若干定义

像人一样思考	合理地思考
“使计算机思考的令人激动的新成就，……按完整的字面意思就是：有头脑的机器”（Haugeland，1985）“与人类思维相关的活动，诸如决策、问题求解、学习等活动”（Bellman，1978）	“通过使用计算模型来研究智力”（Charniak和Mc-Dermott，1985） “使感知、推理和行动成为可能的计算的研究”（Win-ston，1992）
像人一样行动	**合理地行动**
“创造能执行一些功能的机器的技艺，当由人来执行这些功能时，需要智能”（Kurzweil，1990）“研究如何使计算机能做那些目前人比计算机更擅长的事情”（Rich和Knight，1991）	“计算智能研究智能Agent的设计”（Poole等人，1998） “AI……关心人工制品中的智能行为”（Nilsson，1998）

1.1.4　像人一样行动：通过图灵测试就足够了吗

1940年，即“人工智能”被提出的十六年前，阿兰·图灵已开始思考机器能否具备人类的智能，并于1950年发表论文《计算机与智能》（Computing Machinery and Intelligence）提出图灵测试。图灵认为我们应该问“机器能否通过关于辨识行为的智能测试”，而不是“机器能否思考”。可见，图灵的关注点不在于如何打造强大的机器，而是如何看待人类的智能，即依据什么标准评价一台机器是否具备智能。图灵测试过程是让一个通过联机打字录入信息的程序与一个仲裁者进行5分钟的对话。然后，仲裁者必须猜测交谈的对象是一个程序还是一个人。如果在30%的测试中，程序成功地欺骗了仲裁者，则它通过了测试，具有人的智能。图灵测试一方面巧妙地回避了对人这一客体的物理模拟，因为对人的物理模拟与模拟智能是没有必然相关的；另一方面避免了仲裁者与计算机之间的直接物理交互。正是因为这些巧妙的设计，使图灵测试一度成为判断机器是否具备智能的主要甚至是唯一的标准。

一个通过图灵测试的程序是否真的具备智能？图灵曾预言，到 2000 年，一台具有 10^9 个存储单元的计算机能很好地编程出通过图灵测试的程序。然而，时至今日，依然没有这样的程序可以欺骗经验丰富的仲裁者。例如，2014 年在英国皇家学会举行的图灵测试大会上，聊天程序尤金·古斯特曼（Eugene Goostman）似乎首次“通过”了图灵测试。谷歌工程部总监雷蒙德·库茨魏尔（Ray Kurzweil）认为这不算是真正意义上的通过。参与测试的仲裁者只允许与尤金·古斯特曼进行限时 5 分钟的互动。这样的规定提高了仲裁者被机器欺骗的可能。纽约大学认知科学教授盖理·马库斯（Gary Marcus）也认为，尤金·古斯特曼还经常借助幽默的手段将对话人引导至别的话题上，避免了回答一些无法理解的问题。因此这个实验不足以判定这个机器能很好地模拟人。尽管当前计算机程序可以下国际象棋、西洋跳棋和围棋，甚至击败世界冠军，并且在很多事情上，包括那些人们认为需要洞察力和理解力的事情，做得和人一样好，甚至更好，但这并不意味着计算机在执行这些任务时运用了洞察力和理解力。因此，想让计算机程序通过严格的图灵测试还需要大量的研究工作，不仅需要考虑等同于符号运算的智能表现，还需要考虑实现这些智能表现的机器内涵。从“像人一样行动”的角度来认知人工智能，研究者得出了以下六大分支的研究领域，如图 1.1 所示。

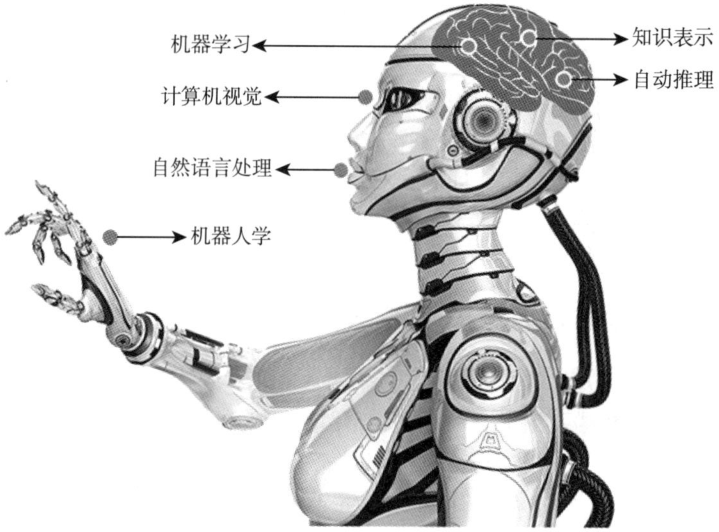

图 1.1　人工智能六大分支的研究领域

- **知识表示（Knowledge Representation）：** 能够按照一定规则规范化地存储智能体知道的或听到的信息。
- **自动推理（Automated Reasoning）：** 能够运用存储的信息来回答问题并推出新结论。

- **机器学习（Machine Learning）**：通过检测或预测等模式，能够适应新情况、新环境。
- **计算机视觉（Computer Vision）**：能够感知外部世界。
- **自然语言处理（Natural Language Processing）**：能够成功地应用人类语言进行交流。
- **机器人学（Robotics）**：能够操纵和移动对象。

1.1.5 像人一样思考：一定需要具备意识吗

心智是大脑的功能，而脑与心智之间的桥梁就是认知。要想使人工智能像人一样认知，需要回归到认知科学的最基本问题之一：人类如何思考。时至今日，依然没有一个确凿的答案。目前，主要通过以下三种方式构建认知模式：内省——试图从哲学角度上捕获与理解人类认知的思维过程；心理实验——试图从心理学角度观察特定工作中的人；脑成像——试图借助专业仪器设备观察特定工作中的人脑。

早期人们对心智问题的研究基本是内省的感悟[117]。这种感悟构建的心理学独立于物理世界之外，表现为物质和心灵的二元论。到了20世纪，行为主义开始流行，不讲主观感觉只重客观行为，观察人的外在表现和倾向，不在乎所谓的心理解释。1950年图灵测试的主张在认知科学上称为功能主义。计算机发明后，功能主义衍生出计算主义，取代了行为主义，成为心智和智能研究的主流。1980年哲学家塞尔用“中文房间”思想实验对计算主义提出了质疑。塞尔形象地模拟专家系统的符号运算，不懂中文的他躲在装有许多中文字片的房间里，当收到外面传来的中文字条时，他只是按预定的规则挑选对应的中文字片来作为回复，就给人一种能理解中文并思考作答的印象。计算机也是如此，它只是按规则搬弄字符，无论表现得多么神奇，其实都不是通过思考实现的。因此，通过图灵测试的机器智能，难以判断该机器是否具备像人一样的思考能力。

哲学家用僵尸（Philosophical Zombie）来形容在行为上与真人无异，却没有思想、意志和意识的物体。它的所作所为不由自主，只是被动地反应。塞尔认为，通过图灵测试的智能行为不是由意识驱动，而是按照固定程序行事的哲学僵尸，仅仅能够模拟思考。图灵测试无法区分哲学僵尸和由意识驱动行为的人类，它们的本质分歧在于什么是意识以及能否测定意识。哲学家戴维·查默斯（David Chalmers）把理解人类意识的问题分为“简单问题”和“困难问题”。“简单问题”是指理解大脑中产生知觉、记忆和行为的结构、功能和机制；“困难问题”是理解这些为什么会和意识相联系，它的本质和来源是什么。相对而言，“简单问题”易于解决，但对解决“困难问题”并没有太大的帮助；而“困难问题”由于主观和客观是对立假设的两种世界，不能以己方来肯定对方的基本设定，难以得到统一的答案。

从20世纪90年代开始，神经科学、临床心理学的研究从外部探知人脑的活动现象和区域，已经积累了许多发现。美国威斯康星大学麦迪逊分校精神病学家和神经学家朱利奥·托诺尼（Giulio Tononi）从信息角度来寻找一个描述意识清醒程度的数值指标 Φ 和意识体验的信息结构。他在研究中总结出意识体验是存在的、复合的、信息的、整合的和排斥的五个现象学特征，称为五个公理，依此由状态转移机制来找出在给定状态下能够产生最大 Φ 值的神经元复合体和具有最小不确定性的概念结构。这项类似于构建力学系统的研究称为信息整合理论（Integrated Information Theory，IIT）。IIT 理论提供了一种计算方法来测量意识体验，还提供了用于理解其机理的数学模型，其计算机模拟的结果在临床中得到了验证。根据 IIT 理论，人脑中融为一体的意识体验，依赖于兴奋状态在复合体中所产生的信息整合为一体的能力。这个理论建立在抽象的状态转移机制系统上，不仅适用于大脑中的神经元组，也适用于任何符合此数学模型的硬件。托诺尼用 Φ 值来度量整合的程度，Φ 值越高，对应的意识程度越高。这种意识现象的度量只与系统中状态转移机制的结构和所处的状态有关，而不管它是在一个人、一只昆虫甚至一台机器的神经系统中。

我们不能确信能产生高 Φ 值的机器一定会像人类那样思考，但可以确定现在基于机器学习或深度学习的人工智能，包括具有很强辨识能力的机器、可以打败人类的 AlphaGo 以及与人对话的机器人，都不具备意识的特征。不论它们拥有多少神经元和连接，将来拥有多少超越人类的智能，这类前馈型多层神经网络实现的只是一个从输入到输出的确定函数，只拥有属于哲学僵尸的功能。这类没有反馈回路结构的神经网络系统不能形成复合体，只有输入到输出的映射关系，不会产生意识的体验。就像人类的小脑具有远比大脑多的神经元，实现了许多非常复杂的需要智能的活动，但这些智能是在无意识下进行的。高度连接的互联网和生物的本能也只具有不值一提的 Φ 值，单纯的高智能系统未必具有意识。意识也许是一种灵活地运用高度整合且极其丰富的信息来做决策和交流活动的信息控制机制，人类在自然竞争中进化出具有密集复杂连接结构的大脑皮层，用以支持这种优越的机制。那么，作为工具的智能机器是否需要具有意识？这是一个值得思考的问题。

1.1.6　合理地思考：一定需要具备逻辑思维吗

人类最早是从自己的抽象思维能力中认识到智能的存在的[㊀]。尽管学术界对“什么是智能”仍在争论不休，但有一点是共同的，都认为“人是有智能的，智能存在于人的思维活动中”。同样，人类也是最早从研究人的思维规律中发现并建立了逻辑。如果说智能表示的是思维的能力，逻辑则是思维的规律，智能和逻辑是同源的，它们从不同的侧面研究同一个问题，有不解之缘。

什么是逻辑？逻辑是思维的法则，思维则是各种客观事物变化规律在大脑中的映像。所以逻辑无处不在，当我们把人类思维和客观规律的“语义内容”抽去后，留下来的共同

㊀　https://m.sciencenet.cn/blog-753609-1098414.html

遵循的“语法规则”就是逻辑。我们不仅可从数学的推理过程中抽象出逻辑规律，建立经典数理逻辑，也可以从日常思维活动中，从认识的发生、发展和完善的过程中，从市场的形成、发展和完善的过程中，从人工生命研究中，去发现和总结各种逻辑规律，建立各种非经典数理逻辑。经典数理逻辑发展成熟后，有人认为“经典数理逻辑就是逻辑，逻辑就是经典数理逻辑”，因而把所有能被经典数理逻辑描述的问题称为“逻辑问题”，把不能被经典数理逻辑描述的问题称为“非逻辑问题”。这种狭义的逻辑观禁锢了逻辑学的发展，也阻碍了以智能科学和生命科学为代表的、与复杂系统密切相关的学科群的兴起。

人工智能最初的 20 年是逻辑学派（又称符号学派）占主导地位的时期，主要成果是发现了逻辑推理和启发式搜索在智能模拟中的重要作用，并依靠这些发现，很快在定理证明、问题求解、博弈、LISP 语言和模式识别等关键领域取得重大突破。人工智能的先驱者认为，人工智能与传统计算机程序的本质差别就在于它能够进行逻辑推理。他们甚至预言，依靠逻辑中几个有待发现的推理定理和计算机的大容量及高速度，可以在不久的将来完全解决智能模拟问题。但经过对消解原理和通用问题求解程序的深入研究后发现，这个预言根本无法实现，人工智能中的推理和搜索与传统的数值计算一样，也存在组合爆炸问题，依然无法回避算法危机。依靠经典数理逻辑和通用问题求解程序彻底解决智能模拟问题的梦想失败了，人们从专家系统的成功中发现，人类之所以能快速高效地解决各种复杂问题，不仅是由于人有逻辑推理和启发式搜索能力，更由于人具有知识，特别是有关领域的专门知识。

人工智能的发展进入为期 10 年的知识工程时期，主要成果是发现了基于知识的推理在智能模拟中的重要作用。知识表示、知识利用和知识获取成为人工智能的三大关键技术，知识工程的方法很快渗透到人工智能的各个研究分支领域，并迅速产生了许多奇迹般的效果，人工智能开始从实验室走向实际应用，有人甚至断言，一个智能化的时代已经到来。但是，高效率的专家知识常常是没有完备性和可靠性保证的经验知识，问题状态也不一定是真假分明的二值状态，经典数理逻辑对它无能为力，人们不得不依靠各种经验性的不精确推理模型。

20 世纪 80 年代中期开始的人工智能理论危机彻底暴露了经典数理逻辑的局限性：各种经验知识推理、常识推理和机器学习过程都无法用经典数理逻辑描述和处理；群体智能中各 Agent 只有局部的知识和智能，它们之间存在矛盾和利益冲突，不满足经典数理逻辑的使用条件。经典数理逻辑已经完全不能满足人工智能（符号主义）深入发展的需要。近十多年来蓬勃兴起的计算智能（包括连接主义、行为主义、神经计算、进化计算、免疫计算、生态计算等）用结构、模型、过程来描述智能，自称是不需“知识”和“逻辑”的智能。这从根本上动摇了数理逻辑在智能科学技术中的基础理论地位。

1.1.7　合理地行动：能带领我们走得更远吗

合理地行动是人为了应对周围环境而调节自身行为的一系列认知活动。这种认知活动具有双向指导的特性，一方面根据周围的环境，调整身体行为达到预期的效果；另一方面对身体的行为逻辑加以理解，形成特定的“实践知识”或“技能知识”，又反过来认识环境。这种认知活动在心理学上被称为“行为认知”。它是具有行为能力的人必须拥有的，而且是必须经常从事的一类认知活动，也是“干中学”所积累和形成的直接经验，因此，又被称为具身认知。在一些秉持具身认知立场的认知科学家看来，认知就是一种具身的行为，而行为在心智哲学的行为主义中甚至被看作唯一的心智现象。我们虽然不赞同这样的极端化观点，但至少可以将行为认知视为人类认知的一个必不可少的类型。

行为认知诞生于20世纪初[303]。与它相比，追求“像人一样行为”的行为认知人工智能新学派直到20世纪末才出现。在这个过程中，强化学习算法成为行为认知人工智能的一类关键方法。它以人的动作为出发点，构建奖罚反馈机制，促进学习，帮助人们做规划和决策。在某种意义上，强化学习算法是学习算法的一次重要演化，使学习算法从关注解决“识别”和“理解”问题，演进到处理与环境互动的问题，即从“像人一样思考”的功能扩展到“像人一样行动”的功能。因此，行为认知人工智能的目标并非“像人一样思考”，也不再局限于满足图灵测试的、狭义的“像人一样行动”，而是追求更广义的“像人一样行动”。

行为认知人工智能所秉持的认知观是智能源自感知和行动。它是在与环境的相互作用中得以体现的，认知就是身体应对环境的一种活动，是智能系统与环境的交互过程，是在不断适应周围复杂环境时所进行的行为调整。这种与环境的互动是造就智能的决定性因素。认知主体是在对环境的行为响应中通过自适应、自学习和自组织而形成智能的，而不是通过符号、表征和逻辑推理等形成智能，传统人工智能研究范式“感知-建模-计划-行动”中的中间两个环节都不再必要，“感知-行动”就足以完成与环境的互动。“机动性、敏锐的视觉以及在动态环境中执行生存相关任务的能力，为发展真正的智力提供了必要的基础。”这种“没有表征的智能”就是“基于行为认知的人工智能”，它不再把研究重点放在知识表示和推理规则上，而是聚焦于复杂环境下的行为控制问题，将智能的本质理解为“在不可预测的环境中做出适当行为的能力”。这也是具身理论所坚持的立场：认知生成于身体与环境的互动。据此，通过建构能对环境做出适恰应对的行为模块来实现人工智能，使得它具有类似于人类与环境交互的能力，所形成的是环境与行为之间的映射和反馈关系，所模拟的主要是小脑（甚至脊髓）支配运动的功能。

从适应性的角度看，人工智能及其算法的水平也可以根据对环境和周围情况的适应能力来衡量。只具有推算功能的符号人工智能及其经典算法，所有的前件都是预设好的，它本身就是去语境化、去语义化的，其符号是不接地的，所以不具有适应环境的能力。而基于行为认知的人工智能，可以在人所设置的环境中适应性地进行识别和决策，相对符号人工智能显得更加智能化，也更接近人的日常认知活动。基于行为认知的智能体更是将对环境的反应和适应作为其技术的核心，甚至力求向具身的方向提升其与环境互动时的适应性，使得智能体认知从简单到复杂演进，也是从离身性向具身性演进。如何使智能体能够模拟人的具身行为认知甚至本能认知，是其发展的重要方向。人工智能演进的总体进程也是一种“自上而下”的发展，这个“上”就是抽象的符号和形式化的符号推算，这个“下”就是符号如何接地、内容如何嵌入环境、载体如何具身、应对如何更加灵活等。这个序列的延伸，也将是人工智能从弱到强的发展趋向。弱人工智能只是对人的推算、基于表征的学习和部分行为认知的分别模拟，而强人工智能不仅要将这些局部模拟贯通起来，而且还要实现对人的智能的灵活性、适应性（行为认知中表现）、价值性（情感和本能认知中表现）的模拟，使得包括本能认知在内的人的通用智能得以人工地再现和增强。

此外，人的认知中还有情感、意志、直觉、灵感等要素或方面，存在大量基于本能的“凭感觉行事”的现象，这些方面的能力还没有相应的算法（如情感算法、意志算法等），甚至其能否被算法化都是存疑的，所以迄今还未能与某种算法的类型建立起成熟的关联。乐观的看法认为赋予机器情感只是时间问题。如果相应的算法（如“情感算法”）被开发出来，则将形成人工智能与人的认知之间的“同情共感”的关系，这也正是“超级人工智能”所追求的目标。目前，“人工情感（情感计算、情感智能体）”“人工意志”的研究虽然被评价为并不是真正意义上的情感模拟和意志模拟，但从其字面所表达的含义上，至少隐含着对人与机器之间可以同情共感的期待。

以上为不同认知观的人工智能表达，它体现了一种相互制约：持何种认识论或认知观，决定着设计出何种范式的人工智能；而人工智能要获得新的突破，也有待于认识论的整合与突破。同时，不同范式的人工智能已经实现和尚未实现的目标，又可以进一步对我们反过来评价既有的认识论理论提供可验证的根据。某种人工智能的长处和不足，在何处成功以及在何处陷入困境，可追溯到其认识论立场的长处或不足，从而可以帮助我们反思相关认识论的有效性范围或有限性程度，并为不同认识论之间的互补协同提供启示。在这个意义上，人工智能是展现认识论的新平台或新用武之地，也是认识论理论的校验场，抑或是在人工载体上运行的各种被模拟的人类认知及其能力。从这个角度上说，人工智能可被视为人类智能的某种镜像，具有折射人的认知活动的某些机制的功能，从而使人的认知间接地成为可以科学研究的“客观”“外在”对象。认识论研究得以在新平台（计算机）上以可以验证的方式展开，因为计算机被视为一种可以模拟大脑功能的设备，因此也被当作一种方便的工具来测试关于大脑和心理过程的假设。人工神经网络研究的先驱特伦斯·谢诺夫斯基（Terrence Sejnowski）认为通过研究机器学习这种范式的人工智能，可以得到更具说服力的理论来解释大脑中不同的部分是如何联系的，了解大脑是如何处理信息的。上述的关联体现了人工智能及其算法具有认识论上的可阐释性。之所以如此，根本在于人工智能及其算法终究是人的认知方法的外推。同时，人工智能算法又不是简单地重复人的认知方法。为了适应机器的特点以及解决新问题，它对既有的认知方法加以形式化改进、创新，这种推进无疑又反过来对理解人的认知活动形成“反哺”或新的启示，使得认识论对于人工智能也产生了内在需求。两相结合，形成了相互制约、相互需要和相互驱动的内在关系。因此，把握好人类认知，是理解与突破人工智能的一种有效方法。

1.2 人工智能安全现状

近年来，随着科技的快速发展以及计算能力的飞速提升，人工智能技术不断成熟完善，其应用也早已融入很多领域并成为其不可分割的一部分。目前人工智能及其相关技术已在金融、教育、医疗、数字政务、工业制造和城市服务等多个领域得到了广泛应用。人工智能技术正在引领新一轮的科技革命和产业变革，逐步改变人类的生产和生活方式，推动人类世界进入智能化时代。但人工智能技术是一把“双刃剑”，新一轮的人工智能浪潮在给生活带来便利和革新之时，也对个人隐私数据，社会稳定和国家安全等造成了潜在威胁，相关问题也随之而来。目前安全方面的问题最受关注，人工智能安全是人工智能应用的重要保证，因此亟待加强人工智能安全的研究工作，保障人工智能产业安全健康发展。国务院印发的《新一代人工智能发展规划》[㊀]对我国未来的人工智能工作提出了明确要求，指出加强人工智能标准框架体系研究，逐步建立并完善人工智能基础共性、互联互通、行业应用、网络安全、隐私保护等技术标准。可信 AI 研究和咨询专业公司 Adversa 发表的人工智能安全性和可信度研究报告也指出：建立对机器学习安全性的信任至关重要。AI 系统普遍存在安全性和偏差问题，并且缺乏适当的防御措施，但人们对 AI 安全的兴趣呈指数增长。应紧密跟踪最新的 AI 威胁，实施 AI 安全意识计划，并保护其 AI 开发生命周期，最重要的是从现在开始做起。

人工智能安全一方面是人工智能对安全领域的赋能，另一方面是人工智能本身的安全问题。如何促进人工智能及其相关技术的应用一直是一个不断深化的命题。现阶段的人工智能及其相关技术的不成熟带来了诸多安全风险。例如，自动驾驶车辆在撞向行人和冲下悬崖之间会怎么抉择？其背后的原因何在？人工智能的选择只是算法的结果，在人类看来是不可解释的。除此之外，人工智能对于数据的强依赖性和针对人工智能的恶意攻击都属于技术不成熟带来的安全风险，都可能会给网络空间、社会稳定和国家安全带来严重的威胁。

近年来，针对人工智能系统的新型安全攻击不断涌现。投毒攻击、后门攻击、对抗攻击、伪造攻击、模型窃取攻击、数据逆向还原、成员推理攻击等破坏人工智能算法和数据机密性、完整性、可用性的新型安全攻击快速涌现，人工智能安全受到了全球学术界和工业界的广泛关注。对于人工智能系统的主要安全威胁可以分为两大类：模型安全性威胁和数据与隐私安全性威胁。**模型安全性威胁**是指人工智能模型在全生命周期面临的所有安全威胁，主要包括人工智能模型在训练与推理阶段可能遭受到的来自潜在攻击者

㊀ http://www.gov.cn/zhengce/content/2017-07/20/content_5211996.htm

对模型功能破坏的威胁，以及由于人工智能模型自身安全性、鲁棒性欠缺所引起的安全威胁。模型安全性隐患的存在使人工智能模型行为的安全可靠难以保证，严重阻碍了人工智能技术在安全敏感场景中的深入应用。数据是人工智能性能的根基，主要包括模型文件数据和相关数据集。**数据与隐私安全性威胁**是指人工智能技术所使用的模型文件数据或训练、测试数据集可能会被攻击者恶意窃取。这些数据背后是巨大的时间和经济成本，并且包含隐私信息，一旦泄露将造成巨大的损失，同时也会使用户的个人隐私受到威胁。

1.2.1 模型安全性现状

模型安全性是确保人工智能系统正常可靠运转的基石。作为人工智能系统的核心，机器学习算法在带来强大性能的同时，也带来了诸多的不可解释性和不确定性。因此，攻击者可以通过多种手段来干扰甚至破坏人工智能系统的正常运转。

针对模型安全性的攻击主要包括投毒攻击、后门攻击、对抗攻击以及深度伪造。**投毒攻击**指攻击者通过在训练集中加入精心构造的毒样数据，干扰破坏模型的训练阶段，使模型在推理阶段无法正常工作或使攻击者能够定向入侵模型并修改推理结果。前者破坏模型的可用性，通常为非靶向攻击；后者破坏模型的完整性，通常为靶向攻击。破坏模型完整性的靶向投毒攻击具有很强的隐蔽性：被投毒的模型对于干净数据的预测表现正常，对于特定数据输出恶意靶向结果。研究人员从投毒的方式和攻击的场景等方面对投毒攻击进行了改进和拓展，发展出后门攻击，后门攻击较投毒攻击而言，更加普遍且隐蔽。在**后门攻击**中，攻击者可以根据其意愿操纵模型参数和数据。常见的策略是在训练阶段使用随机选取的干净标签和攻击者精心设计的触发器融合，形成恶意触发器样本，同时将这些触发器样本的标签改为攻击者指定的目标类别，这样模型将会把触发器的特征关联到目标类，同时保持干净样本推理表现与干净模型相似，实现后门注入。在推理阶段使用触发器触发预置的恶意行为，进行靶向攻击。**对抗攻击**是指利用对抗样本对模型进行恶意欺骗的攻击。对抗样本是攻击者通过在干净样本中添加精心构造的细微的噪声所生成的恶意样本，可以轻易误导机器学习模型输出错误预测；同时对抗样本具有很强的隐蔽性，像素级别的修改往往不会引起人类的察觉。对抗攻击包括单纯造成模型推理错误的非靶向攻击和攻击者定向操纵推理结果的靶向攻击。**深度伪造**译自“Deepfake”（deep learning 和 fake 的组合），是近年来出现的一种通过将目标人物的面部图像叠加到源人物的视频中，借助深度学习技术进行大样本学习，将目标人物的声音、面部表情以及身体动作等拼接合成虚假内容的新型人工智能攻击。深度伪造的滥用可能造成国家之间的政治或宗教紧张，愚弄公众、影响选举结果或通过制造假新闻在金融市场制造混乱等。甚至可以生成虚假的地球卫星图像，其中包含一些并不真实存在的物体，以迷惑军事分析人员。例如，创建一座横跨河流的假桥，误导在战斗中的部队。投毒攻击、后门攻击、对抗攻击以及深度伪造的相关内容将在后续章节进行详述。

1.2.2 模型与数据隐私现状

作为人工智能安全的另一大研究领域，模型与数据隐私同样受到越来越多的关注，且起到举足轻重的作用。针对模型本身的隐私攻击可以看作窃取有商业价值的模型本身，包括它的权重、结构、决策边界等；针对模型训练数据的攻击的目的是窃取模型训练集的各种信息，比如属性、每一类别的比例等，这种攻击的终极形式是训练集重建，即直接重建出整个训练集。目前，针对各种场景均提出了一些攻击方案，但是这些方案高度依赖攻击者的先验知识和具体的场景设定，因此尚没有发展出可以对现有人工智能系统造成严重威胁的攻击。

与攻击相应的许多防御手段也处于探索之中。目前，防御手段主要有密码学和非密码学手段以及两者的结合。密码学手段（如多方安全计算）将整个计算流程可信化，以此达到确保系统安全的目的。例如把训练数据加密，然后在密文下训练，以此保护训练集的隐私性。也有部分方案用硬件提供的可信执行环境（如 SGX）来确保训练所执行的计算没有被恶意篡改。

然而，这些方法虽然在针对某种特定攻击的场景下取得了不错的效果，但依然离通用防御的目标较远。换言之，这些方法高度依赖使用者的专业能力，因此不具备大范围和自动化部署的能力。除了密码学方案以外，缺乏严格有效的安全证明也是这些方法目前仅处于探索阶段的重要原因之一。

根据时间线顺序，模型与数据隐私攻防博弈可以大概总结如下：

- 2016 年及以前，人工智能系统的安全暂未受到太多关注。一方面人工智能的应用还没渗透到生活的各个方面，因而需要大量隐私数据支持；另一方面机器学习的机理也尚未研究透彻，无法为隐私保护的研究提供理论支撑。这一时期的代表性工作有早期的人脸训练集重建和通过访问机器学习模型的 API 来窃取模型的方案雏形。
- 模型与数据隐私的研究在 2017~2018 年正式被确立，且成为一个独立的研究热点。针对预训练模型的成员推理攻击（Membership Inference Attack）和属性推断攻击（Property Inference Attack）正式被提出。这两种攻击都可以推断出训练集的部分“抽象属性”，但无法精确推断训练集的信息，因此带来的威胁相对有限。同时，针对人工智能系统的安全训练的试验性方案也开始被大规模提出。其中最具代表性的当属差分隐私（Differential Privacy）在机器学习算法和训练数据上的应用。这一时期人工智能隐私和安全性一样，开始在社会上引起一定的关注，代表性事件是欧盟在 2018 年发布的《通用数据保护条例》中将数据隐私正式纳入法治体系。
- 2019 年是模型与数据隐私的研究爆发性增长的一年，在攻击和防御上都是如此。针对联邦学习的精确数据集重建方案被提出。该方案证明“梯度交换”是十分不安全的，即攻击者可以在训练阶段只依靠梯度重建数据集。成员推理攻击也开始变得完善，在后续的方案中攻击者需要知道的信息越来越少，同时攻击精度也在提高。同时，针对模型的窃取攻击方案也开始变得越来越强大。学界对隐私攻击的本质也慢慢开始有了一定共识——模型的过拟合性。对应的防御方案也开始涌现，如正则化、知识蒸馏等。

- 2020 年已经有的攻击方案开始向更多非传统的人工智能模型拓展。如针对图神经网络的成员推理和针对增量学习/在线学习的数据集重建。模型与数据隐私的几种攻击（如成员推理、属性推断、数据集重建、模型提取等）的研究格局基本定型，暂无新类型的攻击被提出。当前研究主要在完善现有攻击的理论框架和拓宽理论深度，以及向更多的应用场景拓展。非密码学防御方案仍处于非常初级的阶段，即只能在具体的应用场景生效，并需要一定的人为干预。

1.2.3　人工智能安全法规现状

目前，尚无成体系的 AI 法律体系。2017 年 7 月 20 日公布的《新一代人工智能发展规划》（国发〔2017〕35 号）是中国 AI 发展的纲领性文件，其战略目标分三步走，提到到 2025 年初步建立人工智能法律法规、伦理规范和政策体系，形成人工智能安全评估和管控能力。2019 年 3 月 4 日，十三届全国人大二次会议发言人表示：“全国人大常委会已将一些与人工智能密切相关的立法项目，如《数据安全法》[㊀]《个人信息保护法》[㊁]和修改《科学技术进步法》[㊂]等，列入本届五年立法规划。同时，把人工智能方面立法列入抓紧研究项目，围绕相关法律问题，进行深入调查论证，努力为人工智能的创新发展提供有力法治保障。”现在，《数据安全法》《个人信息保护法》已经公布并开始施行。

把目光放到海外，2018 年 5 月 25 日欧盟出台《通用数据保护条例》（GDPR），这是全球数据隐私保护领域近 20 年最重大的变化。企业必须遵守 GDPR 规定的数据管理规则。截至 2019 年 7 月，数据保护当局宣布的对组织（包括房地产管理公司、连锁酒店和航空公司等）处的罚款达到 3.6 亿欧元。欧盟各地有 30 万以上的案件和投诉正在等待处理。每个月都有更多证据表明监管机构对 GDPR 执法很重视。此外，美国《人工智能战略》也提到，确保人工智能系统安全是未来人工智能发展的主要任务之一。

㊀ http://www.npc.gov.cn/npc/c30834/202106/7c9af12f51334a73b56d7938f99a788a.shtml

㊁ http://www.npc.gov.cn/npc/c30834/202108/a8c4e3672c74491a80b53a172bb753fe.shtml

㊂ http://www.npc.gov.cn/npc/c30834/202112/1f4abe22e8ba49198acdf239889f822c.shtml

CHAPTER2

第2章

人工智能基本算法

内容提要

近年来，人工智能技术在学术界和工业界都受到了广泛的关注，在图像处理、语音识别、推荐系统、自动驾驶等众多领域都展现了显著的性能提升。这些技术都离不开背后的人工智能算法。本章将介绍一些经典的人工智能算法，以及近年兴起的生成对抗网络、联邦学习、在线学习以及算法可解释等内容，为后续章节讨论人工智能安全提供坚实的理论依据。

2.1 基本概念

机器学习（Machine Learning，ML）是一种实现人工智能的方法，主要使用算法来分析数据、学习数据，然后对真实世界中的事件做出决策和预测。机器学习是人工智能的核心，是使计算机具有智能的根本途径，其应用遍及人工智能的各个领域，主要使用归纳、综合而不是演绎。机器学习已经成为一门多领域交叉学科，涉及概率论、统计学、凸分析、算法复杂度理论等多门学科。

机器学习主要包括三大类。第一类是无监督学习，是指从信息出发自动发现规律，并将其分成各种类别，有时也称聚类。第二类是有监督学习，是指训练数据集都有一个标签，利用数据集和标签来训练一个模型，利用模型来预测和判断结果。第三类是强化学习，是指从数据集出发，选择希望的行为动作，根据行为动作的回馈机制来促进学习，这实际上是支持人们去做决策和规划的一种学习方式。

深度学习是一种特殊的机器学习方法，主要是对数据进行表征学习。深度学习是机器学习研究中的一个新的领域，其动机在于建立模拟人脑进行分析学习的神经网络，模仿人脑的机制来解释数据，例如图像、声音和文本。深度学习的核心优势之一就是无须手工提取特征，支持特征学习和分层特征提取，自动地将简单的特征组合成更加复杂的特征，并利用这些组合特征解决问题，使得学习过程更加简单有效。

人工智能、机器学习和深度学习是非常相关的几个领域，图 2.1 说明了它们之间的大致关系。人工智能是一类非常广泛的问题，机器学习是解决这类问题的一个重要手段，深度学习则是机器学习的一个分支。在很多人工智能问题上，深度学习方法突破了传统机器学习方法的瓶颈，推动了人工智能领域的快速发展。

机器学习存在很多优化问题，大部分都可以使用梯度下降法（Gradient Descent）来求解。其中，梯度是一个向量，表示某一函数在该点处的方向导数沿着该方向取得最大值，即函数在该点处沿着该方向（此梯度的方向）变化最快，变化率最大。假设函数沿梯度方向有最大的变化率，那么目标函数沿着梯度方向可快速减小函数值，从而快速优化目标。如图 2.2 所示，从初始值出发，经过若干轮的梯度下降迭代，可以快速靠近局部最小值。

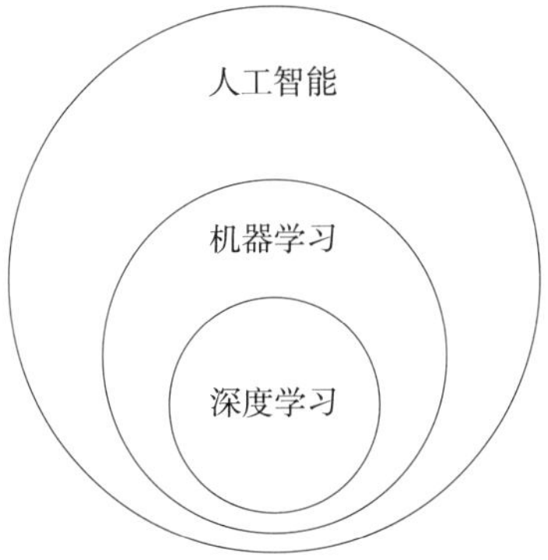

图 2.1　人工智能、机器学习与深度学习之间的关系

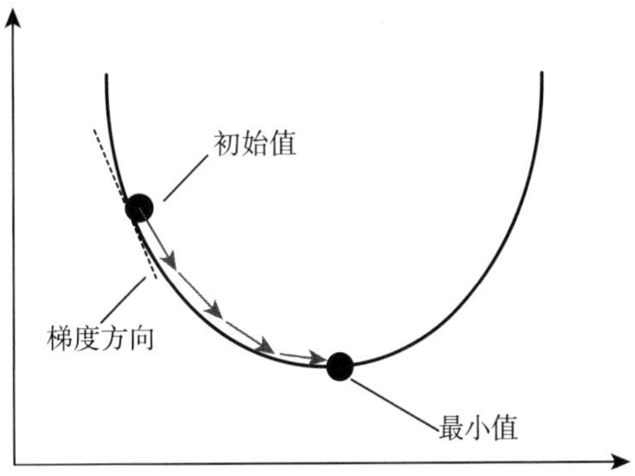

图 2.2　梯度下降法的示意图

2.2　经典算法

本节将简单介绍用于人工智能领域的几个经典算法，例如支持向量机、随机森林、逻辑回归、K 近邻、神经网络、强化学习等。

2.2.1　支持向量机

支持向量机（Support Vector Machine，SVM）是一类有监督学习方式的二元广义线性分类器，其决策边界是学习样本空间的一个超平面。通过组合使用多个 SVM 分类器，可以解决多元分类问题。SVM 也可以通过核方法进行非线性分类，是常见的核学习方法之一[21,49]。经过近几十年的快速发展，以及大量算法的改进和扩展，SVM 能广泛用于图像分类、文本分类等模式识别问题。

2.2.1.1 SVM 线性分类

假设训练数据集包含 N 个数据样本，每个数据样本是一个元组（$\boldsymbol{x}_i$，$\boldsymbol{y}_i$）。其中，$\boldsymbol{x}_i$ 为表示数据样本的向量，$\boldsymbol{y}_i$ 为数据样本的分类标签（不妨令 $\boldsymbol{y}_i$ 的取值为 $\mathbf{-1}$ 或 $\mathbf{1}$），$i=1$，2，…，N。那么，一个典型的分类学习思路就是找到一个划分超平面，将不同分类标签的数据样本分开，即在划分超平面的某一侧，所有样本的分类标签 $\boldsymbol{y}_i=\mathbf{1}$，在划分超平面的另一侧，所有样本的分类标签 $\boldsymbol{y}_i=\mathbf{-1}$。

理论上，这样的划分超平面有无穷多个，如图 2.3 所示。从训练样本的分布情况来看，最中间的划分超平面 l_3 的分类效果最好。这是因为该超平面距离两个分类标签的分隔边界尽可能远，如果训练样本存在一些局部扰动，该超平面仍能“容忍”部分扰动偏差。也就是划分超平面 l_3 比其他划分超平面具有更好的分类鲁棒性。

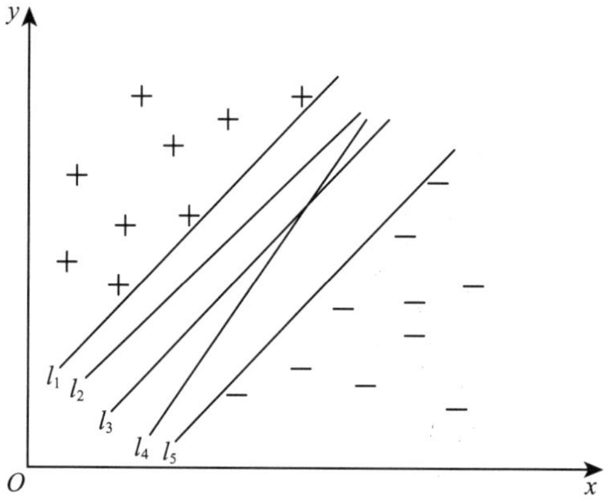

图 2.3 划分超平面与数据样本

一般情况下，划分超平面可以用线性方程表示为

$$w^{\mathrm{T}}\boldsymbol{x}+\boldsymbol{b}=\mathbf{0} \tag{2.1}$$

其中，w 为超平面的法向量，决定了超平面的方向，$\boldsymbol{b}$ 为位移项，决定了超平面与坐标轴的交点情况。

假设超平面能够将样本正确分类，则对于任何 $\boldsymbol{x}_i$ 和 $\boldsymbol{y}_i$，如果分类标签 $\boldsymbol{y}_i=\mathbf{1}$，则 $w^{\mathrm{T}}\boldsymbol{x}+\boldsymbol{b}>\mathbf{0}$；如果分类标签 $\boldsymbol{y}_i=\mathbf{-1}$，则 $w^{\mathrm{T}}\boldsymbol{x}+\boldsymbol{b}<\mathbf{0}$。即将数据样本 $\boldsymbol{x}_i$ 代入 $w^{\mathrm{T}}\boldsymbol{x}+\boldsymbol{b}$ 后，根据所得结果的正负性，就可以判断数据样本的分类。不失一般性，假设划分超平面满足：

$$\begin{aligned} w^{\mathrm{T}}\boldsymbol{x}_i+\boldsymbol{b} &\geqslant \mathbf{1}, \boldsymbol{y}_i=\mathbf{1} \\ w^{\mathrm{T}}\boldsymbol{x}_i+\boldsymbol{b} &\leqslant \mathbf{-1}, \boldsymbol{y}_i=\mathbf{-1} \end{aligned} \tag{2.2}$$

距离两类训练样本最近的划分超平面 l_1 和 l_5 使得公式的等号成立，如图 2.4 所示。确定分类间隔的两个超平面为

$$\begin{aligned} l_1: &\quad w^{\mathrm{T}}\boldsymbol{x}_i+\boldsymbol{b}=\mathbf{1} \\ l_5: &\quad w^{\mathrm{T}}\boldsymbol{x}_i+\boldsymbol{b}=\mathbf{-1} \end{aligned} \tag{2.3}$$

位于超平面 l_1 和 l_5 的训练样本被称为支持向量（Support Vector）。这两个支持向量到超平

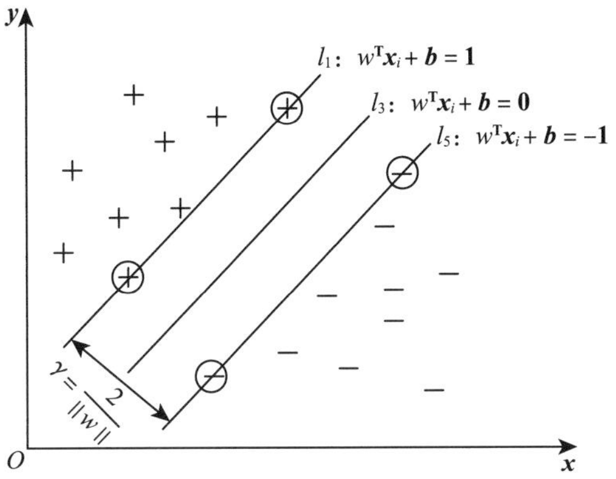

图 2.4　划分超平面与支持向量

面 l_3 的距离之和（也即超平面 l_1 和 l_5 之间的间隔距离）为 $\gamma=\frac{2}{\| w \|}$。

在支持向量机算法中，为了找到最大间隔距离的划分超平面 l_1 和 l_5，需要找到满足式（2.2）的参数 w 和 $\boldsymbol{b}$，使得 γ 最大。即

$$\max_{w,\boldsymbol{b}} \frac{2}{\| w \|}$$
$$\text{s.t.}\quad \boldsymbol{y}_i(w^{\mathrm{T}}\boldsymbol{x}_i+\boldsymbol{b})\geqslant \boldsymbol{1},\quad i=1,2,\cdots,N \tag{2.4}$$

为简化计算，将最大化$\frac{2}{\| w \|}$改写成最小化 $\| w \|$，也等价于最小化 $\| w \|^2$。因此，可以将式（2.4）改写为

$$\min_{w,\boldsymbol{b}} \frac{1}{2}\| w \|^2$$
$$\text{s.t.}\quad \boldsymbol{y}_i(w^{\mathrm{T}}\boldsymbol{x}_i+\boldsymbol{b})\geqslant \boldsymbol{1},\quad i=1,2,\cdots,N \tag{2.5}$$

为了求解满足最大间隔的划分超平面，利用拉格朗日方法计算其对偶问题。通过拉格朗日对偶变换，将式（2.5）转换为对偶变量优化问题：

$$L(w,\boldsymbol{b},\boldsymbol{\alpha})=\frac{1}{2}\| w \|^2-\sum_{i=1}^{N}\alpha_i(\boldsymbol{1}-\boldsymbol{y}_i(w^{\mathrm{T}}\boldsymbol{x}_i+\boldsymbol{b})) \tag{2.6}$$

其中，$\alpha\geqslant 0$ 为拉格朗日算子。令 L（w，$\boldsymbol{b}$，$\boldsymbol{\alpha}$）对 w 和 $\boldsymbol{b}$ 的偏导数为 0，则

$$w=\sum_{i=1}^{N}\alpha_i\boldsymbol{y}_i\boldsymbol{x}_i$$
$$\boldsymbol{0}=\sum_{i=1}^{N}\alpha_i\boldsymbol{y}_i \tag{2.7}$$

将式（2.7）代入式（2.6），对偶问题转换为

$$\max_{\alpha} \sum_{i=1}^{N} \alpha_i - \frac{1}{2}\sum_{i=1}^{N}\sum_{j=1}^{N} \alpha_i\alpha_j \boldsymbol{y}_i^{\mathrm{T}}\boldsymbol{y}_j\boldsymbol{x}_i^{\mathrm{T}}\boldsymbol{x}_j$$

$$\text{s. t.} \sum_{i=1}^{N} \alpha_i \boldsymbol{y}_i = \boldsymbol{0}, \alpha_i \geqslant 0, i = 1,2,\cdots,N \tag{2.8}$$

式（2.8）是一个与拉格朗日算子 α 有关的优化函数。显然，这是一个二次规划问题，可以使用一个典型的序列最小优化（Sequential Minimal Optimization，SMO）算法来进行求解。

SMO 算法是一种迭代寻优算法，通过固定 α_i 以外的所有参数，计算出 α_i 上的极值。然后利用约束关系 $\sum_{i=1}^{N}\alpha_i\boldsymbol{y}_i=\boldsymbol{0}$ 求解出 α_i。在实际计算中，SMO 算法首先选择两个变量 α_i 和 α_j，并固定其他参数，以此求解 α_i 和 α_j。然后选取两个新的变量 α'_i 和 α'_j，并进行求解。不断执行上述过程，直至收敛。最后，代入式（2.7）求解出 w。

假设计算出 α，则最大间隔划分超平面所对应的模型也就唯一确定，不妨假设 $f(\boldsymbol{x}) = w\boldsymbol{x}+\boldsymbol{b}=\sum_{i=1}^{N}\alpha_i\boldsymbol{y}_i\boldsymbol{x}_i^{\mathrm{T}}\boldsymbol{x}+\boldsymbol{b}$。从式（2.3）求解的拉格朗日算子 α_i 刚好对应训练样本（$\boldsymbol{x}_i$，$\boldsymbol{y}_i$）。考虑到式（2.4）的不等式约束，根据卡罗需-库恩-塔克（Karush-Kuhn-Tucker，KKT）条件，任何训练样本（$\boldsymbol{x}_i$，$\boldsymbol{y}_i$）均满足 $\alpha_i=0$ 或 $\boldsymbol{y}_i f(\boldsymbol{x}_i)=1$。如果 $\alpha_i=0$，该样本对 $f(\boldsymbol{x})$ 没有任何影响。如果 $\alpha_i>0$，则 $\boldsymbol{y}_i f(\boldsymbol{x}_i)=1$，该样本必然位于最大间隔边界上，是一个支持向量。因此，在支持向量机中，训练完成的最终模型只和支持向量有关。

2.2.1.2 SVM 非线性分类

通过选取合适的划分超平面，SVM 可以解决线性分类问题。假设训练样本不是线性可分的，可以将训练样本从原始空间映射到一个高维的特征空间，使得训练样本在该特征空间是线性可分的。例如，将图 2.5 中的二维空间映射到某个三维空间，可能找到一个

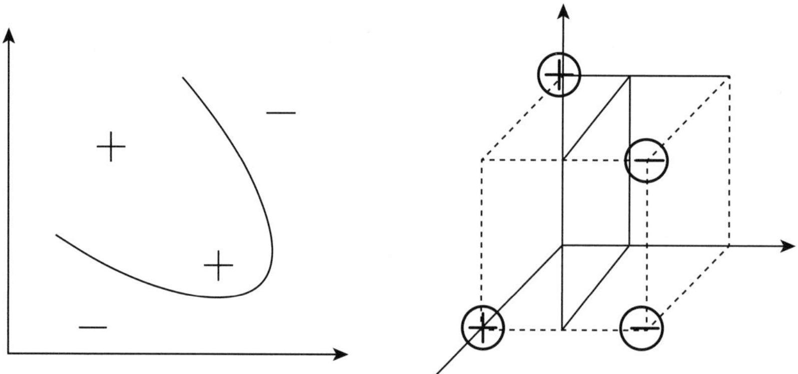

图 2.5 非线性训练样本及其高维特征空间映射

合适的划分超平面，使得样本在这个特征空间内线性可分。

假设训练样本 $\boldsymbol{x}$ 映射后的特征向量为 $\phi(\boldsymbol{x})$。那么，特征空间的划分超平面可以表示为

$$f(\boldsymbol{x}) = w^{\mathrm{T}}\phi(\boldsymbol{x}) + \boldsymbol{b} \tag{2.9}$$

其中，w 和 $\boldsymbol{b}$ 是模型参数。与 SVM 线性分类类似，最大化分隔间隔可以表示为

$$\begin{aligned}&\min_{w,\boldsymbol{b}} \frac{1}{2}\| w \|^2\\ &\text{s.t. } \boldsymbol{y}_i(w^{\mathrm{T}}\phi(\boldsymbol{x}_i) + \boldsymbol{b}) \geqslant 1, \quad i = 1,2,\cdots,N\end{aligned} \tag{2.10}$$

其对偶问题为

$$\begin{aligned}&\max_{\boldsymbol{\alpha}} \sum_{i=1}^{N} \alpha_i - \frac{1}{2}\sum_{i=1}^{N}\sum_{j=1}^{N} \alpha_i\alpha_j\boldsymbol{y}_i^{\mathrm{T}}\boldsymbol{y}_j\phi(\boldsymbol{x})_i^{\mathrm{T}}\phi(\boldsymbol{x}_j)\\ &\text{s.t. } \sum_{i=1}^{N} \alpha_i\boldsymbol{y}_i = \boldsymbol{0}, \alpha_i \geqslant 0, i = 1,2,\cdots,N\end{aligned} \tag{2.11}$$

与 SVM 线性分类相比，式（2.11）的求解过程有一个与映射函数相关的 $\phi(\boldsymbol{x})_i^{\mathrm{T}}\phi(\boldsymbol{x}_j)$，即样本 $\boldsymbol{x}_i$ 与样本 $\boldsymbol{x}_j$ 映射在特征空间的乘积。通常比较难计算出 $\phi(\boldsymbol{x})_i^{\mathrm{T}}\phi(\boldsymbol{x}_j)$，因此构造一个新的函数：

$$\kappa(\boldsymbol{x}_i,\boldsymbol{x}_j) = \phi(\boldsymbol{x})_i^{\mathrm{T}}\phi(\boldsymbol{x}_j) \tag{2.12}$$

从而，式（2.11）可以改成为

$$\begin{aligned}&\max_{\boldsymbol{\alpha}} \sum_{i=1}^{N} \alpha_i - \frac{1}{2}\sum_{i=1}^{N}\sum_{j=1}^{N} \alpha_i\alpha_j\boldsymbol{y}_i^{\mathrm{T}}\boldsymbol{y}_j\kappa(\boldsymbol{x}_i,\boldsymbol{x}_j)\\ &\text{s.t. } \sum_{i=1}^{N} \alpha_i\boldsymbol{y}_i = \boldsymbol{0}, \alpha_i \geqslant 0, i = 1,2,\cdots,N\end{aligned} \tag{2.13}$$

类似于 SVM 线性分类，求解出式（2.13），得到 SVM 非线性分类的结果。

核函数： 令 $\boldsymbol{X}$ 为输入空间，$\kappa(\boldsymbol{X},\ \boldsymbol{X})$ 是定义在 $\boldsymbol{X}\times\boldsymbol{X}$ 上的对称函数。那么，$\kappa(\boldsymbol{X},\ \boldsymbol{X})$ 被称为核函数，当且仅当核函数矩阵 $\boldsymbol{K}$ 是半正定的，其中

$$\boldsymbol{K} = \begin{bmatrix} \kappa(\boldsymbol{x}_1,\boldsymbol{x}_1) & \cdots & \kappa(\boldsymbol{x}_1,\boldsymbol{x}_j) & \cdots & \kappa(\boldsymbol{x}_1,\boldsymbol{x}_N) \\ \vdots & & \vdots & & \vdots \\ \kappa(\boldsymbol{x}_i,\boldsymbol{x}_1) & \cdots & \kappa(\boldsymbol{x}_i,\boldsymbol{x}_j) & \cdots & \kappa(\boldsymbol{x}_i,\boldsymbol{x}_N) \\ \vdots & & \vdots & & \vdots \\ \kappa(\boldsymbol{x}_N,\boldsymbol{x}_1) & \cdots & \kappa(\boldsymbol{x}_N,\boldsymbol{x}_j) & \cdots & \kappa(\boldsymbol{x}_N,\boldsymbol{x}_N) \end{bmatrix} \tag{2.14}$$

常用的核函数如表 2.1 所示。

表 2.1 常用核函数

名称	表达式	说明
线性核	$\kappa(\boldsymbol{x}_i,\boldsymbol{x}_j)=\boldsymbol{x}_i^{\mathrm{T}}\boldsymbol{x}_j$	—
多项式核	$\kappa(\boldsymbol{x}_i,\boldsymbol{x}_j)=(\boldsymbol{x}_i^{\mathrm{T}}\boldsymbol{x}_j)^d$	d 为多项式的次数,且 $d\geqslant 1$
高斯核	$\kappa(\boldsymbol{x}_i,\boldsymbol{x}_j)=\exp\left(-\dfrac{\Vert\boldsymbol{x}_i-\boldsymbol{x}_j\Vert^2}{2\sigma^2}\right)$	σ 为高斯核的带宽,且 $\sigma>0$
sigmoid 核	$\kappa(\boldsymbol{x}_i,\boldsymbol{x}_j)=\tanh(\beta\boldsymbol{x}_i^{\mathrm{T}}\boldsymbol{x}_j+\boldsymbol{\theta})$	tanh 为双曲正切函数,且 $\beta>0,\boldsymbol{\theta}<\boldsymbol{0}$

2.2.2 随机森林

在经典机器学习算法中，可以将多个较简单的模型进行组合，获取比单一模型性能更好的综合模型，这种设计思路被称为集成学习。随机森林（Random Forest，RF）就是一种重要的集成学习算法，在决策树算法的基础上，引入随机属性选择的训练方法，以获得更好的学习泛化性能[89]。

2.2.2.1 决策树算法

决策树（Decision Tree）算法是一种常见的机器学习方法，它是通过树的结构来进行判断和决策。在决策树中，树的每一个非叶子节点表示一次属性测试，对应的每个分支表示该测试的一个输出，树的每个叶子节点表示一个分类标签[207]。

典型的决策树如图 2.6 所示。在这个决策树贷款决策案例中，首先判断年龄，如果是青年人，则选择最左侧的分支。然后继续判断是不是学生，如果是学生，则选择左下角的叶子节点。类似地，可以分析其他判断条件和分支选择情况。

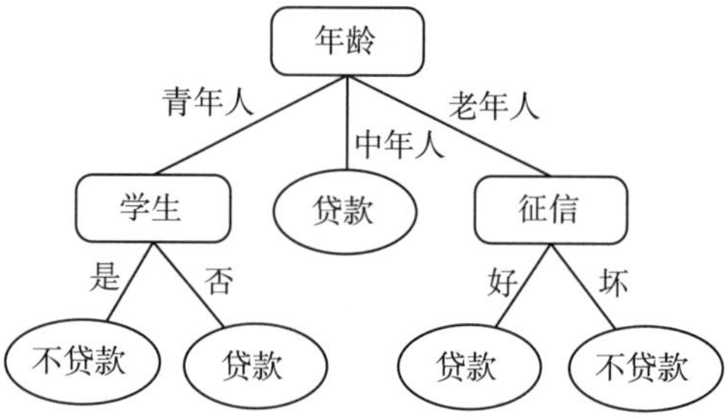

图 2.6 典型的决策树结构

决策树算法通常使用一种自顶向下的分治方法构造，其基本思路如算法 2.1 所示。决策树的生成过程是一个递归过程，其递归返回条件有三种：①当前节点的样本都属于同一个类别，无须划分；②样本在所有属性上取值相同，或者当前属性集为空，无法划分，则将当前节点标记为叶子节点，其类别标记为该节点所含样本最多的类别；③当前节点包括的样本集为空，无法划分，则将当前节点标记为叶子节点，其类别标记为父节点所含样本最多的类别。

算法 2.1　决策树算法的基本流程

输入： 训练集 $D=\{(x_1,y_1),(x_2,y_2),\cdots,(x_n,y_n)\}$，属性集 $A=\{a_1,a_2,\cdots,a_d\}$

输出： 一棵决策树

决策树生成过程：DecisionTree(D,A)
　　生成根节点 node
if D 的所有样本属于同一个类 C　**then**
　　将 node 标记为叶子节点，其类别为 C 类；
　　return；
end if
if $A=\varnothing$ **OR** D 的所有样本在 A 的取值相同　**then**
　　将 node 标记为叶子节点，其类别为 D 中样本数量最多的类；
　　return；
end if
选择 A 的最佳分类属性 a
for a 的每一个取值 a_v　**do**
　　生成一个 node 分支，计算 D 的一个样本子集 D_v，它在 a_v 上取值为 a；
　　if $D_v=\varnothing$　**then**
　　　　将分支节点标记为叶子节点，其类别为 D 中样本数量最多的类；
　　　　return；
　　else
　　　　调用决策树生成函数，其分支节点为 DecisionTree$(D_v,A-a_v)$；
　　end if
end for

在决策树算法中，一项重要研究内容是如何选择划分属性。在划分后，希望分支节点的样本都尽量属于同一个类别。典型的属性选择方法包括信息增益、增益率和基尼指数。

1. 信息增益

假设当前样本 D 包含 m 个类别，其中第 k 个类别所占的比例为 p_k，则 D 的信息熵定义为

$$E(D)=-\sum_{k=1}^{m}p_k\log 2p_k \tag{2.15}$$

假设离散属性 A 有 V 个可能的取值，则使用 A 对 D 进行划分，会产生 V 个可能的分支节点。其中，第 v 个分支节点表示 D 在属性 A 上取值为 a_v 的所有样本，记作 D_v。考虑到不同分支节点包括的样本数量不同，样本多的分支节点应该赋予更高的影响力，因此添加分支权重 $\frac{|D_v|}{|D|}$。因此，定义 D 在属性 A 上的信息增益为

$$\mathrm{Gain}(D,A)=E(D)-\sum_{v=1}^{V}\frac{|D_v|}{|D|}E(D_v) \tag{2.16}$$

信息增益越大，则属性 A 划分后的类别纯度越高。因此，决策树的划分属性选择可以选用信息增益来完成，例如迭代二叉树 3 代（Iterative Dichotomiser 3，ID3）决策树学习算法选择信息增益最大的属性作为划分属性。

2. 增益率

信息增益方法优先选择数量较多的属性，为避免这种偏好的潜在不足，C4.5 决策树算法定义一个新的权重——划分信息值，用于规范化信息增益计算。其中，划分信息值定义为

$$\text{splitInfo}(D) = -\sum_{v=1}^{V} \frac{|D_v|}{|D|}\log_2 \frac{|D_v|}{|D|} \tag{2.17}$$

划分信息用于表示训练集 D 划分成对应于属性 A 的 v 个输出所产生的信息。在此基础上，定义增益率为

$$\text{GainRate}(D,A) = \frac{\text{Gain}(D,A)}{\text{splitInfo}(D)} \tag{2.18}$$

C4.5 决策树算法选择具有最大增益率的属性作为划分属性。

3. 基尼指数

分类回归树（Classification And Regression Tree，CART）决策树算法使用基尼指数来选择划分属性。类似于信息增益，假设当前样本 D 包含 m 个类别，其中第 i 个类别所占的比例为 p_i，定义数据集 D 的基尼指数为

$$\text{Gini}(D) = 1 - \sum_{i=1}^{m} p_i^2 \tag{2.19}$$

基尼指数表示从数据集 D 随机抽取的两个样本类别不一致的概率。基尼指数越小，则数据集的纯度越高。因此，CART 决策树算法选择基尼指数最小的属性作为划分属性，且定义属性 A 的基尼指数为

$$\text{Gini\_index}(D,A) = \sum_{v=1} V \frac{|D_v|}{|D|}\text{Gini}(D_v) \tag{2.20}$$

为了尽可能正确划分样本类别，决策树构造过程将不断重复，导致树的分支过多。这其实是过度学习训练集的所有特点，导致过拟合问题。因此，通常主动去掉一些分支来降低过拟合的风险。

2.2.2.2 从决策树到随机森林

随机森林是一种集成学习方法，通过组合多个决策树来构建[90]。具体地说，决策树算法是通过计算信息增益、增益率和基尼指数，选择一个合适的划分属性。在随机森林中，每个节点随机选择一个包括 k 个属性的子集，然后从这个子集中选择一个最优划分属性。其中，k 为随机森林的随机性变量，例如 $k=1$ 表示随机选择一个属性用于划分。

随机森林的原理较为简单，且计算开销小，但包括多个随机的决策树模型，具有较好的泛化能力。随着决策树数量的增加，随机森林能收敛到很低的泛化误差，对错误值和离群值的鲁棒性较好。

2.2.3　逻辑回归

逻辑回归（Logistic Regression）是一种经典的分类方法[116]，常用于二分类问题，即只有两种输出结果，分别代表两个类别。通常可以用于回归预测及分类问题。

2.2.3.1　逻辑分布

假设 X 是随机连续变量，X 服从逻辑分布是指 X 具有下列分布函数和密度函数：

$$F(x)=P(X\leqslant x)=\frac{1}{1+\mathrm{e}^{\frac{-(x-\mu)}{\gamma}}} \tag{2.21}$$

$$f(x)=F'(x)=\frac{\mathrm{e}^{\frac{-(x-\mu)}{\gamma}}}{\gamma\left(1+\mathrm{e}^{\frac{-(x-\mu)}{\gamma}}\right)^2} \tag{2.22}$$

其中，μ 为位置参数，$\gamma>0$ 为形状参数。

逻辑分布的密度函数 $f(x)$ 和分布函数 $F(x)$ 如图 2.7 所示，其分布函数呈“S”形。该曲线的中心对称点为$\left(\mu,\ \frac{1}{2}\right)$，满足 $F(-x+\mu)-\frac{1}{2}=-F(x+\mu)+\frac{1}{2}$，且越靠近中心点其增长速度越快，两端点处增长速度较为平缓。形状参数 γ 的值越小，曲线在中心附近增长得越快。

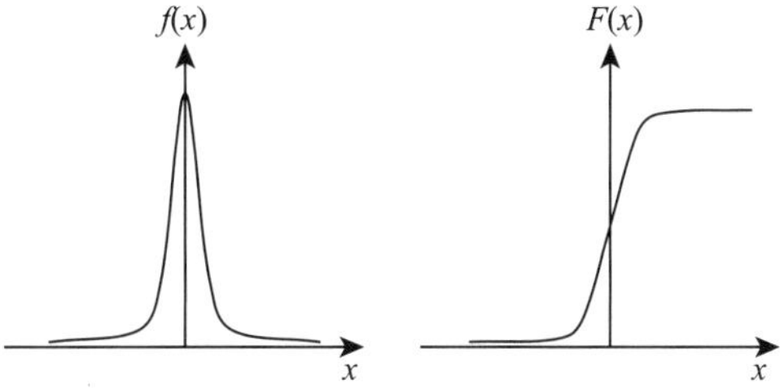

图 2.7　逻辑分布的密度函数与分布函数

2.2.3.2　逻辑回归模型

二项逻辑回归是一种分类模型，可以使用条件概率分布 $P(Y\|X)$ 表示。随机变量 X 取值为实数，随机变量 Y 取值为 1 或 0。采用监督学习的方法来估计模型参数，二项逻辑回归模型的条件概率分布如下：

$$P(Y=1\|\boldsymbol{x})=\frac{\mathrm{e}^{w^{\mathrm{T}}\boldsymbol{x}+\boldsymbol{b}}}{1+\mathrm{e}^{w^{\mathrm{T}}\boldsymbol{x}+\boldsymbol{b}}} \tag{2.23}$$

$$P(Y=0 \parallel \boldsymbol{x})=\frac{1}{1+\mathrm{e}^{w^{\mathrm{T}}\boldsymbol{x}+\boldsymbol{b}}} \tag{2.24}$$

其中，$\boldsymbol{x} \in \mathbf{R}^n$ 是输入，$Y \in \{0, 1\}$ 是输出，$w \in \mathbf{R}^n$ 和 $\boldsymbol{b} \in \mathbf{R}$ 是参数，w 是权值向量，$\boldsymbol{b}$ 是偏置，$w^{\mathrm{T}}\boldsymbol{x}$ 是 w 和 $\boldsymbol{x}$ 的内积。

对于给定的输入实例 $\boldsymbol{x}$，可以根据式（2.23）和（2.24）求得 $P(Y=1 \parallel \boldsymbol{x})$ 和 $P(Y=0 \parallel \boldsymbol{x})$，逻辑回归对两个条件概率值进行比较并将实例 $\boldsymbol{x}$ 进行分类。

将权值向量 w 与输入向量 $\boldsymbol{x}$ 加以扩充后，$w=(w^{(1)}, w^{(2)}, \cdots, w^{(n)}, \boldsymbol{b})^{\mathrm{T}}$，$\boldsymbol{x}=(\boldsymbol{x}^{(1)}, \boldsymbol{x}^{(2)}, \cdots, \boldsymbol{x}^{(n)}, 1)^{\mathrm{T}}$。此时，逻辑回归模型如下：

$$P(Y=1 \parallel \boldsymbol{x})=\frac{\mathrm{e}^{w^{\mathrm{T}}\boldsymbol{x}}}{1+\mathrm{e}^{w^{\mathrm{T}}\boldsymbol{x}}} \tag{2.25}$$

$$P(Y=0 \parallel \boldsymbol{x})=\frac{1}{1+\mathrm{e}^{w^{\mathrm{T}}\boldsymbol{x}}} \tag{2.26}$$

定义一个事件发生几率为该事件发生的概率与该事件不发生的概率之比。根据式（2.25）和式（2.26）计算出逻辑回归的对数几率为：$\log\frac{P(Y=1 \parallel \boldsymbol{x})}{1-P(Y=1 \parallel \boldsymbol{x})}=w^{\mathrm{T}} \cdot \boldsymbol{x}$。可以看出，逻辑回归模型的输出 $Y=1$ 的对数几率是输入 $\boldsymbol{x}$ 的线性函数。当线性函数的值接近正无穷，概率值接近 1；线性函数的值接近负无穷，概率值接近 0。

2.2.3.3　模型参数估计

逻辑回归模型需要学习和更新模型参数，给定训练数据集 $T=\{(\boldsymbol{x}_1, y_1), (\boldsymbol{x}_2, y_2), \cdots, (\boldsymbol{x}_N, y_N)\}$，其中 $\boldsymbol{x}_i \in \mathbf{R}^n$，$y_i \in \{0, 1\}$，可以采用极大似然函数估计模型参数，获取逻辑回归模型。对于逻辑回归模型 $P(Y=1 \parallel \boldsymbol{x})=\pi(\boldsymbol{x})$，$P(Y=0 \parallel \boldsymbol{x})=1-\pi(\boldsymbol{x})$，其似然函数为 $\prod_{i=1}^{N}[\pi(\boldsymbol{x}_i)]^{y_i}[1-\pi(\boldsymbol{x}_i)]^{1-y_i}$，对数似然函数为

$$\begin{aligned}L(w)&=\sum_{i=1}^{N}[y_i\log\pi(\boldsymbol{x}_i)+(1-y_i)\log(1-\pi(\boldsymbol{x}_i))]\\&=\sum_{i=1}^{N}\left[y_i\log\frac{\pi(\boldsymbol{x}_i)}{1-\pi(\boldsymbol{x}_i)}+\log(1-\pi(\boldsymbol{x}_i))\right]\\&=\sum_{i=1}^{N}[y_i(w^{\mathrm{T}} \cdot \boldsymbol{x}_i)-\log(1+\mathrm{e}^{w^{\mathrm{T}}\boldsymbol{x}_i})]\end{aligned} \tag{2.27}$$

对 $L(w)$ 求极大值，可以计算出 w 的估计值。从而，将模型参数估计问题转换为以对数似然函数为目标函数的最优化问题。考虑到目标函数是一个凸函数，可采用梯度下降法和牛顿法进行求解。

假设 w 的极大似然估计值为 $\hat{w}$，则其逻辑回归模型为

$$P(Y=1 \| \boldsymbol{x})=\frac{\mathrm{e}^{\hat{w}^{\mathrm{T}} \boldsymbol{x}}}{1+\mathrm{e}^{\hat{w}^{\mathrm{T}} \boldsymbol{x}}} \tag{2.28}$$

$$P(Y=0 \| \boldsymbol{x})=\frac{1}{1+\mathrm{e}^{\hat{w}^{\mathrm{T}} \boldsymbol{x}}} \tag{2.29}$$

2.2.3.4 多项逻辑回归

将二项逻辑回归进行推广，完成多项逻辑回归。假设离散型随机变量 Y 的取值集合是 $\{1, 2, \cdots, K\}$，则多项逻辑回归模型为

$$P(Y=k \| \boldsymbol{x})=\frac{\mathrm{e}^{w_k^{\mathrm{T}} \cdot \boldsymbol{x}}}{1+\sum_{k=1}^{K-1} \mathrm{e}^{w_k^{\mathrm{T}} \cdot \boldsymbol{x}}}, \quad k=1,2,\cdots,K-1 \tag{2.30}$$

$$P(Y=K \| \boldsymbol{x})=\frac{1}{1+\sum_{k=1}^{K-1} \mathrm{e}^{w_k^{\mathrm{T}} \cdot \boldsymbol{x}}} \tag{2.31}$$

其中，$\boldsymbol{x} \in \mathbf{R}^{N+1}$ 为输入特征，$w_k \in \mathbf{R}^{N+1}$ 为特征的权值。

2.2.4 K 近邻

K 近邻（K-Nearest Neighbor，KNN）法是一种基本的分类和回归方法，1968 年由 Cober 和 Hart 等人[114] 提出，是最经典的机器学习算法之一。K 近邻法的输入为实例的特征向量，相当于特征空间的点；输出为实例的类别。K 近邻假设已知训练集合，并且已知集合中的实例类别。对于新加入的实例，计算其到训练集合各个实例的距离，选中其距离最小的 k 个实例，通过多数表决等方法确定新加入实例的类别。K 近邻法的主要组成部分包括距离度量、分类决策规则和 k 值的选择。

2.2.4.1 K 近邻算法

K 近邻算法的原理较为简单。给定一个训练数据集，计算新的输入实例在训练数据集中最相近的 k 个实例。根据这 k 个例子的分类，对输入实例的类别做出判断，一般可采用少数服从多数的方法。

对于训练数据集 $T=\{(\boldsymbol{x}_1, \boldsymbol{y}_1), (\boldsymbol{x}_2, \boldsymbol{y}_2), \cdots, (\boldsymbol{x}_N, \boldsymbol{y}_N)\}$，其中，$\boldsymbol{x}_i \in \boldsymbol{x} \subseteq \mathbf{R}^n$ 为实例的特征向量，$\boldsymbol{y}_i \in \boldsymbol{y}=\{\boldsymbol{c}_1, \boldsymbol{c}_2, \cdots, \boldsymbol{c}_k\}$ 为实例的类别，$i=1, 2, \cdots, N$，$\boldsymbol{x}$ 为实例特征向量。计算实例 $\boldsymbol{x}$ 所属的类别 y 的方法如下：

① 根据给定的距离度量，在训练集 T 中找出与 $\boldsymbol{x}$ 最邻近的 k 个点，涵盖这 k 个点的 $\boldsymbol{x}$ 的邻域记作 $Nk(\boldsymbol{x})$。

② 依据分类规则，认为 y 等于 $Nk(\boldsymbol{x})$ 中出现次数最多的类别，即 $y=\underset{c_j}{\operatorname{argmax}} \sum_{\boldsymbol{x}_i \in N_i(\boldsymbol{x})} I\ (\boldsymbol{y}_i=\boldsymbol{c}_j)$，$i=1, 2, \cdots, N$；$j=1, 2, \cdots, K$。其中，$I$ 为指示函数，即当 $\boldsymbol{y}_i=\boldsymbol{c}_j$ 时，I 为 1，否则 I 为 0。

2.2.4.2 距离度量

在特征空间，度量两个实例点之间的距离是 K 近邻法的一个重要内容。常用的距离度量是欧氏距离，也可以是其他距离。

假设特征空间 $\boldsymbol{X}$ 是一个 n 维实数向量空间 $\mathbf{R}^n$，对于两个实例 $\boldsymbol{x}_i$，$\boldsymbol{x}_j \in X$，其中 $\boldsymbol{x}_i \in (\boldsymbol{x}_i^{(1)}, \boldsymbol{x}_i^{(2)}, \cdots, \boldsymbol{x}_i^{(n)})^{\mathrm{T}}$，$\boldsymbol{x}_j \in (\boldsymbol{x}_j^{(1)}, \boldsymbol{x}_j^{(2)}, \cdots, \boldsymbol{x}_j^{(n)})^{\mathrm{T}}$。则 $\boldsymbol{x}_i$，$\boldsymbol{x}_j$ 的 L_p 的距离定义为

$$L_p(\boldsymbol{x}_1, \boldsymbol{x}_2) = \left(\sum_{l=1}^{n} |\boldsymbol{x}_i^{(l)} - \boldsymbol{x}_j^{(l)}|^p\right)^{\frac{1}{p}}, p \geqslant 1 \tag{2.32}$$

当 $p=2$ 时，称为欧氏距离（Euclidean distance）。当 $p=1$ 时，称为曼哈顿距离（Manhattan distance）。当 $p=\infty$ 时，它是各个坐标距离的最大值。

2.2.5 神经网络

人工神经网络（简称“神经网络”）是模拟人脑神经网络而创新的一种网络架构和计算模型。神经网络与生物神经元类似，由多个人工神经元节点互相连接组成，以刻画各节点的复杂关系。不同节点之间具有不同的连接权重，表征相互之间的影响程度。每个节点接收来自其他节点的信息，经过加权综合后，输入到一个激活函数中，判断是否激活当前网络输出。理论上，一个多层的神经网络可以逼近任何输入与输出之间的约束关系。如果有足够多的训练样本数据和神经元数量，也可以学习足够复杂的关系，这就是深度学习的一个重要研究基础。

2.2.5.1 神经元模型

神经网络的最基本单元是神经元模型，也是从生物神经网络演化而来的。在生物神经网络中，神经元之间互相连接，当神经元“兴奋”的时候，就会向相连的神经元发送化学物质，并改变其电位。如果某个神经元的电位超过了一个“阈值”，就会被激活，也进入“兴奋”状态，向其他相连神经元发送化学物质。

根据这个现象，1943 年 McCulloch 和 Pitts 等人[160] 提出 M-P 神经元模型，如图 2.8 所示。在该模型中，每个神经元接收到 N 个其他神经元传递过来的信号 x，并为这些信号赋予一个权重 w。这些输入信号进行加权计算，与神经元的阈值进行对比。最后，使用一个激活函数 $y=f(\sum_{i=1}^{N} w_i x_i - \theta)$ 处理对比后的结果，产生神经元的输出。

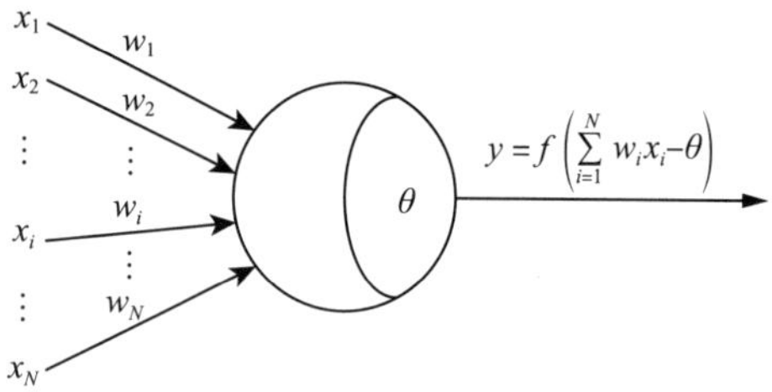

图 2.8 M-P 神经元模型

理想的激活函数是如图 2.9 所示的阶跃函数（即 sgn 函数）。如果函数输入值大于 0，则激活神经元，反之抑制神经元。然而，阶跃函数存在间断点，不连续且不是处处可微。因此，通常使用的激活函数是 sigmoid 函数。这两个激活函数的数学表达式如下：

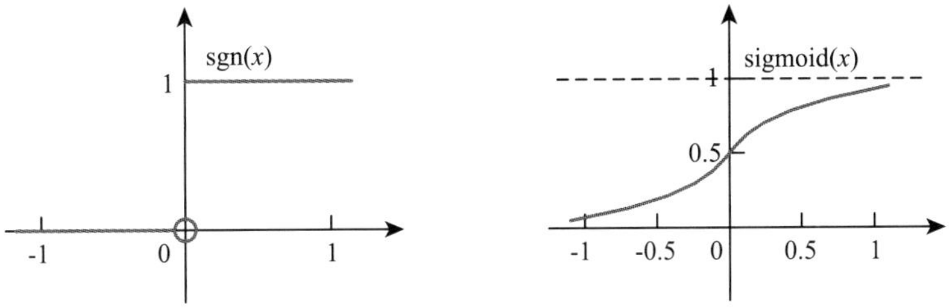

图 2.9　典型的神经元激活函数

$$\mathrm{sgn}(x)=\begin{cases}1, & x \geqslant 0\\ 0, & x<0\end{cases}$$

$$\mathrm{sigmoid}(x)=\frac{1}{1+\mathrm{e}^{-x}} \tag{2.33}$$

神经网络通常是一个层级结构，每层包括多个神经元，且均与下一层神经元互相连接，但是同层神经元之间不连接，也不存在跨层连接，一般也可以称为多层前馈神经网络，如图 2.10 所示。其中，输入层接收外部输入信号，并向下一层传递信号。最后一层称为输出层，向外传递自己的信号。中间的各层都是隐藏层，且隐藏层和输出层均为有激活函数的神经元。

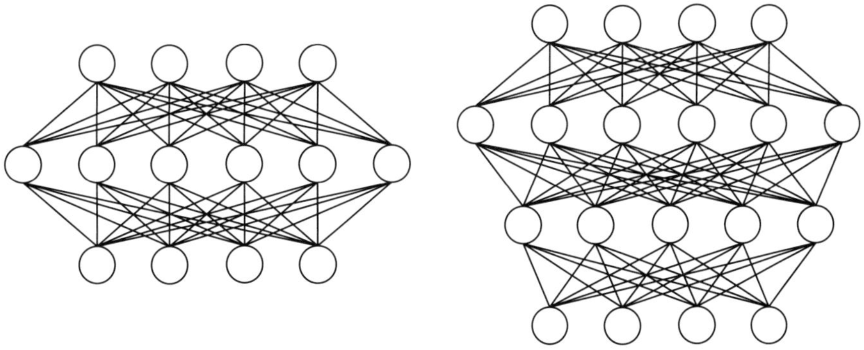

a）单隐藏层前馈神经网络　　b）双隐藏层前馈神经网络

图 2.10　多层前馈神经网络

2.2.5.2　误差逆传播算法

为了训练多层神经网络，最常用的是误差逆传播（error BackPropagation，BP）[168] 算法。在 BP 算法中，假设给定一个训练数据集 $D=(\boldsymbol{x}_1, \boldsymbol{y}_1)$，$(\boldsymbol{x}_2, \boldsymbol{y}_2)$，…，$(\boldsymbol{x}_N, \boldsymbol{y}_N)$，$\boldsymbol{x}_i \in \mathbf{R}^d$，$\boldsymbol{y}_i \in \mathbf{R}^l$，即输入层有 d 个输入单元，输出层有 l 个输出单元。不失一般性，假设该网络有 q 个隐藏层，其网络结构如图 2.11 所示。假设输入层的第 j 个神经元与隐藏层的第 h 个神经元之间的连接权重为 v_{ih}，隐藏层第 h 个神经元与输出层第 j 个神经元之间的

连接权重为 w_{hj}，隐藏层第 h 个神经元的阈值为 γ_h，输出层第 j 个神经元的阈值为 θ_j。从而，隐藏层第 h 个神经元接收到的输入信号为 $\alpha_h=\sum_{i=1}^{d} v_{ih}\boldsymbol{x}_i$，输出层第 j 个神经元接收到的输入信号为 $\beta_j=\sum_{h=1}^{q} w_{hj}b_h$，其中各个神经元的激活函数均为 sigmoid 函数。

对于一个训练样本（$\boldsymbol{x}_k$，$\boldsymbol{y}_k$），如果神经网络的输出层结果为 $\hat{\boldsymbol{y}}_k=(\hat{y}_1^{\,k},\ \hat{y}_2^{\,k},\ \cdots,\ \hat{y}_l^{\,k})$，其中 $\hat{y}_j^{\,k}=f(\beta_j-\theta_j)$，则网络在（$\boldsymbol{x}_k$，$\boldsymbol{y}_k$）上的均方误差为

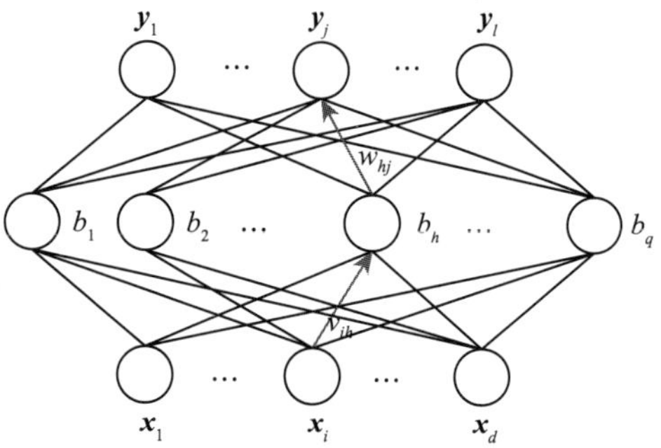

图 2.11　BP 算法的网络结构

$$E_k=\frac{1}{2}\sum_{j=1}^{l}(\hat{y}_j^k-y_j^k)^2 \tag{2.34}$$

图 2.11 中的网络参数包括输入层到隐藏层的 $d\times q$ 个权重、隐藏层到输出层的 $q\times l$ 个权重、q 个隐藏层神经元的阈值、l 个输出层神经元的阈值，总共有（$d+l+1$）$q+l$ 个未知参数需要计算。BP 算法利用迭代寻优的思路来求解这些参数，任何参数 p 的更新方式为 $p\leftarrow p+\Delta p$。

以隐藏层到输出层的权重 w_{hj} 为例，BP 算法使用梯度下降的思路，对式（2.34）的误差计算偏导数，则

$$\Delta w_{hj}=-\eta\frac{\partial E_k}{\partial w_{hj}} \tag{2.35}$$

根据 w_{hj} 在网络的传递模式，可以改写成

$$\frac{\partial E_k}{\partial w_{hj}}=\frac{\partial E_k}{\partial \hat{y}_j^k}\cdot\frac{\partial \hat{y}_j^k}{\partial \beta_j}\cdot\frac{\partial \beta_j}{\partial w_{hj}} \tag{2.36}$$

从图 2.11 的网络结构，得到

$$\frac{\partial \beta_j}{\partial w_{hj}}=b_h \tag{2.37}$$

对于激活函数 sigmoid 函数，满足关系式：

$$f'(x)=f(x)(1-f(x)) \tag{2.38}$$

根据式（2.34），则

$$\begin{aligned}g_j&=-\frac{\partial E_k}{\partial \hat{y}_j^k}\cdot\frac{\partial \hat{y}_j^k}{\partial \beta_j}\\&=-(\hat{y}_j^k-y_j^k)f'(\beta_j-\theta_j)\end{aligned}$$

$$= \hat{y}_j^k(1-\hat{y}_j^k)(y_j^k-\hat{y}_j^k) \tag{2.39}$$

联合式（2.34）、式（2.36）、式（2.37）和式（2.39），得到参数 w_{hj} 的更新公式：

$$\Delta w_{hj} = \eta g_j b_h \tag{2.40}$$

同理，得到其他参数的更新公式：

$$\begin{aligned}\Delta\theta_j &= -\eta g_j \\ \Delta v_{ih} &= -\eta e_h x_i \\ \Delta\gamma_h &= -\eta e_h\end{aligned} \tag{2.41}$$

$$\begin{aligned}e_h &= -\frac{\partial E_k}{\partial b_h}\cdot\frac{\partial b_h}{\partial\alpha_h} \\ &= -\sum_{j=1}^{l}\frac{\partial E_k}{\partial\beta_j}\cdot\frac{\partial\beta_j}{\partial b_h}f'(\alpha_h-\gamma_h) \\ &= \sum_{j=1}^{l}w_{hj}g_j f'(\alpha_h-\gamma_h) \\ &= b_h(1-b_h)\sum_{j=1}^{l}w_{hj}g_j\end{aligned} \tag{2.42}$$

在 BP 算法中，学习率 $\eta\in(0,1)$ 决定着算法迭代步长。步长太大则容易振荡，步长太小则迭代收敛速度太慢。而且，基于 BP 算法的神经网络训练过程本质上是一个参数寻优过程，找到的是误差函数的局部最小值，因此各个参数也是局部最优解。

在现实求解过程中，有多个方法可以跳出局部最小值，以接近全部最小值。例如一种思路是多次训练选择较优解：选择多组不同的参数值初始值，训练多个神经网络，然后选择误差最小的解作为最终参数。另一种思路是使用模拟退火算法：在每次迭代过程，使用模拟退火算法以一定概率选择比当前解较差的结果，以跳出局部最优。还有一种思路是使用随机梯度下降：在计算梯度时加入随机因素，那么即便陷入局部最小值，得到的梯度也不为零，有机会跳出局部最小继续迭代寻优。

2.2.6 卷积神经网络

卷积神经网络是在 Hub 等人[96] 对猫的视觉皮层中细胞的研究基础上，通过模拟生物大脑皮层结构而特殊设计的含有多隐藏层的人工神经网络。卷积层、池化层、激活函数是卷积神经网络的重要组成部分。卷积神经网络通过局部感受野、权重共享和降采样三种策略，降低了网络模型的复杂度，同时具有对于平移、旋转、尺度缩放等形式的不变性[74,159,213]。因此被广泛应用于图像分类、目标识别、语音识别等领域。如

图 2.12 所示，常见的卷积神经网络由输入层、卷积层、激活层、池化层、全连接层和输出层构成。

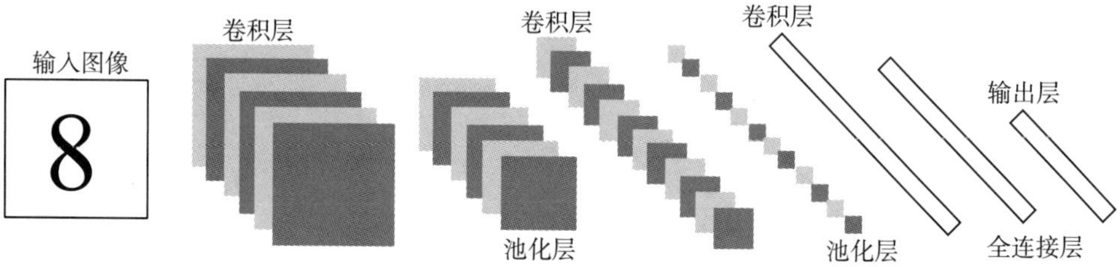

图 2.12 LeNet 网络

2.2.6.1 卷积神经网络的构成

卷积神经网络一般由卷积层、池化层和全连接层构成。

1. 卷积层

卷积层的作用是提取一个局部区域的特征，不同的卷积核相当于不同的特征提取器。卷积层的神经元和全连接网络一样都是一维结构，由于卷积网络主要应用在图像处理上，而图像为二维结构，因此为了更充分地利用图像的局部信息，通常将神经元组织为三维结构的神经层，三个方向的大小分别为 $M \times N \times D$，即由 D 个 $M \times N$ 大小的特征映射构成。

特征映射为一幅图像在经过卷积提取到的特征，每个特征映射可以作为一类抽取的图像特征。为了提高卷积网络的表达能力，可以在每一层使用多个不同的特征映射。假设一个卷积层的结构如下所示。

① 输入特征映射组：$\boldsymbol{X} \in \mathbf{R}^{M \times N \times D}$ 为三维张量，其中每个切片矩阵 $\boldsymbol{X}^d \in \mathbf{R}^{M \times N}$ 为一个输入特征映射，$1 \leqslant p \leqslant P$。

② 输出特征映射组：$\boldsymbol{Y} \in \mathbf{R}^{M' \times N' \times P}$ 为三维张量，其中每个切片矩阵 $\boldsymbol{Y}^p \in \mathbf{R}^{M' \times N'}$ 为一个输出特征映射，$1 \leqslant p \leqslant P$。

③ 卷积核：$\boldsymbol{W} \in \mathbf{R}^{U \times V \times P \times D}$ 为四维张量，其中每个切片矩阵 $\boldsymbol{W}^{P,D} \in \mathbf{R}^{U,V}$ 为一个二维卷积核，$1 \leqslant p \leqslant P$，$1 \leqslant d \leqslant D$。

图 2.13 给出了卷积层的三维结构表示。

为了计算出特征映射 $\boldsymbol{Y}^p$，用卷积核 $\boldsymbol{W}^{p,1}$，$\boldsymbol{W}^{p,2}$，…，$\boldsymbol{W}^{p,D}$ 分别对输入特征映射 $\boldsymbol{X}^1$，$\boldsymbol{X}^2$，…，$\boldsymbol{X}^D$ 进行卷积，然后将卷积结果相加，并加上一个标量偏置 $\boldsymbol{b}$ 得到卷积层的净输入 $\boldsymbol{Z}^p$，再经过非线性激活函数后得到输出特征映射 $\boldsymbol{Y}^p$。

$$\begin{aligned} \boldsymbol{Z}^p &= \boldsymbol{W}^p \otimes \boldsymbol{X} + \boldsymbol{b}^p = \sum_{d=1}^{D} \boldsymbol{W}^{p,d} \otimes \boldsymbol{X}^d + \boldsymbol{b}^p \\ \boldsymbol{Y}^p &= f(\boldsymbol{Z}^p) \end{aligned} \tag{2.43}$$

其中，⊗表示卷积运算，$W^p \in \mathbf{R}^{U\times V\times D}$ 为三维卷积，$f(\cdot)$ 为非线性激活函数，可使用 ReLU、Sigmoid 等函数，图 2.14 为计算图示。

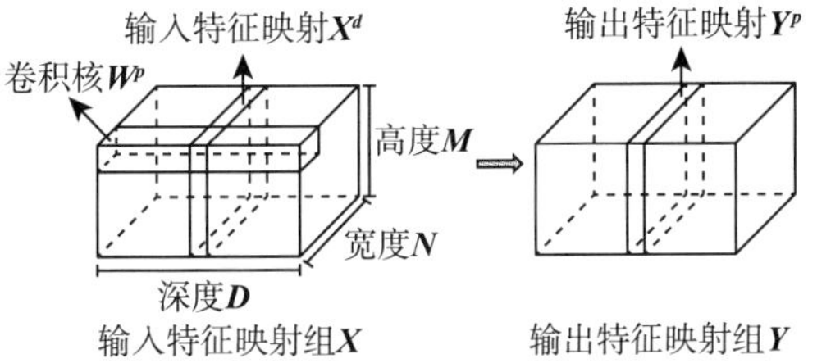

图 2.13　卷积层的三维结构表示

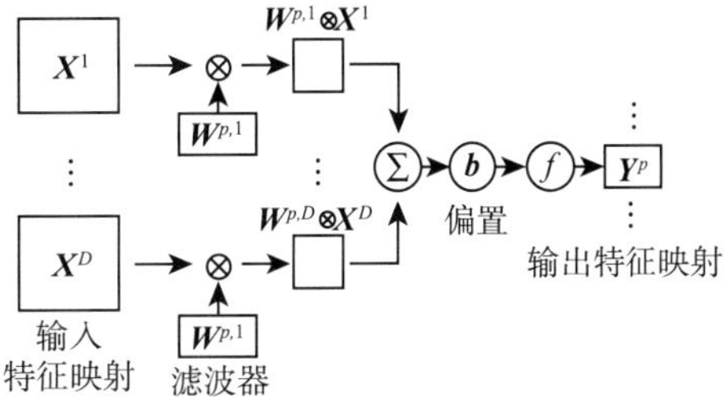

图 2.14　输入映射到输出映射的计算示例

在输入为 $X\in\mathbf{R}^{M\times N\times D}$，输出为 $Y\in\mathbf{R}^{M'\times N'\times P}$ 的卷积层中，每一个输出特征映射都需要 D 个卷积核和一个偏置，假设每个卷积核的大小为 $U\times V$，那么总共需要 $P\times D\times(U\times V)+P$ 个参数。

2. 池化层

池化层也被称作子采样层，其作用是进行特征选择，去除冗余特征，降低特征数量，从而减少参数。

假设池化层的输入特征映射组为 $X\in\mathbf{R}^{M\times N\times D}$，对于其中每一个特征映射 $X^d\in\mathbf{R}^{M\times N}$，$1\leqslant d\leqslant D$，将其划分为多个区域 $R^d_{m,n}$，$1\leqslant m\leqslant M'$，$1\leqslant n\leqslant N'$，这些区域可以重叠，也可以不重叠，池化是将每个区域进行降采样得到一个值，作为这个区域的概括。

常用的池化函数主要有两种：

① 最大池化（Max Pooling），即对于一个区域 $R^d_{m,n}$，进行选择这个区域内的所有神经元的最大值作为这个区域的表示，即

$$y^d_{m,n}=\max_{i\in R^d_{m,n}} \boldsymbol{x}_i \tag{2.44}$$

其中 $\boldsymbol{x}_i$ 为区域 R^d_k 内每个神经元的活性值。

② 平均池化（Mean-pooling），指的是取区域内所有神经元的平均值，即

$$y^d_{m,n}=\frac{1}{|R^d_{m,n}|}\sum_{i\in R^d_{m,n}} \boldsymbol{x}_i \tag{2.45}$$

对于每一个输入特征映射 X^d 的 $M'\times N'$ 个区域进行子采样，得到池化层的输出特征映射 $Y^d=y^d_{m,n}$，$1\leqslant m\leqslant M'$，$1\leqslant n\leqslant N'$。

3. 全连接层

全连接层（Fully Connected Layer，FCL）在整个卷积神经网络中起到“分类器”的作用。如果说卷积层和池化层等操作是将原始数据映射到隐藏层特征空间的话，全连接层则起到将学到的“分布式特征表示”映射到样本标记空间的作用。在实际使用中，全

连接层可由卷积操作实现，对前层是全连接的全连接层，可以转化为卷积核为 1×1 的卷积层。

2.2.6.2 参数学习过程

在卷积网络中，参数为卷积核中权重以及偏置，和全连接前馈网络类似，卷积网络也可以通过误差反向传播算法来进行参数学习。

在全连接前馈神经网络中，梯度主要通过每一层的误差项 $\boldsymbol{\delta}$ 进行反向传播，并进一步计算每层参数的梯度。

在卷积神经网络中，主要有两种不同功能的神经层：卷积层和汇聚层，而参数为卷积核以及偏置，因此只需要计算卷积层中参数的梯度。

假设第 l 层为卷积层，第 $l-1$ 层的输入特征映射为 $\boldsymbol{X}^{(l-1)} \in \mathbf{R}^{M\times N\times D}$，通过卷积计算得到第 l 层的特征映射净输入 $\boldsymbol{Z}^{(l)} \in \mathbf{R}^{M'\times N'\times P}$，第 l 层的第 $p(1\leqslant p\leqslant P)$ 个特征映射净输入

$$\boldsymbol{Z}^{(l,p)} = \sum_{d=1}^{D} \boldsymbol{W}^{(l,p,d)} \otimes \boldsymbol{X}^{(l-1,d)} + \boldsymbol{b}^{(l,p)} \tag{2.46}$$

其中 $\boldsymbol{W}^{(l,p,d)}$ 和 $\boldsymbol{b}^{(l,p)}$ 为卷积核以及偏置，第 l 层中共有 $P\times D$ 个卷积核和 P 个偏置，可以分别使用链式法则来计算其梯度。

根据式（2.46），损失函数 L 关于第 l 层的卷积核 $\boldsymbol{W}^{(l,p,d)}$ 的偏导数为

$$\begin{aligned} \frac{\partial \boldsymbol{L}}{\partial \boldsymbol{W}^{(l,p,d)}} &= \frac{\partial \boldsymbol{L}}{\partial \boldsymbol{Z}^{(l,p)}} \otimes \boldsymbol{X}^{(l-1,d)} \\ &= \boldsymbol{\delta}^{(l,p)} \otimes \boldsymbol{X}^{(l-1,d)}. \end{aligned} \tag{2.47}$$

其中 $\boldsymbol{\delta}^{(l,p)} = \dfrac{\partial L}{\partial \boldsymbol{Z}^{(l,p)}}$为损失函数关于第 l 层的第 p 个特征映射净输入 $\boldsymbol{Z}^{(l,p)}$ 的偏导数。

同理可得，损失函数第 l 层的第 p 个偏置 $\boldsymbol{b}^{(l,p)}$ 的偏导数为

$$\frac{\partial \boldsymbol{L}}{\partial \boldsymbol{b}^{(l,p)}} = \sum_{i,j} [\boldsymbol{\delta}^{(l,p)}]_{i,j} \tag{2.48}$$

在卷积网络中，每层参数的梯度依赖其所在层的误差项 $\boldsymbol{\delta}^{(l,p)}$。

在卷积网络中卷积层和池化层误差项的计算有所区别，下面分别计算其误差项。

1. 池化层的反向传播

当第 $l+1$ 层为池化层时，因为池化层进行降采样操作，$l+1$ 层的每个神经元的误差项 $\boldsymbol{\delta}$ 对应于第 l 层的相应特征映射的一个区域，l 层的第 p 个特征映射中的每个神经元都有一条边和 $l+1$ 层的第 p 个特征映射中的一个神经元相连。根据链式法则，第 $l+1$ 层的一个特征映射误差项 $\boldsymbol{\delta}^{(l,p)}$，只需要将 $l+1$ 层对应特征映射的误差项 $\boldsymbol{\delta}^{(l+1,p)}$ 进行采样操作，再和 l 层特征映射的激活值偏导数逐元素相乘，就得到了 $\boldsymbol{\delta}^{(l,p)}$。

第 l 层的第 p 个特征映射的误差项 $\boldsymbol{\delta}^{(l,p)}$ 的具体推导过程如下：

$$
\begin{aligned}
\boldsymbol{\delta}^{(l,p)} &\triangleq \frac{\partial \boldsymbol{L}}{\partial \boldsymbol{Z}^{(l,p)}} \\
&= \frac{\partial \boldsymbol{X}}{\partial \boldsymbol{Z}^{(l,p)}} \frac{\partial \boldsymbol{Z}^{(l+1,p)}}{\partial \boldsymbol{Z}^{(l,p)}} \frac{\partial \boldsymbol{L}}{\partial \boldsymbol{Z}^{(l+1,p)}} \\
&= f_l{}'(\boldsymbol{Z}^{(l,p)}) \cdot \mathrm{up}(\boldsymbol{\delta}^{(l+1,p)})
\end{aligned} \tag{2.49}
$$

其中 $f_l{}'(\cdot)$ 为第 l 层的激活函数，up 为采样函数。

2. 卷积层的反向传播

当 l+1 层为卷积层时，假设特征映射净输入为 $\boldsymbol{Z}^{(l+1)} \in \mathbf{R}^{M' \times N' \times P}$，其中第 $p(1 \leqslant p \leqslant P)$ 个特征净输入为

$$
\boldsymbol{Z}^{(l+1,p)} = \sum_{d=1}^{D} \boldsymbol{W}^{(l+1,p,d)} \otimes \boldsymbol{X}^{(l,d)} + \boldsymbol{b}^{(l+1,p)} \tag{2.50}
$$

其中 $\boldsymbol{W}^{(l+1,p,d)}$ 和 $\boldsymbol{b}^{(l+1,p)}$ 为第 l+1 层的卷积核以及偏置，第 l+1 层中共有 $P \times D$ 个卷积核和 P 个偏置。

第 l 层的第 d 个特征映射的误差项 $\boldsymbol{\delta}^{(l,d)}$ 的具体推导如下：

$$
\begin{aligned}
\boldsymbol{\delta}^{(l,d)} &\triangleq \frac{\partial \boldsymbol{L}}{\partial \boldsymbol{Z}^{(l,d)}} \\
&= \frac{\partial \boldsymbol{X}^{(l,d)}}{\partial \boldsymbol{Z}^{(l,d)}} \frac{\partial \boldsymbol{L}}{\partial \boldsymbol{X}^{(l,d)}} \\
&= f_l{}'(\boldsymbol{Z}^{(l,d)}) \cdot \sum_{p=1}^{P} \boldsymbol{W}^{(l+1,p,d)} \otimes \frac{\partial \boldsymbol{L}}{\partial \boldsymbol{Z}^{(l+1,p)}} \\
&= f_l{}'(\boldsymbol{Z}^{(l,d)}) \cdot \sum_{p=1}^{P} \boldsymbol{W}^{(l+1,p,d)} \otimes \boldsymbol{\delta}^{(l+1,p)}
\end{aligned} \tag{2.51}
$$

2.2.6.3 经典的卷积神经网络

下面介绍几种经典的卷积神经网络。

1. LeNet-5 网络

LeNet-5 网络是 LeCun 等人[129] 在 1998 年提出的神经网络模型，可以解决手写数字识别系统等问题。LeNet-5 网络主要有 7 层结构，包括 3 个卷积层、2 个池化层、1 个全连接层、1 个输出层，如图 2.12 所示。其中，卷积层的每一个输出特征映射都依赖于所有输入特征映射，相当于卷积层的输入和输出特征映射之间是全连接的关系。

2. AlexNet 网络

AlexNet 网络[124] 是第一个现代深度卷积网络模型，首次使用了很多现代深度卷积网络的技术方法，比如使用 GPU 进行并行训练，采用 ReLU 作为非线性激活函数，使用 Dropout 防止过拟合，使用数据增强来提高模型准确率等。AlexNet 网络包括 5 个卷积层、

3 个池化层和 3 个全连接层，其中最后一层是使用 Softmax 函数的输出层。因为网络规模超出单个 GPU 的内存限制，可将 AlexNet 网络分为两半，分别放在两个 GPU 上，GPU 间只在某些层（比如第 3 层）进行通信。

3. Inception 网络

在卷积网络中，如何设置卷积层的卷积核大小是一个十分关键的问题，在 Inception 网络[236] 中，一个卷积层包含多个不同大小的卷积核，称为 Inception 模块。Inception 网络是由多个 Inception 模块和少量汇聚层堆叠而成，Inception 模块同时使用 1×1，3×3，5×5 等不同大小的卷积核，并将得到的特征映射在深度上拼接（堆叠）起来作为输出特征映射。如图 2.15 所示为 Inception 网络的模块结构。

4. ResNet 网络

传统的卷积网络或者全连接网络在信息传递时候存在信息丢失、损耗等问题，导致梯度消失或者梯度爆炸，以及很深的网络无法训练。ResNet 网络[85] 在一定程度上解决了这些问题，通过将输入信息绕道传到输出，保护信息的完整性，整个网络只需要学习输入、输出差别的那一部分，简化学习目标和难度。如图 2.16 所示为组成 ResNet 网络的主要部件。

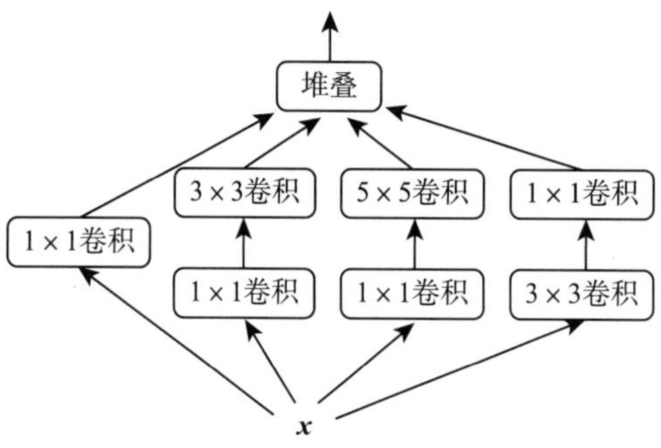

图 2.15 Inception 网络模块

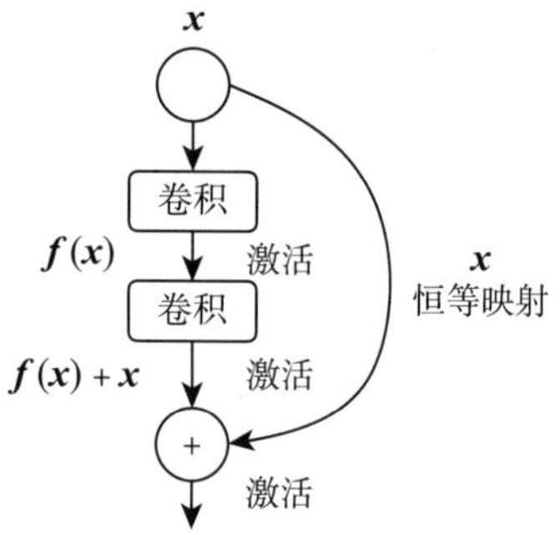

图 2.16 ResNet 网络模块

2.2.7 强化学习

在监督学习中，算法试图使其输出模仿训练集的标签 y。在此情况下，标签对每个输入 x 都给出了明确的“正确答案”。然而，在顺序决策和控制问题中，很难为学习算法提供这种类型的显式标签。例如，试图教一个四条腿的机器人行走，最初并不知道正确的动作是什么，因此无法提供显式标签。

在强化学习（Reinforcement Learning，RL）框架中，仅为算法提供一个奖励函数，以此向学习代理表示代理结果是否正确。例如，奖励功能可能会对向前移动的机器人给予正奖励，对后退或跌倒的机器人给予负奖励。因此，学习算法需要找出如何选择合适的行动，以获得更大的回报[109,204,233]。目前，强化学习已成功应用于直升机自主飞行、机器人行走、手机网络路由、营销策略选择、工厂控制等多个领域。本章节将介绍强化学习的主要过程，以及经典强化学习算法。

2.2.7.1 马尔可夫决策过程

马尔可夫决策过程（Markov Decision Process，MDP）是一个元组（S，A，P_{sa}，λ，R）。其中，S 是一组状态，以自动直升机飞行为例，S 可能是直升机的所有可能位置和方向的集合[247]。A 是一组动作，例如推动直升机操纵杆的所有可能方向的集合。P 是状态转移概率。对于每个状态 $s\in S$ 和动作 $a\in A$，P_{sa} 是状态空间上的分布。如果在状态 S 中采取行动，后续将转移到什么状态，这是 P_{sa} 的分布所决定的。$\lambda\in[0,1)$ 被称为折扣率。R：$S\times A\to\mathbf{R}$ 为奖励函数。

在 MDP 中，从某个状态 S_0 开始，并且获得选择在 MDP 中采取的某个动作 $a_0\in A$。作为选择的结果，MDP 的状态随机转换到根据 $S_1\sim P_{s_0a_0}$ 绘制的某个后继状态 S_1。然后，可以选择另一个动作 A_1，状态再次转换到某个 $S_2\sim P_{s_1a_1}$，以此类推。该过程可表示为 $s_0\xrightarrow{a_0}s_1\xrightarrow{a_1}s_2\xrightarrow{a_2}s_3\xrightarrow{a_3}\cdots$，假设访问状态序列是 S_0，S_1，…，动作 a_0，a_1，…的总回报是 $R(s_0, a_0)+\gamma R(s_1, a_1)+\gamma^2R(s_2, a_2)+\cdots$。如果只考虑状态的函数，可改写为 $R(s_0)+\gamma R(s_1)+\gamma^2R(s_2)+\cdots$。在大部分情况中，仅考虑简单的状态奖励 $R(s)$，可简单推广至状态操作奖励 $R(s, a)$。强化学习的目标是随着时间的推移选择行动，以最大化总回报的期望值：

$$E[R(s_0)+\gamma R(s_1)+\gamma^2R(s_2)+\cdots] \tag{2.52}$$

策略是从状态 S 到操作 A 的映射函数，记为 π：$S\to A$。当处于状态 s 时，如采取 $a=\pi(s)$ 操作，称为执行某个策略 π，并定义策略 π 的值函数为 $V^{\pi}(s)=E[R(s_0)+\gamma R(s_1)+\gamma^2R(s_2)+\cdots\mid s_0=s,\pi]$。其中，$V^{\pi}(s)$ 仅仅是在开始进入状态 s，并根据 π 采取行动时的预期奖励总和。

给定固定策略 π，其值函数 V^{π} 满足贝尔曼方程 $V^{\pi}(s)=R(s)+\gamma\sum_{s'\in S}P_{s\pi(s)}(s')V^{\pi}(s')$。这里，从 s 开始的预期折扣回报之和 $V^{R}(s)$ 由两项组成。第一项是从 s 状态开始就立即获得的即时回报 $R(s)$，第二项是未来折扣回报的预期总和。对比第二项，上面的求和项可以改写为 $E_s'\sim P_{s\pi(s)}[V^{\pi}(s')]$。这是从状态 S_0 开始的折扣奖励的预期总和。对于 $V^{\pi}(s)$，可以使用贝尔曼方程进行求解。具体地说，在有限状态 MDP($|S|<\infty$) 中，对于每个状态 s，有一个 $V^{\pi}(s)$ 约束方程，$|S|$ 个状态产生 $|S|$ 个线性方程组，求解该方程组即可。

对于 MDP，还可以定义最优值函数 $V^*(s)=\max_{\pi}V^{\pi}(s)$，用于表征最好预期折扣奖励总和。对于最优值函数，其贝尔曼方程为 $V^*(s)=R(s)+\max_{a\in A}\gamma\sum_{s'\in S}P_{sa}(s')V^*(s')$，分别指代直接奖励和所有行动 a 的最大预期未来折现回报之和。

对于策略 $\pi^*: S \to A$，满足 $\pi^*(s)=\operatorname{argmax}_{a\in A}\sum_{s'\in S}P_{sa}(s')V^*(s')$。其中，$\pi^*(s)$ 给出了最优值达到最大值的动作 a。事实上，对于每个状态和每个策略 π，$V^*(s)=V^{\pi^*}(s)\geqslant V^{\pi}(s)$。其中，第一个等式表示对于每个状态 s，V^{π^*} 的值函数等于最优值函数 V^*。第二个不等式表示 π^* 的值至少大于任何其他策略的值。换言之，所定义的 π^* 是最优策略。此外，π^* 是所有状态的最优策略。无论 π^* 的初始状态如何变化，都可以使用相同的策略 MDP。

2.2.7.2 值迭代和策略迭代

针对有限状态和操作空间的 MDP（$|S|<\infty$，$|A|<\infty$），有两种主要 MDP 求解算法来寻找最优策略。

1. 值迭代

对于每个状态 s，初始化 $V(s):=0$。重复对每个状态进行更新：$V(s):=R(s)+\max_{a\in A}\gamma\sum_{s'}P_{sa}(s')V(s')$，直到收敛。该算法实际上是反复尝试使用贝尔曼方程更新估计值函数。

在算法的内循环中，有两种可能方式进行更新。第一种方法是同步更新。在每个状态 s 的 $V(s)$ 的新值，然后用新值覆盖所有旧值。在这种情况下，该算法可以看作是实现了一个贝尔曼备份操作，获取值函数的当前估计值，并映射到新的估计值。第二种方法是异步更新。按照某个顺序循环遍历状态，每次更新一个值。在同步更新或异步更新下，值迭代将使得 V 收敛到 V^*，然后可找到最优策略。

2. 策略迭代

内部循环重复计算当前策略的值函数，然后使用当前值函数更新策略。策略迭代算法首先随机初始化 π，然后重复执行步骤①$V:=V$，步骤②对于每个状态，$\pi(s):=\operatorname{argmax}_{a\in A}\sum_{s'}P_{sa}(s')V(s')$，直到收敛。其中，步骤①是通过求解贝尔曼方程来完成。在固定策略的情况下，它只是 $|S|$ 变量中的一组 $|S|$ 线性方程。在该算法的有限次迭代后，V 将收敛到 V^*，π 将收敛到 π^*。步骤②找到的策略也称为关于 V 的贪婪策略。

值迭代和策略迭代都是求解 MDP 的标准算法。对于小型 MDP，策略迭代通常非常快，并且只需很少的迭代即可收敛。对于大状态空间的 MDP，显式求解 V^{π} 将涉及求解大型线性方程组，通常难以求解。此时，数值迭代可能是首选的。

2.2.7.3 学习 MDP 的模型

如果已知状态转移概率和奖励，前文已讨论 MDP 求解算法。然而，许多现实问题仅已知 S、A 和 γ，但是缺少明确的状态转移概率和奖励，需要从数据中估计它们的取值。

例如，在倒立摆问题的 MDP 过程中

$$s_0^{(1)} \xrightarrow{a_0^{(1)}} s_1^{(1)} \xrightarrow{a_1^{(1)}} s_2^{(1)} \xrightarrow{a_2^{(1)}} s_3^{(1)} \xrightarrow{a_3^{(1)}} \cdots \tag{2.53}$$

$$s_0^{(2)} \xrightarrow{a_0^{(2)}} s_1^{(2)} \xrightarrow{a_1^{(2)}} s_2^{(2)} \xrightarrow{a_2^{(2)}} s_3^{(2)} \xrightarrow{a_3^{(2)}} \cdots \tag{2.54}$$

其中，$s_i^{(j)}$ 是实验 j 在时间 i 所处的状态，而 $a_i^{(j)}$ 是该状态采取的相应行动。在实际实验中，每一次实验都可能运行到 MDP 终止（例如，极点在倒立摆问题中倒下）或者运行有限次的时间步骤。在由多次实验组成的 MDP 中，其状态转移概率的最大似然估计 $P_{sa}(s')$ 定义为：在状态 s 采取动作 a 到达状态 s' 的次数，除以在状态 s 采取动作 a 的次数。特别地，如果右侧的比值为 0/0，即以前从未在状态 s 中采取过动作 a，则认为为 P_{sa} 是所有 s 的均匀分布，满足 $P_{sa}(s')=1/|S|$。

类似地，当 R 是未知的，也可得到状态 s 预期立即奖励 $R(S)$ 的估计，作为在状态 s 观察到的平均奖励。

在此基础上，可以进一步使用值迭代或策略迭代求解 MDP。在未知状态转移概率条件下，结合模型学习和值迭代的 MDP 算法可以表述如下：

① 随机初始化 π。

② 在 MDP 中，利用 π 执行以进行一定数量的实验。

③ 利用在 MDP 中积累的经验，更新对 P_{sa} 和 R 的估计。

④ 利用估计状态转移概率和奖励进行值迭代，得到新估计值函数 V。

⑤ 将 π 更新为关于 V 的贪婪策略。

⑥ 重复步骤②③④⑤，直至迭代终止。

在上述值迭代的内循环中，不必一直使用 $V=0$ 设置迭代初始化值参数。使用算法上一次迭代的解，能够为值迭代提供一个更好的初始起点，以加速迭代收敛。

2.2.7.4　强化学习经典算法

本章节将介绍强化学习的一些经典算法，例如 Q-learning 算法、策略梯度（Policy Gradient）算法、DQN（Deep Q Network）算法等。

1. Q-learning 算法

Q-Learning 算法是强化学习算法中基于价值的算法。其中 Q 指的是 $Q(s,\ a)$，也就是在某一个时刻的状态 s 下，采取动作 a 能够获得收益的期望，且环境会根据智能体的动作反馈相应的奖赏。因此，算法的主要思想就是将状态和动作构建成一张 Q_{table} 表来存储 Q 值，然后根据 Q 值来选取能够获得最大收益的动作。

智能体（agent）、环境状态（environment）、奖励（reward）、动作（action）可以将问题抽象成一个马尔可夫决策过程，其中每个格子都看成一个状态 S_t，$\pi(a|s)$ 在状态 s 下采取动作 a 策略。$P(s'|s,\ a)$ 表示在状态 s 下选择动作 a 转换到下一个状态 s' 的概率。$R(s'|s,\ a)$ 表示在状态 s 下采取动作 a 转移到状态 s' 的奖励，其目的很明确，就是找到一条能够到达终点获得最大奖赏的策略，即求出累计奖励最大的策略的期望。

Q-learning 的主要优势就是融合了蒙特卡洛和动态规划，支持时间差分法，进行离线策略的学习，然后使用贝尔曼方程对马尔可夫过程求解最优策略。由时间差分法和贝尔曼方程可得到 Q 函数的更新公式：

$$Q^*(s,a) \leftarrow Q(s,a) + \alpha[r + \gamma \max'_a Q(s',a') - Q(s,a)] \tag{2.55}$$

其中，s 为当前状态，a 为在当前状态下采取的行动，s'为本次行动所产生的新一轮状态，a'为将要采取的行动，r 为本次行动的奖励。α 为学习率，γ 为折扣因子，γ 越接近于 1 代表它越有远见，会着重考虑后续状态的价值，当 γ 接近 0 就会变得短视，只考虑当前利益的影响。使用式（2.55）更新 Q 值进行学习，即为 Q-table 算法的更新过程。

2. 策略梯度算法

强化学习算法可分为基于价值函数和基于策略梯度两种方法，其中基于价值函数的方法就是通过计算每一个状态动作的价值，然后选择价值最大的策略执行。但是该方法较为间接，需要先计算价值函数，然后用贪婪（或 ε-贪婪）的方式求最优策略。基于策略梯度的方法更为直接，它直接参数化策略本身，通过参数化的策略得到一个策略函数：

$$\pi_\theta = P[a \mid s, \theta] \tag{2.56}$$

其中，策略函数 π_θ 确定了在给定的状态 s 和一定的参数 θ 的设置下，采取任何可能行动 a 的概率。而其优点是在一个连续区间选取动作，实现连续动作空间的处理。与价值函数类似，它对策略函数进行拟合，采用了线性（或非线性）方法去求解策略。

策略梯度算法的目的是最大化累计奖励的期望值。因此，基于策略梯度算法的强化学习的目标函数为

$$\overline{R}_\theta = E\left[\sum_{t=0}^{H} R(s_t) \mid \pi_\theta\right] \tag{2.57}$$

其中，$\overline{R}_\theta$ 表示累计奖励的期望值，$R(s_t)$ 表示在 t 时刻，环境状态为 s，遵循策略 π_θ 所获得的奖励值。为了求得最大化的累计奖励的期望值，可以使用梯度上升算法优化策略函数 π_θ 中的参数 θ 来得到最优策略，并在遵循这个策略产生的行为下的最大奖励。但是，在围棋等类似任务中，无法获得中间状态的奖励 r，从而很难计算出总奖励，且需要下完整的一盘棋后才能得到输赢的结果。因此，上述计算所有时刻下累计奖励的期望值，可改为计算采样所有决策轨迹 τ 下的累计奖励的期望值：

$$\overline{R}_\theta = \sum_{\tau} R(\tau) p_\theta(\tau) \tag{2.58}$$

其中，决策轨迹 τ 由一系列的状态和动作组成，即 $\tau = \{s_1, a_1, r_1, s_2, a_2, r_2, \cdots, s_t, a_t, r_t\}$，出现这种轨迹的概率为

$$\begin{aligned} p_\theta(\tau) &= p(s_1) p_\theta(a_1 \mid s_1) p(s_2 \mid s_1, a_1) p_\theta(a_2 \mid s_2) p(s_3 \mid s_2, a_2) \cdots \\ &= p(s_1) \prod_{t=1}^{T} p_\theta(a_t \mid s_t) p(s_{t+1} \mid s_t, a_t) \end{aligned} \tag{2.59}$$

决策轨迹 τ 下的累计奖励满足 $R(\tau)=\sum_{n=1}^{N}r_n$。

总之，策略梯度算法主要是通过调整参数 θ，实现增大高回报轨迹的概率，降低低回报轨迹的概率。基于梯度上升算法，可推导出策略梯度算法的训练模型为

$$\nabla\overline{R}_\theta=\sum_{\tau}R(\tau)\nabla p_\theta(\tau)=\sum_{\tau}R(\tau)p_\theta(\tau)\frac{\nabla p_\theta(\tau)}{p_\theta(\tau)} \tag{2.60}$$

考虑到 $\nabla f(x)=f(x)\nabla\log f(x)$，则

$$\nabla\overline{R}_\theta=\sum_{\tau}R(\tau)p_\theta(\tau)\nabla\log p_\theta(\tau) \tag{2.61}$$

使用策略 π_θ 进行决策，可获得 N 个决策轨迹 $\{\tau^1, \tau^2, \cdots, \tau^N\}$。根据蒙特卡洛采样方法，将 $p_\theta(\tau)$ 看作 $R(\tau)\nabla\log p_\theta(\tau)$ 的概率分布，则式（2.61）可改写为

$$\nabla\overline{R}_\theta\approx\frac{1}{N}\sum_{n=1}^{N}R(\tau^n)\nabla\log p_\theta(\tau^n) \tag{2.62}$$

根据上述 $p_\theta(\tau)$ 的公式可以得出

$$\log p_\theta(\tau)=\log p(s_1)+\sum_{t=1}^{T}p_\theta(a_t\mid s_t)+\log p(s_{t+1}\mid s_t,a_t) \tag{2.63}$$

从而

$$\nabla\log p_\theta(\tau)=\sum_{t=1}^{T}\nabla\log p_\theta(a_t\mid s_t) \tag{2.64}$$

代入式（2.61），则

$$\nabla\overline{R}_\theta\approx\frac{1}{N}\sum_{n=1}^{N}R(\tau^n)\nabla\log p_\theta(\tau^n)=\frac{1}{N}\sum_{n=1}^{N}\sum_{t=1}^{T_n}R(\tau^n)\nabla\log p_\theta(a_t^n\mid s_t^n) \tag{2.65}$$

其中，T_n 是第 n 个轨迹的长度。从而，更新模型参数 $\theta=\theta+\eta\times\nabla\overline{R}_\theta$，式中 η 是学习率。

增加算法基准： 由于算法的基准和样本质量有关，为避免采样不充分，奖励函数改为 $R(\tau^n)-b$，表示回报小于 b 的值会被当成负样本，使模型学习得分更高的动作。而 b 一般取 $R(\tau)$ 的均值。

$$\nabla\overline{R}_\theta\approx\frac{1}{N}\sum_{n=1}^{N}\sum_{t=1}^{T_n}(R(\tau^n)-b)\nabla\log p_\theta(a_t^n\mid s_t^n) \tag{2.66}$$

设置适当的置信度： 由于在每一轮的决策轨迹 τ 中，不论动作好坏均乘以一个相同的总奖励 $R(\tau)$，这显然不合理。因此，在模型中添加一个适当的置信度非常重要。

$$\nabla \overline{R}_\theta \approx \frac{1}{N}\sum_{n=1}^{N}\sum_{t=1}^{T_n}\left(\sum_{t'=t}^{T_n}\gamma^{t'-t}r_{t'}^{n}-b\right)\nabla \log p_\theta(a_t^n \mid s_t^n) \tag{2.67}$$

其中，$\gamma<1$ 表示折扣系数，表明一个状态离当前状态越远（即损失越大），则与当前状态越不相关。使用 $\sum_{t'=t}^{T_n}\gamma^{t'-t}r_{t'}^{n}$ 代替 $R(\tau^n)$，表示使用当前状态以后产生的回报作为当前状态的奖励值。

3. DQN 算法

在强化学习领域，直接从高维的原始输入（例如图像和声音）学习以控制代理（agent）是一个比较大的挑战。大部分强化学习算法都依赖于人工提取的特征结合线性的值函数或策略表示，因此系统结果很大程度上取决于特征提取的质量。

近年来，深度学习可直接从复杂的原始输入中捕获特征，无须手工提取。然而，深度学习和强化学习又存在着一些差别，难以直接将深度神经网络应用于强化学习，其主要原因在于以下几个方面。首先，深度学习通常基于大量的人工标注训练数据进行训练，而强化学习则是基于可能存在延时的奖励进行学习，很难通过标准的网络结构将输入直接与奖励进行关联。其次，大部分深度学习算法都假定数据样本之间相互独立，而强化学习则一般应用于高度相关的状态序列。最后，在强化学习中，当算法学习到新的行为后，数据分布可能发生改变，而深度学习通常假设数据分布是不变的。

针对上述问题，DQN 提出一种基于卷积神经网络（CNN）的方法。在复杂的强化学习环境中，直接通过视频数据生成控制策略，通过随机梯度下降来更新权重。为了缓解数据相关性以及分布的不稳定性，DQN 使用了一种经验回放机制来随机采样之前的状态转移。

在使用 DQN 算法时，代理基于一系列的动作、观察与奖励和环境（即 Atari 模拟器）进行交互。在每个时间步，代理从合法的游戏动作集 $A=1, \cdots, K$ 中选择一个动作 a_t，模拟器接收到该动作、修改其内在状态，并反映到游戏得分上。一般情况下，环境是随机生成的，代理无法观察到模拟器内部的状态，只能观察来自模拟器的图像 $\boldsymbol{x}_t \in \mathrm{R}^d$，这是一个表示当前屏幕的原始像素值向量。此外，代理接收到一个表示游戏得分变化的奖励 r_t。通常，游戏得分可能依赖于整个先前的动作与观察序列，一个动作的反馈可能在很多时间步之后才会体现。由于代理只能观测到当前屏幕的图像，无法获取模拟器的内部状态，即该任务是部分观测的，因此考虑基于当前时间 t 前的整个动作与观察序列 $s_t=\boldsymbol{x}_1, a_1, \boldsymbol{x}_2, a_2, \cdots, \boldsymbol{x}_t, a_t$ 来学习策略。模拟器中的所有序列都假定可以在有限时间步内终止。基于上述假设，可将整个过程理解为一个有限马尔可夫决策过程（MDP），其中每个时间点对应的序列为一个状态 s_t。这样就将原始任务转化为一个可以使用标准强化学习算法的 MDP 场景。

代理的目标是通过与模拟器的交互来选择动作，使得未来的奖励最大化。这里假定未来奖励会随着时间步而衰减，衰减因子为 γ，则在 t 时刻未来的奖励和为 $R_t=\sum_{t'=t}^{T}\gamma^{t'-t}r_t{}'$。假设定义最优动作-价值函数 $Q^*(s, a)$ 为在观测到某个序列 s 并执行动作 a，通过后续的任意策略所能达到的奖励做大期望为 $Q^*(s, a)=\max\limits_{\theta} E[R_t \mid s_t=s, a_t=a, \pi]$。其中，$\pi$ 是一个策略，将状态（这里指序列）映射为动作（或者动作的分布）。最优动作-价值函数满足贝尔曼等式：

$$Q^*(s,a)=E_{s'\sim\varepsilon}[r+\gamma\max_{a'}Q^*(s',a') \mid s,a] \tag{2.68}$$

因此，目标期望由即时奖励和下一个时间步的折扣奖励的最大期望组成。

大多数强化学习算法的思路是使用贝尔曼等式进行迭代更新来估计动作-价值函数，直到收敛至最优值。而 DQN 算法则使用一个权重为 θ 的神经网络函数近似器，称为 Q-网络。Q-网络通过在每一次迭代 i 中，对最小化损失函数 $L_i(\theta_i)$ 进行训练：

$$L_i(\theta_i)=E_{s,a\sim\rho(\cdot)}[(y_i Q(s,a;\theta_i))^2] \tag{2.69}$$

其中，$y_i=E_{s'\sim\varepsilon}[r+\gamma\max\limits_{a'}Q^*(s', a') \mid s, a]$ 为当前迭代 i 的目标，$\rho(s, a)$ 是一个关于序列 s 和动作 a 的概率分布，即行为分布。来自上一次迭代的参数 θ_{i-1} 在优化损失函数 $L_i(\theta_i)$ 时保持不变，用于计算当前迭代下的最优价值函数。注意，在 Q-网络中，目标值是依赖于网络权重的。而在普通监督学习中，目标值（标签）通常是在学习开始前确定好的。

将损失函数对于权重求导，可得到梯度

$$\nabla L_i(\theta_i)=E_{s,a\sim\rho(\cdot)s'\sim\varepsilon}[(r+\gamma\max_{a'}Q^*(s',a';\theta_{i-1})-Q(s,a;\theta_i))\nabla_{\theta_i}Q(s,a;\theta_i)] \tag{2.70}$$

相比较直接计算上述梯度中的期望，可通过随机梯度下降优化损失函数，以提高计算效率。每次分别基于行为分布 ρ 和模拟器采样单个样本作为期望，用来更新权重。这种做法类似于经典的 Q-learning 算法。

DQN 算法直接使用来自模拟器的样本执行任务，并不需要对环境进行估计建模。该方法也是离线策略的，每次迭代时基于贪婪法生成样本进行学习：$a=\max\limits_{a}Q(s, a; \theta)$，通过行为分布来保证对状态空间的有效探索。在实际应用中，行为分布通常是使用 ε-贪婪法来计算，即以 $1-\varepsilon$ 的概率遵循贪婪法，以 ε 的概率选择一个动作。

2.3 主流算法

本节将简单介绍用于人工智能安全领域的几个主流算法，例如生成对抗网络、联邦学习和在线学习。

2.3.1 生成对抗网络

生成对抗网络（Generative Adversarial Network，GAN）是 Goodfellow 等人[76] 于 2014

年提出的一种新型学习方法，它利用两个模型的对抗过程同时进行训练。图 2.17 是生成对抗网络的一个典型框架，主要包括一个生成器和一个判别器。生成器（Generator）是通过机器生成数据（例如生成图像），目的是“骗过”判别器。判别器（Discriminator）用来判断数据是真实的还是机器生成的，目的是找出生成器做的“假数据”。

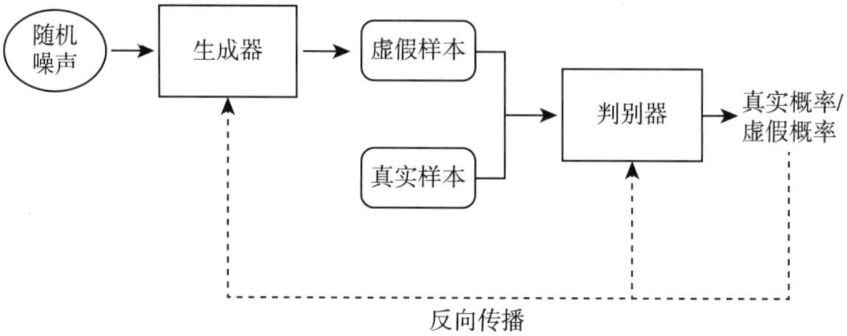

图 2.17　生成对抗网络

2.3.1.1　生成对抗网络的理论基础

判别器本质上是一种分类器，用于区分样本的真伪，通常可用交叉熵判别分布相似性。两个样本的交叉熵为 $H(p,\ q)=-\sum p_i\log q_i$，其中 p_i 和 q_i 分别为真实样本分布和生成器的生成样本分布。判别器需要解决这个二分类问题，可以对交叉熵展开：$H((\boldsymbol{x}_1,\ y_1),\ D)=-y_1\log D(\boldsymbol{x}_1)-(1-y_1)\log(1-D(\boldsymbol{x}_1))$。其中，$y_1$ 为正确样本分布，$1-y_1$ 就是生成样本的分布；D 表示判别器，$D(\boldsymbol{x}_1)$ 表示判别样本为正确的概率，$1-D(\boldsymbol{x}_1)$ 则对应着判别为错误样本的概率。将上式推广到 N 个样本后，则 $H((\boldsymbol{x}_i,\ y_i)_{i=1}^N,\ D)=-\sum_{i=1}^N y_i\log D(\boldsymbol{x}_i)-\sum_{i=1}^N(1-y_i)\log(1-D(\boldsymbol{x}_i))$。

生成对抗网络的样本点 $\boldsymbol{x}_i$ 要么来自真实样本，要么来自生成器生成的样本 $\bar{\boldsymbol{x}}\sim G(z)$，其中 z 是输入到生成器的噪声分布。对于真实的样本，需要判别为正确的分布 y_i；对于生成样本，需要判别为错误的分布（$1-y_i$）。将上述交叉熵使用概率分布的期望形式写出，设 $y_i=1/2$，且使用 $G(z)$ 表示生成样本，则满足：

$$H((\boldsymbol{x}_i,y_i)_{i=1}^{\infty},D)=-\frac{1}{2}E_{\boldsymbol{x}\sim P_{\text{data}}}[\log D(\boldsymbol{x})]-\frac{1}{2}E_z[\log(1-D(G(z)))] \tag{2.71}$$

式中的求和上限为无穷大，相当于有无限样本。公式可以进一步改写成：

$$\min_G\max_D V(D,G)=E_{\boldsymbol{x}\sim P_{\text{data}}}[\log D(\boldsymbol{x})]+E_{z\sim p_z(z)}[\log(1-D(G(z)))] \tag{2.72}$$

其中，$V(G,\ D)$ 表示真实样本和生成样本的差异程度，$\max\limits_D V(D,\ G)$ 的意思是固定生成器 G，尽可能地让判别器最大化地判别出样本来自真实数据还是生成的数据。令 $L=\max\limits_D V(D,\ G)$，则

$\min\limits_G L$ 表示在固定判别器 D 的条件下得到生成器 G，且 G 能够最小化真实样本与生成样本的差异。通过上述的博弈过程，理想情况下生成分布逐渐逼近真实分布。

2.3.1.2　生成对抗网络的训练过程

生成对抗网络主要是利用生成器和判别器的对抗博弈来优化两者性能，其训练过程如下：

- **固定判别器 D，训练生成器 G**：初始化判别器和生成器，让生成器 G 不断生成"假数据"，然后让判别器 D 去判断。初始化的生成器 G 性能较差，很容易被判断出是否是假数据。随着不断训练，生成器 G 的模型不断改进，最终骗过判别器 D。在此阶段，判别器 D 基本属于猜的状态，判断是否为假数据的概率为 50%。
- **固定生成器 G，训练判别器 D**：完成第一阶段以后，不需要继续训练生成器 G。此时需要固定生成器 G，开始训练判别器 D。判别器 D 通过不断训练，提高其鉴别能力，最终准确判断出所有的假图片。此时，生成器 G 已经无法骗过判别器 D。
- **迭代优化**：通过不断迭代前两个步骤，生成器 G 和判别器 D 的性能均得以提升，最终获取效果较好的生成器 G，可以用于生成目标图片。

2.3.2　联邦学习

人工智能方法通常需要收集大量有标签（或无标签）的数据，在这些数据的基础上训练模型，提供给外部使用。然而，这些人工智能方法仍面临两大挑战。首先，很多数据仍然是以孤岛的形式存在，难以被聚集起来形成一个庞大的训练数据集；其次，需要避免和克服数据泄露，保障数据隐私和安全。

为了解决上述问题，谷歌公司在 2016 年提出一种新的分布式机器学习方法——联邦学习（Federated Learning）。联邦学习通过远程设备或孤立的数据中心训练各自的模型，只需要上传训练好的模型参数到一个中心化的服务器汇总，而不需要上传和分享远程设备或数据中心的原始数据[121]。在联邦学习中，原始数据仍然保存在本地，以解决潜在的数据安全隐私问题，允许在不损害用户隐私的情况下共享数据模型，并克服数据孤岛问题[43,275]。

2.3.2.1　联邦学习的基本原理

联邦学习面向的场景是分布式的多个用户（或设备）F_1，F_2，…，F_N，各个用户分别拥有独立的数据集 $\{D_1, D_2, \cdots, D_N\}$。传统的深度学习将这些数据收集在一起，得到汇总数据集 $D=D_1\cup D_2\cup\cdots\cup D_N$，训练得到模型 M_{SUM}。联邦学习方法则是由参与的用户共同训练一个模型 M_{FED}，同时用户数据 D_i 保留在本地，不对外传输。如果存在一个非负实数 δ，使得 M_{FED} 的模型精度 V_{FED} 与 M_{SUM} 的模型精度 V_{SUM} 满足如下不等式：

$$|V_{\mathrm{FED}}-V_{\mathrm{SUM}}|<\delta \tag{2.73}$$

则称该联邦学习算法达到 δ 精度损失。联邦学习允许训练模型存在一定程度的性能偏差，但是为所有的参与方提供了数据的安全性和隐私保护。联邦学习常用的框架是客户端-服务器架构，其训练方式是让各个数据持有方根据自己的条件和规则在本地训练模型，然后将脱敏参数汇总到中央服务器进行计算，之后再下发回各个数据持有方更新自己本地的模型，直至全局模型稳健为止。

在物理层面上，联邦学习系统一般由数据持有方和中心服务器组成。各数据持有方的本地数据的数量或特征数可能并不足以支持一次成功的模型训练，因此需要其他数据持有方的支持。而联邦学习中心服务器的工作类似于分布式机器学习的服务器，其收集各数据持有方的梯度，并在服务器内进行聚合操作后返回新的梯度。在一次联邦学习的合作建模过程中，数据持有方对本地数据的训练仅发生在本地，以保护数据隐私，迭代产生的梯度在脱敏后被作为交互信息，代替本地数据上传给第三方受信任的服务器，等待服务器返回聚合后的参数，对模型进行更新。图 2.18 是客户端–服务器架构的联邦学习流程。

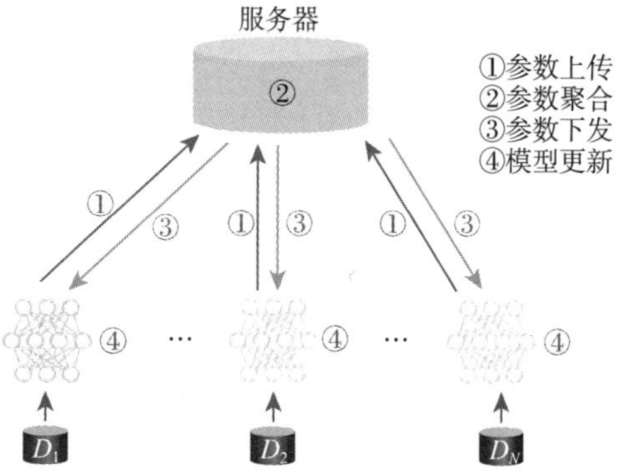

图 2.18 客户端–服务器架构的联邦学习流程

- **系统初始化**：首先由中心服务器发送建模任务，寻求参与客户端。客户端即数据持有方根据自身需求，提出联合建模设想。在与其他合作的数据持有方达成协议后，联合建模设想被确立，各数据持有方进入联合建模过程。由中心服务器向各数据持有方发布初始参数。
- **参数上传**：联合建模任务开启并初始化系统参数后，各数据持有方将被要求首先在本地根据己方数据进行局部计算，计算完成后，将本地局部计算所得梯度脱敏后进行上传，以用于全局模型的一次更新。
- **参数聚合**：在收到来自多个数据持有方的计算结果后，中心服务器对这些计算值进行聚合操作，在聚合的过程中需要同时考虑效率、安全、隐私等多方面的问题。比如，有时因为系统的异构性，中心服务器可能不会等待所有数据持有方的上传，而是选择一个合适的数据持有方子集作为收集目标，或者为了安全地对参数进行聚合，使用一定的加密技术对参数进行加密。
- **参数下发**：中心服务器根据聚合后的结果对全局模型进行一次更新，并将更新后的模型返回给参与建模的数据持有方。
- **模型更新**：数据持有方更新本地模型，并开启下一步局部计算，同时评估更新后的模型性能，当性能足够好时，训练终止，联合建模结束。建立好的全局模型将会被保留在中心服务器端，以进行后续的预测或分类工作。

上述过程是一个典型的基于客户端–服务器架构的联邦学习过程。但并不是每个联邦学习任务都一定要严格按照这样的流程进行操作，有时可能会针对不同场景对流程做出改动，例如，适当地减少通信频率来保证学习效率，或者在聚合后增加一个逻辑判断，判断接收到的本地计算结果的质量，以提升联邦学习系统的鲁棒性。

2.3.2.2　联邦学习的分类

联邦学习的孤岛数据有不同的分布特征。对于每一个参与方来说，自己所拥有的数据可以用一个矩阵来表示。矩阵的每一行表示每一个用户或者一个独立的研究对象，每一列表示用户或者研究对象的一种特征。同时，每一行数据都会有一个标签。对于每一个用户来说，人们希望通过他的特征 X，学习一个模型来预测他的标签 Y。在现实中，不同的参与方可能是不同的公司或者机构，人们不希望自己的数据被别人知道，但是希望可以联合训练一个更强大的模型来预测标签 Y。

根据联邦学习的数据特点（即不同参与方之间的数据重叠程度），联邦学习可被分为横向联邦学习、纵向联邦学习、联邦迁移学习。当两个参与方的用户重叠部分很少，但是两个数据集的用户特征重叠部分比较多时，这种场景下的联邦学习叫作横向联邦学习。比如一个银行系统在深圳和上海的分部为参与方，两边业务类似，收集的用户数据特征比较类似，但是两个分部的用户大部分是本地居民，用户重叠比较少，当两个分部需要做联邦模型对用户进行分类的时候，就属于横向联邦学习。当两个参与方的用户重叠部分很多，但是两个数据集的用户特征重叠部分比较少时，这种场景下的联邦学习叫作纵向联邦学习。比如同一个地区的两个机构，一个机构有用户的消费记录，另一个机构有用户的银行记录，两个机构有很多重叠用户，但是记录的数据特征是不同的，两个机构想通过加密聚合用户的不同特征来联合训练一个更强大的联邦学习模型，这种机器学习模型就属于纵向联邦学习。当两个参与方的用户重叠部分很少，两个数据集的用户特征重叠部分也比较少，且有的数据还存在标签缺失时，这种场景下的联邦学习叫作联邦迁移学习。比如考虑两个不同地区的机构，一个机构拥有所在地区的用户消费记录，另一个机构拥有所在地区的银行记录，两个机构具有不同的用户，同时数据特征也各不相同，在这种情况下联合训练的机器学习模型就是联邦迁移学习。

从数学角度出发，假设矩阵 $\boldsymbol{D}_i$ 表示每个数据所有者 i 持有的数据，矩阵的每一行表示一个样本，每一列表示一个特征。同时，一些数据集也可能包含标签数据。用 X 表示特征空间，用 Y 表示标签空间，用 I 表示样本 ID 空间。例如，在金融领域，标签可以是用户的信用；在营销领域，标签可以是用户的购买欲望；在教育领域，标签可以是学生的学位。特征 X、标签 Y 和样本 ID 空间 I 构成完整的训练数据集（I，X，Y）。

1. 横向联邦学习

横向联邦学习，或者基于样本的联邦学习，被引入到数据集共享相同的特征空间但样本不同的场景中。例如，两个区域性银行的用户组可能由于各自的区域非常不同，其用户的交集非常小。但是，它们的业务非常相似，因此特征空间是相同的。对于任何 $\boldsymbol{D}_i$ 和 $\boldsymbol{D}_j$，横向联邦学习满足 $X_i=X_j$，$Y_i=Y_j$，$I_i \neq I_j$，其中 $i \neq j$。

在横向联邦学习系统中，具有相同数据结构的 N 个参与者通过参数或云服务器协同学习机器学习模型。一个典型的假设是参与者是诚实的，而服务器是诚实但好奇的，因此不允许任何参与者向服务器泄露信息。这种系统的训练过程通常包括以下步骤：

① 参与者在本地计算训练梯度，使用加密、差分隐私或秘密共享技术掩盖所选梯度，并将掩码后的结果发送到服务器。

② 服务器执行安全聚合，不了解任何参与者的信息。

③ 服务器将汇总后的结果发送给参与者。

④ 参与者用解密的梯度更新各自的模型。

通过上述步骤进行迭代，直到损失函数收敛，完成整个训练过程。该结构独立于特定的机器学习算法（逻辑回归、DNN 等），所有参与者将共享最终的模型参数。如果梯度聚合是使用 SMC 或同态加密完成的，则证明上述结构可以保护数据泄露不受半诚实服务器的影响。但它可能会受到另一种安全模式的攻击，即恶意参与者在协作学习过程中训练生成对抗网络。

2. 纵向联邦学习

纵向联邦学习，或基于特征的联邦学习，适用于两个数据集共享相同的样本 ID 空间但特征空间不同的情况。例如，考虑同一城市中的两个不同公司，一个是银行，另一个是电子商务公司。这两者的用户集可能包含该区域的大多数居民，因此用户空间的交叉很大。然而，由于银行记录了用户的收支行为和信用评级，电子商务保留了用户的浏览和购买历史，所以其特征空间有很大的不同。假设双方都希望有一个基于用户和产品信息的产品购买预测模型。纵向联邦学习是将这些不同的特征聚合在一起，以一种隐私保护的方式计算训练损失和梯度，以便用双方的数据协作构建一个模型。在这种联邦机制下，每个参与方的身份和地位是相同的，联邦系统帮助每个人建立“共同财富”策略。对于任何 $\boldsymbol{D}_i$ 和 $\boldsymbol{D}_j$，纵向联邦学习满足 $X_i \neq X_j$，$Y_i \neq Y_j$，$I_i = I_j$，其中 $i \neq j$。

假设 A 公司和 B 公司想要联合训练一个机器学习模型，并且这两家公司的业务系统都有自己的数据。此外，B 公司还拥有模型需要预测的标签数据。出于数据隐私和安全原因，A 和 B 不能直接交换数据。为了确保训练过程中数据的保密性，引入了第三方合作者 C。在此，假设合作者 C 是诚实的，不与 A 或 B 勾结，但 A 和 B 是诚实但彼此好奇的。一个可信的第三方 C 是一个合理的假设，因为 C 可以由政府等权威机构发挥作用，或由安全计算节点如英特尔软件防护扩展（Software Guard eXtensions，SGX）取代。

纵向联邦学习系统由两部分组成。第一部分是加密实体对齐。由于两家公司的用户组不同，系统使用基于加密的用户 ID 对齐技术，来确认双方的共同用户，而 A 和 B 不会暴露各自的数据。在实体对齐过程中，系统不会公开彼此不重叠的用户。第二部分是加密模型训练。在确定了公共实体之后，可使用这些公共实体的数据来训练机器学习模型。训练过程可分为以下四个步骤：

① 第三方合作者 C 创建密钥对，将公钥发送给 A 和 B。

② A、B 对梯度和损失计算需要的中间结果进行加密与交换。

③ A、B 分别计算加密梯度并添加额外的掩码，B 也计算加密损失；A 和 B 向 C 发送加密值。

④ C 解密并将解密后的梯度和损失发送回 A、B；A 和 B 除去梯度上的掩码，相应地更新模型参数。

3. 联邦迁移学习

联邦迁移学习适用于两个数据集不仅在样本上不同且在特征空间也不同的场景。考虑两个机构，一个是位于中国的银行，另一个是位于美国的电子商务公司。由于地域的限制，两个机构的用户群有一个小的交叉点。另外，由于业务的不同，双方的功能空间只有一小部分重叠。在这种情况下，可以应用迁移学习技术为联邦下的整个样本和特征空间提供解决方案。特别地，使用有限的公共样本集学习两个特征空间之间的公共表示，然后应用于获取仅具有单侧特征的样本预测。联邦迁移学习是对现有联邦学习系统的一个重要扩展，因为它处理的问题超出了现有联邦学习算法的范围。对于任何 D_i 和 D_j，联邦迁移学习满足 $X_i \neq X_j$，$Y_i \neq Y_j$，$I_i \neq I_j$，其中 $i \neq j$。

假设在上面的纵向联邦学习示例中，A 方和 B 方只有一组非常小的重叠样本，但希望学习 A 方中所有数据集的标签。到目前为止，上述部分描述的架构仅适用于重叠的数据集。为了将它的覆盖范围扩展到整个样本空间，引入了迁移学习。这并没有改变总体架构，而是改变了 A、B 双方之间交换的中间结果的细节，具体来说，迁移学习通常涉及学习 A、B 双方特征之间的共同表示，并最小化利用源域方（在本例中为 B）中的标签预测目标域方的标签时的出错率。因此，A 方和 B 方的梯度计算不同于纵向联邦学习场景中的梯度计算。在推断时，仍然需要双方计算预测结果。

2.3.3 在线学习

在机器学习领域中，可以把机器学习算法分为在线学习算法和离线学习算法两类。离线学习是指对独立数据进行训练，将训练所得的模型用于预测任务中。目前研究的大部分机器学习算法都是离线学习算法，这些算法在很多分类或回归任务上取得了优异的结果。然而如今计算机的性能远低于它所面对的数据量级，离线学习算法在海量数据的问题面前变得束手无策，即使对算法本身进行改进也不能从根本上解决问题。和离线学习相比，在线学习指的是模型顺序地接收训练数据，每接收一个样本会对它进行预测并对当前模型进行更新，然后处理下一个样本。在线学习算法不需要计算机存储所有的训练数据，可以根据数据分布的变化自动调整模型本身，这些优势使得在线学习更适合处理海量数据并能对外在环境动态的变化做出及时反应。

在线学习并不是一种模型，而是一种模型的训练方法。在线学习能够根据线上反馈数据，实时快速地进行模型调整，使得模型及时反映线上的变化，提高线上预测的准确率。在线学习的流程包括：将模型的预测结果展现给用户，然后收集用户的反馈数据，再用来训练模型，形成闭环的系统，如图 2.19 所示。

本小节将介绍在线学习领域的两种典型算法：一阶在线学习算法和二阶在线学习算法。一阶在线学习算法简单，易于实现，然而每轮的更新带有噪声收敛，效率不高且不稳定。二阶在线学习算法每轮更新的时间开销和空间开销要大于一阶在线学习算法，但它更新稳定，收敛较快。

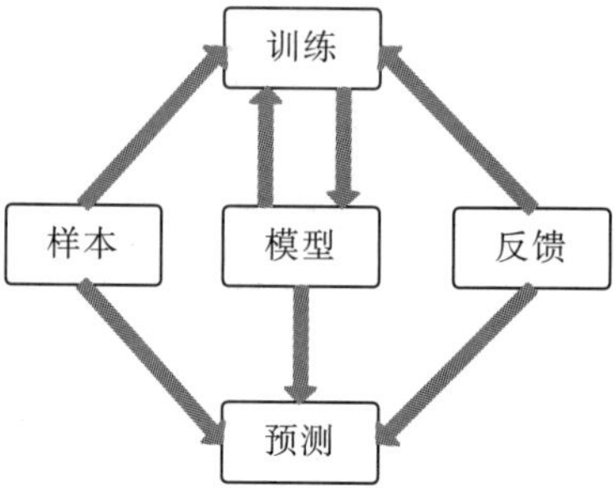

图 2.19　在线学习流程

在线学习问题一般包含两个元素：一个凸集合 S 以及一个凸损失函数 l_t。在每一个时刻 t，在线学习算法决定一个权重向量 $\boldsymbol{w}_t \in S$，之后根据损失函数 l_t 以及凸集合 S 得到一个损失 $l_t(\boldsymbol{w}_t)$。在线学习算法的目标是持续地选择最优的权重 $\boldsymbol{W}_1$，$\boldsymbol{W}_2$，…，使得算法的悔界最小。经过 T 轮后的悔界 R_T 定义为

$$R_T = \sum_{t=1}^{T} l_t(\boldsymbol{w}_t) - \inf_{\boldsymbol{w}^* \in S} \sum_{t=1}^{T} l_t(\boldsymbol{w}^*) \tag{2.74}$$

其中，$\boldsymbol{w}^*$ 是离线算法优化目标 $\sum_{t=1}^{T} l_t(\boldsymbol{w}^*)$ 的最优解。

2.3.3.1　一阶在线学习算法

在线梯度下降（Online Gradient Decent，OGD）算法是离线梯度下降算法在在线学习场景中的直接应用，该算法是在线学习中很多算法的基础[57,284,291]。整个算法的流程见算法 2.2。在每轮中，算法根据现有模型以及损失函数的梯度方向进行更新。该更新策略可能导致模型参数不在定义域，因此每轮更新后需要投影回定义域，投影的数学定义为 $\prod_{S(u)} = \mathrm{argmin}_{\boldsymbol{w} \in S} \| \boldsymbol{w} - \boldsymbol{\mu} \|$。即使损失函数每轮都不一样，该算法也能达到亚线性的悔界上界。在线梯度下降算法比较简单且容易实现，然而它的参数更新需要一个投影步骤，这使得它每轮更新的时间开销较大。

算法 2.2　OGD 算法流程

初始化凸集合 S，$\boldsymbol{w}_1$，学习率 η；
for $t=1,2,\cdots,T$ **do**
　计算损失函数 l_t；
　计算当前梯度 $\nabla_{l_t}(\boldsymbol{w}_t)$；
　更新模型参数 $\boldsymbol{w}_{t+1} = \prod_S(\boldsymbol{w}_t - \eta \nabla_{l_t}(\boldsymbol{w}_t))$；
end for

2.3.3.2　二阶在线学习算法

OGD 算法在损失函数满足强凸函数的条件下，悔界上界能达到和轮次 T 对数相关的结

果。然而，在很多现实应用中损失函数并不满足强凸函数。例如，常用的在线投资组合选择的损失函数 $l_t(\boldsymbol{w})=-\ln(r_t^{\mathrm{T}}\boldsymbol{w})$ 并不是强凸的，但是它的 Hessian 矩阵 $\nabla^2 l_t(\boldsymbol{w})=\dfrac{r_t r_t^{\mathrm{T}}}{(r_t^{\mathrm{T}}\boldsymbol{w})^2}$ 秩为 1 且不是半正定的。虽然损失函数不是强凸函数，但是 Hessian 矩阵在梯度方向的值很大，可称拥有这种性质的函数为 exp-concavity。如果损失函数是 exp-concavity，可用 ONS（Online Newton Step）算法得到一个悔界和轮次 T 相关的算法。ONS 算法是一个拟牛顿法，虽然严格意义上来说仅仅利用了一阶的信息，但是它近似了二阶的信息[154]。

算法 2.3　ONS 算法流程

1：初始化凸集合 $S,\boldsymbol{w}_1$，学习率 η，初始矩阵 $\boldsymbol{A}_0=\varepsilon\boldsymbol{I}$；
2：**for** $t=1,2,\cdots,T$ **do**
3：　计算损失函数 l_t；
4：　计算当前梯度 $\nabla_{l_t}(\boldsymbol{w}_t)$；
5：　更新矩阵参数：$\boldsymbol{A}_t=\boldsymbol{A}_{t-1}+\nabla_{l_t}(\boldsymbol{w}_t)\nabla_{l_t}(\boldsymbol{w}_t)^{\mathrm{T}}$；
6：　更新模型参数：$\boldsymbol{w}_{t+1}=\prod_S^{A_t}(\boldsymbol{w}_t-\eta A_t^{-1}\nabla_{l_t}(\boldsymbol{w}_t))$，其中 $\prod_S^{A_t}(\boldsymbol{u})=\mathrm{argmin}_{\boldsymbol{w}\in S}(\boldsymbol{w}-\boldsymbol{u})^{\mathrm{T}}A(\boldsymbol{w}-\boldsymbol{u})$
7：**end for**

和 OGD 算法类似，模型的更新都是在某一方向往前走。不同的是，OGD 算法使用当前损失函数的梯度作为更新方向，而 ONS 算法使用 $\boldsymbol{A}_t^{-1}\nabla l_t(\boldsymbol{w}_t)$，其中矩阵 $\boldsymbol{A}_t$ 可近似当作 Hessian 矩阵。因为持续的累加更新，可能导致模型参数不在定义域，因此每轮更新后需要进行投影。ONS 算法中投影是根据矩阵 $\boldsymbol{A}_t$ 的范数来计算的，而 OGD 算法中投影是根据二阶范数来计算的。虽然每一轮更新 ONS 算法的时间复杂度要高于 OGD 算法，但是当损失函数是 exp-concavity 函数时，算法能保证悔界上界达到和轮次 T 对数相关的结果。

虽然一阶在线学习算法收敛速率较慢，但它的更新法则简单，易于实现，单步更新的时间开销和空间开销较小，因此被广泛应用于各种机器学习任务中。相比而言，二阶在线学习算法虽然收敛速率较快，然而每步更新的代价较大。在很多实际任务中往往综合利用两种在线学习算法的优势进行模型的更新。

2.4　算法可解释性

尽管各类人工智能算法在许多领域展现了巨大的应用潜力，但缺乏可解释性严重限制了各类真实场景（尤其是安全敏感任务）中的广泛应用。为了克服这一弱点，众多学者开始研究如何提高机器学习模型的可解释性，并提出了一系列的解释方法，以帮助用户理解模型内部的工作原理[3,126]。然而，算法可解释性的研究仍处于初级阶段，尚有大量的科学问题有待解决。

2.4.1　可解释性问题

在人工智能领域，可解释性被定义为向人类解释的能力。从本质上讲，可解释性是人类与人工智能模型之间的接口。在人工智能算法中，模型是自动构建的，例如在深度学习网络的训练过程中，我们不清楚其内部学习过程，也不清楚其内部工作机制。因此，可解释性旨在帮助人类去理解机器学习模型是如何学习的，模型内部是如何工作的，以及模型对某个特定输入参数产生何种决策，以及该决策的产生原因、是否可靠等。

为了赋予可解释性，需要探讨模型所涉及的技术和模型属性。它们大致可分为两类。一类是事前（ante-hoc）可解释性，主要是指训练结构简单、可解释性好的模型（例如决策树、线性回归、朴素贝叶斯），或者将可解释性结合到具体模型结构中的自解释模型，使模型本身具备可解释能力。另一类是事后（post-hoc）可解释性，主要是指开发可解释性技术，解释已训练好的机器学习模型。根据解释目标和解释对象的不同，事后可解释性又可分为全局可解释性（Global Interpretability）和局部可解释性（Local Interpretability）。全局可解释性旨在帮助人们理解复杂模型背后的整体逻辑以及内部的工作机制，局部可解释性旨在帮助人们理解机器学习模型针对每一个输入样本的决策过程和决策依据。

2.4.2　事前可解释

事前可解释性是指模型本身内置可解释性。对于一个已训练好的学习模型，我们不需要额外的信息，就可以理解模型的决策过程或决策依据。在学习任务中，通常采用结构简单、易于理解的自解释模型来实现事前可解释性，如朴素贝叶斯、线性回归、决策树、基于规则的模型。此外，也可以将可解释性应用到具体的模型，构建新的学习模型，以实现模型的内置可解释性。

1. 自解释模型

对于自解释模型，主要考虑模型整体的可模拟性（Simulatability）和模型单个组件的可分解性（Decomposability）。

如果认为某个模型是透明的，那么一定能从整体上完全理解一个模型，也能够在合理的时间和步骤内，根据输入数据和模型参数预测所需的每一个计算，这就是模型整体的可模拟性。例如，在朴素贝叶斯模型中，由于条件独立性的假设，可将模型的决策过程转化为概率运算。在决策树模型中，每一棵决策树都由表示特征或者属性的内部节点和表示类别的叶子节点组成，树的每一个分支代表一种可能的决策结果。决策树中每一条从根节点到不同叶子节点的路径都代表着一条不同的决策规则，因而每一棵决策树都可以被线性化为一系列由 if-then 形式组成的决策规则。

自解释模型的可分解性要求模型的每个部分，包括模型结构、模型参数、模型的每一个输入以及每一维特征，都能直观地解释。例如，在朴素贝叶斯模型中，由于条件独立性的假设，模型的预测可以很容易地转化为单个特征值的贡献（即特征向量），特征向量的每一维表示每个特征值对最终分类结果的贡献程度。在决策树模型中，每个节点包含了特征值的条件测试，判定样本属于哪一分支以及使用哪一条规则，同时，每一条规则也为最终的分类结果提供了解释。

2. 广义加性模型

简单模型（如线性模型）因为准确率低而无法满足需要，复杂模型的高准确率又通常是以牺牲自身可解释性为代价的。广义加性模型通过对多个单特征的简单模型进行线性组合，得到一个综合的决策形式。

广义加性模型的一般形式为 $g(\boldsymbol{y})=f_1(\boldsymbol{x}_1)+f_2(\boldsymbol{x}_2)+\cdots+f_n(\boldsymbol{x}_n)$。其中，$f_i(\boldsymbol{x}_i)$ 为特征 $\boldsymbol{x}_i$ 对应的简单模型。广义加性模型通过组合多个单特征模型 $f_i(\boldsymbol{x}_i)$，得到各个特征 $\boldsymbol{x}_i$ 与最终决策目标 $g(\boldsymbol{y})$ 之间的非线性关系，因此得以保留简单模型良好的可解释性，从而避免复杂模型的多特征复杂关系导致的难以解释的问题。

3. 注意力机制

复杂模型（例如神经网络）由于模型结构复杂、算法透明性低，因而模型本身的可解释性差。因此，复杂模型的自身可解释性只能通过额外引入可解释性模块来实现，一种有效的方法就是引入注意力机制（Attention Mechanism）。注意力机制源于对人类认知神经学的研究。在认知科学中，由于信息处理的瓶颈，人脑有意或无意地从大量输入信息中选择小部分有用信息去重点处理，同时忽略其他可见的信息，这就是人脑的注意力机制。在计算能力有限的情况下，注意力机制是解决信息超载问题的一种有效手段，通过决定需要关注的输入部分，将有限的信息处理资源分配给更重要的任务。此外，注意力机制具有良好的可解释性，注意力权重矩阵直接体现了模型在决策过程中感兴趣的区域。

目前，基于注意力机制的神经网络已成为神经网络研究的一大热点，例如将注意力机制引入基于编码器-解码器架构的机器翻译中，提高翻译性能。在编码阶段，机器翻译模型采用双向循环神经网络（Bi-Recurrent Neural Network，Bi-RNN）将源语言编码到向量空间中；在解码阶段，注意力机制为解码器的隐藏状态分配不同的权重，从而允许解码器在生成目标语言翻译的每个步骤选择性地处理输入句子的不同部分。最后通过可视化注意力权重，用户可以清楚地理解一种语言中的单词是如何依赖另一种语言中的单词进行正确翻译的。

2.4.3　事后可解释

事后可解释性发生在模型训练之后。对于一个给定的训练好的学习模型，事后可解释性利用解释方法或构建解释模型，解释学习模型的工作机制、决策行为和决策依据，其重点在于设计高保真的解释方法或构建高精度的解释模型。根据解释目的和解释对象的不同，可分为全局可解释性和局部可解释性。

1. 全局可解释性

模型全局可解释性帮助人们从整体上理解模型背后的复杂逻辑以及内部的工作机制，

例如模型是如何学习的、模型从训练数据中学到了什么、模型是如何进行决策的，以人类可理解的方式来表示一个训练好的复杂学习模型。典型的全局解释方法包括解释模型/规则提取、模型蒸馏、激活最大化解释等。

解释模型/规则提取： 这种方法是指通过从模型中提取解释规则，提供对复杂模型（尤其是黑盒模型）整体决策逻辑的理解。规则提取技术以难以理解的复杂模型或黑盒模型作为入手点，利用可理解的规则集合生成可解释的符号描述，或从中提取可解释模型（如决策树、基于规则的模型等），使之具有与原模型相当的决策能力，从而有效地提供对复杂模型或黑盒模型内部工作机制的深入理解。根据解释对象不同，一般分为针对树集成模型的规则提取和针对神经网络的规则提取。

解释模型/规则提取的缺点在于，提取的规则往往不够精确，因而只能提供近似解释，不一定能反映待解释模型的真实行为。此外，它提供的可解释性的质量受规则本身复杂度的制约，如果从待解释模型中提取的规则很复杂或者模型深度很深，那么提取的规则本身就不具备良好的可解释性。

模型蒸馏： 当模型的结构过于复杂时，要想从整体上理解受训模型的决策逻辑通常是很困难的。解决该问题的一个有效途径是降低待解释模型的复杂度，而模型蒸馏（Model Distillation）是降低模型复杂度的一个最典型的方法。模型蒸馏（或知识蒸馏）是一种经典的模型压缩方法，其目的在于将复杂模型学习的函数压缩为具有可比性能的更小、更快的模型。模型蒸馏的核心思想是利用结构紧凑的学生模型（Student Model）来模拟结构复杂的教师模型（Teacher Model），从而完成从教师模型到学生模型的知识迁移过程，实现对复杂教师模型的知识“蒸馏”。蒸馏的难点在于，压缩模型结构的同时如何保留教师模型从海量数据中学到的知识和模型的泛化能力。

模型蒸馏解释方法实现简单，易于理解，且不依赖待解释模型的具体结构信息，因而作为一种模型无关的解释方法，常被用于解释黑盒机器学习模型。然而，蒸馏模型只是对原始复杂模型的一种全局近似，它们之间始终存在差距。因此，基于蒸馏模型所做出的解释不一定能反映待解释模型的真实行为。此外，知识蒸馏过程通常不可控，无法保障待解释模型从海量数据中学到的知识有效地迁移到蒸馏模型中，因而导致解释结果质量较低，无法满足精确解释的需要。

激活最大化解释： 给定一批训练数据，深度学习模型（例如 DNN）不仅可以自动地学习输入数据与输出类别之间的映射关系，同时也可以从数据中学到特定的特征表示（Feature Representation）。然而，考虑到数据集中存在偏差，无法通过模型精度来保证模型表征的可靠性，也无法确定 DNN 的内部工作模式。因此，深入理解并可视化呈现 DNN 中每一个隐藏层的神经元所捕获的表征，有助于从语义上、视觉上帮助人们理解 DNN 内部的工作逻辑。其中，一种有效的方法是通过在特定的层上找到神经元的首选输入，使得神经元激活函数的输出最大化，因此该方法也称为激活最大化（Activation Maximization，AM）方法。

激活最大化方法的思想较为简单，即通过寻找有界范数的输入模式，最大限度地

激活给定的隐藏单元，而一个单元最大限度地响应的输入模式可能是一个单元正在做什么的良好的一阶表示。给定一个 DNN 模型，寻找最大化神经元激活的原型样本 $\boldsymbol{x}^*$ 的问题可以被定义成一个优化问题：$\boldsymbol{x}^* = \operatorname{argmax}_x f_l(\boldsymbol{x}) - \lambda \| \boldsymbol{x} \|^2$。其中，$f_l(\boldsymbol{x})$ 为 DNN 第 l 层的某一个神经元在当前输入 $\boldsymbol{x}$ 下的激活值；第二项为 l_2 正则，用于保证优化得到的原型样本（Prototype）与原样本尽可能接近。整个优化过程可以通过梯度上升来求解。最后，通过可视化生成的原型样本 $\boldsymbol{x}^*$，可以帮助理解该神经元所捕获到的内容。

激活最大化方法是一种模型相关的解释方法，相比规则提取解释和模型蒸馏解释，其解释结果更准确，更能反映待解释模型的真实行为。同时，利用激活最大化解释方法，可从语义上、视觉上帮助人们理解模型是如何从数据中进行学习的，以及模型从数据中学到了什么。然而，激活最大化本身是一个优化问题，在通过激活最大化寻找原型样本的过程中，优化过程中的噪声和不确定性可能导致产生的原型样本难以解释。尽管可以通过构造自然图像先验约束优化过程来解决这一问题，但如何构造更好的自然图像先验本身就是一大难题。此外，激活最大化方法只能用于优化连续性数据，无法直接应用于文本、图数据等离散型数据。

2. 局部可解释性

模型的局部可解释性用于帮助人们理解学习模型针对每一个特定输入样本的决策过程和决策依据。与全局可解释性不同，模型的局部可解释性以输入样本为导向，通常可以通过分析输入样本的每一维特征对模型的最终决策结果的贡献来实现。在实际应用中，由于模型算法的不透明性、模型结构的复杂性以及应用场景的多元性，提供对机器学习模型的全局解释通常比提供局部解释更困难，因而针对模型局部可解释性的研究更加广泛，局部解释方法相对于全局解释方法也更常见。经典的局部解释方法包括敏感性分析解释、局部近似解释、反向传播解释等。

敏感性分析解释：敏感性分析（Sensitivity Analysis）解释是指在给定的一组假设下，从定量分析的角度研究相关自变量发生某种变化对某一特定的因变量影响程度的一种不确定分析技术，其核心思想是通过逐一改变自变量的值来解释因变量受自变量变化影响大小的规律。近年来，敏感性分析作为一种模型局部解释方法，被用于分析待解释样本的每一维特征对模型最终分类结果的影响，以提供对某一个特定决策结果的解释。

局部近似解释：局部近似解释方法的核心思想是利用结构简单的可解释模型拟合待解释模型针对某一输入实例的决策结果，然后基于解释模型对该决策结果进行解释。该方法通常假设给定一个输入实例，针对该实例以及该实例邻域内样本的决策边界，模型可通过可解释的白盒模型来近似。在整个数据空间中，待解释模型的决策边界可以任意复杂，但模型针对某一特定实例的决策边界通常是简单的，甚至是近线性的。这通常很难，也不需要对待解释模型的整体决策边界进行全局近似，但在给定的实例及其邻域内，可利用可解释模型对待解释模型的局部决策边界进行近似，然后基于可解释模型提供对待解释模型的决策依据的解释。

反向传播解释： 基于反向传播（Back Propagation）的解释方法的核心思想是利用DNN的反向传播机制将模型的决策重要性信号从模型的输出层神经元逐层传播到模型的输入，以推导输入样本的特征重要性。基于反向传播的解释方法通常实现简单，计算效率高，且充分利用了模型的结构特性。

2.4.4　可解释性与安全性分析

模型可解释性研究的初衷是通过构建可解释的模型或设计解释方法提高模型的透明性，同时验证并评估模型决策行为和决策结果的可靠性与安全性，消除模型在实际部署应用中的安全隐患。

模型可解释性及相关解释方法不仅用于评估和验证机器学习模型，以弥补传统模型验证方法的不足，保证模型决策行为和决策结果的可靠性与安全性，还用于辅助模型开发人员和安全分析师诊断并调试模型以检测模型中的缺陷，并为安全分析师修复模型"漏洞"提供指导，从而消除模型在实际部署应用中的安全隐患。并且，通过同时向终端用户提供模型的预测结果及对应的解释结果，可提高模型决策的透明性，进而有助于建立终端用户与决策系统之间的信任关系。

模型可解释性相关技术还可以帮助抵御外在安全风险。人工智能安全领域相关研究表明，即使决策"可靠"的机器学习模型也同样容易受到对抗样本攻击，只需要在输入样本中添加精心构造的、人眼不可察觉的扰动，就可以轻松地让模型决策出错。这种攻击危害性大，隐蔽性强，变种多且难以防御，严重地威胁着人工智能系统的安全。而现存防御方法大多是针对某一个特定的对抗样本攻击设计的静态的经验性防御，因而防御能力极其有限。然而，不管是哪种攻击方法，其本质思想都是通过向输入中添加扰动以转移模型的决策注意力，最终使模型决策出错。由于这种攻击使得模型决策依据发生变化，因而解释方法针对对抗样本的解释结果，必然与其针对对应的正常样本的解释结果不同。因此，可通过对比并利用这种解释结果的反差来检测对抗样本，而这种方法并不特定于某一种对抗攻击，所以可以弥补传统经验性防御的不足。

2.5　基础算法实现案例

具体实现案例，请扫下面二维码获取。

2.6　小结

本章首先介绍人工智能领域的几个重要概念，如人工智能、机器学习、深度学习等。然后，讨论支持向量机、随机森林、逻辑回归、K 近邻、神经网络、强化学习等经典算法的基本原理，以及近年来兴起的生成对抗网络、联邦学习、在线学习算法。最后，探索算法可解释性问题及其在人工智能安全领域的潜在应用。

CHAPTER3

第3章 人工智能安全模型

内容提要

3.1 人工智能安全定义

3.1.1 人工智能技术组成

人工智能是一种通过预先设计好的理论模型来模拟人类感知、学习和决策过程的技术。人工智能模型通过对输入数据的学习来获取类似人的决策能力。理论模型是人工智能系统的核心，数据是人工智能系统的基础。

1. 人工智能数据

数据是驱动人工智能的基础，也是人工智能获取出色性能的重要支撑。海量的高质量数据不仅是人工智能学习数据特征、数据内部联系的基本要求和重要保障，还对模型的正确性和有效性等方面的优化起到重要的作用。因此人工智能数据具有以下几个特点：①大规模数据有助于模型全面学习数据中隐含的知识，少量的数据所蕴含的有价值特征无法满足模型的训练需求；②多样化的数据可以增强模型的鲁棒性和泛化能力，因为在各种各样的数据类型中，模型可以学到多种特征，从而在面对新的数据时有更好的表现。

2. 人工智能模型

模型是实现人工智能的核心，其具有预测、识别等功能。一个好的人工智能模型应当具有数据驱动、自主学习的特点，可以实现机器学习理论与算法，能够自动分析数据的特征，并能利用反馈的数据特征训练模型，优化模型参数，从而提升自身的准确性和有效性。模型作为统计学习的三要素之一，在人工智能中扮演着重要角色。在训练过程中，首先需要考虑训练什么样的模型，其次要结合数据分析、神经网络、数值优化等算法层面的技术来实现其主要功能。例如，在手写数字集任务中，研究者可以构建一个手写数据集（如MNIST数据集）来训练模型，可选取神经网络作为目标模型。在训练过程中，通过优化算法不断优化模型的参数使模型的输出尽可能接近数据集的分类结果，最终得到的模型可以判断输入的样本属于0~9之间的哪个数字。

3.1.2 人工智能安全模型概述

现阶段的人工智能在模型、数据等方面存在技术局限，可能引发模型和数据的安全问题，使得人工智能技术在转化和应用中面临诸多的安全风险和挑战。例如，对抗样本攻击可能导致模型在攻击者恶意扰动下输出攻击者指定的错误结果；成员推理攻击、属性攻击、重建攻击可能导致数据隐私信息泄露；模型窃取攻击等可能导致模型的参数信息泄露。此外，投毒攻击、后门攻击以及软件框架漏洞等多种安全威胁严重地阻碍了当前人工智能系统的有效部署、实施和应用。因此，如何设计满足多元化需求的人工智能安全技术，形成一整套规范的安全防护理论体系，是我国新一代人工智能健康发展亟待解决的挑战性问题。

3.1.1节介绍了人工智能技术的组成，相应地，安全模型的定义也需要系统地考虑数据、模型层面人工智能对安全性的需求。例如，在数据层面，数据作为敏感信息，在参与使用过程中能够防止被窃取和滥用；在模型层面，模型能够准确、有效地执行任务，且能够保证在隐私信息安全的前提下，在面对复杂应用场景或者恶意样本时具有较好的鲁棒性和泛化能力。综合考虑，本章对人工智能安全模型定义如下：

定义3.1（人工智能安全模型）

对于由数据和模型组成的人工智能技术，若其在整个生命周期内满足保密性、完整性、鲁棒性和隐私性等性质，那么认为其满足人工智能安全需求。

上述定义中出现的保密性、完整性、鲁棒性和隐私性如下所述。

保密性（Confidentiality）： 指在人工智能技术生命周期内所涉及的数据、模型隐私以及计算隐私等信息不会泄露给未授权的用户。

完整性（Integrity）： 指人工智能技术在生命周期内所涉及的数据、模型以及应用产品不被恶意篡改、植入、替换和伪造，保障其输入、输出以及计算过程的安全。

鲁棒性（Robustness）： 指模型系统在应用场景下具有较强的稳定性，能够抵御复杂环境的影响和恶意的干扰。例如，人脸识别系统应用在海关安检时，面对不同装扮行人时能够正常识别出来，即使在不同光照和像素影响下，也能获得稳定结果。

隐私性（Privacy）： 指数据隐私、模型隐私在整个生命周期内不被泄露。与保密性不同的是，这里的隐私性特指在原始数据信息没有发生直接泄露的情况下，攻击者通过如成员推理攻击、模型窃取攻击等攻击手段间接获取数据信息，从而暴露数据隐私。

3.2 人工智能安全问题

3.2.1 数据安全问题

人工智能技术以数据为驱动，数据安全是人工智能安全的一个核心问题。这里的数据主要包括训练数据和一些中间参数信息（如模型的参数、梯度等），而数据安全指的是数据在训练、应用过程中不被攻击者窃取。由于数据涉及用户的隐私信息，且需要花费大量的时间收集，因此具有巨大的价值。而数据隐私泄露会侵犯用户的个人隐私，损害其利益。目前，攻击者可以在模型训练和使用过程中，通过一些技术手段在一定程度上窃取数据信息。人工智能数据安全面临的挑战，一般分为以下三种。

训练数据污染导致的预测错误： 数据投毒是导致训练数据被污染的主要攻击方式，攻击者通过在训练数据集中加入恶意数据，破坏原始数据的分布特性，进而导致训练得到的模型预测结果出现错误。目前有两种数据投毒方式：一种是采用攻击训练数据的方式，通过改变模型训练时输入的原有数据，达到改变模型算法预测边界的目的。例如，该方法将道路标志分类模型中的左转标志改为右转标志，用这个训练数据集得到的模型算法在实际应用时具有严重的安全隐患。另一种方式的主要攻击目标是算法模型本身，利用模型的反向传播机制进行误导攻击，直接在训练过程修改模型的中间数据或者权值，误导算法模型做出错误的预测。

人工智能模型预测阶段预测失误的风险： 通常人工智能模型的预测结果由训练数据的数据概率分布决定，然而训练数据往往存在概率分布覆盖不全，并且可能与测试数据存在同质化的问题。这些问题将导致算法模型的泛化能力差，进而在实际应用过程中出现预测错误的情况。例如，特斯拉自动驾驶系统就曾因为无法识别蓝天背景下的白色货车而发生了重大的交通事故。

智能设备采集数据引发隐私泄露风险： 随着物联网的发展，各类装有智能传感器的传统电器以及电子设备（如智能手机、个人电脑）成为人们生活中不可或缺的一部分，这些设备和系统通常对个人信息进行了直接且全面的采集。相较于传统互联网对用户消费记录、上网习惯等信息的采集，智能设备在用户使用过程中采集指纹、面部、声纹、基因、虹膜等具有不变性和唯一性的强个人属性的生物特征信息。这些信息存在泄露的风险，而一旦被恶意使用，将会严重威胁用户的个人隐私安全。

3.2.2 算法安全问题

算法是根据问题的描述来设计和制定解决问题的方法及步骤。然而，人工智能算法有可能无法实现设计者的预期目标或者无法正确地反映数据之间的因果关系，从而导致预测结果偏离预期，甚至产生伤害性结果。目前，算法安全问题可以划分为以下三种。

人工智能算法缺乏可解释性：当人工智能算法模型越来越多地参与社会运转中的重要决策时，对模型算法的预测原理进行监管是必要的。然而，人工智能算法模型的不透明性使得监管十分困难，这主要是三方面原因造成的。一是拥有人工智能算法模型的公司或个人可以将该模型算法作为私人财产或者商业秘密而拒绝接受公开审查。二是即使对外公布模型的源代码，非专业人员由于技术能力的限制，也无法理解模型预测的内在逻辑。三是由于人工智能模型本身存在高复杂性的特点，目前无法很好地解释人工智能算法做出某个预测的依据和原因。因此，对人工智能模型的预测原理进行有效监管存在很大难度。

对抗样本导致模型预测错误：当攻击者使用构造的对抗样本来攻击模型时，会导致人工智能算法产生错误的预测结果。人工智能模型主要获取了训练数据的统计特征以及概率分布，而没有获取数据真正的因果关系。对抗样本利用人工智能模型这一缺陷对输入数据添加肉眼难以察觉的扰动，使人工智能模型以高置信度输出一个错误的预测。因此，使用对抗样本攻击可以使一些人工智能系统失效。例如，在目标特征识别应用场景中，利用对抗样本攻击可以逃过基于人工智能技术的目标定位、身份检测系统的追踪。

算法设计缺陷导致与预期不符甚至伤害性结果：人工智能算法的设计缺陷可能被攻击者利用，进一步导致模型产生错误输出，使其无法达到模型的预期功能，结果偏离预期，甚至产生伤害性的结果。加州大学伯克利分校、斯坦福大学、谷歌等研究机构的学者根据模型错误产生的阶段，将人工智能模型设计和实施中的安全问题分为三类。第一类是模型开发者定义了错误的目标函数。例如，设计者在设计目标函数时没有充分考虑运行环境的常识性限制条件，导致算法在执行任务时对周围环境造成不良影响。第二类是模型开发者设计的目标函数计算成本非常高，使得算法在实际训练和使用阶段无法完全按照目标函数执行，而只能执行某种低计算成本的替代目标函数，从而对周围环境造成不良影响或者无法达到模型预期的效果。第三类是模型开发者设计的算法模型与实际任务目标不匹配，训练数据和测试数据不能完全表达实际情况，导致算法泛化能力差，在实际使用时面对全新情况可能产生错误的预测结果。例如，人工智能算法针对未包含在训练集中的对抗样本输入将产生错误的预测结果。

3.2.3　模型安全问题

模型是实现人工智能的关键，模型的安全保障也是实现人工智能安全保障的关键。在理想情况下，模型在面对各类复杂数据样本时，能够输出稳定、正确的结果。然而，目前在现实场景下，模型在面对复杂的样本输入时，很难保障其输出结果的正确性。这种威胁大部分情况下并非来源于恶意的攻击者，而是由于机器学习模型本身的复杂结构和缺乏可解释性所造成的。模型的功能缺失可能导致预测结果不正确，造成一定的经济损失，甚至可能被攻击者诱导并输出指定的结果。如果这类模型安全问题出现在军事场景下，将严重危害国家的安全。目前，模型安全问题可以划分为以下三种。

训练数据存在偏见导致模型预测结果可能存在不公：由于人工智能模型反映训练数据的概率分布与统计特征，而训练数据中存在的偏见或歧视会导致模型产生具有歧视和偏见的预测结果。这可能导致司法审判领域中的犯罪风险评估以及金融领域的信贷、保险、理财等信用评估产生不公正的预测结果。这主要是由两方面原因造成的：一是人工智能模型在本质上反映的是训练数据的概率分布与统计特征，而使用的训练数据是由模型设计者主观选择的，模型设计者如果使用带有偏见标签的数据，则得到的模型将具有潜藏歧视和偏见；二是训练数据可能在制作过程中被制作者嵌入偏见与歧视，带有种族、性别、相貌、肤色等特征的训练数据反映了数据制作者的主观选择，例如一个种族主义者制作的训练数据集可能具有种族方面的偏见与歧视性。

基于模型输出的数据隐私泄露：人工智能模型的输出结果反映了训练数据的统计特征和概率分布，并且在运行过程中会进一步收集数据进行模型的优化。攻击者可以通过开放的模型接口对模型进行黑盒访问，并依据模型的输入和输出的对应关系，还原模型训练和运行过程中的内部数据以及模型相关的隐私信息。以人脸识别为例，当攻击者将查询的人脸图像输入模型中时，模型输出一个预测结果向量，这个结果向量可能包含了关于面部内容的信息。而攻击者可以通过提取模型输出的结果信息构建生成模型，进而逆向重构出原始的人脸输入数据，从而导致训练数据隐私的泄露。

算法模型窃取可能威胁算法的知识产权：模型窃取旨在窃取非公开的人工智能算法模型框架、参数等内部结构信息。具体而言，即攻击者利用目标人工智能模型提供的公共访问接口进行大量的查询测试，从而得到人工智能模型返回的结果以及对应的预测置信概率，进而在本地构建和目标模型比较接近的替代模型。人工智能算法模型的制作通常需要模型所有企业投入大量训练数据和计算资源，属于企业独特的资产，一旦被重构和复制将对企业造成较严重的经济损失。这种风险也是人工智能企业极为关注的风险之一。

如果上述问题不能解决，那么将很难保证人工智能模型的安全性，进而难以将其在现实场景中推广应用。例如，现实场景中由人工智能模型驱动的自动驾驶系统，在面对物理世界中嵌入恶意样本的禁止转弯的路标时，可能会受到对抗样本的攻击而做出转弯的决策；在面对复杂路况时，可能做出危害乘车人或者他人生命安全的行为决策。因此，模型的安全是人工智能安全的关键。

3.3 威胁模型和常见攻击

一般来说，机器学习的整个流程包括数据收集、模型训练和模型推理三个部分。在讨论具体的针对机器学习的攻击和安全防御措施之前，首先需要明确可能发生攻击的场景、攻击者所掌握的背景知识，从而构建出针对具体场景类别的威胁模型。针对不同的威胁模型下的攻击深入研究防御方法，可以帮助构建一个更安全的机器学习模型。

本节将介绍人工智能安全问题中相关的威胁模型以及一些常见的攻击方法，而在后续章节中，会针对具体的威胁模型和攻击详细说明防御方法。

3.3.1 威胁模型

威胁模型（敌手模型）刻画了攻击的潜在场景，其主要包括敌手目标、敌手知识、敌手能力和敌手策略四个方面。本小节首先简要介绍攻击发生的场景，然后介绍威胁模型相关的几个方面内容。

3.3.1.1 攻击场景

攻击场景主要指在机器学习过程中，攻击者可能发动攻击的环节。当前考虑的攻击场景主要有三个。

传统机器学习：传统机器学习场景指的是使用者在本地服务器上，对其选择的机器学习方法、模型、数据以及训练方式开展机器学习任务的过程。在该场景下，使用者对参与机器学习任务过程的所有元素都具有访问、修改权限。该场景具有高自由度的特征，是人工智能安全问题研究的基本场景，攻击者可以根据其目标，对参与机器学习过程的元素进行相应的修改。

联合式学习：联合式学习指多个数据所有者在不与其他方共享本地数据的前提下，共同训练同一目标模型，以实现移动端计算或者数据共享的需求。例如，联邦学习是联合式学习的一个经典场景，其参与训练的用户通过与聚合服务器共享本地模型的参数信息来完成全局模型的聚合，然后将聚合的模型下发给用户，通过多轮训练收敛最终得到一个全局模型。此时，攻击者可能是中央服务器（如果存在）或者任意一个参与训练的用户。攻击者可以在获取目标模型后，利用模型来推测其他参与者的数据信息。

机器学习即服务：机器学习服务提供商得到训练完毕的模型后，主要通过两种方式来提供服务。一种是将模型部署在终端设备中，用户通过终端设备使用模型；另一种是将模型部署在云平台上，给用户提供可访问模型的 API。因此，模型的使用对象可能是使用终端设备产品的移动用户，也可能是购买模型接口服务的第三方，但都是不可信方，即潜在的攻击者。他们可以通过恶意样本的输入来诱导模型产生错误输出，或者根据模型的输出推测不公开的模型信息，甚至推测模型的训练数据信息。例如，对于 Google Prediction API 服务，已有研究者通过构建影子模型来攻击目标模型，从而推测训练数据信息。

3.3.1.2 敌手目标

人工智能安全模型中包含了非常多的任务，针对不同任务不同攻击有不同的敌手目标。可以使用四个指标来概括人工智能和机器学习模型中不同任务的准则：机密性、完整性、隐私性以及可用性。机密性威胁是指攻击者获取模型或模型训练数据的隐私信息；完整性威胁是指攻击者有目的地诱导模型输出攻击者的预期结果；隐私性威胁是指在数据原始信息没有发生直接泄露的情况下，人工智能模型计算产生的信息会间接暴露用户数据；可用性威胁是指攻击者阻止或者妨碍普通用户对模型的正常请求。

本书介绍关于投毒攻击、后门攻击、对抗样本攻击、深度伪造攻击等针对模型机密性和完整性的攻击方法，还介绍数据隐私中成员推理攻击和数据集重建攻击以及模型窃取中参数、结构、决策边界、功能窃取等针对模型机密性的攻击方法。

不同攻击方法中的敌手目标不尽相同，针对不同攻击，不同的敌手目标如下所示。

数据投毒攻击的敌手目标：机器学习模型除了在预测阶段很容易受到对抗样本的攻击之外，其训练过程本身也会遭到攻击者的攻击。在投毒攻击中，攻击者很容易通过将精心制作的样本插入训练集中来改变训练数据分布，从而改变模型行为，降低模型性能。

后门攻击的敌手目标：在后门攻击中，攻击者试图在模型训练时将带有触发器的恶意数据加入训练集中，从而在模型中植入后门。这使得模型在推理阶段对带有触发器的输入数据敏感，导致模型输出错误的结果，甚至输出攻击者所指定的目标结果。

对抗样本攻击的敌手目标：攻击者通过对原始的输入数据添加微小的、人类肉眼几乎无法察觉的扰动，生成对抗样本，对模型进行恶意攻击，从而实现两种目标。①目标攻击（Targeted Attack），攻击者限定攻击范围和攻击效果，如误导机器学习模型分类到特定的结果；②无目标攻击/无差别攻击（Untargeted/Indiscriminate Attack），攻击者的攻击目标更为广泛，可能造成更大的影响，即诱使目标模型犯错，而不限定特定的结果。

深度伪造攻击的敌手目标：深度伪造是近年来出现的一种人工智能技术。其借助深度学习技术进行大样本学习，从而将目标人物的声音、面部图像以及身体动作替换到源人物的视频中，合成虚假内容。

隐私攻击中的敌手目标：攻击的目标基本分为三类。①判断某条隐私数据是否在目标模型的训练集中；②推断训练数据中某列或若干列的敏感属性值；③重建分类模型训练集中的某一类数据。

模型窃取攻击中的敌手目标：模型窃取攻击试图通过受害模型提供的查询接口获得输入数据的预测信息，并利用预测信息复制一个功能相似甚至完全相同的机器学习模型。具体地，首先给定一个特定选择的输入样本 x、一个敌手查询的目标模型 M（受害模型），得到相应的预测结果 y；然后，敌手可以根据 y 推断甚至提取正在使用的模型 M。

3.3.1.3 敌手知识

敌手知识是指攻击者掌握的关于目标模型的背景知识，包括模型训练集的数据分布、其他辅助统计信息、模型的架构和参数、训练方法和决策函数等。而现有的研究表明，模型的架构和参数是决定攻击方式和攻击程度的关键。根据攻击者所获取的关于模型的信息，例如是否掌握模型的架构和参数信息，可以将攻击划分为三种：

白盒攻击：在白盒攻击中，攻击者了解目标模型的全部信息，如数据预处理方法、模型结构、模型参数，某些情况下攻击者还能够掌握部分或全部的训练数据信息。在白盒攻击模型中，攻击者能够更容易地发现脆弱环节并设计相应的攻击策略。

黑盒攻击：在黑盒攻击中，目标模型对于攻击者而言并不透明，关键细节被隐藏，攻击者仅能够接触目标模型的输入/输出环节。在黑盒攻击模型中，攻击者可以基于查询构造并发送输入样本，并根据相应的输出信息来对目标模型的某些特性进行推理。黑盒攻击能利用的信息相较于白盒攻击更少，其攻击难度更大。

灰盒攻击：在具体的方案中，对攻击者的知识假设可能介于白盒攻击和黑盒攻击之间。例如攻击者知道模型架构但不知道具体的模型参数，又或者攻击者并不能完全地访问一个完整数据集，其只拥有数据集的一个子集部分。

在不同的任务攻击中，不同的敌手知识设置对于具体任务而言，将会产生不同的影响，例如攻击开展的方式、攻击开展的阶段以及攻击的难度等。

3.3.1.4 敌手能力

敌手能力是指攻击者对目标模型的操作权限。在机器学习的训练阶段，敌手能力包括干预模型训练、收集中间结果的能力；在机器学习的预测阶段，敌手能力是指访问模型、提取模型或部分数据等辅助信息的能力。根据攻击者的介入能力，可以分为以下两种。

主动攻击：攻击者参与模型的训练，甚至恶意使用特定策略诱导目标模型泄露更多信息。

被动攻击：对敌手能力的假设控制在不影响模型完整性和可用性的范围内，攻击者不直接参与模型训练，而是通过访问模型、观察输出、获取辅助信息等方式达到攻击目的。

3.3.1.5 敌手策略

敌手目标、敌手知识、敌手能力共同决定了攻击者采取的攻击策略，按照攻击方式其可以分为两种。

直接攻击：攻击者通过某种特定手段，直接对目标模型进行攻击。

间接攻击：攻击者可以先根据少量知识构建攻击方法，获取相关的模型参数，进而转化成白盒攻击，进一步达到攻击目标。

3.3.2 常见攻击

在人工智能安全模型的研究中，针对机器学习的机密性、完整性、鲁棒性等评价指标，研究人员开发了许多攻击方法。本小节将简要介绍针对完整性开展的攻击（例如投毒攻击、后门攻击、对抗攻击、深度伪造攻击等）以及针对机密性开展的攻击（例如数据隐私中的成员推理攻击、属性推理攻击和数据集重建攻击以及模型窃取攻击等），后续章节将对这些攻击方法进行详细的介绍。

3.3.2.1 对抗攻击

对抗攻击是指攻击者利用模型的脆弱性，输入对抗样本，使模型输出错误的结果。在推理过程中，对抗攻击给正常样本增加了人类不可感知的扰动，然后生成对抗样本。这是一种探索性的攻击，能对模型的鲁棒性造成破坏。对抗攻击可以欺骗训练好的模型，且对人类视觉而言，对抗样本与正常样本之间是无法通过肉眼区分的。也就是说，对抗样本既需要欺骗分类器，又需要让人类无法察觉。对于图像，添加的扰动通常通过最小化原始样本与对抗样本之间的距离来调整。对于一段语音或文本，扰动不应该改变原来的意思或上下文。在恶意软件检测领域，对抗样本需要避免被模型检测到。对抗攻击可分为目标攻击和无目标攻击，前者要求对抗样本被错误地分类为一个特定的标签，而后者只要求目标模型输出一个错误的预测，而无论对抗样本将被识别成什么。

在对抗攻击中，黑盒攻击意味着攻击者不能直接获取所需的梯度，也不能从目标模型中求解优化函数。基于此，黑盒攻击者可以通过探测模型体系结构和超参数来训练替代模型。攻击者还可以查询目标黑盒模型，并获得输出的预测标签和置信度分数来估计梯度。而在白盒攻击中，攻击者可以获取更多的信息，以达到攻击目的。图 3.1 描述了对抗攻击的一般流程。在黑盒攻击中，攻击者通过多次查询目标模型来获取信息（步骤 1）。然后，攻击者可以训练替代模型执行白盒攻击，或估计梯度以搜索对抗样本（步骤 2）。在白盒攻击中，攻击者可以直接计算梯度或求解优化函数，以找到原始样本上的扰动（步骤 3）。

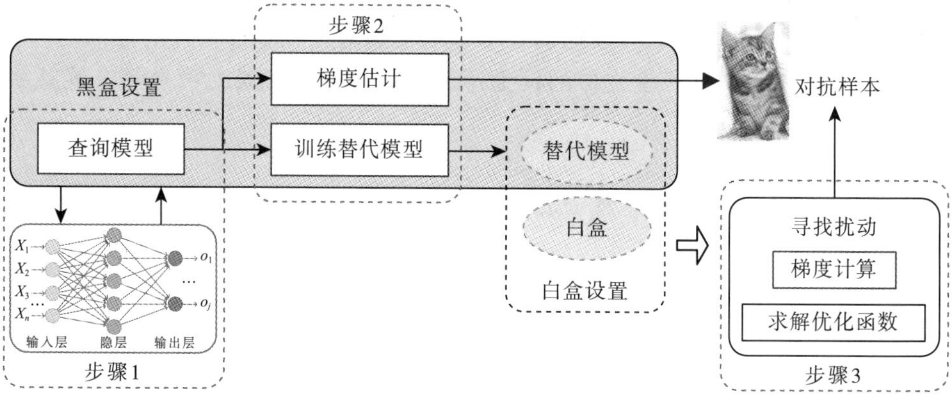

图 3.1　对抗攻击流程

除了欺骗目标模型之外，对抗样本的扰动应该足够小，从而逃避人类的视觉。一般来说，正常值和正常之间的距离可以用 L_p 来表示，计算过程如下：

$$L_p(\boldsymbol{x},\boldsymbol{y}) = \left(\sum_{i=1}^{n}|\boldsymbol{x}^i - \boldsymbol{y}^i|^p\right)^{1/p}, \boldsymbol{x} = \{\boldsymbol{x}^1,\boldsymbol{x}^2,\cdots,\boldsymbol{x}^n\}, \boldsymbol{y} = \{\boldsymbol{y}^1,\boldsymbol{y}^2,\cdots,\boldsymbol{y}^n\} \tag{3.1}$$

对抗攻击发展至今，已有非常丰富的研究成果。可以根据白盒、黑盒下不同的威胁模型设置、不同的实施方法对对抗攻击进行分类。

基于梯度的攻击：基于梯度的对抗样本攻击包含了四种方法。①快速梯度符号法（Fast Gradient Sign Method，FGSM）[77]，该方法旨在为输入的样本快速找到一个扰动方

向，使目标模型的损失增加，进而降低正确分类的置信度，实现类间混淆。虽然不能确保增大训练损失会导致分类错误，但这是一种简单有效的手段，因为按照损失函数的定义，模型在对抗样本上的损失值比在干净样本上的要大。②基础迭代法（Basic Iterative Method，BIM）[127]，该方法也被称为迭代的 FGSM 或者 I-FGSM。BIM 在满足图像空间边界的范围内多次应用 FGSM，且保证 $\|\boldsymbol{r}\|_\infty \leqslant \varepsilon$。③基于动量的快速梯度符号法（Momentum Iterative Fast Gradient Sign Method，MI-FGSM）[58]，该方法通过利用优化过程中的动量提出了对于 BIM 的改进方法，动量被用来加速迭代优化过程中的收敛。在进行对抗攻击时，动量的使用有助于稳定对抗扰动的更新方向，也有助于跳出局部最优解，增强了对抗样本的可转移性。④投影梯度下降（Projected Gradient Descent，PGD）[158]，该方法是一种针对干净样本 $\boldsymbol{x}$ 寻找满足范数边界 $\|\boldsymbol{x}'-\boldsymbol{x}\|_p \leqslant \varepsilon$ 的对抗样本 $\boldsymbol{x}'$ 的攻击方式。

基于优化的攻击：基于优化的对抗样本攻击主要包含两种方法。①L-BFGS（Broyden-Fletcher-Goldfarb-Shanno）是一种较早出现的基于优化的对抗攻击，可以欺骗执行图像分类任务的机器学习模型。L-BFGS 攻击的目标是在输入空间中找到一个最小的输入扰动 $\mathrm{argmin}_r \|\boldsymbol{r}\|_2$，其中 $\boldsymbol{r}=\boldsymbol{x}'-\boldsymbol{x}$。扰动 $\boldsymbol{r}$ 具有对抗性，使得 $\hat{\boldsymbol{y}}(\boldsymbol{x}') \neq \boldsymbol{y}$。②Carlini 和 Wagner 等人[28] 开发了一系列的攻击，被称为 C&W 攻击，C&W 攻击可以在 L_0，L_2 和 L_∞ 约束下优化并生成对抗扰动。核心方法是将类似于 L-BFGS 攻击的一般性优化策略转化为无约束优化问题中的损失函数。

基于梯度估计的攻击：零阶优化（Zeroth Order Optimization，ZOO）[36] 是一种黑盒攻击方法，只赋予攻击者查询目标模型的能力。ZOO 方法使用有限差分数值估计来逼近目标函数相对于输入的梯度。与其他使用随机梯度下降的方法不同，ZOO 方法在每次迭代的小批输入维度上采用随机坐标下降，以避免计算所有输入特征的导数。ZOO-Adam 和 ZOO-Newton 是 ZOO 方法的两个变体。ZOO-Adam 方法使用一阶近似计算导数，然后使用 Adam 优化器更新输入。

基于决策的攻击：边界攻击（BoundaryAttack）[23] 是一种生成对抗样本的黑盒攻击方法。其工作原理是首先使用干净样本 $\boldsymbol{x}$ 初始化"种子"图像 $\boldsymbol{x}_0$，而后在每次迭代中扰动"种子"图像 $\boldsymbol{x}_0$，使模型在 $\boldsymbol{x}_0$ 上的分类结果在正确和错误的分类决策边界来回移动。此方法不依赖于目标模型输入的雅克比 $\nabla_x f$，而是利用扰动图像不断查询模型，并使用被拒绝采样的信息优化扰动图像，从而得出模型的决策边界。

3.3.2.2 后门攻击

后门攻击是近年来新出现的一种具有高隐蔽性、高危害性的攻击方式。其主要针对神经网络模型的训练过程开展攻击。

目前后门攻击的主要开展方式是针对模型的训练数据进行投毒，在训练阶段进行后门植入。基本后门攻击的流程如下：攻击者在模型的干净训练集 $D_c=(X_c, Y_c)$ 中加入精心构造的毒化数据集 $D_p=(X_p,Y_p)$ 进行训练，使模型产生后门，即针对带有后门触发器的输入样本，模型会将数据分类到攻击者指定的目标类别 y_t，而不影响模型的正常性能。以图像为例，攻击者在原始图像 $\boldsymbol{x}_i$ 上添加一个具体的图案或者扰动作为后门触发器 $\boldsymbol{\Delta}$，具体过程为

$$\boldsymbol{x}_i + \boldsymbol{\Delta} = \boldsymbol{x}_i \odot (\mathbf{1} - \boldsymbol{m}) + \boldsymbol{\Delta} \odot \boldsymbol{m} \tag{3.2}$$

其中，$\odot$表示元素积，$\boldsymbol{m}$ 表示图像掩码，$\boldsymbol{m}$，$\boldsymbol{x}_i$，$\boldsymbol{\Delta}$ 的大小一致，值为 $\mathbf{1}$ 表示图像像素由对应位置的 $\boldsymbol{\Delta}$ 的像素取代，而 $\mathbf{0}$ 表示对应位置图像像素不变。攻击者发动后门攻击的目标可以用式（3.3）表示：

$$\min \sum_{\boldsymbol{x} \in X} l(\boldsymbol{y}_t, f_{\boldsymbol{\theta}^*}(\boldsymbol{x} + \boldsymbol{\Delta})) \tag{3.3}$$

其中，X 表示样本输入空间中的所有数据，$\boldsymbol{\theta}^*$ 表示使用毒化后的数据进行训练的模型参数，训练过程的优化目标可以表示为

$$\min_{\boldsymbol{\theta}} \sum_{(\boldsymbol{x}_c, \boldsymbol{y}_c) \in D_c, (\boldsymbol{x}_p, \boldsymbol{y}_p) \in D_p} l(\boldsymbol{y}_c, f_{\boldsymbol{\theta}}(\boldsymbol{x}_c)) + l(\boldsymbol{y}_p, f_{\boldsymbol{\theta}}(\boldsymbol{x}_p)) \tag{3.4}$$

其中，f 表示模型结构，$\boldsymbol{\theta}$ 表示模型参数，$l(\cdot)$ 表示损失函数。可以将训练过程的优化目标函数看成多任务学习，第一项表示模型在正常任务中的损失函数，第二项表示模型在后门任务上的损失函数。

在后门攻击中，不同威胁模型设置下的不同攻击方法有较大的差异。后门攻击中的白盒设置为攻击者可以完全访问目标模型并完全访问训练集，灰盒设置为只能访问一小部分训练数据或模型信息的子集，而黑盒设置为攻击者不能访问训练数据集。

根据后门攻击领域的发展过程，可以将攻击方法分为以下几类。

早期后门攻击：早期后门攻击可以分为两种。①BadNets 方法[79]，其训练过程主要包括两部分：一是通过在良性图像 $\boldsymbol{x}$ 上添加后门触发器来生成投毒图像 $\boldsymbol{x}'$，以实现与攻击者指定的目标标签 y_t 相关联的投毒样本（$\boldsymbol{x}$，$\boldsymbol{y}_t$）；二是用投毒样本以及良性样本训练模型。训练后的模型将被感染，它在良性测试样本上表现良好，类似于只使用良性样本训练的模型。但是，如果被攻击的图像中包含相同的触发器，那么它的预测将被改变为攻击者指定的目标标签。②基于投毒的靶向后门攻击（Targeted Backdoor Attack）[39]，在现实威胁模型下，假设对手对模型和训练集一无所知，同时只有少量的投毒样本可以注入训练数据中，这种基于投毒的后门攻击是可行的。该方法首次发现了黑盒后门投毒攻击的可行性，同时只注入少量的投毒样本。此外，后门实例可以与物理密钥相关联，使后门在物理世界中可实现。该方法还强调了加强深度学习系统以防御此类攻击的重要性。

基于触发器优化的后门攻击：基于触发器优化的攻击方法包含两种。①TrojanNN[152] 方法优化了触发器，使恶意的神经元能够达到最大值。这种攻击并不预先使用任何人为因素设定的触发器，而是依照能够最大化 DNN 中特定内部神经元激活的响应来优化生成

触发器。这在触发器和内部神经元之间建立了高相关性，通过在特定内部神经元和目标标签之间建立更强的依赖性，用后门数据重新训练模型需要的训练数据更少。使用这种方法，触发器将会被编码在特定的内部神经元中。②盲后门[12] 将后门攻击视作一个多目标优化问题，提出同时优化触发器和训练模型。如果一个扰动能够诱导大多数样本朝向目标类的决策边界，那么它将作为一个有效的触发器。

面向触发器隐蔽性的后门攻击：面向触发器隐蔽性的攻击方法包含五种。①基于不可见扰动的隐藏后门[296] 是一种不可见的后门攻击方法，其提出了两种方法使得人类观察者无法观察到触发器。第一种是基于经验观察建立的一个简单模式的静态扰动。第二种方法的灵感来自通用对抗攻击。这种攻击通过反复搜索整个数据集，找到最小的通用扰动，进而将所有数据点推向目标类的决策边界。②基于隐写术和正则化的隐藏后门攻击，说明了后门攻击需要在有效性和隐蔽性之间权衡。Li 等人[138] 通过隐写术和正则化方法将触发器隐藏在输入图像上。基于隐写术和正则化的攻击是两种不同类型的隐形后门攻击，一种是基于位级触发的隐写术，另一种是基于触发器生成的隐形正则化。在第二种方法中，触发器是由优化生成的，而不是由第一种算法预先指定的，所以生成的触发器可以放大特定的神经元权重。③反射后门[153] 是指生成各种反射作为后门触发器的攻击方法，因为在现实场景中，不同场景的反射是不同的，使用多样化的反射可以帮助提高攻击的隐蔽性。④深层特征空间的后门攻击[42]，其在特征空间中以风格转移的方式进行隐身攻击。⑤基于图像缩放和投毒的后门攻击[191]，其通过图像缩放攻击来隐藏后门触发器和被投毒的干净样本中的中毒特征。

“干净标签”条件下的后门攻击：“干净标签”条件下的攻击包含三种。①基于非标签投毒的训练集破坏的后门攻击。这是一种干净标签后门攻击，攻击者只破坏给定目标类中的一部分样本。在这种设置条件下，攻击者不改变被破坏样本的标签，然而代价是需要破坏较大部分的训练样本。在 Barni 等人[14] 的实验中，目标类训练样本的最小投毒率超过 30%，如果想要达到足够的攻击成功率，需要超过 40%。②基于对抗样本和 GAN 框架生成数据的后门攻击。Turner 等人[246] 的新后门攻击方法探索了基于对抗样本和 GAN 框架综合创建投毒样本扰动的方法，因为这两种方法产生的投毒样本特征覆盖了原始图像中的特征，使得模型学习输入样本的显著特征的难度加大。这种学习难度的增加迫使模型更加依赖后门触发器来进行正确的预测，从而成功激活模型后门。③视频中的干净样本后门攻击[293]。该方法在攻击视频分类任务时扩展了干扰原始特征、促进后门触发器这一思想，采用了通用扰动代替给定扰动作为触发器。此外，另一种有趣的干净标签攻击方法是通过最小化它们在特征空间中的距离，将之前可见攻击产生的投毒样本的信息注入目标类图像的纹理中。

其他后门攻击方法：其他后门攻击包含物理后门攻击、语义后门攻击、动态后门攻击、活后门攻击等方法。

3.3.2.3 深度伪造攻击

深度伪造借助深度学习技术进行大样本学习，从而将目标人物的声音、面部图像以及身体动作等与原人物的视频拼接，合成虚假内容。顾名思义，深度伪造的底层机制是深度学习模型，例如自编码器和生成对抗网络等。深度伪造中，包含以下几个任务。

深度伪造人脸生成：人脸伪造技术根据对人脸的操作程度大致分为四种类型。①人脸合成这种操作通常需要依赖以生成式对抗网络（GAN）为代表的深度生成模型来完成；②身份交换是指将一个视频中的人脸替换成另外一个人的脸，也就是常说的换脸（FaceSwap）；③面部属性操作主要是在图像中对面部的一些属性进行修改，例如修改头发或皮肤的颜色、性别、年龄，以及添加眼镜等；④面部表情操作也被称为面部重现，主要是修改人的面部表情，其中流行的主要有 Face2Face 和 NeuralTextures 技术。

深度伪造人脸检测：人脸交换在视频合成、人像变形，特别是身份保护方面，有着许多引人注目的应用，因为它可以将照片中的人脸替换为图像库中的人脸。然而，这也是网络攻击者用来渗透身份识别或认证系统以获得非法访问的技术之一。最近，一种两阶段深度学习的虚假图像检测方法被 Hsu 等人[92] 提出。第一阶段是一个基于公共虚假特征网络（Common Fake Feature Network，CFFN）的特征抽取器，其中 CFFN 使用了 Siamese 网络架构。通过 CFFN 的学习过程，提取出虚假图像和真实图像的鉴别特征，即成对信息。然后，这些特征被输入到第二阶段，这是一个连接到 CFFN 的最后一个卷积层的小型 CNN 分类器，用来区分虚假图像和真实图像。该方法同时适用于虚假人脸和虚假普通图像的检测。

深度伪造语音生成：深度伪造语音生成包含三种方法。①WaveNet 模型[175]，由 DeepMind 公司于 2016 年开发，由 pixelCNN 模型演变而来。WaveNet 模型利用原始音频的声学特征（即频谱图），通过实际记录的语音对一个生成的框架进行训练。WaveNet 是一种概率自回归模型，通过使用先前产生的样本的概率分布来确定当前声信号的概率分布。扩展因果卷积是该模型的主要模块，用于保证 WaveNet 模型只能使用 $0\sim t-1$ 个采样点来预测新的采样点。②Tacotron 框架[258] 可以通过给定的<text，audio>对从头开始完全训练，并且它不需要音素级别的对齐，因此可以扩展到其他带有转录文本的音频数据。与 WaveNet 模型类似，Tacotron 框架是一个生成框架，由 Seq2Seq 模型组成，该模型包含一个编码器、一个基于注意力机制的解码器和一个后处理网络。该框架接受字符作为输入，生成原始的频谱图，然后将其转换为波形。③Deep Voice 3[186] 是一种新的全卷积的模型，可以实现将字符转化为频谱图。由于执行完全并行的计算，Deep Voice 3 模型比其他模型更快。Deep Voice 3 由全卷积编码器、全卷积解码器、转换器三个主要模块组成。全卷积编码器接受文本作为输入并将其转换为内部学习表征；全卷积解码器以自回归方式利用多跳卷积注意力机制将学习表示解码为低维度的音频表示；转换器是一个由全卷积构成的后处理网络，从解码器隐藏状态预测最终声码器的参数（取决于声码器选择）。与解码器不同，转换器是非因果的，因此它可以依赖未来的上下文信息。

深度伪造语音检测：深度伪造语音检测包含两种方法。①Chen 等人[37] 提出了一种识别音频操作的技术。该方法通过使用一个大边缘余弦损失函数（Large Margin Cosin Loss，LMCL）和在线频率屏蔽增强来训练神经网络，以学习具有更强鲁棒性的特征嵌入。该技术展现了较好的音频操作检测精度，但在有噪声的情况下可能表现不佳。②Huang 等人[94] 提出了一种音频欺骗检测方法。首先，利用短期过零率和能量从每个语音信号中识别无声段。其次，从相对高频域的指定段中计算出线性滤波器组（Linear Filter Bank，LFBank）关键点。最后，建立一个注意力增强的 DenseNet-BiLSTM 框架来定位音频操作。该方法可以避免过拟合，但代价是计算成本高。

3.3.2.4 投毒攻击

投毒攻击与对抗攻击类似，都能够使模型输出错误的结果。区别在于对抗攻击是在模型测试阶段使用对抗样本诱使模型预测错误，而投毒攻击则是使用投毒的数据样本训练模型，进而直接污染模型，使模型输出错误预测。

投毒攻击试图通过污染训练数据来降低深度学习系统的预测精度。在早期的机器学习中，投毒攻击已经被认为是对主流算法的一种重大威胁。最初提出它是为了降低机器学习模型的精度。例如，贝叶斯分类器、支持向量机、逻辑回归都因数据投毒而退化。随着深度学习的广泛使用，攻击者已经将注意力转移到深度学习上。

攻击者可以在知识充分（白盒）和知识有限（黑盒）的情况下实施此攻击。知识主要是指对训练过程的理解，包括训练算法、模型体系结构等。攻击者的能力是指对训练数据集的控制。具体来说，这种能力的强弱可以通过攻击者能插入多少新的有毒数据，以及他们是否可以更改原始数据集中的标签等因素来进行衡量。对数据进行投毒主要有两个目的。一个直观的目的是通过偏离模型的决策边界来破坏模型的可用性，因此被投毒的模型不能很好地表示正确的数据，而且很容易做出错误的预测。这可能是由于数据标签被攻击者恶意篡改造成的，例如一张照片中的猫被错误标记成狗。另一个目的是通过在目标模型中插入混淆数据来创建后门。图 3.2 显示了投毒攻击的常见工作流程。基本

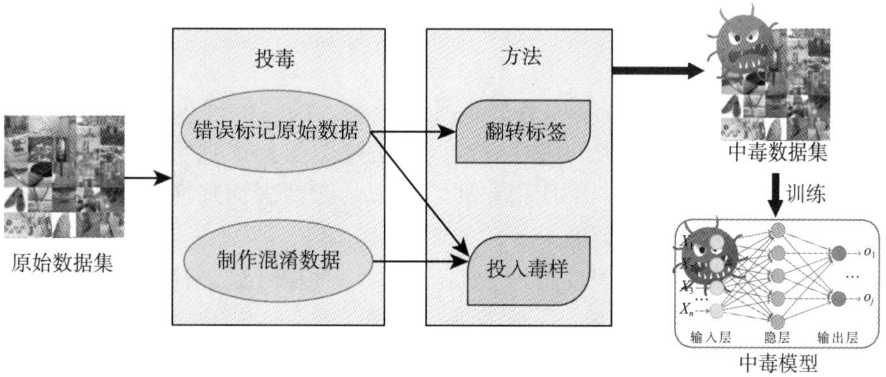

图 3.2 投毒攻击流程

上，这种攻击通过错误标记原始数据和制作混淆数据两种方法完成。然后将中毒数据混入原始数据，进而破坏训练过程，从而使模型被植入后门。更具体地说，攻击者通过篡改目标数据的标签来错误标记原始数据。混淆数据是通过嵌入模型可以学习的特殊特征来构建的，这些特殊特征实际上不属于原始数据。这些特殊特征可以作为一个触发器，导致错误的分类。

数据投毒攻击可以简要分为以下几类。

类标投毒：投毒攻击发生在模型训练阶段，攻击者将投毒样本注入训练数据集。在将训练数据集注入深度学习模型之前，修改部分样本的类标，令 $\boldsymbol{x}_{\text{label}}(i)=\boldsymbol{x}_{\text{label}}(j)$，$i \neq j$，其中 $\boldsymbol{x}_{\text{label}}(i)$ 表示样本 $\boldsymbol{x}$ 的原始标签为第 i 类，更改标签为第 j 类。再将修改后的样本注入训练集中参与训练，最终使模型对触发样本错误分类以实现投毒攻击。

数据投毒：数据投毒主要是将投毒数据 $\boldsymbol{x}_{\text{poison}}$ 与原始样本 $\boldsymbol{x}_{\text{original}}$ 输入到模型中训练，使模型产生后门（即后门攻击），当中毒模型在测试阶段对触发样本进行判断时，将触发后门，进而做出错误分类。

模型投毒：指直接对模型参数进行修改，使模型中毒，即将样本 $\boldsymbol{x}$ 输入中毒模型进行判断时做出错误分类。

根据投毒攻击应用的领域，具体的攻击方法将在后续章节介绍。

3.3.2.5　成员推理攻击

成员推理攻击（Membership Inference Attack，MIA）是一种判断数据是否属于模型训练集的攻击方法。通过这种攻击方法，攻击者可以推测出有关目标模型训练集的信息，从而造成严重的隐私泄露问题。

如图 3.3 所示，成员推理攻击是指给定一个数据样本，判断它是否包含在训练数据集中。在成员推理攻击中，攻击者给出一个数据样本 $\boldsymbol{x}^*$，且具有访问目标模型 $f_{\boldsymbol{\theta}}(X)$ 的权限，那么攻击者将可能推测出 $\boldsymbol{x}^*$ 是否属于数据集 X。这种攻击将严重侵犯用户数据的隐私，主要有以下几方面的原因。

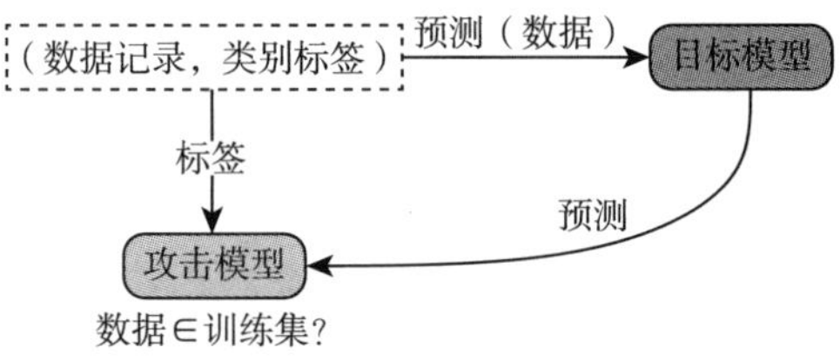

图 3.3　成员推理攻击模型

任务/模型的敏感性：训练集中数据本身很敏感，成员推理攻击可能会直接侵犯隐私。例如，如果使用与健康相关的医疗数据（如医疗图像）来训练分类器，会泄露有关个人健康状况的信息。同样，如果使用犯罪数据库的图像来训练模型以预测再次犯罪的可能性，则会暴露个人的犯罪历史。

信息泄露的信号：成员推理攻击通常被认为是一种信号或一种测量棒，访问模型可能导致潜在的隐私泄露。事实上，成员推理攻击通常是进一步攻击的门户。例如，如果敌手推断受害者的数据是可以访问的信息的一部分，就可以发动其他攻击。

建立不当行为：从另一种角度来说，监管机构也可以使用成员推理攻击来支持这样一种怀疑：某模型在没有充分法律依据的情况下使用个人数据进行训练，并用作其他目的。例如，DeepMind 公司最近被发现使用英国国民卫生服务机构提供的个人医疗记录进行训练，且用作病人护理以外的目的。

成员推理攻击最早是由 Shokri 等人[221] 提出的，其主要研究在监督学习背景下，针对黑盒机器学习模型的攻击。他们专注于由商业机器学习即服务的提供商训练的分类模型，如 Google 和 Amazon 为用户提供可以访问的模型 API。更具体地说，拥有数据集和数据分类需求的客户可以将数据集上传给服务提供商来构建并训练模型，然后该服务提供商向客户提供模型——通常是黑盒的 API。例如，移动应用程序制造商可以使用这种服务来分析用户的活动，并查询应用程序内部的模型，得到最优的推送时间结果，以在用户最有可能响应时向用户推广应用程序内的商品。此外，一些机器学习服务还允许数据所有者向外部用户公开模型，以便查询甚至出售它们。

联邦学习下的成员推理攻击如图 3.4 所示。

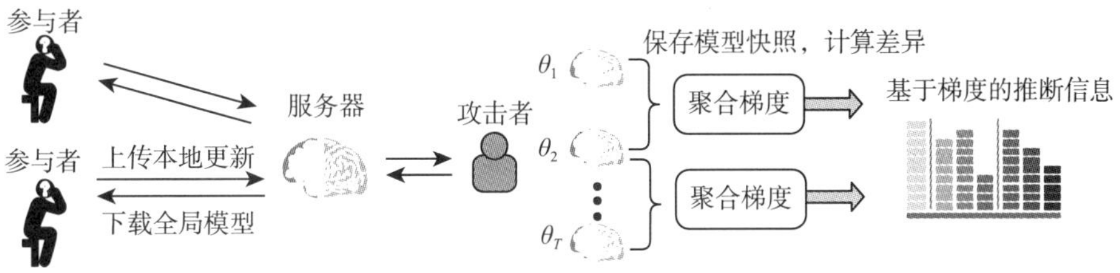

图 3.4 联邦学习中的成员推理攻击模型

在此场景下，攻击者可以是参与训练的客户，也可以是聚合模型的第三方服务器，攻击者试图推断特定记录是否属于参与者训练集的一部分。Melis[164] 等人首次提出针对联邦学习场景的成员推理攻击，其主要是利用嵌入层的信息泄露或梯度来进行推理攻击。

成员推理攻击主要是利用模型在训练过的数据和没训练过的数据上的表现差异，来判断数据是否为成员数据。目前来看，成员推理攻击产生的原因主要有以下两点。

- **过拟合**：过拟合是一种建模错误，即模型能够完美地预测训练集，但对新数据的预测能力低，因此模型在训练样本上比在非训练样本上的表现更好。攻击者可以利用模型在这两者之间的差异，学习推理数据是否为成员数据。过拟合是成员推理攻击的充分条件，而非必要条件。
- **训练集数据不具有代表性**：当训练集数据不具有代表性，即训练集数据的分布与测试集数据的分布不同时，训练集训练出来的模型就不能完美地贴合要预测的数据集，导致模型的训练集与测试集易于被区别，从而使成员推理攻击能够成功。

根据目前的成员推理方案，可以将成员推理攻击分为基于神经网络的推理和基于度量的推理两种方法。

- **基于神经网络的成员推理攻击**：包括基于预测置信度的神经网络成员推理攻击、

基于扰动信号的神经网络成员推理攻击、基于中间层信息的神经网络成员推理攻击三种方法。

- **基于度量的成员推理攻击**：包括基于预测正确性的攻击、基于预测损失的攻击、基于预测置信度的攻击、基于预测熵的攻击、基于预测差分距离的攻击五种方法。

关于成员推理攻击的具体算法和防御方案，将在后面的章节中详细给出。

3.3.2.6 属性推理攻击

属性推理攻击主要是在训练数据集中推断出属性。例如，通过一个性别分类器，可以推断出有多少人留长发或穿裙子，或者数据集中是否有足够的女性。该方法与成员推理攻击的原理基本是相同的。在属性推理中，影子模型的训练集是基于攻击者想要推断的属性来标记的，因此攻击者需要用具有该属性的数据和没有该属性的数据访问目标模型。然后训练攻击模型，以推断具有属性的数据的输出向量与没有属性的数据的输出向量之间的差异。

属性推理攻击同样适用于使用联邦平均和同步随机梯度下降（Stochastic Gradient Descent，SGD）优化方法的模型，其中参与联邦平均优化的每个远程参与者在每次训练后，从参数服务器接收更新参数并更新模型。初始数据集的形式为 $D'=\{(\boldsymbol{x},\boldsymbol{y},\boldsymbol{y}')\}$，其中 $\boldsymbol{x}$ 和 $\boldsymbol{y}$ 是用于训练分布式模型的数据，$\boldsymbol{y}'$是属性标签。每次更新本地模型时，攻击者都会计算有属性数据和无属性数据的损失梯度。这些数据可以构建一个由梯度和属性标签（$\nabla \boldsymbol{L},\boldsymbol{y}'$）组成的新数据集。收集到足够多的标记数据后，就可以训练一个二分类模型来区分具有属性数据的损失梯度和没有属性数据的损失梯度。

3.3.2.7 数据集重建攻击（模型逆向攻击）

典型的模型训练过程，其实是从训练数据中提取、抽象的大量信息转化到模型中的过程。因此，训练好的模型中也存在一个逆信息流，它允许攻击者从模型中推断出训练数据，因为神经网络可能会记住太多训练数据的信息。数据集重建攻击（模型逆向攻击）利用这种信息流，并通过模型的预测恢复数据成员身份或数据属性，如人脸识别系统中的人脸。数据集重建攻击也可以形成物理水印来检测重放攻击。此外，数据集重建攻击还可以进一步重新定义为成员推理攻击和属性推理攻击。可根据攻击者是否获得单个信息或统计信息来区分成员推理攻击和属性推理攻击，若是单个信息则属于成员推理攻击，若是统计信息则属于属性推断攻击。在成员推理攻击中，攻击者可以确定训练数据中是否包含了特定的记录。在属性推断攻击中，攻击者可以推测在训练数据集中是否有一定的统计属性。

数据集重建攻击可以在黑盒或白盒模式下执行。在白盒攻击中，攻击者已知目标模型的参数和体系结构。因此，攻击者可以很容易地获得一个行为相似的替代模型。在黑盒攻击中，攻击者的能力在模型架构、统计数据和训练数据的分布等方面受到限制，无法获得完整的训练信息。然而，在任何一种情况下，攻击者可以使用特定的输入进行查询，并获得相应的输出和置信度值。

图 3.5 展示了数据集重建攻击中的成员推理攻击的工作流程。成员推理攻击可以通过

不同的方式完成：攻击者在能得到大部分原始训练数据的情况下，可以使用原始训练对影子模型进行充分训练（方法 1，步骤①、②），利用影子模型的预测结果可以构建攻击模型所需的训练数据。攻击模型经过训练后可以对目标模型发起成员推理攻击，从而推断出目标模型训练数据中的成员信息（步骤③、④）。而在部分情况下，攻击者无法获得原始训练数据，但能有限度地访问模型得到模型预测结果（方法 2）。此时攻击者可以将目标模型的输出作为训练数据，对攻击模型进行训练，并利用攻击模型进行成员推理攻击（步骤③、④）。此外，攻击者也会面临只能得到少量训练数据，并且无法访问目标模型的情况（方法 3）。此时攻击者只能选择使用启发式方法，对原始训练数据中的成员信息进行推断（步骤④）。

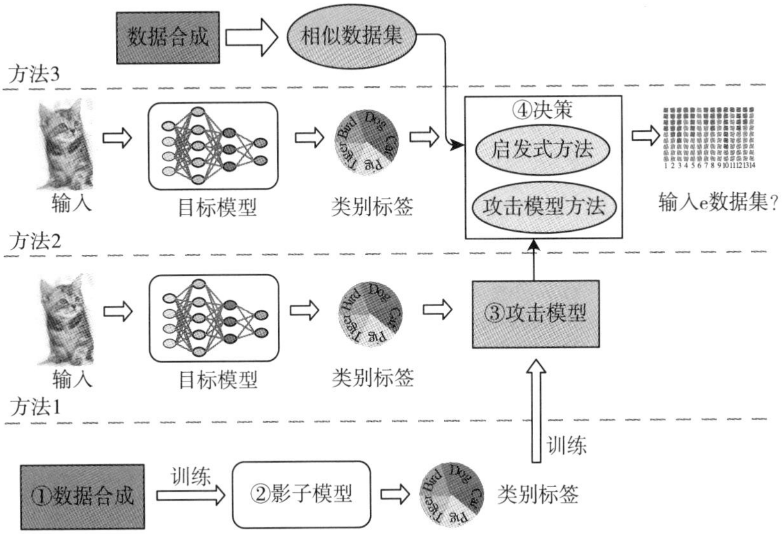

图 3.5 数据集重建攻击流程

虽然大部分研究认为数据集重建攻击很重要，但在成员推理攻击上仍有局限性。数据集重建攻击和 GAN 框架产生的类成员相似，当某个类的所有成员都与训练输入的成员相似时，目标模型可以正常工作。训练后的目标模型将习得每个类的输入特征，使得攻击者能对某个类进行逆推得到具体的训练样本。例如，图 3.6 显示了 GAN 框架对 LFW 数据集中标签为女性的样本进行逆推的结果，GAN 框架能找出特征为女性的样本，但无法确定这些图像来自哪一个具体的人。

3.3.2.8 模型窃取攻击

模型窃取攻击是指攻击者试图通过访问模型的输入和输出，在没有训练数据和算法的先验知识的情况下，复制机器学习模型。为了形式化描述，给定一个特定选择的输入 $\boldsymbol{x}$、一个目标模型 F，得到相应的预测结果 $\boldsymbol{y}$。然后攻击者可以推断甚至提取整个模型 F。

例如，对于神经网络模型 $y=wx+b$，攻击者可以以某种方式得到近似于 w 和 b 的值。模型窃取攻击不仅会破坏模型的机密性，损害其所有者的利益，同时也构建了一个近似等效的白盒模型，并可以进行进一步攻击，如对抗性攻击。

模型窃取攻击大多在黑盒场景下进行，攻击者只能访问模型的 API。攻击者可以使用输入样本访问目标模型，并获得包括预测标签和类概率向量在内的输出。攻击者访问的 API 会受到查询频率的限制，无法获得模型知识且无法访问数据集。因此攻击者不知道模型架构、超参数、目标模型的训练过程。攻击者无法获得与目标模型训练数据分布相同的自然数据。此外，如果提交查询太频繁，API 可能会阻止攻击者访问。图 3.7 展示了模型窃取攻击的典型工作流程。首先，攻击者向目标模型提交输入，并获取预测值。然后，使用输入-输出对和不同的方法来提取机密数据。其中，机密数据包括模型的参数、超参数、结构、决策边界和功能。

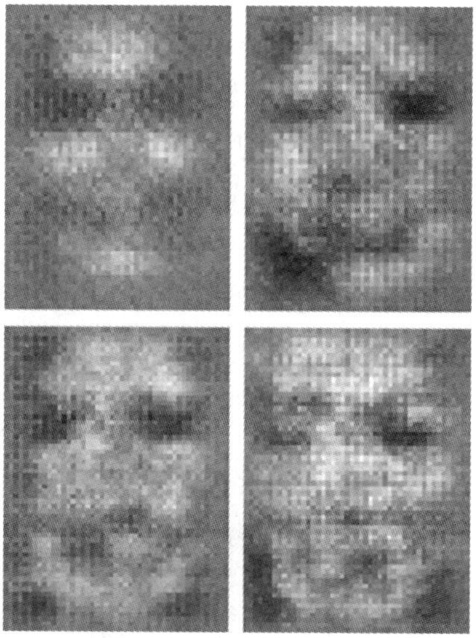

图 3.6 基于 GAN 框架生成的图像作用于性别分类器上

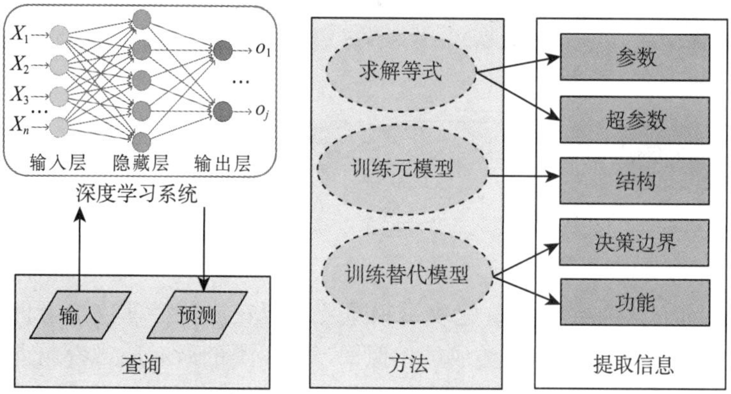

图 3.7 模型窃取攻击流程

窃取模型的方法基本上有以下三种类型。

- **方程式求解法（Equation Solving）**：对于计算连续函数的分类模型，可以表示为 $F(\boldsymbol{x})=\sigma(\boldsymbol{wx}+\boldsymbol{b})$，因此给定足够的样本（$\boldsymbol{x}$，$F(\boldsymbol{x})$），攻击者可以通过求解方程 $\boldsymbol{wx}+\boldsymbol{b}=\sigma^{-1}(F(\boldsymbol{x}))$ 来恢复模型的参数（$\boldsymbol{w}$，$\boldsymbol{b}$）。
- **训练元模型（Training Metamodel）**：元模型是一种分类器模型，攻击者通过查询分类器在输出 $\boldsymbol{y}$ 对应的输入 $\boldsymbol{x}$ 上训练一个元模型 F^m，将 $\boldsymbol{y}$ 映射到 $\boldsymbol{x}$，即 $\boldsymbol{x}=F^m(\boldsymbol{y})$。训

练好的模型可以查询输出 $\boldsymbol{y}$ 对应的输入 $\boldsymbol{x}$ 来进一步预测模型属性。

- **训练替代模型（Training Substitute Model）**：替代模型是一种模拟原始模型行为的模型。当有足够的查询输入 $\boldsymbol{x}$ 和相应的输出 $\boldsymbol{y}$ 时，攻击者可以训练替代模型 F^s 且 $\boldsymbol{y}=F^s(\boldsymbol{x})$。因此，替代模型的属性可以近似于原始模型的属性。

窃取不同的信息需要使用不同的方法。方程式求解法的出现时间要早于训练元模型和训练替代模型。它可以恢复精确的参数，但只适用于小规模的模型。由于模型大小的增加，通常会训练一个替代模型来模拟原始模型的决策边界或分类功能。因此，参数精确程度可以较低。元模型是一种逆训练得到的替代模型，因为它以查询输出作为输入，并预测查询输入以及模型属性。此外，它还可以用来探索更多的信息输入，以帮助推断模型的更多内部信息。模型窃取攻击可分为以下四类，具体的内容将在后续章节介绍。

- **模型参数窃取攻击**：①基于线性回归模型的参数窃取；②基于决策树模型的参数窃取；③基于神经网络模型的参数窃取；④基于可解释信息的模型参数窃取；⑤训练超参数窃取。
- **模型结构窃取攻击**：①基于元模型的模型结构窃取；②基于时间侧信道的模型结构窃取。
- **模型决策边界窃取攻击**：①基于雅可比矩阵的模型决策边界窃取；②基于随机合成样本的模型决策边界窃取；③基于生成对抗网络的模型决策边界窃取。
- **模型功能窃取攻击**：①基于强化学习的模型功能窃取；②基于学习和直接恢复的模型功能窃取；③基于主动学习的模型功能窃取。

3.4 模型窃取攻击与防御实现案例

具体实现案例，请扫下面二维码获取。

3.5 小结

本章首先给出了人工智能安全的组成部分，并给出人工智能安全模型的具体定义；然后分析了人工智能面临的安全问题；接着明确了人工智能面临的威胁，介绍了相关的威胁模型和常见的攻击方法。

第二部分

模型安全性

CHAPTER4

第4章

投毒攻击与防御

内容提要

4.1 投毒攻击

近年来机器学习技术迅速发展，在给人们生活带来便利的同时，也埋下了一定的安全隐患。投毒攻击主要瞄准基于在线训练模型的应用系统，在进行攻击时，需要添加一些恶意数据到原始训练数据集中。例如，电商平台的推荐系统需要不断地对模型进行训练，使系统给出更好的推荐方案，因此在对电商平台进行投毒攻击时，攻击者可以通过重复查看某个类别的商品使机器学习模型对该类商品的置信度上升，从而使推荐系统更可能将该类商品推荐给顾客，达到污染模型训练数据集的目的。可见，投毒攻击给机器学习的发展带来了巨大的威胁，相关专家已经开始研究如何防御这些攻击，同时还站在攻击者的角度思考如何设计新型攻击方案，并构建相应的防御方法。

根据不同类别的机器学习模型，可以将投毒攻击分为传统机器学习模型中的投毒攻击、深度神经网络中的投毒攻击、强化学习中的投毒攻击和其他系统中的投毒攻击。相应的防御方法可分为提升模型鲁棒性和数据清洗。

本节主要介绍传统机器学习模型、深度神经网络、强化学习以及其他系统（如生物识别系统和推荐系统）中的投毒攻击，如图 4.1 所示。

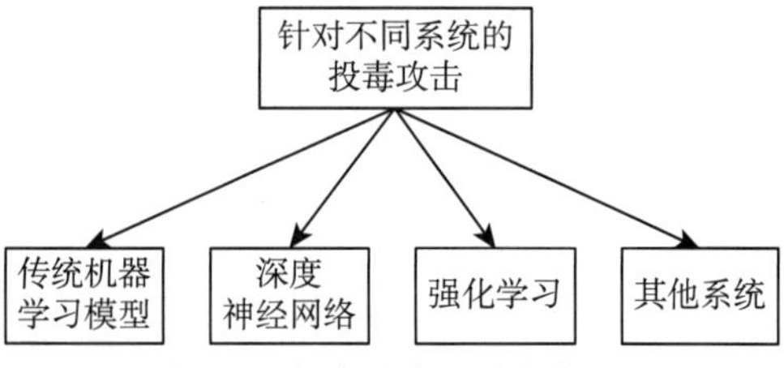

图 4.1 投毒攻击系统框架

4.1.1　针对传统机器学习模型的投毒攻击

早期的数据投毒研究主要使用启发式计算方法，该方法由于缺乏统一的框架，导致攻击效果不太理想。Mei 等人[162] 面对这种情况提出一种针对投毒攻击的双层优化框架，主要通过训练集攻击和机器教学实现。该框架的目标是尽可能少地更改原始训练数据集，使攻击具有较高的成功率并保持一定的隐蔽性。利用 KKT（Karush-Kuhn-Tucker）条件，可以将双层优化问题转化为单层优化问题，从而更加高效地解决双层优化问题。另外，Mei 等人还提出了针对 SVM、逻辑回归模型和线性回归模型等传统机器学习模型的投毒攻击框架。

1. 训练集攻击和机器教学

假设攻击者知道模型使用的算法，并试图找到能够使攻击有效的最小投毒数据集，具体可以规范为以下优化问题：

$$\begin{aligned}\hat{\theta}_D \in \operatorname{argmin}_{\theta\in\Theta} & O_L(D,\theta)\\ \text{s.t. } & g_i(\theta)\leqslant 0, i=1,\cdots,m\\ & h_i(\theta)=0, i=1,\cdots,p\end{aligned}\tag{4.1}$$

其中，D 表示训练数据，$O_L(D,\ \theta)$ 表示训练者的目标。例如对于正则化的风险最小化函数，$O_L(D,\ \theta)=R_L(D,\ \theta)+\lambda\Omega(\theta)$，其中 R_L 为学习者的经验风险函数，Ω 为正则化项。g 和 h 表示潜在的非线性函数，Θ 表示假设空间，用于表示可行区域，$\hat{\theta}_D$ 表示学到的模型，argmin 返回最小化函数解的集合。

对于给定的模型，攻击者通过更改原始训练数据来实施攻击。例如，对于分类任务，攻击者可以向原始训练数据集 D_0 中添加一些数据（$\boldsymbol{x}'$，$\boldsymbol{y}'$），或者直接更改存在于 D_0 中的特征 $\boldsymbol{x}$ 和标签 $\boldsymbol{y}$。这样，模型使用者并不知道训练数据集已经被投毒污染，仍旧使用该数据集进行训练，得到模型 $\hat{\theta}_D$。攻击者的目标是使 $\hat{\theta}_D$ 对自己有利，例如通过指定类型的垃圾邮件误导垃圾邮件过滤系统。这里使用一个攻击者风险函数 $R_A(\hat{\theta}_D)$ 表示攻击者的目标。例如，攻击者有一个期望的目标模型 θ^*，并想要使得训练的模型 $\hat{\theta}_D$ 更接近 θ^*，在这个例子中，$R_A(\hat{\theta}_D)=\|\hat{\theta}_D-\theta^*\|$。

在实际的攻击过程中，攻击者可能只有更改小部分训练数据集的权限，甚至攻击者为了实施更加隐蔽的攻击而仅仅更改较少的数据。对于第一种情况，将原始训练数据集编码为一个搜索空间 $\mathbb{D}$，攻击者将从这个搜索空间中选择将要更改的数据 D。例如，假设攻击者最多可以更改 B 个样本，则可以公式化为 $\mathbb{D}=\{D: |D_\Delta D_0|\leqslant B\}$，其中 Δ 表示对称的差异，$|\cdot|$ 表示基性。对于第二种情况，攻击者希望尽可能地减少对数据集的更改，则可以编码为一个消耗函数 $E_A(D,\ D_0)$。例如，如果攻击将 D_0 中的设计矩阵 $\boldsymbol{X}_0$ 转换成 $\boldsymbol{X}$，那么可以定义 $E_A(D,\ D_0)=\|\boldsymbol{X}-\boldsymbol{X}_0\|_F$ 作为 Frobenius 范数来表示这个改变。使用

$$O_A(D,\hat{\theta}_D)=R_A(\hat{\theta}_D)+E_A(D,D_0)\tag{4.2}$$

来表示整体攻击者的目标函数，可以将训练集攻击问题的定义转换为

$$\min_{D \in \mathbb{D}, \hat{\theta}_D} O_A(D, \hat{\theta}_D)$$
$$\text{s.t. } \hat{\theta}_D \in \operatorname{argmin}_{\theta \in \Theta} O_L(D, \theta)$$
$$\text{s.t. } g(\theta) \leqslant 0, h(\theta) = 0 \tag{4.3}$$

值得注意的是，机器学习模型的学习问题出现在了投毒攻击的约束中，这是一个双层优化问题。投毒攻击中对数据 D 的优化称为上层问题，对给定 D 的模型 θ 的优化称为下层问题。

训练集投毒攻击公式与机器教学密切相关。两者都旨在通过精心设计训练集来最大限度地影响学习者。机器教学主要集中在教育环境中，学习者是具有认知模型的学生，教师则有一个教育目标 θ^*。要求教师设计出最好的课程，使学生学会模型 θ^*。从教师到攻击者，从学生到智能代理，有一个直接的映射。但以前的机器教学公式只适用于非常具体的学习模型（如共轭指数族模型）。

现在已经得到一个优化攻击训练集的通用算法。在本节的剩余部分，将推导针对SVM 和线性回归模型的具体攻击方法。

2. 针对 SVM 的投毒攻击

SVM 最基本的模型是一个线性分类器，其基本思想是定义一个超平面，使得离超平面函数间隔最小样本点的距离最大化，因此该超平面的最优解仅有一个。求解超平面函数可以用数学表示为求解一个凸二次规划问题，也等价于正则化的合页损失函数最小化问题。

根据传统机器学习的一般安全分析方法，假设攻击者知道学习算法以及模型训练者使用的训练数据，并且能从基础的数据分布中提取出来。虽然这在现实世界中是一个不太可能的假设，但是攻击者可以使用从相同分布中提取的替代训练集。在这些假设条件下，针对 SVM 的投毒攻击可以通过构建一个数据点从而大幅降低 SVM 分类器的分类精度来进行。

该投毒攻击方法是基于 SVM 算法获得最优解的特性来实现的，因此，攻击者可以通过创造一个特别的样本数据点来操纵具有超平面的解空间。在这一方法中，攻击者可以复制一个攻击类中的任意样本点并翻转其标签作为初始化的攻击向量。从原则上来说，任何在攻击类边界范围内足够深的点都可以作为起点。攻击者使用梯度上升算法迭代地更新投毒数据点，当验证误差小于设定的阈值时，则终止算法，即可获得投毒样本点。

3. 针对线性自回归模型的攻击

线性回归是机器学习的基础，由于其有效性和简易性等特性，已被广泛用于各种产业。其他更高级的学习方法如逻辑回归、SVM、神经网络等可以被看作线性回归的泛化或扩展。对于线性回归模型，攻击者通常利用系统框架来进行数据投毒攻击。图 4.2 展示了投毒攻击的系统框架，算法 4.1 是针对线性回归模型进行投毒攻击的伪代码，其中 D_{tr} 表

示训练数据集，$D_{tr} = \{(\boldsymbol{x}_i, \boldsymbol{y}_i)\}_{i=1}^{n}$，其中 $\boldsymbol{x}_i \in [0, 1]^d$ 表示 d 维的预测变量值，也称为特征向量，$y_i \in [0, 1]$ 表示模型对于 $i \in \{1, \cdots, n\}$ 输出的置信度，D' 表示投毒数据集，L 表示学习算法，$\boldsymbol{W}$ 表示特征权重。

算法 4.1　针对线性回归模型的投毒攻击

输入：$D = D_{tr}$(白盒攻击)或 D'_{tr}(黑盒攻击)，$D', L, \boldsymbol{W}$

　1：$D_p^{(0)} = (\boldsymbol{x}_c, \boldsymbol{y}_c)_{c=1}^{p}$：初始化投毒攻击样本

　2：$\boldsymbol{\varepsilon}$：小的正常数

输出：$D_p \leftarrow D_p^{(i)}$

　3：

　4：$i \leftarrow 0$(迭代计数器)

　5：

　6：**while** $|\boldsymbol{w}^{(i)} - \boldsymbol{w}^{(i-1)}| > \boldsymbol{\varepsilon}$ **do**

　7：　　　$\boldsymbol{w}^{(i)} \leftarrow \boldsymbol{W}(D', \boldsymbol{\theta}^{(i)})$

　8：

　9：　　　$\boldsymbol{\theta}^{(i+1)} \leftarrow \boldsymbol{\theta}^{(i)}$

10：

11：　　　**for** $c = 1, \cdots, p$ **do**

12：　　　　　$x_c^{(i+1)} \leftarrow \text{lineSearch}(x_c^{(i)}, \nabla_{x_c} \boldsymbol{W}(D', \boldsymbol{\theta}^{(i+1)}))$

13：

14：　　　　　$\theta^{(i+1)} \leftarrow \text{argmin}_\theta L(D \cup D_p^{(i+1)}, \boldsymbol{\theta})$

15：

16：　　　　　$\boldsymbol{w}^{(i+1)} \leftarrow \boldsymbol{W}(D', \boldsymbol{\theta}^{(i+1)})$

17：

18：　　　**end for**

19：　　　$i \leftarrow i + 1$

20：

21：**end while**

　　线性自回归模型是用于处理时间序列的线性回归模型。对于线性自回归模型来说，攻击者可以利用一个通用的数学框架来制定各种目标、成本和约束条件下的投毒攻击策略。这里考虑攻击者的目标模型是线性自回归模型的情况。假设预测者想要使用 d 阶的线性自回归模型 $\boldsymbol{x}_t = \boldsymbol{\alpha} + \sum_{i=1}^{d} \theta_i(\boldsymbol{x}_{t-i})$，并使用一种递归策略预测 h 个未来值，这里可以使用一个 "One Week" 的例子来解释有关概念，其中预测者使用 2 阶的自回归过程来预测未来（$h=3$）。具体来说，预测者使用模型参数 $\theta = [0.5, -0.6]^{\mathrm{T}}$ 以及星期一和星期二的值来预测星期三、星期四和星期五的值，因此对于该例子来说，如果星期一的值为 1，星期二的值为 2，预测者将会预测星期三的值为 $0.5 \times 2 - 0.6 \times 1 = 0.4$，然后预测星期四的

值为 0.5×0.4−0.6×2=−1，接着预测星期五的值为 0.5×(−1)−0.6×0.4=−0.74。根据原理，可以推知若攻击者观察到足够多的预测序列，就可以在给定最小附加信息的情况下，准确推断出模型。假设攻击者观察到预测者的预测序列为 0.4，−1，−0.74，同时他知道星期二的值是 2，那么他只需要知道 $d=2$ 就可以推导出预测者的模型。

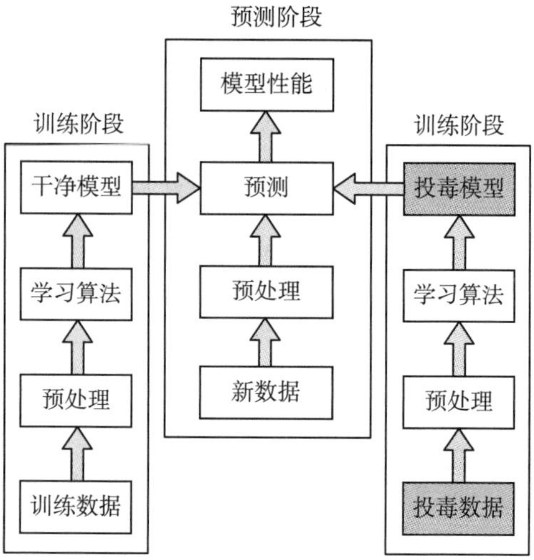

图 4.2 投毒攻击系统框架

4.1.2 深度神经网络中的投毒攻击

投毒攻击不仅针对传统的机器学习模型，还被运用到对深度神经网络的攻击中。通过自动微分和反转学习的方法降低攻击的复杂度，投毒攻击能够应用于更多更复杂的学习算法中，包括深度神经网络和其他深度学习体系在内的基于梯度的训练方法。后面的算法 4.2、算法 4.3、算法 4.4 展示了针对深度神经网络的投毒攻击伪代码。

算法 4.2 针对深度神经网络的投毒攻击

输入： $\hat{D}_{tr}, \hat{D}_{val}, \mathscr{L}, L$

$\boldsymbol{x}_c^{(0)}$：初始化毒样点

$\boldsymbol{y}_c$：对应标签

η：学习率

$\boldsymbol{\varepsilon}$：小的正常数

输出： $\boldsymbol{x}_c \leftarrow \boldsymbol{x}_c^{(i)}$：最终毒样点

$i \leftarrow 0$(迭代计数器)

while $A(\{\boldsymbol{x}_c^{(i)}, \boldsymbol{y}_c\}) - A(\{\boldsymbol{x}_c^{(i-1)}, \boldsymbol{y}_c\}) > \boldsymbol{\varepsilon}$ **do**

  $\hat{w} \in \arg\min_{w'} L(\boldsymbol{x}_c^{(i)}, w')$(训练学习算法)

  $\boldsymbol{x}_c^{(i+1)} \leftarrow \Pi_{\Phi}(\boldsymbol{x}_c^{(i)} + \eta \nabla_{\boldsymbol{x}_c} A(\{\boldsymbol{x}_c^{(i)}, \boldsymbol{y}_c\}))$

  $i \leftarrow i+1$

end shile

算法 4.3 针对深度神经网络的投毒攻击梯度下降

输入：$\hat{D}_{\mathrm{tr}}, L$

w_0:初始化参数

η:学习率

输出：w_T:训练参数

for $t=0,\cdots,T-1$ **do**

  $\boldsymbol{g}_t=\boldsymbol{\nabla}_w L(\hat{D}_{\mathrm{tr}}, w_t)$

  $w_{t+1} \leftarrow w_t-\eta \boldsymbol{g}_t$

end for

算法 4.4 针对深度神经网络的投毒攻击反梯度下降

输入：$\hat{D}_{\mathrm{tr}}, \hat{D}_{\mathrm{val}}$

$\boldsymbol{w}_{\mathrm{T}}$:已训练参数

η:学习率

$\boldsymbol{x}_c', \boldsymbol{y}_c$:投毒点

L:损失函数

$\mathscr{L}$:学习目标

输出：$\boldsymbol{\nabla}_{x_c} A=\boldsymbol{\nabla}_{x_c} L+\mathrm{d}x_c$

初始化 $\mathrm{d}x_c \leftarrow \mathbf{0}, \mathrm{d}w \leftarrow \boldsymbol{\nabla}_w L(\hat{D}_{\mathrm{val}}, w_T)$

for $t=T,\cdots,1$ **do**

  $\mathrm{d}x_c \leftarrow \mathrm{d}x_c'-\eta \mathrm{d}w\, \boldsymbol{\nabla}_{x_c} \boldsymbol{\nabla}_w L(x_c', \boldsymbol{w}_t)$

  $\mathrm{d}w \leftarrow \mathrm{d}w-\eta \mathrm{d}w\, \boldsymbol{\nabla}_w \boldsymbol{\nabla}_w L(\boldsymbol{x}_{\mathrm{c}}', \boldsymbol{w}_t)$

  $\boldsymbol{g}_{t-1}=\boldsymbol{\nabla}_{w_t} L(x_c', \boldsymbol{w}_t)$

  $\boldsymbol{w}_{t-1}=\boldsymbol{w}_t+\alpha \boldsymbol{g}_{t-1}$

end for

在针对深度神经网络的投毒攻击中，假设攻击者对目标系统有不同程度的了解，包括训练数据集 D_{tr}、特征集合 X、学习算法 M、目标函数 L，以及训练后得到的模型参数 w。因此，攻击者的知识可以被描述为对假设空间 Θ 的编码，表示为 $\theta=(D, X, M, w)$。根据攻击者对这些部分的了解程度，可以设想不同的攻击场景。通常情况下，会考虑两种主要的场景：完全了解的攻击和有限了解的攻击。

完全了解的攻击：在这种条件下，攻击者完全了解目标系统的训练数据集 D_{tr}、特征集合 X 和学习算法 M。虽然在实际攻击中这很难实现，但能够评估被攻击系统在最差的情况下的安全性，突出了被攻击系统在受到攻击时可能产生的性能下降的上限。在这种情况下，有 $\theta_{\mathrm{PK}}=(D, X, M, w)$。

有限了解的攻击：有限了解的攻击有一系列可能的应用场景，通常假设攻击者了解特征表示 X、学习算法 M，但不了解训练数据集（对于训练数据集，可以从类似来源收集

替代数据)。这个例子被称为使用替代数据的有限了解攻击(LK-SD),表示为 $\theta_{\text{LK-SD}}=(\hat{D}, X, M, \hat{w})$。需要注意的是,在这个例子中,攻击者只有一个替代数据集 $\hat{D}$,并且需要对学习参数进行评估,且需要在模型 $\hat{D}$ 上优化目标函数 L。

类似地,攻击者在了解训练数据集但不了解训练算法的情况下,对机器学习模型发起的攻击被称为使用替代算法的有限了解攻击(LK-SL)。这种情况下的攻击可以被表示为 $\theta_{\text{LK-SL}}=(D, X, \hat{M}, \hat{w})$,即使参数向量可能会属于不同的向量空间 $\hat{w}$。在替代算法的有限了解攻击(LK-SL)假设下,同样包括了攻击者了解学习算法的情况,但在这种情况下攻击者不能推导出针对目标机器学习模型的最优攻击策略(例如相应的优化问题无法解决或难以解决的情况),此外,攻击者可以使用替代学习模型来解决在这种情况下针对目标机器学习模型的推导性能不佳的问题。

针对深度学习模型的投毒攻击在实际应用时,需要考虑以下几个方面的影响。

- **攻击能力**:攻击能力这一概念定义为攻击者在数据操作约束下对输入数据的影响能力。
- **攻击影响**:攻击影响是评估攻击能力强度的一个标准。在有监督学习中,如果攻击者可以同时影响训练和测试数据,那么称攻击是因果性的。如果攻击者只能影响测试数据,那么称攻击是探索性的。
- **数据操纵约束**:评估攻击能力强度的另一个标准是机器学习模型对输入数据的操作是否存在限制,然而这在很大程度上取决于实际情况。例如,如果攻击者的目的是躲避恶意软件分类系统的检测,那么其应当在不损害被攻击系统原有功能的前提下,操纵被植入攻击系统的恶意代码。在投毒攻击案例中,训练样本对应的标签在通常情况下是不受攻击者控制的。因此,攻击者在对中毒样本进行处理时,应在尽可能考虑其他限制因素的同时对可能的特征进行标记,进而形成可能的修改空间 $\Phi(D_c)$。这样一来,对于一个给定的初始攻击样本集 D_c,攻击者可以根据其可能的修改空间 $\Phi(D_c)$ 对其表征进行修改。

根据攻击者的知识和能力,针对深度学习模型的投毒攻击框架可以表述为:给定攻击者对模型的了解程度 $\theta\in\Theta$,一系列可供操纵的攻击样本 $D'_c\in\Phi(D_c)$,一个目标函数 $A(D'_c, \theta)\in\mathbb{R}$,优化的攻击策略为

$$D_c^* \in \underset{D'_c\in\Phi(D_c)}{\operatorname{argmax}} A(D'_c,\theta) \tag{4.4}$$

对于多分类的问题,根据攻击场景的不同,主要分为以下几类。

1. Error-Generic 投毒攻击

这是最常见的攻击场景,这种场景考虑对一个两类学习算法进行投毒从而对机器学习模型造成不良影响。在多分类的情况下,可以很自然地扩展到这种场景。假设攻击者的目的不是使机器学习模型出现特定的错误,而是使机器学习模型对某类标签做出错误的预测。在这种假设下投毒攻击需要解决一个双层优化问题,具体表示如下:

$$D_c^* \in \underset{D'_c \in \Phi(D_c)}{\operatorname{argmax}} A(D'_c, \theta) = L(\hat{D}_{\text{val}}, \hat{\boldsymbol{w}})$$

$$\text{s. t. } \hat{\boldsymbol{w}} \in \underset{\boldsymbol{w}' \in \boldsymbol{W}}{\operatorname{argmin}} \mathscr{L}(\hat{D}_{\text{tr}} \cup D'_c, \boldsymbol{w}') \tag{4.5}$$

其中，攻击者可以将获取到的替换数据集 $\hat{D}$ 分成两个不相交的子集 $\hat{D}_{\text{tr}}$ 和 $\hat{D}_{\text{val}}$。其中，前者和投毒数据点 D'_c一起用于训练学习替代模型，后者通过函数 $A(D'_c, \theta)$ 在干净数据上评估投毒样本的影响。在这种情况下，函数 $A(D'_c, \theta)$ 被简单定义为 $L(\hat{D}_{\text{val}}, \hat{\boldsymbol{w}})$，其可以评估替代模型在验证数据集 $\hat{D}_{\text{val}}$ 上的性能。因此，A 在 D'_c上的依赖性可以通过被投毒的模型的参数 $\hat{\boldsymbol{w}}$ 间接进行编码。需要注意的是，因为学习算法不能算出可行集 W 中的唯一解，所以外层问题必须使用内部优化找到的精确解 $\hat{\boldsymbol{w}}$ 进行评估。并且，这种表述包含了之前提出的所有针对二进制学习器的中毒攻击。

2. Error-Specific 投毒攻击

这里假设攻击者的目标是执行靶向攻击，这种攻击可能会导致特定客户或服务的完整性损失或可用性违规。靶向攻击的目标是否确定，取决于攻击者所需的错误类别。投毒问题的目标可以定义如下：

$$A(D'_c, \theta) = -L(\hat{D}'_{\text{val}}, \hat{\boldsymbol{w}}) \tag{4.6}$$

其中，$\hat{D}'_{\text{val}}$ 包含和 $\hat{D}_{\text{val}}$ 中一样的数据，但攻击者有权变更不同的标签。这些标签与攻击者期望的分类结果相关联，这也是为什么在 L 前面有一个负号。攻击者的目标是最小化其所需标签集。需要注意的是，为了实现完整性侵犯或针对性攻击，这些标签中的一部分实际上可能与真实的标签相同（比如正常的系统运行没有受到损害，或者只有特定的系统用户受到影响）。

3. 使用反向梯度优化执行投毒攻击

由于计算梯度的复杂性，以上方法只能在有限的机器学习模型上进行。而对于计算梯度复杂性较高的机器学习模型（如深度神经网络），其可行性较低。为了克服这一局限性，反向梯度优化技术应运而生。它以一种高效且稳定的方式计算梯度，假设一次只优化一个毒样点 $\boldsymbol{x}_c$，它的标签 $\boldsymbol{y}_c$ 是由攻击者选择的，并在优化阶段保持固定。投毒攻击可以简化为

$$x_c^* \in \underset{\boldsymbol{x}'_c \in \Phi(\{\boldsymbol{x}_c, \boldsymbol{y}_c\})}{\operatorname{argmax}} A(\{\boldsymbol{x}'_c, \boldsymbol{y}_c\}, \theta) = L(\hat{D}_{\text{val}}, \hat{\boldsymbol{w}})$$

$$\text{s. t. } \hat{\boldsymbol{w}} \in \underset{\boldsymbol{w}' \in \boldsymbol{w}}{\operatorname{argmin}} L(\boldsymbol{x}'_c, \boldsymbol{w}') \tag{4.7}$$

其中，函数 $\boldsymbol{\Phi}$ 引入了针对标签 x_c 的约束，同样也引入了对标签 $\boldsymbol{y}_c$ 的约束。为了简化表示，只列出 L 的第一个参数 $\boldsymbol{x}_c'$。

4. 基于梯度的投毒攻击

对于目标模型使用多种类型的损失函数 L 来学习目标函数 L 的情况，可以将梯度上升算法运用到投毒攻击基本框架中来解决。特别地，如果损失函数 L 相对于 $\boldsymbol{w}$ 和 $\boldsymbol{x}_c$ 是可微

分的，可以使用链式法则来计算相应的梯度$\nabla_{x_c}A$：

$$\nabla_{x_c}A = \nabla_{x_c}L + \frac{\partial \hat{\boldsymbol{w}}}{\partial x_c}^{\mathrm{T}} \nabla_w L \tag{4.8}$$

在训练之后，将会使用参数 $\hat{w}$ 对 $L(\hat{D}_{\mathrm{val}}, \hat{\boldsymbol{w}})$ 进行评估。这里主要的难点在于计算 $\frac{\partial \hat{\boldsymbol{w}}}{\partial \boldsymbol{x}_c}^{\mathrm{T}}$，例如学习算法的解相对于投毒点是如何变化的。在一些常规条件下，可以通过将内在的学习问题转换成相应的 KKT 条件来解决。如果学习算法 L 是凸的，意味着所有的静止点都是全局最小值。事实上，目前投毒攻击只针对解决凸目标的学习算法，这里使用的方法是根据相应的 KKT 条件使用隐函数$\nabla_{\boldsymbol{w}}L(D_{\mathrm{tr}}\cup\{\boldsymbol{x}_c, \boldsymbol{y}_c\}, \hat{\boldsymbol{w}})=0$ 解决内部优化问题。假设其对 $\boldsymbol{x}_c$ 是可微的，可以得到线性系统$\nabla_{x_c}\nabla_w L+\frac{\partial \hat{\boldsymbol{w}}}{\partial \boldsymbol{x}_c}^{\mathrm{T}}\nabla_w^2 L=0$。如果$\nabla_w^2 L$ 不是奇异的，可以针对$\frac{\partial \boldsymbol{w}}{\partial \boldsymbol{x}_c}$求解这个系统，使用隐函数替换后上述公式可表达为

$$\nabla_{x_c}A = \nabla_{x_c}L - (\nabla_{x_c}\nabla_w L)(\nabla_w^2 L)^{-1}\nabla_w L \tag{4.9}$$

然后，使用梯度上升算法迭代地更新投毒点，如算法 4.2 所示，其中投影操作符号 Π_Φ 用于将当前投毒点映射到可行集 Φ。

梯度上升算法虽然是目前实现投毒攻击的一种很有效的方法，但该方法需要计算和反转$\nabla_w^2 L$，计算的时间复杂度是 $O(p^3)$，空间复杂度是 $O(p^2)$，其中 p 表示 w 的基数。另外，该方法对于每一个参数要求求解一个线性系统。上述这些难点使得在各个方面评估投毒攻击的有效性变得更加困难。

为了缓解该问题，可以使用共轭梯度下降方法来求解这个简单的线性系统。可以设置 $(\nabla_w^2 L)\ v=\nabla_w L$,并计算$\nabla_{x_c}A=\nabla_{x_c}L-\nabla_{x_c}\nabla_w Lv$。同时也可以使用海森向量乘积避免矩阵计算$\nabla_{x_c}\nabla_w L$ 和$\nabla_w^2 L$：

$$(\nabla_{x_c}\nabla_{\boldsymbol{w}}\mathrm{L})z = \lim_{h\to 0}\frac{1}{h}(\nabla_{x_c}L(x'_c\hat{\boldsymbol{w}} + \mathrm{h}z) - \nabla_{x_c}L(x'_c, \hat{\boldsymbol{w}}))$$

$$(\nabla_{\boldsymbol{w}}^2 L)z = (\nabla_w \nabla_w L)z = \lim_{h\to 0}\frac{1}{h}(\nabla_w L(x'_c, \hat{\boldsymbol{w}} + \mathrm{h}z) - \nabla_w L(x'_c, \hat{\boldsymbol{w}})) \tag{4.10}$$

这种方法使得投毒攻击算法更加有效，但它仍然需要准确地解决内在的学习问题。从实际应用的角度来看，这意味着 KKT 条件在满足数值精度的情况下才能成立。但是解决这些问题的方法的精度是有限的，所以可能会发生梯度$\nabla_{x_c}A$ 精确度过低的情况，而且这个问题在梯度弥散时会表现得更加明显。

由此可见，这种投毒算法实际上无法用于对深度神经网络等深度学习架构的投毒，因为既难以推导出所有参数正确的静止性条件，又可能由于该攻击方法对计算量的要求

太高导致模型投毒训练的精度不够高，从而无法正确计算梯度$\nabla_{x_c}A$。

4.1.3　强化学习中的投毒攻击

针对强化学习的投毒攻击算法种类繁多，针对序列预测模型的投毒攻击算法就是其中的一类。序列预测模型是一种强化学习算法，称为上下文老虎机（contextual bandit），这类模型是多臂老虎机（multi-armed bandit）在副信息上的延伸[48]。其中，攻击者针对强化学习中的历史奖励进行投毒，如算法 4.5 所示。在这种攻击场景下，可以使用基于梯度优化的攻击框架，并利用真实世界数据进行投毒攻击。

算法 4.5　针对强化学习的投毒攻击

```
输入：δ:置信度
λ:正则化项
α:UCB 函数
for t=1,2,⋯,T do
    接收上下文 x_t,估计 θ̂_a, a∈[K] with (2)
    Pull arm a_t = argmax_{a∈[K]} {x_t^T θ̂_a + α_a ‖x_t‖_{V_a^{-1}}}
    生成奖励 r_t = x_t^T θ_{a_t} + η_t
    将 x_t 和 r_t 分别附加到 X_{a_t} 和 y_{a_t}
end for
```

4.1.4　针对其他系统的投毒攻击

投毒攻击的适用范围还可以拓展到生物识别模型上，图 4.3 展示了一个生物验证系统的系统架构以及可攻击部件。根据目标部件，攻击可以分为以下几类：①为对传感器的攻击（欺骗攻击）；②、④、⑦为对连接不同模块的接口和通道的攻击（重放攻击，只有②和④是爬山攻击）；③、⑤、⑧、⑨、⑩、⑪为对处理模块和算法的攻击（如缓冲区溢出）；⑥为对模板数据库进行窃取、替换、删除攻击。

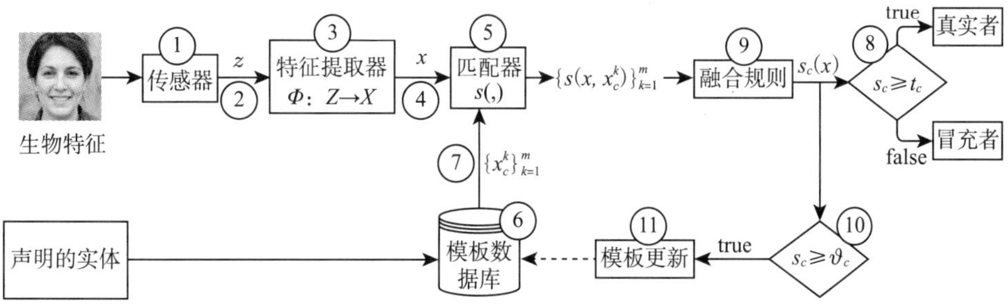

图 4.3　生物验证系统的系统架构以及可攻击部件

投毒攻击这项技术也可以运用到基于图的推荐系统中。基于图的推荐系统使用用户偏好图来表示用户对样品的评价分数。在图中，一个结点就是一个用户或一个样品，边的权重表示对应的评价分数。为了给用户做出推荐，推荐系统在用户偏好图中执行一个随机游走，这个随机游走从用户结点处开始，并有一定概率跳回到用户结点。在随机游走收敛之后，每一个样品结点都会被标注上一个固定概率，用以表示样品和用户之间的密切联系程度。最后，系统将固定概率最大的样品结点对应的样品推荐给用户。在针对基于图的推荐系统的投毒攻击中，假设攻击者的目标是提高一个目标样品被推荐的概率，让推荐系统将目标样品推荐给尽可能多的用户。在这种假设下，攻击者通过向系统植入经过精心包装用于评估分数的假用户来实现污染系统训练数据集的目标。算法 4.6 展示了针对推荐系统进行投毒攻击的过程。

算法 4.6 针对推荐系统的投毒攻击

输入： $\boldsymbol{R}$:分数矩阵
1：t,m,n,λ,b:参数
2：添加假用户
3：**for** $v=v_1,v_2,\cdots,v_m$ **do**
4：　　使用分数矩阵解决优化问题 $\min F(w_v)=\|w_v\|_2^2+\lambda\cdot l, \boldsymbol{w}_{v_i}\in[0,r_{\max}]$；
5：　　给目标样品分配最大分数值
6：　　$r_{v_t}=r_{\max}$
7：　　找到填充样品
8：　　具有最大权重的 n 个样品为填充样品
9：　　生成填充样品的分数值
10：　　$r_{vj}\sim N(\mu_j,\sigma_j^2)$ 对每个填充样品 j
11：　　使用分数值 $\boldsymbol{r}_v$ 将假用户植入系统中
12：　　$\boldsymbol{R}\leftarrow\boldsymbol{R}\cup\boldsymbol{r}_v$
13：**end for**

4.2 针对投毒攻击的防御方法

随着对机器学习、神经网络投毒攻击的研究不断发展，人们逐渐意识到投毒攻击对于目前机器学习模型、深度神经网络的相关应用带来的威胁，这些威胁可能会导致系统数据错误，甚至泄露用户隐私，威胁用户人身与财产安全等。现有投毒攻击方法的投毒数据在像素空间或特征空间往往和正常数据有明显的差别，于是研究者利用这个特点展开对投毒攻击防御方法的研究。目前针对投毒攻击的防御方法大致分为基于鲁棒学习的防御、基于数据清洗的防御、模型防御和输出防御几类。

4.2.1　鲁棒学习

从算法本身进行考虑，可以通过提高算法的鲁棒性来防御投毒攻击，使算法在有投毒数据干扰的情况下，仍然可以学习出性能良好的分类器。Bagging（Bootstrap Aggregating）和随机子空间法（Random Subspace Method，RSM）[224] 是通过集成多个分类器提高算法鲁棒性的两种方法。以 Bagging 为例，该方法集成的每个分类器都使用训练集不同的 Bootstrap 副本来进行训练。如果对最外围的观测数据以较低的概率进行重新采样，可以降低训练数据中投毒数据对分类器训练的影响，从而提升训练生成模型的鲁棒性。Trim 算法[100] 是一种针对回归模型进行投毒攻击的防御算法。该算法不是简单地从训练数据集中移除离群点，而是迭代估计回归模型的参数，与此同时在每次迭代中使用最少的残差训练一个子集点。从本质上来说，Trim 算法是在对抗环境中使用经过修正的优化技术进行正则化线性回归操作。算法 4.7 展示了该算法的伪代码。

算法 4.7　鲁棒学习投毒攻击防御：Trim 算法

输入： $D=D_{\mathrm{tr}}\cup D_p$：训练数据集

$|D|=N$

$p=\alpha\cdot n$：毒样点数量

输出： θ

$I^{(0)}\leftarrow$ 一个大小为 n 的随机子集 $\{1,\cdots,N\}$

$\theta^{(0)}\leftarrow \mathrm{argmin}_{\theta}\ L(I^{(0)},\boldsymbol{\theta})$

$i\leftarrow 0$

while $i>1\wedge R^{(i)}=R^{(i-1)}$ **do**

　　$i\leftarrow i+1$;

　　$I^{(i)}\leftarrow L(D^{I^{(i)}},\theta^{(i-1)})$

　　$\boldsymbol{\theta}^{(i)}\leftarrow \mathrm{argmin}_{\theta} L(D^{I^{(i)}},\boldsymbol{\theta})$

　　$R^{(i)}=L(D^{I^{(i)}},\boldsymbol{\theta}^{(i)})$

end while

return θ^{i}

主成分分析（Principal Component Analysis，PCA）技术会受到离群点的严重影响，但是鲁棒统计不是沿着方差最大化的方向寻找主成分，而是寻找能够最大化分散性的更鲁棒的衡量标准的成分。中位数相较平均值来说是一个更为鲁棒的衡量标准，因为它不容易受到离群点的影响。为了限制异常值对训练分布的影响，使检测模型约束 PCA 算法搜索一个特定的方向，使用最大化基于鲁棒投影跟踪估计的单变量离散度量方法，而不是最大化标准偏差的方法，可以有效地防御投毒攻击。假设特征矩阵可以很好地使用低秩矩阵进行近似，那么可以在此基础上集成稳健低秩矩阵近似和鲁棒主成分回归方法用于鲁棒回归，该方法既不要求特征之间相互独立，也不要求特征的低方差高斯分布，因此可以在数据损坏和有噪声的情况下可靠地学习低维线性模型。

4.2.2 数据清洗

数据清洗主要是对恶意的训练数据进行筛选移除。拒绝消极影响（Reject On Negative Impact，RONI）方法[134]就是一种典型的数据清洗技术，该方法在垃圾邮件检测系统上取得了比较好的效果，但步骤烦琐且计算量大，不适合有大规模候选集合的情况。此外，该方法还可以将样本的类别标签作为一维特征拓展进入原始数据的特征空间，形成一个特征+标签的特征空间，并在这个新的特征空间中采用具有噪声的基于密度的聚类（Density-Based Spatial Clustering of Applications with Noise，DBSCAN）[66]算法来实现对投毒样本点的识别。而针对不能接触到所有训练数据的情况，可以使用 AUROR 的防御方法，该方法可以基于相关的隐藏特征（masked feature）过滤掉恶意用户。它的关键在于训练数据中的投毒会强烈影响协作系统学习中隐藏特征的分布，由于每一个隐藏特征对应着不同的信息，所以在训练数据时，主要的挑战在于识别哪一组中隐藏的特征会因为数据集投毒而受到影响。因此，AUROR 方法主要包括两个关键步骤：①识别与攻击策略对应的相关隐藏特征；②根据隐藏特征的异常分布检测恶意用户。该方法针对随机数据的投毒攻击，并可以保证模型的准确率不受影响，图 4.4 展示了该方法的主要设计细节。

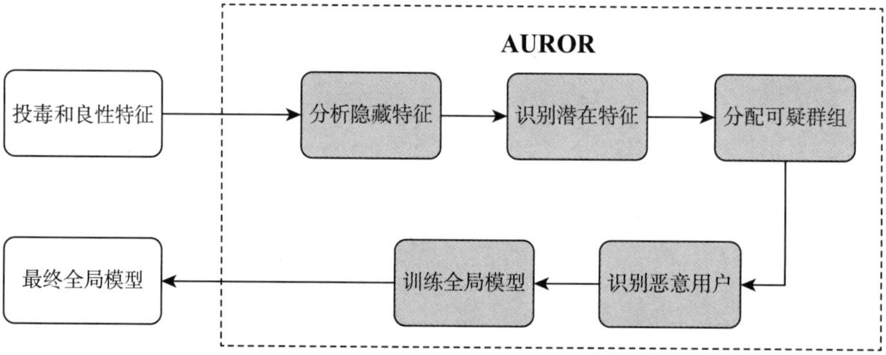

图 4.4 AUROR 防御方法的设计细节

此外，还可以使用 tamper-free provenance 框架，通过训练集中原始数据点和变换后数据点的上下文信息来识别有毒数据，从而实现在潜在的对抗性环境中在线训练以及定期训练机器学习模型的目标。该框架将不信任的数据分成几组，每组中的样本中毒概率高度相关。例如，在物联网环境中，通过数据点的上下文信息、固件版本、位置、用户账户或其他指示中毒过程的上下文信息，用传感器对不信任的数据集进行分割，一旦对训练数据进行适当的分割，就可以通过比较分类器之间的性能来评估每个段中的数据点。另一种数据清洗方法 DUTI，利用一小部分可信样本来检测整个训练集中的恶意样本。具体来说，该框架寻找训练集标签的最小更改集，以便从中学习的模型能正确地预测可信样本的标签。最后将更改了标签的样本标记为潜在的恶意样本，以提供给领域专家人工审核。

4.2.3 模型防御

数据清洗是从模型训练使用的数据出发采取的一系列防御方法。同样，还可以从模型的角度出发，对投毒攻击进行防御。

剪枝策略最早应用于对神经网络模型的精简工作，在不对模型表现产生明显影响的情况下，提升神经网络模型的工作效率。剪枝防御方法受剪枝策略的启发，是模型防御中较为简单的一种方法。神经网络模型中的神经元对不同输入的反馈往往是有一定差异的。在一个遭受投毒攻击的神经网络中，很可能有一些神经元在输入正常数据时休眠，而在输入投毒数据时才被激活。剪枝防御方法就利用了这一点，删去在输入正常数据时处于休眠状态的神经元。这样，就可以简单有效地防御投毒攻击。剪枝防御的具体防御细节如下：防御者不断地向神经网络模型输入正常数据，并统计每个神经元对正常数据的平均激活值。然后，迭代地删去激活值最小的那部分神经元，同时记录更新后的神经网络对正常数据的准确率，不断迭代，直至准确率降低到防御方设定的阈值，停止迭代。可以看出，剪枝防御策略是一种理论非常简单、实际操作难度也不大的投毒防御策略，可以有效地防御投毒攻击。

微调防御是从模型的角度出发的另一种投毒防御方法。微调最初的提出也是为了节省计算资源，通过对在别的任务上预训练好的模型进行调整，使其完成另一项任务。微调的具体实施细节如下：使用预训练的模型参数作为初始化参数，并将神经网络学习率调整为一个较小的数值，再使用新任务的训练数据继续学习，更新模型的参数，以在节省计算资源的情况下，在新任务上达到较好的效果。微调在一定程度上重新训练了神经网络，使得投毒攻击的成功率大幅下降，并且网络对正常的输入有效地防御了投毒攻击。

剪枝防御和微调防御不是互斥的关系，可以结合两种防御策略，以达到更好的防御效果。首先使用剪枝防御方法对输入正常数据时处于休眠状态的神经元进行修剪，得到一个修剪过的模型。然后，对这个修剪过的模型，使用正常数据进行微调防御。剪枝防御和微调防御可以形成很好的互补，相辅相成，达到更好的防御效果。

4.2.4 输出防御

输出防御方法通过对神经网络的输出进行分析，实现对投毒攻击的检测和防御。其中较为简单的一种方法是基于损失值的防御。防御者可以根据模型对输入产生的损失值进行记录和分析，记录损失值超过预先设定的阈值的次数，若次数过多，则中断任务，对模型的正确性进行检查，检测模型是否受到了投毒攻击。这种方法比较简单，能够有效地对潜在的投毒攻击进行检测，但是只能起到一定的警告效果，后续的防御措施还需要其他方法或者人工实施。

另一种输出防御方法是集成防御。集成防御结合不同的同类任务的模型对输入的预测结果，得到一个较为准确的结果估计。对于要处理的任务，防御方可以从模型供应商处获取多个不同类型，对这些模型输入相同的数据，分析它们的输出结果，并依据投票机制决定最终的结果。如图 4.5 所示，防御方通过 API 向各个模型发出请求，以得到模型对数据的预测结果。在集成防御中，模型的质量对集成防御的效果有很大的影响，较好的集成模型不仅能够对投毒攻击进行有效的防御，而且能够在正常数据上有更高的准确率。

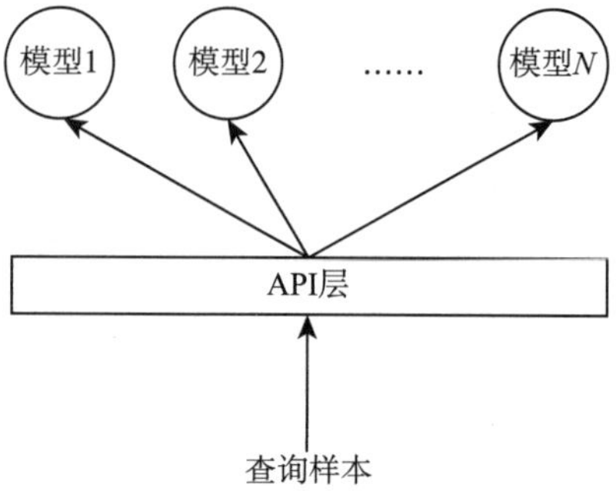

图 4.5　集成防御框架

4.3　投毒攻击实现案例

具体实现案例，请扫下面二维码获取。

4.4　小结

本章对投毒攻击方法与针对投毒攻击的防御方法进行了深入探讨。在投毒攻击方法中，着重介绍了传统机器学习中的投毒攻击、深度学习中的投毒攻击、强化学习中的投毒攻击以及针对其他系统的投毒攻击；在防御方法中，着重介绍了鲁棒学习和数据清洗的方法。期望读者能够对投毒攻击这个领域有直观的理解，并能掌握一些简单的方法。

CHAPTER5

第5章 后门攻击与防御

内容提要

5.1 后门攻击与防御概述

随着计算机硬件资源和深度学习理论知识的发展，越来越多的深度学习模型被部署到各种任务中，例如计算机视觉、疾病诊断、金融欺诈检测、防御恶意软件和网络攻击、访问控制等。在这些任务中，深度学习模型代替人类进行决策，在减少人力成本、提高决策速度的同时，拥有媲美人力甚至高于人力的效果。但是，深度学习模型存在着严重的安全隐患。一种典型的威胁是对抗样本，攻击者在推理过程中，对深度学习模型的输入（如图像、文本和语音）进行人眼不可感知或语义一致的扰动，误导深度学习模型产生错误的分类结果。然而，对抗样本并不是深度学习模型的唯一威胁，Ian Goodfellow 和 Nicolas 曾预测[75]：“……许多其他类型的攻击是可能的，例如攻击者通过偷偷修改训练数据，使模型学习到攻击者希望它表现的方式。”最近的研究提出的针对深度学习模型的后门攻击，恰恰符合 Ian Goodfellow 和 Nicolas 的预测。

后门攻击是隐蔽的、不易被发现的。在深度学习领域中，后门攻击是指一个干净的深度学习模型被恶意嵌入后门，形成一个后门模型的过程。对于原始的输入，典型的后门模型的表现与预期一样。然而，当后门模型的输入被附加了一个只有攻击者知道的触发器时，后门模型就会表现失常，例如，将输入分类到攻击者指定的目标类。前一个属性（对于原始的输入，它的表现与预期一样）表明后门攻击具有隐蔽性，依靠对测试精度的验证是不可能检测到后门行为的。如果没有触发器，后门攻击始终会保持隐藏状态。

后一个属性（当后门模型的输入被附加了一个只有攻击者知道的触发器时，后门模型就会表现失常）表明后门攻击存在极大的安全隐患，当后门模型被部署在特别关键的安全任务上时，后门攻击可能会带来灾难性的后果。例如，对于一个嵌入后门的自动驾驶系统，它能正常识别“停止”信号标志。但是，当“停止”标志被粘上某一种贴纸时，后门系统会将这个标志分类为“速度为80km/h”，这可能会导致车祸。如图5.1所示，这是一个嵌入后门的人脸识别系统，触发器为眼镜。正常情况下，人脸识别系统能正常识别不同人员。但是，当工作人员都带上眼镜后，系统会将他们识别成管理员。

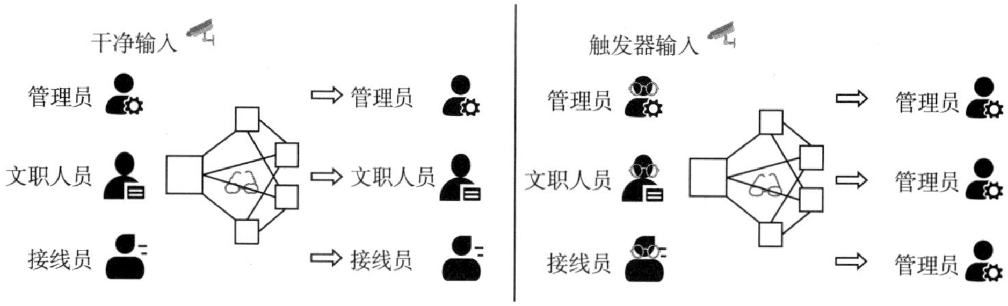

图5.1 后门攻击可视化

最早的神经网络后门攻击可以追溯到2013年，但继Gu等人[79]、Chen等人[39]以及Liu等人[152]在2017年发表有关神经网络后门攻击的工作之后，后门攻击开始引起大范围的关注。Gu等人和Chen等人都演示了后门攻击，攻击者作为第三方可以访问训练数据和模型。因此，攻击者可以随意修改训练数据，并通过重新训练模型来修改模型的参数。一个常见的策略是用随机选取的干净标签和攻击者精心设计的触发器一起形成触发器样本，同时将这些触发器样本的标签改为攻击者指定的目标类别。被攻击者用正常样本和触发器样本训练出来的模型，会将触发器关联到目标类，同时保持对干净标签的分类成功率与干净模型的分类成功率相似。

自2017年后，后门攻击和防御之间的对抗研究进展得如火如荼，各种后门攻击和防御的策略层出不穷。安全领域作为一个“博弈”的场景，攻击和防御永远是“矛”与“盾”的关系，更安全的防御方法是建立在更高效的攻击方法之上的。后门攻击存在于多个领域，如目标检测、自然语言处理（NLP）、图分类、强化学习、联合学习等领域。不过，后门攻击存在的主要领域还是计算机视觉中的图像和视频领域。本章将对一系列后门攻击和防御方法进行系统地归纳和讲解，并讨论这些方法的优缺点。

本章的组织结构如下：首先对后门攻击进行概述，其中包括后门攻击的背景、发生的攻击场景以及在机器学习生命周期中出现的位置；然后介绍了图像领域场景的后门攻击方法，图像领域中后门的防御方法；还介绍了其他场景下的后门模型，并介绍了后门攻击和其他方法的联系；最后是后门攻击生成和防御的实验教学。

5.1.1　攻击场景

考虑以下三种后门攻击场景。

场景 1：采用第三方数据集。在这种情况下，攻击者可以通过 Web 向用户提供存在后门的数据集，而用户使用加入后门的数据集对深度神经网络进行训练。对于攻击者来说，他们只需要更改数据集，而不需要直接更改模型的参数，同时也不需要控制模型的训练超参数。

场景 2：采用第三方平台。在这种情况下，用户将干净数据集、模型结构和模型的一些训练超参数提供给一个第三方平台来训练他们的模型。对于用户提供的干净数据集和训练超参数，第三方平台可以在训练过程中更改它们。但是，第三方平台不会改变模型结构，否则用户会察觉到模型被进行了改动。

场景 3：采用第三方模型。在这种情况下，攻击者可以通过 API 或者 Web 提供的接口来给深度神经网络植入后门。但是，攻击者无法控制用户的推理过程。例如，用户可以在输入第三方模型前对输入图像加一个预处理模块。

5.1.2　机器学习生命周期中的后门攻击

一个深度神经网络的生命周期包括以下六部分：数据收集、模型选择、模型训练、模型测试、模型部署、模型更新。攻击者可以在除了模型测试的各个阶段部署后门攻击。根据深度神经网络的生命周期以及攻击者的能力，可以将后门攻击分为六类：代码投毒、外包、预训练、数据收集、协作学习、后期部署。

代码投毒：机器学习领域的工作者通常会采用深度学习框架，例如 Caffe、TensorFlow 和 PyTorch 等框架，来加快机器学习模型的训练。这些框架通常建立在第三方软件包之上。然而，这些第三方软件包的规模庞大且复杂，无法做到完全避免漏洞。因此，一个基于公共的深度学习框架的机器学习模型可能因为第三方软件包的漏洞，存在被攻击的风险。例如，针对深度学习应用的拒绝服务攻击、控制流劫持攻击等。这类后门攻击对攻击者的攻击能力要求最弱，它不要求攻击者获取任何训练数据或模型架构。但它的影响和危害范围最广，因为任何采用这个第三方软件包的用户都可能受到后门攻击。

外包：机器学习模型需要耗费大量的计算资源，而且需要具备专业知识的人员对其进行训练。很多用户并不具备这些资源，他们往往会将模型的训练外包给第三方平台。在这种情况下，用户会向第三方平台提供定义好的模型架构以及训练数据。第三方平台会根据用户提供的信息训练模型，并将训练好的模型交付给用户。但是，恶意的机器学习即服务（Machine Learning as a Service，MLaaS）提供商可能在训练阶段对机器学习模型植入后门。

预训练：当一个预先训练好的模型或者“教师”模型被重复使用时，会存在后门攻击的风险。这种场景并不少见，因为在传统的训练情况下，需要花费大量的人力物力来进行数据的收集和标签的标注。此外，模型的训练过程需要大量的计算开销。很多用户会采用迁移学习的方式训练自己的模型。然而，攻击者可以训练一个嵌入后门的“教师”模型并将其发布到网上。如果用户将这个“教师”模型作为特征提取器，进一步训练得到自己的模型，这些训练出来的模型就是带有后门的模型。当然，攻击者也可以下载一个热门的良性“教师”模型，重新训练它以植入后门模型。之后，将其重新分发到模型市场。

数据收集：数据收集过程中，数据的来源无法得到保障。如果用户从多个来源收集训练数据，就会有投毒攻击的安全隐患。很多常见的数据集都依赖于互联网和志愿者的贡献，比如 ImageNet 数据集。然而，这些数据集收集的数据可能存在病毒。当受害者使用这些中毒的数据来训练模型时，即使在安全封闭的环境下进行训练，模型仍然存在被攻击的风险。干净标签投毒攻击和图像缩放投毒攻击就是在这种场景下进行的。这类数据投毒攻击往往保持标签和数据值的一致性，人眼是无法察觉异常的。

协作学习：常见的协作学习有联邦学习和拆分学习，它们是基于分布式技术的学习方式。例如，Google 通过用户手机的本地化训练来进一步训练单词预测模型。协作学习旨在保护参与者数据的隐私。在学习阶段，服务器无法访问参与者的训练数据。当协作学习的部分参与者被攻击者控制时，协作学习模型很容易被后门攻击。攻击者可以对本地的数据或者模型进行投毒，这可能使得联合模型存在被植入后门的风险。因此，为了保护数据隐私，在常见的协作学习中，用户本地的数据都是经过 CryptoNet、SecureML 和 CryptoNN 等数据加密方法加密后才上传到服务器的。但是，此时服务器无法检查数据是干净的还是中毒的。

后期部署：这种后门攻击发生在机器学习模型部署之后，特别是在推理阶段。一般来说，攻击者通过故障注入（如激光、电压和排锤）方式篡改模型权重。例如，假设攻击者和用户共享同一服务器的两个进程。用户启动一个机器学习模型，并将权重加载到内存中。攻击者可以通过位翻转的方法对内存中的权重进行篡改。这种攻击无法通过离线检查的方法来防御，需要在线的后门防御方法。

5.1.3 后门攻击相关定义

- 良性模型（Benign Model）是指使用干净样本训练的深度学习模型。
- 后门模型（Backdoor Model）是指被攻击者植入了后门的深度学习模型。
- 投毒样本（Poisoned Samples）是指在后门攻击中被攻击者更改后的训练样本，该样本可以用来给模型植入后门。
- 触发器（Trigger）是用于激活深度学习模型潜在后门的特殊模式。
- 攻击样本（Attack Samples）是指带有攻击者指定的后门触发器的恶意样本。
- 攻击场景（Attack Scenario）指的是后门攻击可能发生的场景。通常，它发生在深度学习模型训练过程无法访问或用户无法控制的情况下，例如使用第三方数据集训练、通过第三方平台训练或采用第三方模型等。
- 源标签（Source Label）表示一个受污染或被攻击样本的真实标签。
- 目标标签（Targeted Label）是攻击者指定的标签。带有触发器的任意样本都会被后门模型预测为目标标签。

- 攻击成功率（Attack Success Rate，ASR）表示攻击样本被后门模型预测为目标标签的成功率。
- 良性准确率（Benign Accuracy，BA）表示干净样本被后门模型预测正确的准确率。
- 攻击者的目标（Attack's Goal）描述了后门攻击者倾向于做的事。攻击者希望训练一个后门模型，该后门模型在干净样本上有良好的表现，并且可以在攻击样本上实现很高的攻击成功率。
- 能力（Capacity）定义了攻击者/防御者为了实现他们的目标可以做的事以及不能做的事。

5.1.4 威胁模型

威胁模型是指在正常输入情况下，后门模型表现良好，与干净模型的输出一致。但是对于包含触发器的输入，后门模型中的后门将被激活，模型将输出攻击者指定的输出结果。

考虑在自动驾驶的场景中，自动驾驶汽车通过内嵌的 DNN 模型可以自主识别交通指示牌。经过正常训练的 DNN 模型可以正确识别停止标志和限速标志。然而，攻击者可以在模型训练阶段，通过数据投毒或者直接破坏模型权重的方式，将后门注入 DNN 模型中。这样部署在自动驾驶汽车中的 DNN 模型就是嵌入了后门的模型。有了注入的后门，攻击者可以通过在标志上贴上一张便签作为触发器的方式，触发交通指示牌识别系统中的后门。例如，后门模型把贴有便签的标志一律识别为“限速标志”。考虑在迁移学习的场景中，攻击者将后门嵌入 DNN 模型中，然后将后门模型发布到在线资源平台上（如 GitHub 上的模型资源库）。受害者将这个后门模型作为特征提取器，重新训练得到自己的模型。即使预先训练好的模型被用于另一个任务，模型中的后门在迁移学习后仍然可以生存，攻击者可以用只有他们自己知道的触发器去破坏模型的输出。

植入后门的方式有两种。第一种是攻击者用投毒的训练数据对原始模型进行重训练，第二种是攻击者直接使用由良性和恶意数据组成的训练数据集从头开始训练一个后门模型。不过，后一种攻击方式需要攻击者获得完整的模型原始训练数据集，而使用前一种攻击方式的攻击者只需要获得一小部分干净的训练数据集。

攻击者的能力可以划分为三个等级，分别为白盒攻击、灰盒攻击和黑盒攻击。白盒攻击假设攻击者可以完全获取目标 DNN 模型及其训练集。与白盒攻击相比，攻击者在灰盒攻击中的能力是有限的，只能获得模型的一小部分训练数据或学习算法的子集。在黑盒攻击中，攻击者无法获得任何关于模型的数据和信息，只能通过查询的方式进行攻击。

很多后门攻击方法假设攻击者能够破坏模型的训练数据或训练环境，但是这些假设不具备现实意义。现实条件下，用户通常在封闭的条件下使用自己的私有数据对模型进行训练。收集训练数据、训练模型、部署模型都是连续的自动化生产流水线中的一部分，只有受信任的管理员才能访问，恶意的第三方是无法接触到整个生产流水线的。

5.2 图像后门攻击

近几年，从图像分类到自然语言处理，后门攻击发展迅速，攻击范围覆盖广泛。图像领域作为最早出现后门攻击的领域，一直是后门攻击的热点领域，相关成果层出不穷。本节将按照时间线的顺序，回顾图像领域中后门攻击方法的发展。

本节将首先介绍后门攻击的开山之作，后续的工作都是基于此发展而来的；然后介绍一些基于触发器优化的后门攻击方法；此外还将具体介绍面向“触发器隐蔽性”和“干净标签”两个方向的后门攻击方法；最后介绍一些其他后门攻击方法。

5.2.1 早期后门攻击

1. BadNets 后门攻击方法

由于算法模型训练过程中需要消耗大量的人力物力，很多中小型企业会选择将算法模型外包给第三方平台进行训练。BadNets 方法[79]假设用户将模型外包给了第三方恶意平台。攻击者在训练过程中可以通过数据投毒的方式在模型中植入后门。如图 5.2 所示，BadNets 方法的训练过程主要包括两部分：① 通过在良性图像 $\boldsymbol{x}$ 上附加后门触发器来生成中毒图像 $\boldsymbol{x}'$，并将中毒图像的标签更改为攻击者指定的目标标签 $\boldsymbol{y}_t$，这样就产生了中毒样本$(\boldsymbol{x}',\boldsymbol{y}_t)$；② 使用中毒样本和良性样本训练 DNN 模型。攻击者将这两种样本进行混合后，可以训练出一个后门模型。这个后门模型在良性样本上表现良好，然而，如果把攻击样本输入这个模型后，得到的预测标签将变为攻击者指定的目标标签。BadNets 方法是后门攻击的开山之作，后续几乎所有基于投毒的攻击方法都是基于这种方法发展而来的。

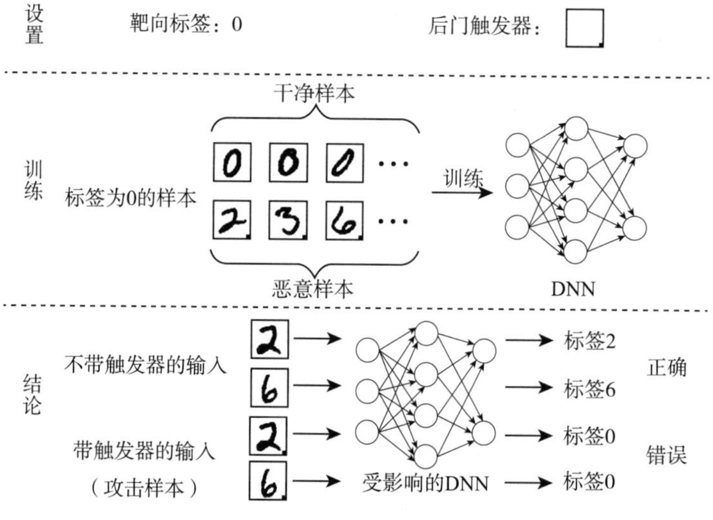

图 5.2 BadNets 后门攻击方法的示意图

这项工作在 MNIST 数据集上测试了后门攻击的效果，并取得了较高的攻击成功率。BadNets 方法是单一目标攻击，即攻击者通过源、目标图像对来欺骗 DNN 模型，使 DNN 模型将源类（添加了触发器）的投毒图像误判为目标类。这类攻击被称为“部分后门”，因为只有在触发器应用于特定类的输入样本时后门才会响应。例如，在 MNIST 数据集中，攻击者在 CNN 模型中嵌入一个后门，该后门只对源标签为 2 的包含触发器的输入图像才会响应。

虽然“部分后门”的特性限制了攻击者实现攻击的条件，但这种攻击策略可以规避后门检测方法。传统的后门检测方法假设触发器对所有类的输入不可知，即只要触发器存在，不管是哪个类，后门模型都会执行恶意动作。继 BadNets 方法之后，有许多工作在基础的“部分后门”攻击之上提出了改进方法，进一步逃避后门检测工具的检测。例如，Dumford 和 Scheirer 等人[61]通过扰动 CNN 模型的权重，将后门注入 CNN 模型中；Tan 和 Shokri 等人[220]通过正则化，对正常数据点和对抗性数据点使用不可区分的潜在特征，从而绕过后门检测。

2. 靶向后门攻击方法（Targeted Backdoor Attack）

该方法同样是在 2017 年提出的。这也是一种基于投毒的后门攻击方法。攻击者无法接触到模型及其训练过程，但是可以在模型训练集中注入少量的中毒样本。Chen、Liu 等人[39] 提出了两类后门攻击，分别是输入-实例-密钥攻击（Input-Instance-key Attack）和模式-密钥攻击（Pattern-key Attack）。具体来说，输入-实例-密钥攻击创建一组后门实例，该实例类似于一个单输入实例；另一方面，模式-密钥攻击创建了一组共享相同模式的后门实例。他们在两个开源的人脸识别系统上对这两类后门攻击进行了实验。实验结果表明攻击者只需要注入 5 个投毒样本就可以实现输入-实例-密钥攻击；注入大约 50 个投毒样本足以成功实现模式-密钥后门攻击，并且攻击成功率超过 90%。此外，靶向后门攻击方法将触发器与物理实体紧密相连，验证了他们提出的中毒策略可以导致物理上可实现的后门攻击。例如，在人脸识别系统中，将耳环作为触发器，任何人佩戴耳环都可以激活后门。

该方法首次验证了在只注入少量中毒样本的条件下，黑盒后门中毒攻击的可行性。此外，这项工作还对早期关于隐蔽性触发器的工作进行了研究，通过设置融合率 α 将触发器模式和原始图像相融合，从而控制触发器的隐蔽性。图 5.3 所示为融合率 $\alpha=0.2$ 时，原始图像与不同触发器模式融合后的效果。可以看到，当融合率 α 值很小时，触发器是不明显的。

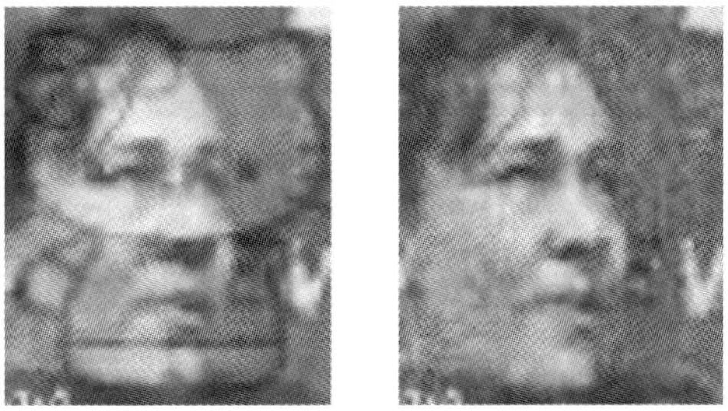

图 5.3　融合率 $\alpha=0.2$ 时，在不同的模式下获得的投毒图像实例

5.2.2　基于触发器优化的后门攻击

后门攻击的核心就是后门触发器。触发器的设计包括它的模式和位置。传统的后门攻击都是简单地选取一个静态模式，并且附在输入的固定位置上。这样的触发器不具备自适应性和动态性，往往不是最优的设计。因此，如何设计一个更好的触发器，优化后门攻击中的投毒样本以达到更好的后门攻击性能，是后门攻击领域的重要研究方向。

1. TrojanNN 方法

TrojanNN 后门攻击方法[152]首先意识到了触发器设计的问题，它是在迁移学习场景下实施的。在迁移学习过程中，攻击者只能接触预训练好的模型，无法接触之前的训练数据集和测试数据集。他们通过逆向工程的方法逆向出一个小型的重训练数据集。在触发器的设计上，TrojanNN 方法并没有事先设计好一个固定的触发器，而是以最大化 DNN 模型中特定内部神经元激活的响应为目标，采用最优化的方法生成触发器。通过这种方法产生的触发器与内部神经元之间建立了高相关性，攻击者只需要用很少的数据就能重新训练出一个带有后门的模型。

图 5.4 描述了 TrojanNN 方法的三步流程。其中图 5.4a 为通过最大化神经元激活值来

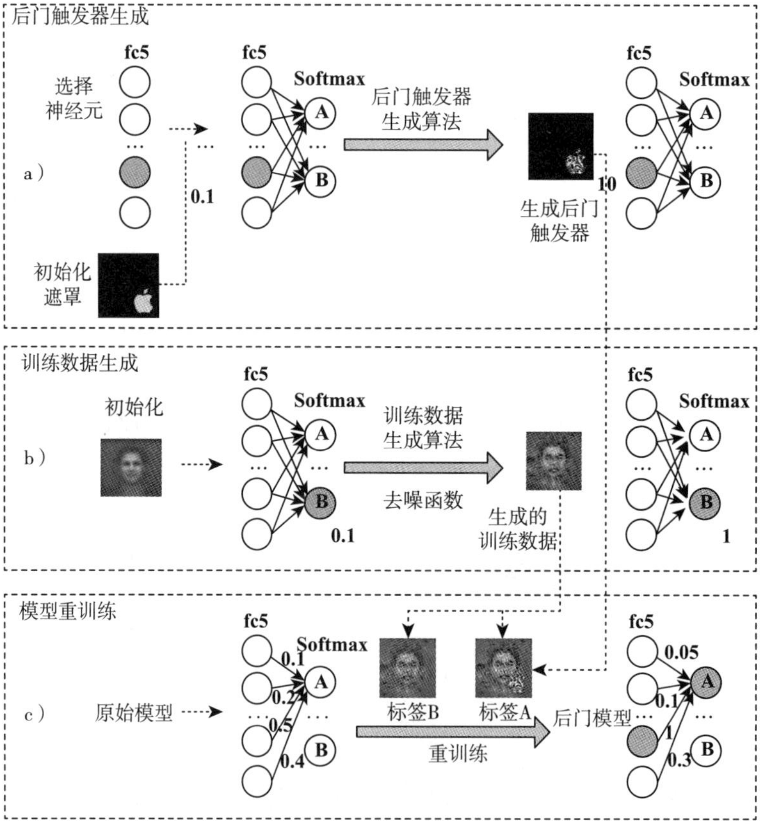

图 5.4　TrojanNN 方法进行后门攻击的三个步骤

生成触发器，如算法 5.1 所示；图 5.4b 为通过逆向工程生成重训练数据集，如算法 5.2 所示；图 5.4c 为后门模型的重训练。

算法 5.1 TrojanNN 触发器生成方法

输入： 模型 model；层数 layer；M（神经元 1，靶向值 1），（神经元 2，靶向值 2），…

输出： 触发器 $\boldsymbol{x}$

f=model[: layer]

$\boldsymbol{x}$=掩模 Mask 示例化($\boldsymbol{M}$)

cost $\stackrel{\text{def}}{=}$ (靶向值 1 $-f_{神经元1})^2+$(靶向值 2 $-f_{神经元2})^2$

while cost<threshold and i<epochs **do**

  $\Delta=\dfrac{\partial\ \text{cost}}{\partial\ \boldsymbol{x}}$

  $\Delta=\Delta\cdot\boldsymbol{M}$

  $\boldsymbol{x}=\boldsymbol{x}-\text{lr}\cdot\Delta$

  i++

end while

return $\boldsymbol{x}$

算法 5.2 TrojanNN 逆向工程生成训练数据算法

输入： 模型 model；神经元 neuron；靶向值 targetValue；阈值 threshold；训练轮数 epochs；学习率 lr

输出： 逆向生成的训练数据 $\boldsymbol{x}$

$\boldsymbol{x}$=实例化()

cost $\stackrel{\text{def}}{=}$ (靶向值－模型$_{神经元}$())^2

while cost<threshold and i< epochs **do**

  $\Delta=\dfrac{\partial\ \text{cost}}{\partial\ \boldsymbol{x}}$

  $\boldsymbol{x}=\boldsymbol{x}-\text{lr}\cdot\Delta$

  $\boldsymbol{x}$=去噪($\boldsymbol{x}$)

  i++

end while

return $\boldsymbol{x}$

2. 盲后门攻击

盲后门攻击采取多任务学习的方式植入后门，在训练 DNN 模型的同时进行后门任务的学习。触发器的设计目标是找到能够诱导大多数样本向目标类的决策边界移动的触发器模式。

在传统的多任务学习中，模型由一个共同的共享层 θ^{sh} 和每个任务 k 的独立输出层 θ^k 组成。在模型的训练阶段，每个输入 $\boldsymbol{x}$ 被分配了多个标签 y^1，…，y^k，模型同样产生了 k 个对应的输出 $\theta^k(\theta^{sh}(\boldsymbol{x}))$。与此不同的是，盲后门攻击[12]针对同一个模型和同一个输出层，同时训练两个任务：主任务 m 和后门任务 m^*。首先，攻击者不能通过固定的线性组合将这两个任务组合成单一的损失函数，因为系数是依赖数据和模型的，攻击者无法提前确定被攻击的模型和数据。其次，这两个任务是互相冲突的，没有固定的组合可以为冲突的任务产生一个最优模型。

首先看盲后门攻击损失值的计算。在监督学习中，损失值可以表示为 $\ell=L(\theta(\boldsymbol{x}), \boldsymbol{y})$，即通过某些标准 L 比较模型的预测 $\theta(\boldsymbol{x})$ 与正确标签 $\boldsymbol{y}$ 的距离。在盲后门攻击中，主任务 m 的损失值像监督学习一样计算，即 $\ell_{\boldsymbol{m}}=L(\theta(\boldsymbol{x}), \boldsymbol{y})$。后门任务 $\boldsymbol{m}^*$ 的损失值可以表示为 $\ell_{\boldsymbol{m}}^*=L(\theta(\boldsymbol{x}^*), \boldsymbol{y}^*)$，其中 $\boldsymbol{x}^*$ 是包含触发器的输入，$\boldsymbol{y}^*$ 是攻击者指定的标签。盲后门攻击整体的损失值 ℓ_{blind} 是主任务损失 $\ell_{\boldsymbol{m}}$、后门损失 $\ell_{\boldsymbol{m}^*}$ 和可选的逃避防御检测损失 ℓ_{ev} 的线性组合：

$$\ell_{\text{blind}}=\alpha_0\ell_{\boldsymbol{m}}+\alpha_1\ell_{\boldsymbol{m}^*}+\alpha_2\ell_{\text{ev}} \tag{5.1}$$

因为后门任务独立于具体的训练数据或模型权重，所以攻击者无法提前确定各个损失的系数，盲后门攻击通过动态地在具体的任务上使用多目标优化的方法确定最佳系数。

接下来介绍盲后门攻击的触发器设计方法。在通用图像分类后门任务中，触发器的模式是一个像素图案 $\boldsymbol{t}$，所有具有该图案的图像都被分类到攻击者指定的目标类 c 中。攻击者通过合成器 μ，将图案 $\boldsymbol{t}$ 覆盖在输入 $\boldsymbol{x}$ 上，即 $\mu(\boldsymbol{x})=\boldsymbol{x}\oplus\boldsymbol{t}$，生成相应的包含触发器的输入。该触发器输入的标签总是 c。在盲后门攻击中，攻击者通过使用复杂的合成器 V 生成复杂的后门。在训练过程中，合成器 V 可以为不同的后门输入分配不同的标签，实现特定输入的后门功能。这些后门功能包括将模型任务切换到一个完全不同的任务等。

此外，还有一些其他的攻击方法，例如嵌入后门、视频上的“干净标签”后门攻击、对抗样本是否能植入后门等。这些攻击方法虽然取得了比较理想的效果，但大多数的方法还是基于启发式的。如何以更优化的方式设计触发器，仍然是后门攻击领域的重要研究方向。

5.2.3　面向触发器隐蔽性的后门攻击

定义运算符 $\mathscr{T}:\mathscr{X}\to\mathscr{X}$ 表示将一个干净的输入 $\boldsymbol{x}\in\mathscr{X}$ 与触发器 $\boldsymbol{\tau}$ 混合，产生一个包含触发器的输出 $\mathscr{T}(\boldsymbol{x}, \boldsymbol{\tau})\in\mathscr{X}$，包含触发器的输出与输入保持在同一个图像空间 $\mathscr{X}$ 中。通常，触发器 $\boldsymbol{\tau}$ 由两部分组成：掩码 $\boldsymbol{m}\in\{0, 1\}^n$，样式 $p\in\mathscr{X}$。在数学形式上，触发器植入算子定义为

$$\mathscr{T}(\boldsymbol{x},\boldsymbol{\tau})=(\boldsymbol{1}-\boldsymbol{m})\odot\boldsymbol{x}+\boldsymbol{m}\odot\boldsymbol{p} \tag{5.2}$$

当检查这样的输入数据时，包含触发器的样本会引起怀疑。一种解决思路是攻击者通过一种不可察觉的方式将触发器附加到输入数据上。近年来的一些工作提出了隐蔽的后门攻击方法，这种攻击方法通常包含人类无法察觉的触发器。除此之外，现在大部分

的后门攻击方法都要求将投毒数据中的图像标签更改为靶向标签 t。这样的要求是不现实的，因为不一致的样本和标签会引起数据检查员的怀疑。为了解决此问题，近年来的一些工作提出了面向“干净标签”的后门攻击方法，其中投毒样本的标签与投毒数据的语义是一致的，即标签和图像是相匹配的。上面提到的两种方法都可以提高后门攻击的隐蔽性，然而目前的工作仍然无法做到将两者完美地结合起来。

1. 通过不可见扰动植入后门

通过不可见扰动植入后门是一种隐蔽的后门攻击方法，Ning 等人[296]提出了两种方法使得数据检查员无法察觉到数据中包含触发器。第一种方法是在经验观察的基础上生成一个简单图案的小静态扰动（触发器）。这种方法的使用条件非常有限，需要攻击者控制模型的整个训练阶段和训练集。第二种方法利用对抗攻击的思路，迭代搜索整个数据集，以找到能够将所有数据推向目标类的决策边界的最小通用扰动（触发器）。对于每个数据，通过添加一个增量扰动 $\boldsymbol{\Delta v}_i$ 来将这个数据推向目标决策边界。需要注意的是，在第二种方法中，攻击者虽然可以通过对抗搜索找到最小的通用扰动，但仍然需要通过投毒的方式在数据点上应用触发器，并重新训练模型。这种方法的扰动生成算法如算法 5.3 所示。在该生成算法中，扰动的幅度对应着触发器的不可察觉性。扰动幅度越大，触发器越容易被察觉到。

算法 5.3 嵌入后门中不可见自适应扰动的生成算法

输入： 类 c 中的数据点 $\boldsymbol{X}$；分类器 f；扰动 $\boldsymbol{\xi}$ 中预期的 l_p 范数；靶向标签 t；最大迭代轮数 I 的阈值；
输出： 扰动 $\boldsymbol{v}$

初始化 $\boldsymbol{v}=0$
$i=0$
while $i \leqslant I$ **do**
  $i=i+1$
  for 每个数据点 $\boldsymbol{x}_i \in \boldsymbol{X}$ **do**
    if $f(\boldsymbol{x}_i+\boldsymbol{v}) \neq t$ **then**
    计算可以将 $\boldsymbol{x}_i+\boldsymbol{v}$ 送向决策边界的最小扰动：
    使用算法 5.4：$\boldsymbol{\Delta v}_i=\operatorname{argmin}_r \|\boldsymbol{r}\|_2$, s. t. $f(\boldsymbol{x}_i+\boldsymbol{v}+\boldsymbol{r})=t$
    更新扰动：$\boldsymbol{v}=\mathrm{P}_{p,\xi}(\boldsymbol{v}+\boldsymbol{\Delta v}_i)$
    end if
  end for
end while

算法 5.4 靶向 DeepFool 算法

输入： 类 $\boldsymbol{c}$ 中的数据点 $\boldsymbol{x}$；分类器 f；靶向类 t；最大迭代轮数 I 的阈值；
输出： 扰动 $\boldsymbol{v}$

初始化 $\boldsymbol{x}_0=\boldsymbol{x}$

$i=0$

while $i \leqslant I$ **do**

  $w=\nabla f_t(\boldsymbol{x}_i)-\nabla f_c(\boldsymbol{x}_i)$

  $f=f_t(\boldsymbol{x}_i)-f_c(\boldsymbol{x}_i)$

  $\boldsymbol{v}_i=\dfrac{|f|}{|\boldsymbol{w}|_2^2}$

  $\boldsymbol{x}_{i+1}=\boldsymbol{x}_i+\boldsymbol{v}_i$

  $\boldsymbol{v}=\boldsymbol{v}+\boldsymbol{v}_i$

  $i=i+1$

end while

2. 基于隐写术和正则化的不可见后门攻击（Invisible Backdoor Attack）

基于隐写术和正则化的不可见后门攻击[138]包括隐写术和正则化两种隐藏触发器方法，如图 5.5 所示。在以往的后门攻击中，攻击者通常通过映射 F 将触发器直接添加到输入图像中，触发器图案的形状和大小都很明显。通过隐写术进行后门攻击时，为了提高隐蔽性，攻击者采用最小有效位算法作为 $F(\cdot)$，将触发器嵌入中毒训练集中。对于通过启发式方法设计的触发器，可以通过 $\mathscr{L}_p(p=0,2,\infty)$ 正则化的优化算法来使触发器模式的形状和大小不可见，类似于对抗样本中使用的微小扰动。基于隐写术的方法适用于攻击者使用一个预先定义的触发器（如标志）。基于正则化的方法适用于攻击者不使用

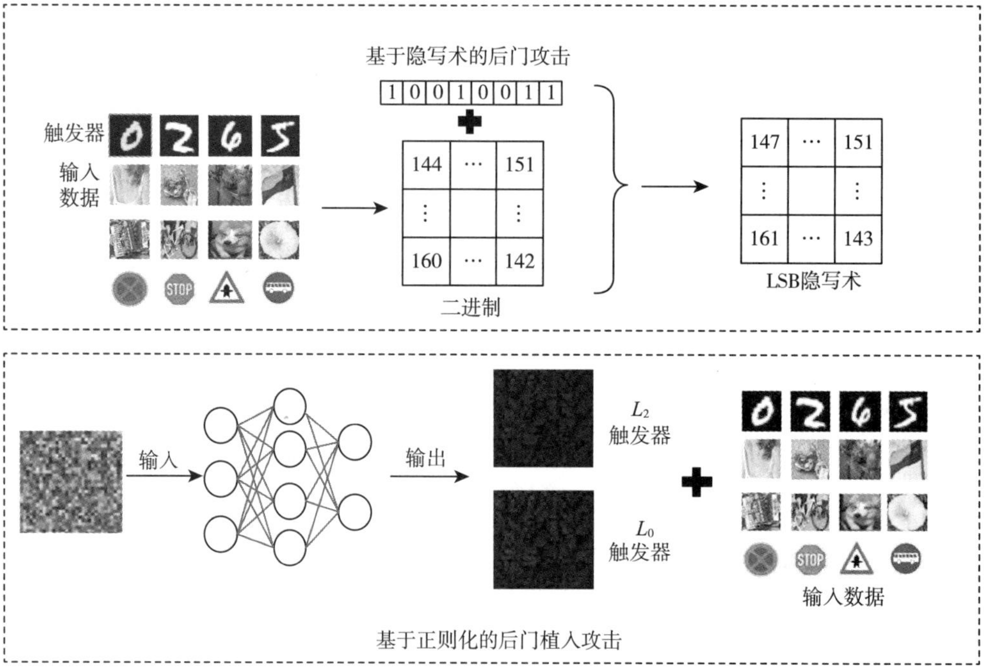

图 5.5 基于隐写术和正则化的不可见后门攻击方法流程图

任何预定义的触发器，通过启发式的方法找到能最大化 DNN 模型中特定内部神经元响应的触发器模式。

3. 反射后门攻击

反射后门攻击[153]采用一种常见的现象——反射，作为隐蔽性的触发器。如图 5.6 所示，最右侧为此方法提出的触发器样式。

图 5.6 反射后门攻击方法中触发器和其他触发器的对比

反射后门攻击方法的训练和推理过程如图 5.7 所示。首先，攻击者根据反射模型，通过向干净图片添加反射图像来生成包含触发器的输入。然后，攻击者使用触发器输入和干净输入训练模型。在推理阶段（图 5.7b 中的底部），攻击者将反射图案附在输入上形成触发器输入，激活模型中的后门。

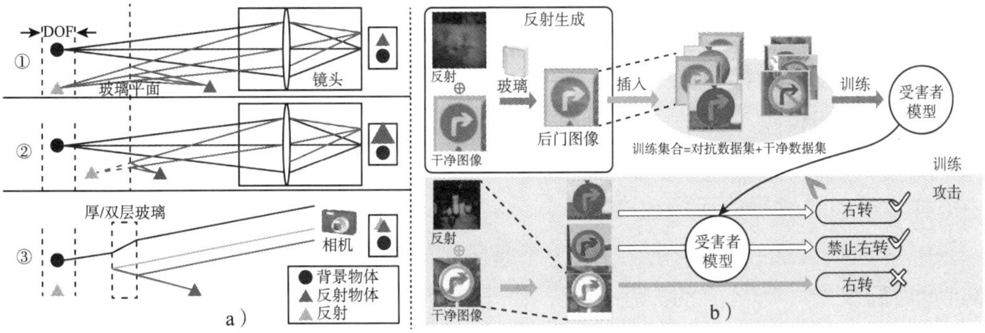

图 5.7 反射后门攻击方法流程图，其中图 a 为三种反射后门的生成过程，图 b 为训练和应用过程

当拍摄玻璃窗后的物体照片时，会发生反射。真实场景下的反射图像可以由多个图层组成。具体来说，用 $\boldsymbol{x}$ 表示干净的背景图像，用 $\boldsymbol{x}_R$ 表示反射图像，用 $\boldsymbol{x}_{\mathrm{adv}}$ 表示反射的投毒图像。在反射作用下，反射的投毒图像的形成过程可以表示为

$$\boldsymbol{x}_{\mathrm{adv}} = \boldsymbol{x} + \boldsymbol{x}_R \otimes \boldsymbol{k} \tag{5.3}$$

其中，$\boldsymbol{k}$ 为卷积核，$\boldsymbol{x}_R \otimes \boldsymbol{k}$ 被称为反射。根据摄像头成像原理和反射定律，物理世界场景下的反射模型可以分为三类，如图 5.7a 所示。

① 两层都处于相同的景深（Depth of Field，DoF）。玻璃后面的主要物体（灰色圆形）和反射的虚拟图像处于同一 DoF 中，即它们大致处于同一焦平面。在这种情况下，式（5.3）中的卷积核 $\boldsymbol{k}$ 可转换为强度数 α，在实验中设 $\alpha \sim \boldsymbol{U}$［0.05，0.4］。

② 反射层失焦。反射层（灰色三角形）和玻璃后面的物体（灰色圆形）到相机的距离不同，玻璃后面的物体往往是聚焦的。在这种情况下，观察到的图像 $\boldsymbol{x}_{adv}$ 是背景图像和模糊反射的加成混合物。式（5.3）中的卷积核 $\boldsymbol{k}$ 取决于摄像机的点扩散函数，该函数的参数为二维高斯核 g，即 $g(|\boldsymbol{x}-\boldsymbol{x}_c|)=\exp(-|\boldsymbol{x}-\boldsymbol{x}_c|^2/(2\sigma)^2)$，其中 $\boldsymbol{x}_c$ 为二维高斯核的中心。在实验中设 $\sigma\sim \boldsymbol{U}[1, 5]$。

③ 鬼影效应。以上两类反射都假定玻璃的厚度很小，以致玻璃的折射效应可以忽略不计。然而，实际情况往往并非如此。因此，还需要考虑玻璃的厚度。由于玻璃是半反射的，来自被反射物体（深灰色三角形）的光线会从玻璃板上反射出来，产生多个反射——鬼影效应。在这种情况下，式（5.3）中的卷积核 $\boldsymbol{k}$ 可以建模为一个双脉冲核 $\boldsymbol{k}$（α，δ），其中 δ 是 α 的空间位移，具有不同的系数。设 $\alpha\sim\boldsymbol{U}$ [0.15，0.35]，$\delta\sim\boldsymbol{U}$ [3，8]。

深度特征空间的后门攻击：在深度特征空间的后门攻击[42]中，攻击者在特征空间中以风格转移的方式进行隐身攻击，该攻击主要包括两个步骤。第一步训练一个 CycleGAN 作为触发器的生成器。在训练生成器的时候，需要两组图像集作为输入：一组是原始训练集，另一组是包含要用作触发器的特征或样式的图像集，称为样式输入集。生成器最终可以将样式输入集中的特征编码到输入中，形成触发器输入。例如选取的特征是黄昏，生成器可以将黄昏的特征编码到输入中。第二步使用触发器对模型进行后门植入。首先通过生成器将触发器的特征添加到输入中，然后将带有触发器的输入与原始的良性训练输入一起训练后门模型。当攻击成功率（将带有触发器的输入分类到靶向标签的比率）和良性输入的准确率都很高时，训练会终止。

4. 样本相关触发器的后门攻击

样本相关触发器的后门攻击[142]采用了基于 DNN 模型的图像隐写技术来生成隐形触发器进行后门攻击。与之前的方法相比，由于图像隐写算法的特性，对于不同的样本生成的触发器是完全不同的。因此，这种攻击不仅是隐形的，而且可以绕过大部分的防御措施。

5. 图像缩放后门攻击

图像缩放后门攻击[191]通过图像缩放攻击来隐藏触发器。

图像缩放后门攻击的大体流程如图 5.8 所示，攻击者对源图像 $\boldsymbol{S}$ 进行轻微扰动，使得产生的攻击图像 $\boldsymbol{A}=\boldsymbol{S}+\Delta$ 与缩放后的靶向图像 $\boldsymbol{T}$ 相匹配。图像缩放后门攻击可以建模为以下的二元优化问题：

$$\min(\|\Delta\|_2^2)\ \text{s.t.}\ \|\text{scale}(\boldsymbol{S}+\boldsymbol{\Delta})-\boldsymbol{T}\|_\infty\leqslant\boldsymbol{\varepsilon} \tag{5.4}$$

此外，对于 8 位图像来说，攻击图像 $\boldsymbol{A}$ 的每个像素需要保持在 [0，255] 的范围内。需要注意的是，只有在满足以下两个目标的情况下，图像缩放后门攻击才会成功。

① 攻击图像 $\boldsymbol{A}$ 缩放后得到的输出图像 $\boldsymbol{D}$ 与靶向图像 $\boldsymbol{T}$ 接近：$\boldsymbol{D}\sim T$。

② 攻击图像 $\boldsymbol{A}$ 与源图像 $\boldsymbol{S}$ 接近：$\boldsymbol{A}\sim\boldsymbol{S}$。

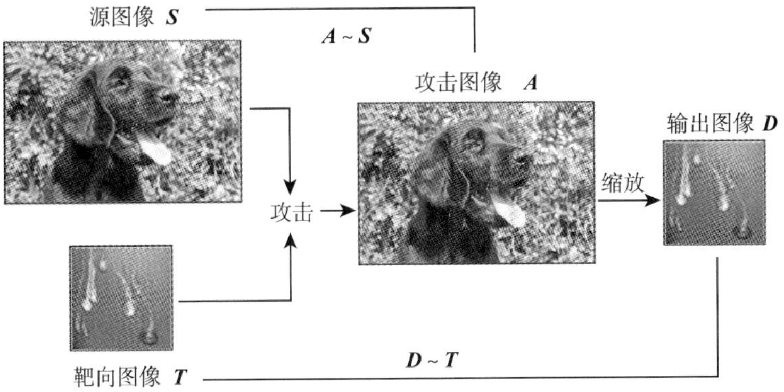

图 5.8　图像缩放攻击的攻击流程

5.2.4 “干净标签”条件下的后门攻击

“干净标签”要求后门攻击保持投毒样本和标签的一致性，即攻击者在不更改投毒样本标签的情况下进行后门攻击。先前的工作都会将投毒样本的标签从原来的标签更改为靶向标签。然而，这种改变极大地降低了后门攻击的隐蔽性——无论触发器是明显的还是不明显的，图片的内容和标注的标签都是不一致的。在很多重视安全性的攻击场景下，审查人员会检查数据集，图像和标签的不一致性是很容易被察觉的。在“干净标签”攻击方法[246]中，投毒样本的标签在语义上是正确的，能躲避审查人员对训练数据的检查。

1. 不污染标签的后门攻击

不污染标签的后门攻击[14]是第一种“干净标签”后门攻击。攻击者不改变被破坏样本的标签，只在给定目标类中的一部分样本上添加触发器，训练目标标签和触发器之间的关联性。然而，实验表明，为了达到足够的攻击成功率，目标类训练样本需要的最小中毒率超过 40%。

2. 干净标签后门攻击

干净标签后门攻击[293]通过实验证明当限制只对目标类中的一小部分样本进行投毒时（小于 25%），上述攻击就几乎没有效果了，因为模型往往倾向于学习简单的特征。如果目标类的投毒样本包含了太多的特征，模型往往在不用学习触发器特征的情况下，就能正确识别样本为目标类。因此，如果触发器只存在于一小部分目标图像中，模型在训练的时候会忽略它，导致最后学习到的触发器特征与目标标签的关联性很弱。一种新的解决思路是对原始输入进行扰动，加大模型学习原始样本特征的难度，迫使模型更加依赖后门触发器的特征来进行正确的预测。扰动的方法有两种。在第一种方法中，攻击者利用生成对抗网络（Generative Adversarial Network，GAN）将训练数据的分布嵌入一个潜伏空间。通过对嵌入的潜伏向量进行插值，攻击者可以获得从一个图像到另一个图像的平滑过渡。首先，攻击者在训练集上训练一个 GAN，得到一个生成器 $G: R^d \to R^n$。对于给定的向量 z^d，生成器 G 将在 n 维像素空间中生成一个图像 $G(z^d)$。接下来，攻击者通过生成器 G 产生一个在 l_2 距离上最接近目标图像 $\boldsymbol{x}$ 的图像，它可以作为对目标图像 $\boldsymbol{x}$ 的最优重构编码：

$$\mathscr{E}_G(\boldsymbol{x}) = \underset{z \in R^d}{\operatorname{argmin}} \| \boldsymbol{x} - G(z) \|_2 \tag{5.5}$$

在找到训练样本对应的编码后，攻击者可以在类之间以一种感知平滑的方式进行插值。给定一个常数 τ，图像 $\boldsymbol{x}_1$ 和 $\boldsymbol{x}_2$ 之间的插值 $\mathscr{T}_G$ 定义为

$$\begin{aligned} &\mathscr{T}_G(\boldsymbol{x}_1, \boldsymbol{x}_2, \tau) = G(\tau z_1 + (1-\tau) z_2) \\ &\text{其中 } z_1 = \mathscr{E}_G(\boldsymbol{x}_1), z_2 = \mathscr{E}_G(\boldsymbol{x}_2) \end{aligned} \tag{5.6}$$

最后，在保持插值图像 $\mathscr{T}_G(\boldsymbol{x}_1, \boldsymbol{x}_2, \tau)$ 的内容仍然与目标标签一致的情况下，攻击者可以确定一个使插值图像的明显特征基本无效的 τ 值。

在第二种方法中，攻击者对每个图像进行对抗性的扰动，使模型更难根据标准图像特征对这些图像进行正确分类，从而激励模型将后门触发器的特征作为主要特征进行学习。从形式上看，给定一个固定的分类器 C，损失为 L，输入为 $\boldsymbol{x}$，攻击者将对抗扰动构造为

$$\boldsymbol{x}_{\text{adv}} = \underset{\|\boldsymbol{x}'-\boldsymbol{x}\|_p \le \boldsymbol{\varepsilon}}{\operatorname{argmax}} L(\boldsymbol{x}') \tag{5.7}$$

采用 l_p-norm 对扰动进行度量，$\boldsymbol{\varepsilon}$ 用于控制扰动的大小。虽然这两种方法都允许带有触发器的投毒样本包含与源图像相同的标签，但是触发器本身在视觉上具有明显的形状和大小。攻击者仍需要使用可感知的触发器模式来注入和激活后门，而这同样会降低后门的隐蔽性。

3. 隐藏触发器后门攻击

在隐藏触发器后门攻击[140]中，攻击者将触发器隐藏在投毒数据中，并且能够在模型的测试阶段之前，一直保持触发器的隐蔽性。该方法首先定义了一个带有二进制掩码 $\boldsymbol{m}$ 的触发器 $\boldsymbol{p}$（二进制掩码的大小和样本大小相同，包含触发器的地方被置为 1，其他地方被置为 0），然后将触发器 $\boldsymbol{p}$ 添加到源图像 $\boldsymbol{s}_i$，得到包含触发器的图像 $\tilde{\boldsymbol{s}}_i$：

$$\tilde{\boldsymbol{s}}_i = \boldsymbol{s}_i \odot (\boldsymbol{1} - \boldsymbol{m}) + \boldsymbol{p} \odot \boldsymbol{m} \tag{5.8}$$

其中，$\odot$ 为矩阵对应位置元素间的乘积。攻击者利用启发式方法对样本进行投毒，使得投毒图像 $\boldsymbol{z}$ 在像素空间与源图像 $\boldsymbol{s}_i$ 接近，而在特征空间与包含触发器的图像 $\tilde{\boldsymbol{s}}_i$ 接近。攻击者可以通过求解以下优化问题来获得投毒图像 $\boldsymbol{z}$：

$$\underset{z}{\operatorname{argmin}} \| f(z) - f(\tilde{s}) \|_2^2$$

$$\text{s.t.} \|\boldsymbol{z}-\boldsymbol{t}\|_{\infty}<\boldsymbol{\varepsilon} \tag{5.9}$$

其中，$f(\cdot)$ 是 DNN 模型的中间特征，$\boldsymbol{\varepsilon}$ 是一个较小的数值，确保投毒图像 $\boldsymbol{z}$ 与初始目标图像 $\boldsymbol{t}$ 在视觉上无法区分。给定来自源类和靶向类的一对图像，以及一个固定位置的触发器，攻击者求解上面提到的优化问题只能得到一个投毒数据。攻击者可以将这个带有正确标签的投毒数据添加到训练数据中，训练一个后门模型。然而，这样的模型只有当攻击者将触发器放置在同一源图像上的同一位置时，后门才会被触发，这在一定程度上限制了攻击的实用性。

为了解决这一缺陷，隐藏触发器后门攻击方法进一步对图像进行投毒，使其更接近于包含触发器的源图像集合，而不是只接近于单个包含触发器的源图像。受通用对抗样本的启发，攻击者在所有可能的触发器位置和源图像上最小化式（5.10）中损失函数的期望值。在后续的攻击方法中，攻击者首先从靶向类中抽取 K 张随机图像 $\boldsymbol{t}_k$，并用 $\boldsymbol{t}_k$ 初始化投毒图像 $\boldsymbol{z}_k$。然后，攻击者从源类中抽取 K 张随机图像 $\boldsymbol{s}_k$，并在随机选择的位置附上触发器，得到 $\tilde{\boldsymbol{s}}_k$。接着，攻击者在投毒图像集和包含触发器的图像集上创建一个一对一的映射 $a(k)$。对于投毒数据集中给定的图像 $\boldsymbol{z}_k$，攻击者在包含触发器的图像数据集中搜寻对应的图像 $\boldsymbol{s}_{\tilde{a}(k)}$，其在特征空间 $f(\cdot)$ 中，并且在欧氏距离的度量标准下与 $\boldsymbol{z}_k$ 相近。最后，攻击者通过执行一轮小批量的投影梯度下降（Projected Gradient Descent，PGD）迭代得到最终的投毒图像，这个投毒图像由整个包含触发器的源图像集合生成：

$$\begin{aligned}&\underset{z}{\operatorname{argmin}} \sum_{k=1}^{K}\left\| f(\boldsymbol{z}_k)-f\left(\boldsymbol{s}_{\tilde{a}(k)}\right)\right\|_2^2\\&s.t.\ \forall k: \|\boldsymbol{z}_k-\boldsymbol{t}_k\|_{\infty}<\boldsymbol{\varepsilon}\end{aligned} \tag{5.10}$$

4. 视频中的干净标签后门攻击

视频中的干净标签后门攻击[246]将干净标签后门攻击从图像领域拓展到视频领域。在触发器设计方面，攻击者使用通用的对抗触发器代替固定的静态触发器。通过最小化包含触发器的样本和原始样本在特征空间中的距离，将触发器信息注入目标类图像的纹理中。通用的对抗触发器生成算法如算法 5.5 所示。

算法 5.5 通用的对抗触发器生成算法

输入：模型 F；触发器掩码 $\boldsymbol{m}$；学习率 α；非靶向视频集合 $S=\{(\boldsymbol{x}^{(j)},\boldsymbol{y}^{(j)})\}_{j=1}^{M}$；靶向标签 $\boldsymbol{y}$；总步数 N；触发器大小 w；批尺寸 B；

输出：通用触发器 $\boldsymbol{t}$

1：$\boldsymbol{t}$=初始化($\boldsymbol{m}$)

2：**for** i in range(N) **do**

3： $S_i=\{(\boldsymbol{x}^{(j)},\boldsymbol{y}^{(j)})\}_{j=1}^{B}$=RandomlyPick ($S,B$)

$\tilde{\boldsymbol{x}}^{(j)}=(\mathbf{1}-\boldsymbol{m})*\boldsymbol{x}^{(j)}+\boldsymbol{m}*\boldsymbol{t},(\boldsymbol{x}^{(j)},\boldsymbol{y}^{(j)})\in S_i$

$h=F(\tilde{\boldsymbol{x}}^{(j)})$

$L=\sum_{j=1}^{B}-\frac{1}{l}\sum_{k=1}^{l}[y_k^{(j)}\log(h_k)]$

$\delta=\frac{\partial L}{\partial \boldsymbol{t}}$

$\boldsymbol{t}=\boldsymbol{t}-\alpha*\mathrm{sign}(\delta)$

end for

return $\boldsymbol{t}$

需要注意的是，与传统的基于数据投毒的后门攻击相比，干净标签后门攻击的攻击成功率会降低，但其攻击隐蔽性会提高。如何平衡攻击的隐蔽性和有效性仍然是一个值得进一步探讨的问题。

5.2.5 其他后门攻击方法

1. 物理后门攻击

前面提到的后门攻击都是在数字世界中进行的，物理后门攻击是指在真实的物理世界中产生投毒样本。Chen 等人[39]首先研究了这类攻击，他们采用“眼镜”作为物理触发器来误导摄像头中被嵌入后门的人脸识别系统。很多其他的工作对物理世界的后门攻击进行了进一步的探索，例如在交通识别标志上贴上物理形态的触发器，干扰自动驾驶系统的识别。Li 等人[139]证明了现有的基于数字世界的后门攻击方法没有办法直接应用到物理世界中，因为物理世界中的图像会受到拍摄角度、拍摄距离、光照等因素的影响。不同的拍摄角度和拍摄距离等同于对输入样本进行了旋转和伸缩变换。这样的图像相较于数字世界中的图像，其触发器的位置和外观受到了物理世界的影响。这种现象会大幅度地降低后门攻击的攻击成功率。因此，他们提出了一种基于图像变换的增强方法，该方法使得后门攻击在物理世界中仍然有效。

2. 语义后门攻击

大多数后门攻击都是非语义攻击，触发器的内容都是独立于原始图像的。这也意味着攻击者在模型验证阶段需要对图像进行相应的更改，从而触发后门行为。那么，能否将触发后门行为的条件更改为符合样本的语义，从而使得攻击者不需要更改模型输入也能实现后门攻击。Bagdasaryan 等人[13]首先研究了这个问题，并提出了语义后门攻击。具体来说，他们确定了一个靶向标签，将某些图像中包含的特征作为触发器。在他们的例子中，只要图片里包含绿色汽车或带有赛车条纹的汽车，就可以认为该图片包含触发器。这样训练出来的模型，只要输入图片中包含绿色汽车或带有赛车条纹的汽车，就会被误分类成靶向标签。其他的一些工作也对类似问题进行了探讨，通过原始图像中某些物体的组合作为触发器来激活后门。这类后门攻击不需要在数字世界中修改图像，因此在真实世界中具有很强的攻击能力。

3. 动态后门攻击

Salem 等人[208]提出了动态后门攻击方法，其特点是针对特定目标标签的触发器具有动态的模式和位置。动态后门攻击具有很高的灵活性，使用随机采样的方法从一个统一的分布中采样得到触发器。在对数据进行投毒时，通过随机采样的方式从一个位置集合中挑选出一个位置嵌入触发器。除此之外，还通过构建后门生成网络（Backdoor Generating Net，BaN）的方式进行动态后门攻击。BaN 可以根据先验分布（即高斯或均匀分布）生成对应的触发器。BaN 是与后门模型一起训练的。在联合训练过程中，后门模型的输出与真实标签（针对干净输入）或目标标签（针对中毒样本）之间的损失会同时通过后门模型和 BaN 进行反向传播和更新。他们进一步将 BaN 扩展到条件后门生成网络（Conditional Backdoor Generating Network，C-BaN），增加目标标签信息这一条件输入。这样，不同目标标签的生成触发器可以出现在输入的任何位置。

4. 运行时后门攻击

Costales 等人[50]提出了一种运行时后门攻击方法。攻击者在模型运行时，通过修改受害者进程地址空间中的数据（/proc/[PID]/map，/proc/[PID]/mem）注入恶意后门。具体来说，攻击者通过在系统库中植入木马，或者用恶意的内核模块重新映射进程之间的内存，获得在相关地址空间可写的权限。然后，攻击者使用 Binwalk 或 Volatility 工具检测二进制存储权重，从而寻找存储在内存中的 DNN 模型的权重。一旦扫描到了内存中 DNN 模型权重的位置，攻击者可以通过掩码重训练操作修改 DNN 模型中最重要的神经元，使 DNN 模型表现出后门行为。确定 DNN 模型中最重要的神经元关系到后门攻击的成功率。攻击者通过计算梯度的方式，找到平均梯度最大的连续神经元权重。因为神经元权重的绝对平均梯度较大，说明模型很可能会从被修改的权重值中获益。

虽然这种后门攻击需要了解 DNN 模型的架构，但攻击者可以通过获取受害者系统的快照，提取系统图像，并使用取证或逆向工程工具间接获得 DNN 模型的架构，并在受害者系统上运行恶意代码。因此，可以将这种类型的后门攻击归为黑盒攻击。

5.3 图像后门防御

目前，为了缓解后门攻击所带来的威胁，相关研究人员已经提出了一系列针对性的后门防御方法。现有防御方法大多从图像相关任务的投毒攻击展开，并可以大致分为两类：经验型和认证型后门防御方法。其中经验型后门防御方法从已有的后门攻击方法出发，防御者通过对攻击方法的理解，提出针对性的防御方法，这种防御在实践中具有不错的性能，但其有效性没有理论支撑。认证型后门防御方法有一定的理论支撑，但在应用中的效果弱于经验型后门防御方法。目前，认证型后门防御方法大多基于随机平滑展开，相比之下经验型后门防御措施种类更多样。

要保证后门攻击的成功，需要满足以下条件：① 被攻击的模型中有隐藏的后门；② 被攻击的样本中包含触发器；③ 触发器和后门匹配。

据此，可以采用三种主要的防御方法：① 让后门和触发器相互不匹配；② 消除模型中存在的后门；③ 触发器消除。

以上三个方向还可以细分为一些更加具体的小方向。其中，让后门和触发器相互不匹配方法中有基于数据预处理的防御方法；消除模型中存在的后门方法中包含了基于模型重建的防御方法、基于触发器生成的防御方法、基于模型诊断的防御方法、基于投毒抑制的防御方法以及基于训练样本过滤的防御方法；触发器消除方法则主要有基于测试样本过滤的防御方法。

5.3.1　基于数据预处理的防御方法

基于数据预处理的防御方法引入了一个预处理模块，它更改了后门样本中的触发器样式，从而防止后门激活。合理地利用预处理技术，可以有效地防御对于图像分类任务的后门攻击，具体可以采用自编码器作为预处理器。还可以利用图像中的主导色在预处理阶段做一个类似于方块的触发阻挡器，从而定位和去除后门触发器。而 Confoc 方法[250]则通过风格转移对图像进行预处理。考虑现有基于投毒的后门攻击与触发器具有静态触发模式的特性，可以发现，如果触发器的外观或位置稍有改变，那么后门攻击的攻击成功率可能会急剧下降。因此，可以采用空间变换（如缩小、翻转）的方法进行防御。与之前的方法相比，这种防御方法几乎不需要额外的计算成本，因此效率更高。DeepSweep 方法[190]也探讨了类似的想法，其在训练和推理过程中评估并引入了不同的变换。

5.3.2　基于模型重建的防御方法

基于模型重建的防御方法可以去除后门模型中潜在的后门。也就是说，即使被攻击样本中仍带有触发器，也不会触发模型的恶意行为，因为后门已经被移除了。还可以从给定模型的权重开始，用局部良性样本重新训练给定模型。由于再训练集不包含投毒样本，且 DNN 模型具有遗忘性，随着训练的进行，可逐渐将隐藏的后门去除。剪枝防御方法（Fine-pruning）[148]观察到与后门相关的神经元对于良性样本通常处于休眠状态，因此可以通过修剪这些神经元以去除隐藏的后门。此外，还可以使用精细修剪的方法，先对 DNN 模型进行修剪，然后对修剪后的网络进行微调，结合修剪和微调防御的优点。基于模式连接技术，可以在一定量的良性样本下感染 DNN 模型的隐藏后门。另外，还可以利用知识提炼技术重建 DNN 模型，基于这样的理解，提炼过程可以扰动后门相关模型权重，因此可以消除网络对触发模式的关注。

5.3.3 基于触发器生成的防御方法

基于触发器生成的防御方法可以分为两个阶段，第一阶段是合成后门触发器，第二阶段是通过抑制（合成）触发器的效果来消除隐藏的后门。

该类防御方法与基于模型重建的防御方法有一些相似之处。例如，修剪和再训练是这两种类型的防御方法中去除隐藏后门的常用技术。与基于模型重建的防御方法相比，基于触发器生成的防御方法获得的触发信息使得清除后门的过程更加高效。

模型清洁（Neural Cleanse）[254]是一种在黑盒中无法访问训练集的情况下，基于合成触发器去除隐藏后门的防御方法。该方法的思路如图 5.9 所示。防御者首先获得了面向每个类的潜在触发模式，然后在第一阶段基于异常检测器确定最终的合成触发器以及目标标签。在第二阶段评估两种可能的策略，即用于识别触发器存在的早期检测器和基于修剪或再训练的模型修补算法。具体来说，这种方法包含以下三步：

① 对于每一个标签，防御者都首先假设这个标签是目标标签，然后通过优化的方法找到将所有样本转化成目标标签的最小扰动（即为触发器）。

② 对每一个标签都重复①。对于一个有 $N=|\mathbb{L}|$ 个标签的模型，这将产生 N 个潜在的触发器。

③ 在计算出 N 个潜在的触发器后，防御者通过每个潜在触发器的像素数来衡量每个触发器的大小，即触发器替换了多少像素。防御者可以使用离群点检测算法来检测是否有潜在触发器明显小于其他潜在触发器。被检测出来的触发器对应的标签即为目标标签。

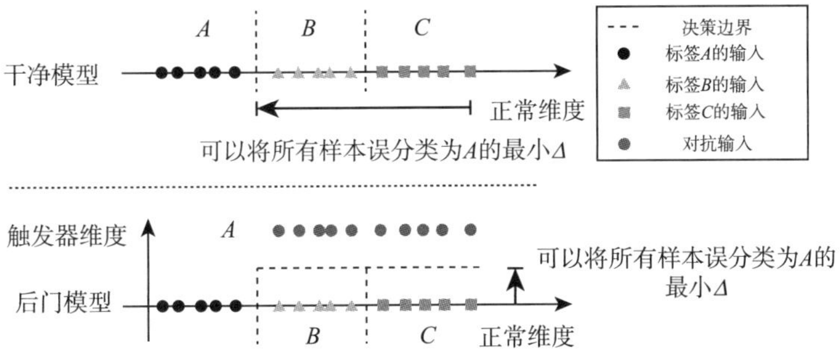

图 5.9 模型清洁防御方法寻找触发器的思路

类似的思想在深度检测方法（Deepinspect）[32]、可变后门检测方法（Scalable Backdoor Detection）[83]、后门检测方法（Detection of Backdoor）[268]等后门防御方法中也有相关的应用。后门防御方法（Defending Neural Backdoor）注意到基于模型清洁方法合成的反向触发器通常与训练过程中使用的触发器有显著不同。受此启发，Qiao 等人[189]首先讨论了后门触发器的泛化问题，并验证了感染模型在训练过程中会泛化其原始触发器。因此，他们提出了使用最大熵阶梯近似器来恢复触发器分布，而不是恢复特定的触发器，以建立一个通用性更强的模型，算法 5.6 总结了模拟有效触发分布的细节。

算法 5.6 使用 MESA 模拟有效触发分布的算法

输入：后门模型 P；
测试数据集 D'；
靶向类 c；
输出：N 个子模型 G_{θ_i}
for $\beta_i \in [\beta_1, \cdots, \beta_N]$ **do**
  while 未收敛 **do**
    采样一小批大小的噪声 $\boldsymbol{z} \sim N(0, I)$
    从 D' 采样一小批大小的图片 $\boldsymbol{m}$
    $F(x) = \mathrm{Softmax}(P(\mathrm{Apply}(\boldsymbol{m}, \boldsymbol{x})), c)$
    $L = \max(0, \beta_i - F \cdot G_{\theta_i}(z)) - \alpha \hat{I}_{T_i}(G_{\theta_i}(z); z')$
    更新 T_i
    通过 SGD 最小化 L 来更新 G_{θ_i}
  end while
end for
return N 个子模型 G_{θ_i}

GangSweep 方法[300]也使用了类似的思想，基于 GAN 方法完成后门触发器的合成。此外，文献 [41] 说明了激活值的 L_∞ 范数可以用来区分基于合成触发器的后门相关神经元。据此，防御者可以进行基于 L_∞ 的神经元修剪，将响应触发器的高激活值的神经元从最后一层卷积层中移除，以抵御后门攻击。同样，Aiken 等人[4]从另一个角度提出了基于合成触发器的 DNN 模型修剪来去除隐藏后门的神经网络清洗（Neural Network Laundering）方法。NNoculation 方法[249]是一种类似于模型清洁的在线防御方法。最近，Shen 等人[219]提出了一种基于触发器合成的高效后门防御方法。受 K-Arm 强盗思想的启发，该方法在每一轮中只选择一个类进行触发器优化，而不是对每一个类生成所有的触发器。

5.3.4 基于模型诊断的防御方法

基于模型诊断的防御方法通过训练好的元分类器来验证模型是否被感染。通用测试模式方法（Universal Litmus Pattern，ULP）[120]首先讨论了如何诊断给定模型。具体来说，该方法联合优化了一些 ULP 和一个分类器，根据得到的 ULP 预测，进一步判断给定模型是否被感染。同样，检测 AI 木马（Detecting AI Trojan）[272] 方法可以在不知道攻击策略的情况下训练元分类器，并且只需用良性模型样本就可以训练出一个有效的元分类器。神经元检测（Neuron Inspect）[95]方法利用良性模型和感染模型的热图具有不同特征的特性，根据生成的显著性图的三个提取特征，采用离群检测器作为元分类器。这种方法使用了 One-Pixel 的特征表示法，基于此来区分良性模型和感染模型。最近，实际的木马检测（Practical Detection of Trojan）[255]方法能够在数据数量受限和数据访问受限的情况下检测给定模式是否受到感染。

5.3.5 基于投毒抑制的防御方法

该类方法可以在训练过程中通过抑制投毒样本的产生来消除后门。可以使用噪声随机梯度下降方法来学习差异化私有 DNN 模型，从而进行防御。由于训练过程中的随机性，投毒样本的贡献将被随机噪声降低，导致后门创建失败。由于观察到中毒样本的梯度的 L_2 范数明显高于良性样本，且其梯度方向也不同，因此可以在训练过程中采用差分私有随机梯度下降对单个梯度进行裁剪和扰动。通过这种方法训练后的模型没有了隐藏的后门，同时也提高了模型对靶向对抗性攻击的鲁棒性。

5.3.6 基于训练样本过滤的防御方法

基于训练样本过滤的防御方法旨在区分良性样本和中毒样本。桥接模式连接（Bridging Mode Connectivity）[292] 方法证明投毒样本往往会在特征表示的协方差频谱中留下可检测的痕迹。因此，防御者可以利用特征表示的协方差矩阵的奇异值分解方法来过滤训练集中的中毒样本。利用投毒样本和良性样本在特征空间中应具有不同特征这一特点，通过激活值聚类来检测后门攻击（Detecting Backdoor Attack on DNN by Activation Clustering）[30]方法提出通过两阶段的方法来识别中毒样本：① 将每一类训练样本的激活值聚类成两个簇；② 确定其中哪个簇对应投毒样本。Demon in the Variant[239]方法证明了简单的目标污染会导致投毒样本的表征与良性样本的表征区别并不大，从而绕过现有的基于过滤的防御措施。为了解决这个问题，防御者可以使用基于表征分解及其统计分析的、鲁棒性更高的样本过滤器。同样，暴露后门（Exposing Backdoor）[228]方法基于特征空间中良性样本和投毒样本的差异来对抗投毒样本。与上述方法不同，毒样作为解药（Poison as a Cure）[29]方法根据输入梯度中的中毒信号来分离中毒样本。Sentinet[46]方法也使用了类似的思想，采用显著性图来识别触发区域和过滤样本。

5.3.7 基于测试样本过滤的防御方法

基于测试样本过滤的防御方法也是旨在区分恶意样本和良性样本。该方法是在模型推理阶段而不是训练阶段执行的。

Gao 等人[69]建立了一个基于强故意扰动（STRong Intentional Perturbation，STRIP）的实时后门木马检测系统。STRIP 通过叠加各种图像模式来过滤攻击样本，观察预测扰动输入的随机性。随机性越小，成为被攻击样本的概率越大。基于 STRIP 的实时后门木马检测算法参见算法 5.7。

算法 5.7   对已部署的 DNN 模型运行实时后门木马检测算法

输入：输入 x；

1：测试数据集 D_{text}；

2：已部署的 DNN 模型 $F_{\Theta}()$；

3：决策边界 detection Boundary；

输出：是否被植入后门的标志 trojanedFlag

4：trojanedFlag←No

5：**for** $n = 1 : N$ **do**

6：　　从 D_{test} 随机抽取第 n_{th} 个图像 x_n^t

7：　　将输入的图像 x 与 x_n^t 叠加，产生第 n_{th} 个扰动图像 x^{p_n}

8：**end for**

9：$H \leftarrow F_{\Theta}(D_p)$，$\triangleright D_p$ 是包含 $\{x^{p_1}, \cdots, x^{p_N}\}$ 扰动图像的集合，$\mathbb{H}$ 是 x 的熵评估，$H = \dfrac{1}{N} \times H_{\text{sum}}$

10：**if** $H \leqslant$ detection Boundary **then**

11：　　trojanedFlag←Yes

12：**end if**

13：**return** 是否被植入后门的标志 trojanedFlag

Dvijotham 等人[63]利用模型的不确定性来区分良性样本和恶意样本，并提出了深度概率模型（Deep Probabilistic Model）。Hu 等人[93]提出的鲁棒异常检测方法（Robust Anomaly Detection）将后门检测视为一种异常值检测，这是一种基于差分隐私的后门检测方法。CLEANN[101]是一种轻量级的方法，不需要标签数据就可以过滤被攻击的样本。

5.3.8   认证的防御方法

虽然现在已经有了多种基于经验性的后门防御方法，且都达到了不错的性能，但是这些后门防御方法基本都能够被具有更强自适应性的后门攻击方法绕过。为了解决这个问题，防御者可以通过随机平滑技术验证后门攻击的鲁棒性。随机平滑技术最初是为了验证对抗样本的鲁棒性而发展起来的，通过在数据向量中加入随机噪声，在基函数的基础上建立平滑函数，保证分类器在一定条件下的鲁棒性。在后门防御中，可以将分类器作为基函数，将随机化平滑函数泛化为防御后门攻击的方法。然而，Weber 等人[261]证明了直接应用随机化平滑将无法提供高认证的鲁棒性边界。为了解决这一问题，可以对不同的平滑噪声分布进行检验，以达到更好的防御效果。

5.4   其他场景下的后门模型

目标检测：与图像分类不同，目标检测既要检测输入图像中特定物理对象的位置，又要以一定概率预测被检测对象的标签。Gu 等人[79]在一个交通标志检测和分类系统上实现了他们的后门攻击，输入图像是由车载摄像头采集的。他们的目标是当一个停止标志上存在触发器时，能够被后门模型恶意地误分类为限速标志。Wenger 等人[39]提出了一种针对面部识别系统的可信后门攻击方法，其中有 7 种物理对象可以触发个人身份的变化。

自然语言处理： 目前有一些针对自然语言处理系统的后门攻击，但是这些攻击大多只探索文本分类的任务，例如对电影评论的情感分析，或者对在线社交数据的仇恨言论检测。Liu 等人[152]的工作证明了在句子态度识别领域存在后门攻击。他们使用了一个固定位置的精心制作的单词序列作为触发器。Dai 等人[152]将后门注入情感分析任务中。在这种攻击方法中，需要将中毒的句子插入给定段落的所有位置。Chen 等人[38]将触发器的粒度从句子级扩展到字符级和单词级。Lin 等人[145]将两个语义上有巨大差异的句子组成触发器。

图分类： Zhang 等人[289]提出了一种基于子图的图神经网络（Graph Neural Network，GNN）后门攻击方法。一旦攻击者将预定义的子图注入测试图中，GNN 分类器就会误分类为攻击者指定的测试图的目标标签。Xi 等人[267]提出了一种面向图的后门攻击方法，触发器被定义为特定的子图，包括拓扑结构和描述性特征。

强化学习： Yang 等人[278]通过在单个长短期记忆（Long Short-Term Memory，LSTM）网络中训练多种良性和恶意的策略，提出了在顺序决策代理中引入和利用后门攻击的方法。Wang 等人[257]探索了基于深度强化学习（Deep Reinforcement Learning，DRL）的自动驾驶车辆的后门攻击，其中恶意行为包括使得车辆无法加速或者突然加速，通过产生停止和前进的行为来制造交通拥堵。Kiourti 等人[115]提出了一种探索和评估深度强化学习代理上的后门攻击的工具。他们在大量的 DRL 基准集上评估了这种攻击方法，并表明在毒害了 0.025%的训练数据后，攻击者就可以成功地将后门注入 DRL 模型中。

联邦学习： 与传统的集中式机器学习环境相比，联邦学习（Federated Learning，FL）减轻了许多系统性的隐私风险，并降低了计算成本。FL 中的后门攻击的目标是：攻击者通过使用干净的和中毒的训练样本混合训练，能够操纵这些本地模型。随着本地模型的聚集，全局模型将受到恶意模型的影响，在包含触发器的输入上做出恶意行为。Bagdasaryan 等人[13]首次通过模型替换对 FL 平台发动单次本地后门攻击。在他们的攻击方法中，攻击者提出一个能够在服务器下一轮迭代中成为目标全局模型的后门模型 X。然后，攻击者扩大本地后门模型的规模，以确保目标全局模型被后门模型 X 取代。

5.5 后门攻击和其他方法的关系

5.5.1 与对抗样本攻击的关系

对抗样本攻击和后门攻击在模型推理阶段都是通过修改原始的测试样本，以误导模型的分类结果。这两种攻击虽然具有一定的相似性，但也有很大的不同。① 对于后门攻击者来说，他们可以修改模型的参数，但是不能控制模型的预测过程。而对抗样本攻击者可以控制模型的预测过程，但不能控制模型的训练过程。② 后门攻击者对攻击样本施加的扰动可以是攻击者指定的扰动，而对抗样本攻击者施加的是基于模型输出的最优化计算后的扰动。③ 这两种攻击的机制也有本质区别。对抗样本攻击源于模型的不可解释性，它的存在反映了模型和人类在进行推理时存在差异。而后门攻击是基于深度神经网络的过度学习。

5.5.2　与投毒攻击的关系

投毒攻击和基于投毒的后门攻击在训练阶段有许多相似之处。它们都是通过在模型训练过程中引入投毒样本，使得模型在推理过程中出现错误分类的现象。然而，它们也有显著的区别。投毒攻击的目的是降低良性测试样本的准确率。而基于投毒的后门攻击则保留了对良性样本的准确率，同时将被攻击样本的预测改为目标标签。从这个角度来看，投毒攻击在一定程度上可以被看作“非靶向投毒型后门攻击”，它的触发器是透明的。从隐蔽性方面来看，基于投毒的后门攻击的恶意程度要高于投毒攻击。用户可以通过评估验证集准确率的方法来检测是否存在投毒攻击，但这种方法在检测基于投毒的后门攻击时存在很大的局限性。

值得注意的是，由于投毒攻击和基于投毒的后门攻击的相似性，现有的数据中毒攻击方法也给后门攻击的研究带来了启发。

5.6　后门攻击与防御实现案例

本节将进行后门攻击中的攻击以及防御方法的实验。在这部分的实验中，使用目前在后门攻击领域中最新的、最全的后门攻击实验工具库 TrojanZoo，其为开源代码，具体地址为 https://github.com/ain-soph/trojanzoo。同时，还将使用框架库 TrojanZoo，介绍一些后门攻击和防御方法，包括如何快速使用该框架库进行后门攻击和防御方法的实验，以及对相关方法的关键代码进行分析。

读者可以通过以下方法进行实验平台搭建和代码获取：

- 克隆 TrojanZoo 项目(https://github.com/ain-soph/trojanzoo)
- pip install trojanzoo
- docker pull local0state/trojanzoo
- （开发者用途） python setup.py develop

具体的实现案例，请扫下面二维码获取。

5.7　小结

后门攻击是神经网络领域的一种新的安全风险。它的攻击方式隐蔽，带来的危害很大，引起了研究人员的广泛关注。本章介绍了后门攻击的相关背景和概念。针对图像任务上的后门攻击和防御方法，本章对其进行了分类，并且做了详细的介绍。为了章节结构的完整性，本章对其他场景下的后门模型也做了简要介绍。同时，补充了后门攻击与其他攻击的联系，使读者对后门攻击有更全面的认识和了解。

此外，对于目前的研究来说，还存在以下几个开放问题。

对后门领域的攻击和防御方法进行统一比较：可以观察到在不同领域的研究中，实验配置（如模型和数据集）差异很大。因此，为了以标准化的方式挖掘神经网络中后门的潜力，美国情报高级研究计划局（Intelligence Advanced Research Projects Activity，IARPA）最近启动了一项计划，即 TrojAI 项目来对此进行研究。

通过迁移学习中的微调进行防御：一个后门模型在经过几层网络的微调后，它的攻击效果会大打折扣。在迁移学习场景下，限制了后门攻击的实用性。攻击者可以通过考虑在攻击中纳入微调防御方法，提高后门攻击的鲁棒性，保证攻击持续存在。

结合隐藏的触发器和干净的标签：传统的基于投毒的后门攻击，如果想保持攻击的隐蔽性，需要中毒数据以不可察觉的方式附加触发器，同时保持其标签的正确性。现有的攻击方式要么在视觉上隐藏触发器，但会保留明显的语义不一致的标签；要么在标签上正确标注，但这样数据包含的触发器不够隐蔽。如何产生拥有隐蔽触发器和干净标签的中毒数据仍然是一个挑战。

访问训练数据：大部分的后门攻击，都假设攻击者能够接触到原始的训练数据。但是通常情况下，只有很少一部分人才能接触到训练数据集。在大多数安全敏感的情况下，攻击者只能访问一个预先训练好的模型。如何在不需要访问干净的原始训练数据的情况下，通过直接破坏模型权重来注入木马，仍然是一个挑战。

攻击和防御的适应性：现有的攻击和防御方法通常以一种表面的、启发式的方式来讨论它们对攻击或防御的反措施的有效性，而忽视了攻击者的对抗措施。自适应攻击和防御方法可以在应对攻击者的对抗措施时自适应地采取最佳策略，这能够增加现实场景下的有效性，但目前仍然是一个挑战。

CHAPTER6

第6章

对抗攻击与防御

内容提要

6.1 对抗攻击与防御概述

研究表明，机器学习模型极易受到对抗样本的攻击：攻击者精心设计的恶意输入会导致目标模型产生错误的输出。在对抗机器学习领域，对抗样本的生成和防御方法已经得到了广泛的研究。本章将探讨数字世界中对抗样本的生成与防御，具体包括图像领域的对抗样本生成与防御、文本领域的对抗样本生成与防御以及其他领域的对抗样本生成与防御。重点介绍多种具有代表性的对抗攻击方法和防御手段，使读者对对抗样本的生成方法和防御机制产生直观的了解，并能掌握一些简单的方法。

Szegedy 等人[77] 于 2013 年率先发现了对抗样本的存在，对抗样本是通过在原始图像中添加精心设计的“恶意扰动”生成的，会导致机器学习模型产生严重误判。图 4.1 展示了最著名的对抗样本之一，使用快速符号梯度法（Fast Gradient Sign Method，FGSM）生成。机器学习模型将左边的原始图像以 57.7%的置信度正确地分类为大熊猫，但却将右边的对抗样本以 99.3%的置信度错误地分类为长臂猿。中间图像为经过可视化的对抗扰动。精心制作的对抗样本并不会影响人类视觉对图像的识别，但却会误导机器学习模型的推理，这表明人类认知和机器学习模型之间存在巨大的泛化差距。人类视觉的不可感知性和计算机视觉中对抗样本的共存揭示了机器学习模型的巨大缺陷，研究对抗样本有助于理解神经网络背后的机理。对抗样本存在的一种合理解释是，添加的对抗噪声使数据点远离干净样本的流行空间，这和人类错觉产生的原因不谋而合，而对抗样本通常会在确保人类视觉保真度的前提下修改样本的特征，可以认为对抗样本是通过恶意利用数据集中存在的非粗糙特征而生成的，这有助于说明输入样本的哪些特征对于模型决策是具有贡献的。到目前为止，机器学习模型容易受到对抗样本影响背后的原因仍然是一个开放的研究问题。

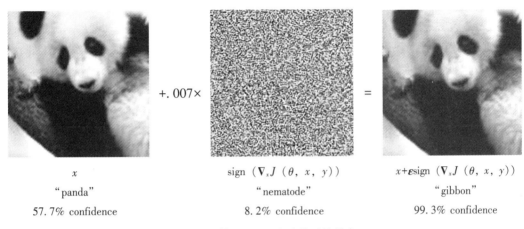

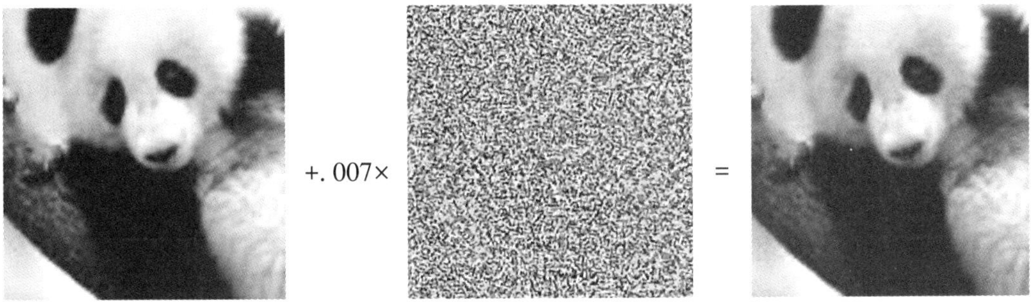

x “panda” 57.7% confidence

$\text{sign}(\nabla_x J(\theta, x, y))$ “nematode” 8.2% confidence

$x+\varepsilon\text{sign}(\nabla_x J(\theta, x, y))$ “gibbon” 99.3% confidence

图 6.1　使用 FGSM 生成的对抗样本

自发现对抗样本以来，对抗攻击和防御之间的军备竞赛如火如荼，各种对抗攻击和防御的策略层出不穷。虽然对抗攻击在多个领域中均有存在，如网络空间安全、语音识别和电子通信等，但本章主要关注计算机视觉和文本领域的对抗样本，因为时下这些领域的研究最为广泛，同时这两个领域面临对抗样本攻击的安全风险更大。本章对一系列对抗攻击和防御算法进行了深入的讲解，并讨论了不同方法的优缺点。本章的组织结构如下：第一节对对抗样本进行了概述。第二节介绍了图像对抗样本生成的经典方法，第三节介绍了图像对抗样本防御的主要策略，第四节介绍了文本对抗样本的生成与防御，第五节介绍了其他数字领域的对抗样本，第六节对于对抗样本的生成和防御介绍了简单的实现案例，第七节对本章内容进行了小结。

6.2　图像对抗样本生成技术

对抗样本通常被定义为恶意输入 $\boldsymbol{x}'$，其中 $\boldsymbol{x}'$ 和对应的干净样本 $\boldsymbol{x}$ 之间的差异 p 在距离约束 $d(\cdot)$ 下是最小的（其中 $d(\cdot)$ 通常为 L_p 距离），对于一个分类模型 f，对抗样本应该满足：

$$d(\boldsymbol{x}',\boldsymbol{x}) < \boldsymbol{\varepsilon}, \quad \text{s.t.}\ \hat{y}(\boldsymbol{x}') \neq \hat{y}(\boldsymbol{x}) \tag{6.1}$$

其中，$\boldsymbol{\varepsilon}$ 是用来约束扰动幅度的常数，$\hat{y}(\cdot)$ 表示分类模型输出的预测标签（即 $\hat{y}(\boldsymbol{x})=\text{argmax}_c f(\boldsymbol{x})_{(c)}$）。

对抗攻击通常分为白盒攻击和黑盒攻击两种。在白盒攻击中，攻击者可以获取目标模型的全部信息，如架构、参数、梯度或训练数据等。但在黑盒攻击应用场景的限制下，攻击者只能访问受害模型的输出，无法获取受害模型内部的任何信息。实际上黑盒场景相对于白盒场景是更合理的假设，因为在实际场景中攻击者很少有机会能了解到目标模型的内部情况。

此外，对抗攻击还可以按照攻击目标是否针对特定分类标签进一步分为靶向攻击和非靶向攻击。在靶向攻击的过程中，对抗样本的目标被设计成误导目标模型的某个分类标签——比如将“猫”分类为“狗”。而在非靶向攻击的过程中，对抗样本的目标被设计为误导目标模型使其产生不正确的分类，而不考虑误导目标模型具体的分类标签是什么。另外，对抗样本还具有可转移性，即在某个特定生成模型上生成的对抗样本可以被用来欺骗其他多个相同类型的模型。

为了方便理解，表 6.1 中给出了对抗机器学习领域中若干常见术语的定义。

表 6.1 对抗机器学习常见术语定义

常见术语	定　义
对抗样本	机器学习模型的恶意输入,在视觉上不影响人类的判断,但会误导模型在预测中犯错
对抗扰动	对抗样本和对应的干净样本的差异
对抗攻击	生成对抗样本的算法
对抗防御	对抗样本的防御算法
对抗鲁棒性	描述机器学习模型抵御对抗样本干扰能力的属性
转移性	对抗样本的一种属性,指针对一个模型生成的对抗样本也可欺骗其他模型
白盒攻击	攻击者完全可以访问目标模型的攻击场景
黑盒攻击	攻击者只可以访问目标模型输出的攻击场景
靶向攻击	攻击者误导目标模型以特定的方式进行误判的攻击场景
非靶向攻击	攻击者误导目标模型以非特定的方式进行误判的攻击场景

6.2.1 基于梯度的对抗样本生成

6.2.1.1 快速梯度符号法

快速梯度符号法（Fast Gradient Sign Method，FGSM）旨在为输入的样本快速找到一个扰动方向，使目标模型的损失增加，进而降低正确分类的置信度，实现类间混淆。虽然不能确保增大训练损失会导致分类错误，但这是一种简单有效的手段，因为按照损失函数的定义，对抗样本的损失值比干净样本要大。FGSM 的原理是通过计算损失函数相对于输入样本的梯度，再使用 $\boldsymbol{\varepsilon}$ 乘以梯度的符号向量得到对抗扰动：

$$\boldsymbol{x}' = \boldsymbol{x} + \boldsymbol{\varepsilon} \cdot \operatorname{sign}(\nabla_x L(\boldsymbol{x}, y)) \tag{6.2}$$

其中，$\nabla_x L(\boldsymbol{x}, y)$是损失函数 L 相对于 $\boldsymbol{x}$ 的梯度，可以通过反向传播算法计算得到。在攻击过程中，生成的对抗样本必须满足图像空间的边界约束（对于 8 位深度的图像，像素范围为［0，255］），裁切过程由 Clip 操作实现，如算法 6.1 所示。

算法 6.1　FGSM

输入： 原始输入 $\boldsymbol{x}$；原始标签 y；步长 δ；迭代次数 T
输出： 对抗样本 $\boldsymbol{x}'$
1：$\boldsymbol{x}'=\boldsymbol{x}$；
2：$t=1$；
3：**while** $t<T$ and $C(\boldsymbol{x}')=y$ **do**
4：　$\boldsymbol{x}'=\boldsymbol{x}+t*\delta*\text{sign}(\text{grad}(\boldsymbol{x}))$；
5：　$\boldsymbol{x}'=\text{Clip}(\boldsymbol{x}',\min,\max)$；
6：　$t=t+1$；
7：**end while**
8：**return** $\boldsymbol{x}'$.

6.2.1.2　基础迭代攻击

基础迭代攻击（Basic Iterative Method，BIM）是 FGSM 的扩展方法，也被称为迭代的 FGSM 或者 I-FGSM[127]。BIM 在满足图像空间边界的范围内多次应用 FGSM，且保证 $\|\boldsymbol{r}\|_\infty \leqslant \boldsymbol{\varepsilon}$。使用 BIM 生成的对抗样本可以定义为

$$\begin{aligned}&\boldsymbol{x}'_{i+1}=\text{Clip}_{\boldsymbol{\varepsilon}}\{\boldsymbol{x}'_i+\boldsymbol{\alpha}\cdot\text{sign}(\nabla_x L(\boldsymbol{x}'_i,\boldsymbol{y}))\}\\&i=0,1,\cdots,n,\ \boldsymbol{x}'_0=\boldsymbol{x}\end{aligned}\tag{6.3}$$

其中，n 是迭代的总次数，$\boldsymbol{0}<\boldsymbol{\alpha}<\boldsymbol{\varepsilon}$ 是每次迭代的步长。裁剪操作 Clip｛·｝确保将(u, v, w)位置的每个像素约束在原始输入 $\boldsymbol{x}$ 的 $\boldsymbol{\varepsilon}$-邻域中，同时样本需满足图像空间的边界约束：

$$\text{Clip}_{\boldsymbol{\varepsilon}}\{\boldsymbol{x}'_{i,(u,v,w)}\}=\min\{\boldsymbol{255},\boldsymbol{x}_{(u,v,w)}+\boldsymbol{\varepsilon},\max\{\boldsymbol{0},\boldsymbol{x}_{(u,v,w)}-\boldsymbol{\varepsilon},\boldsymbol{x}'_{i,(u,v,w)}\}\}\tag{6.4}$$

BIM 方法生成的对抗样本被证实经过打印之后仍具有攻击性，这个发现在对抗研究领域尚属首次。

6.2.1.3　基于动量的快速梯度符号法

基于动量的快速梯度符号法（Momentum Iterative Fast Gradient Sign Method，MI-FGSM）[58] 通过利用优化过程中的动量来对 BIM 算法的缺陷进行改进，如算法 6.2 所示。动量在 MI-FGSM 算法中被用来加速迭代优化过程中的收敛过程。在利用 MI-FGSM 算法进行对抗攻击时，动量的使用有助于稳定对抗扰动更新方向的同时也有助于跳出局部最优解，增强对抗样本的可转移性。MI-FGSM 的攻击可以表示为

$$\boldsymbol{x}'_{i+1}\leftarrow\text{Clip}_{\boldsymbol{\varepsilon}}\left\{\boldsymbol{x}'_i+\boldsymbol{\alpha}\cdot\frac{\boldsymbol{g}_{i+1}}{\|\boldsymbol{g}_{i+1}\|_2}\right\}\tag{6.5}$$

MI-FGSM 与 FGSM 和 BIM 相比，生成的对抗样本转移性更高，而且动量的使用让攻击拥有了更稳定的更新过程。此外，该类对抗样本还可以对多个模型的集成模型进行攻击。避免了单一模型对对抗样本产生过拟合的情况，进一步增强了对抗样本的转移性。

算法 6.2 MI-FGSM

输入： 使用损失函数 J 的分类器 f；真实样本 $\boldsymbol{x}$ 和对应的真实标签 $\boldsymbol{y}$；扰动大小 $\boldsymbol{\varepsilon}$；迭代 T 和衰减因素 μ。
输出： 对抗样本 $\boldsymbol{x}^*$

1：$\boldsymbol{\alpha}=\boldsymbol{\varepsilon}/T$；
2：$\boldsymbol{g}_0=\boldsymbol{0}$；$\boldsymbol{x}_0^*=\boldsymbol{x}$；
3：**for** $t=0$ to $T-1$ **do**
4：　将 $\boldsymbol{x}_t^*$ 输入 f 并得到梯度 $\nabla_x J(\boldsymbol{x}_t^*, \boldsymbol{y})$
5：　更新 $\boldsymbol{g}_{t+1}$：$\boldsymbol{g}_{t+1}=\mu\cdot\boldsymbol{g}_t+\dfrac{\nabla_x J(\boldsymbol{x}_t^*, \boldsymbol{y})}{\|\nabla_x J(\boldsymbol{x}_t^*, \boldsymbol{y})\|_1}$
6：　更新 $\boldsymbol{x}_{t+1}^*$：$\boldsymbol{x}_{t+1}^*=\boldsymbol{x}_t^*+\boldsymbol{\alpha}\cdot\mathrm{sign}(\boldsymbol{g}_{t+1})$；
7：**end for**
8：**return** $\boldsymbol{x}^*=\boldsymbol{x}_T^*$

6.2.1.4 投影梯度下降攻击

投影梯度下降攻击（Projected Gradient Descent，PGD）[158] 是一种针对干净样本 $\boldsymbol{x}$，寻找其满足范数边界 $\|\boldsymbol{x}'-\boldsymbol{x}\|_p\leqslant\boldsymbol{\varepsilon}$ 的对抗样本 $\boldsymbol{x}'$ 的攻击方式。若 B 表示以 $\boldsymbol{x}$ 为中心，以 $\boldsymbol{\varepsilon}$ 为半径的 l_p 球。攻击开始于随机的数据点 $\boldsymbol{x}_0\in B$，并不断迭代。其迭代公式如下

$$\boldsymbol{x}_{i+1}=\mathrm{Proj}_B(\boldsymbol{x}_i+\boldsymbol{\alpha}\cdot\boldsymbol{g})$$
$$\boldsymbol{g}=\mathrm{argmax}\boldsymbol{v}^{\mathrm{T}}\nabla_{\boldsymbol{x}_i}L(\boldsymbol{x}_i,\boldsymbol{y})$$
$$\|\boldsymbol{v}\|_p\leqslant 1 \tag{6.6}$$

其中，$L(\boldsymbol{x}_i, \boldsymbol{y})$ 是指定的损失函数（例如交叉熵损失），$\boldsymbol{\alpha}$ 为步长，Proj_B 表示将一个输入投影到 norm-ball$B$ 上，$\boldsymbol{g}$ 是针对给定的 l_p-norm 的最陡峭的上升方向。例如对于 l_∞-norm，Proj( )为裁剪算子且 $\boldsymbol{g}=\mathrm{sign}(\nabla_{\boldsymbol{x}_i}\boldsymbol{L}(\boldsymbol{x}_i, \boldsymbol{y}))$。

6.2.2 基于优化的对抗样本生成

6.2.2.1 L-BFGS 攻击

有限记忆的 Broyden-Fletcher-Goldfarb-Shanno 攻击（Limited-memory Broyden-Fletcher-Goldfarb-ShannoL，L-BFGS）攻击是一种较早出现的基于优化的对抗攻击[237]，该攻击可以欺骗执行图像分类任务的机器学习模型。L-BFGS 攻击的目标是在输入空间中找到一个感知最小的输入扰动 $\mathrm{argmin}_r\|\boldsymbol{r}\|_2$，其中 $\boldsymbol{r}=\boldsymbol{x}'-\boldsymbol{x}$。扰动 $\boldsymbol{r}$ 具有对抗性，使得 $\hat{y}(\boldsymbol{x}')\neq y$。

L-BFGS 算法可将生成对抗样本的优化问题转化为对箱式约束公式的优化问题，其目标是找到最小化的对抗样本 $\boldsymbol{x}'$。箱式约束公式表述如下：

$$c\|\boldsymbol{r}\|_2+L(\boldsymbol{x}',t) \quad \text{s. t. } \boldsymbol{x}'\in[0,1] \tag{6.7}$$

其中，$\boldsymbol{x}$ 中的元素被归一化到［0，1］，$L(\boldsymbol{x}', t)$为目标模型的损失函数（常见的为交叉熵损失），t 为靶向目标标签。但这个公式并不能保证 $\boldsymbol{r}=\boldsymbol{x}'$对于任何特定的 $c>0$ 的值都具有对抗性。因此，在上述优化过程中通过行搜索对 c 值进行不断增大的迭代，直到找到具有对抗性的 $\boldsymbol{r}=\boldsymbol{x}'$。也可以在最终行搜索范围之内使用二分搜索进一步优化得到的 c 值。

由于使用了 L_2 欧氏距离约束，L-BFGS 算法产生的对抗样本在感知上与原始样本 $\boldsymbol{x}$ 相似。此外，将对抗样本的生成过程归纳为优化问题的好处是，它允许攻击者灵活地将新约束添加到目标函数中。并且攻击者可以根据不同的需求，使用除 L_2 欧氏距离以外的感知相似度约束目标函数。

6.2.2.2　Carlini & Wagner 攻击

Carlini 和 Wagner 等人[27]开发了一系列的攻击，被称为 C&W 攻击。C&W 攻击可以在 L_0，L_2 和 L_∞ 的约束下生成对抗扰动。核心方法是将类似于 L-BFGS 攻击的一般性优化策略转化为无约束优化问题中的损失函数，损失函数可以根据经验设计。

$$L_{\mathrm{CW}}(\boldsymbol{x}',t)=\max(\max_{i\neq t}\{Z(\boldsymbol{x}')_{(i)}\}-Z(\boldsymbol{x}')_{(t)}-\boldsymbol{k}) \tag{6.8}$$

其中，$Z(\boldsymbol{x}')_{(i)}$ 为分类器 logits 输出的第 i 个分量，t 表示靶向类标签，$\boldsymbol{k}$ 为表示对抗样本最小期望置信度的参数。从理论上看，这个损失函数可以使排名第一的类 t 与排名第二的类之间的 logit 的差值最小化。如果 t 当前具有最高的 logit 值，那么 logit 的差值将为负值，所以当 t 与排名第二的类之间的 logit 差值超过 $\boldsymbol{k}$ 时，优化过程将停止。反之，若 t 不具有最高的 logit 值，那么最小化 $L(\boldsymbol{x}', t)$ 会使类 t 与目标类别的 logit 距离更加接近，即降低排名最高的类的预测置信度 âÃŽ 或增加目标类的预测置信度 âÃŽ。

除此之外，参数 $\boldsymbol{k}$ 确定了最优情况下的停止标准，即目标类的 logit 至少要比排名第二类的 logit 大 $\boldsymbol{k}$。换言之 $\boldsymbol{k}$ 明确定义了对抗样本的最小鲁棒性程度。需要注意的是当 $\boldsymbol{k}=0$ 时，生成的对抗样本误导模型的能力较弱，任何额外的轻微扰动都可能使预测结果恢复正常。

使用 L_2 限制的 C&W 攻击可以被表示为

$$\begin{aligned}&\underset{w}{\operatorname{argmin}}(\|\boldsymbol{x}'(w)-\boldsymbol{x}\|_2^2+c\cdot L_{\mathrm{CW}}(\boldsymbol{x}'(w),t))\\&\boldsymbol{x}'(w)=\frac{1}{2}(\tanh(w)+1)\end{aligned} \tag{6.9}$$

其中，w 是满足 $\boldsymbol{x}'(w)=\frac{1}{2}(\tanh(w)+1)$ 的变量，引入 w 的目的是将 $\boldsymbol{x}'$ 限制在 $[\mathbf{0},1]$ 的范围内。接下来我们说明如何通过外部循环优化参数 c 的值。具体来说，在一个外部优化循环中，首先将 c 设置为一个非常精确的值（例如 $c=10^{-4}$），然后通过二分查找不断迭代 c 的值，直到找到第一个对抗样本。

使用 L_0 限制的 C&W 攻击更加复杂，因为其使用的距离度量是不可微分的。因此，提出了一种迭代策略，以连续消除非显著的输入特征，从而通过扰动尽可能少的输入值来实现误分类。在初始化过程中，定义一个包含 $\boldsymbol{x}$ 中所有输入特征的集合 S。接着在每轮迭代过程中使用 L_2 限制的扰动进行攻击，如果攻击成功，那么非显著特征 i 将从 S 中移除，其中 $i^*=\text{argmin}_i\,\boldsymbol{g}_{(i)}\cdot\boldsymbol{r}_{(i)}$，$\boldsymbol{g}=\nabla_{x'}L_{\text{CW}}(\boldsymbol{x}',t)$，$\boldsymbol{r}=\boldsymbol{x}'-\boldsymbol{x}$。重复进行这个迭代过程直到被集合 S 约束的 L_2 攻击无法生成对抗样本，此时返回上一次成功的对抗样本。为了加速攻击进程，可以在每一轮迭代过程中使用上一轮迭代过程中生成的对抗样本“热启动”该轮攻击，这个样本已经被修改为满足缩减后的集合 S。直观来说，选择标准 $\boldsymbol{g}_{(i)}\cdot\boldsymbol{r}_{(i)}$ 量化了干扰第 i 个特征对损失函数的影响。因此，以最小的标准得分消除 i^*，对潜在的错误分类影响最小。

与 L_0 约束的 C&W 攻击类似，L_∞ 约束的攻击同样使用迭代算法，因为 L_∞ 度量不是完全可微分的。其优化目标可以定义为

$$\underset{\boldsymbol{r}}{\text{argmin}}\left(c\cdot L_{\text{CW}}(\boldsymbol{x}+\boldsymbol{r},t)+\sum_i\max(0,\boldsymbol{r}_{(i)}-\boldsymbol{\tau})\right) \tag{6.10}$$

参数 $\boldsymbol{\tau}$ 通常被初始化为 $\mathbf{1}$，在每次迭代后，若对于第 i 轮迭代 $\boldsymbol{r}_{(i)}<\boldsymbol{\tau}$ 则将 $\boldsymbol{\tau}$ 缩小为 0.9 倍，直到无法生成对抗样本。这种策略以较小的 $\boldsymbol{\tau}$ 为界，连续约束对抗扰动的大小。与 L_0 约束的 C&W 攻击类似，同样可以使用“热启动”加速整个过程。

6.2.3　基于梯度估计的对抗样本生成

零阶优化（Zeroth Order Optimization，ZOO）是一种黑盒攻击方法[36]。在这种攻击场景下攻击者只有查询目标模型的输出的能力。ZOO 使用有限差分数值来逼近目标函数相对于输入的梯度。与其他使用随机梯度下降的方法不同，ZOO 在每次迭代的小批输入维度上采用随机梯度下降，以避免计算所有输入特征的导数。ZOO-Adam 和 ZOO-Newton 是 ZOO 的两个变体。ZOO-Adam 使用一阶近似计算导数，然后使用 Adam 优化器更新输入。给定一个特定的损失函数 $L(x)$ 来优化错误分类，坐标的雅可比使用如下公式估计：

$$J_i=\frac{\partial L(\boldsymbol{x})}{\partial \boldsymbol{x}_{(i)}}\approx\frac{L(\boldsymbol{x}+h\cdot\boldsymbol{e}_i)-L(\boldsymbol{x}-h\cdot\boldsymbol{e}_i)}{2h} \tag{6.11}$$

其中，$\boldsymbol{x}_{(i)}$ 是输入 $\boldsymbol{x}$ 的第 i 个元素，h 是一个小常数（例如 $h=10^{-10}$），$\boldsymbol{e}_i$ 是一个基本向量，其中只有第 i 个元素设为 1，而其元素都为 0，ZOO-Adam 的详细流程可以在算法 6.3 中找到。

算法 6.3 ZOO-Adam[36]

输入：步长 η；

1：ADAM 状态 $M \in \mathbf{R}^p, v \in \mathbf{R}^p, T \in \mathbf{Z}^p$；

2：步长 δ；

3：ADAM 超参数 $\beta_1 = 0.9, \beta_2 = 0.999, \varepsilon = 10^{-8}$。

4：$M \leftarrow 0, v \leftarrow 0, T \leftarrow 0$

5：**while** 未收敛 **do**

6：   随机挑选一个候选 $i \in \{1, \cdots, p\}$

7：   评估 $\hat{g}_i$

8： $T_i \leftarrow T_i + 1$

9： $M_i \leftarrow \beta_1 M_i + (1-\beta_1)\hat{g}_i, \quad v_i \leftarrow \beta_2 v_i + (1-\beta_2)\hat{g}_i^2$

10： $M_i \leftarrow \beta_1 M_i + (1-\beta_1)\hat{g}_i, \quad v_i \leftarrow \beta_2 v_i + (1-\beta_2)\hat{g}_i^2$

11： $\delta^* = -\eta \dfrac{\hat{M}_i}{\sqrt{\hat{v}_i} + \varepsilon}$

12： $x_i \leftarrow x_i + \delta^*$

13：**end while**

另一方面，ZOO-Newton 采用了导数的二阶近似，因此还需要对总体方向的海森矩阵进行估计：

$$H_i = \frac{\partial^2 L(\boldsymbol{x})}{\partial \boldsymbol{x}_i^2} \approx \frac{L(\boldsymbol{x} + h \cdot \boldsymbol{c}_i) - 2L(\boldsymbol{x}) + L(\boldsymbol{x} - h \cdot \boldsymbol{c}_i)}{h^2} \tag{6.12}$$

算法 6.4 展示了 ZOO-Newton 的详细流程。

算法 6.4 ZOO-Newton[36]

输入：步长 η

1：**while** 未收敛 **do**

2：   随机挑选一个候选 $i \in \{1, \cdots, p\}$

3：   评估 $\hat{g}_i$ 和 $\hat{h}_i$

4：   **if** $\hat{h}_i \leq 0$ **then**

5： $\delta^* \leftarrow -\eta \hat{g}_i$

6：   **else**

7： $\delta^* \leftarrow -\eta \dfrac{\hat{g}_i}{\hat{h}_i}$

8：   **end if** 更新 $x_i \leftarrow x_i + \delta^*$

9：**end while**

在这两种算法中，对抗损失函数 $L(\cdot)$ 仍然需要指定。为此，作者分别提出了一个有针对性的损失函数（以靶向目标类 t 为目标）以及一个非靶向的损失函数（y 为真实标签），其中 κ 是一个最小置信度差距超参数：

$$L^{\text{targeted}}(\boldsymbol{x},t)=\max\{\max_{i\neq t}\log(f(\boldsymbol{x})_{(i)})-\log(f(\boldsymbol{x})_{(t)}),-\kappa\}$$

$$L^{\text{non-targeted}}(\boldsymbol{x})=\max\{\log(f(\boldsymbol{x})_{(y)})-\max_{i\neq y}\log(f(\boldsymbol{x})_{(i)}),-\kappa\} \tag{6.13}$$

虽然这些损失函数受到 C&W 攻击的启发，并且与 C&W 中使用的函数相似，但使用 $f(\boldsymbol{x})$ 的对数变换对于减少最优类和排名第二的类之间的预测分数的潜在巨大差异非常重要。ZOO 和 C&W 的损失函数的另一个区别是，前者针对的是 Softmax 层，而后者针对的是 logit 层。在 ZOO 的变体中，损失函数是根据 logit $Z(\boldsymbol{x})_{(i)}$ 而不是 Softmax 概率 $f(\boldsymbol{x})_{(i)}$ 来计算的。因此，ZOO 在依赖蒸馏的防御模型上的攻击成功率更高。

为了提高 ZOO 的攻击效率，可以使用以下几个技巧：①使用双线插值或离散余弦变换对攻击空间进行降维。虽然这个技巧降低了计算成本，但要注意的是，它也降低了找到对抗样本的机会。因此，后续工作提出了一种分层攻击方案，该方案每隔若干次迭代逐渐增加攻击的空间维度，直到找到合适的样本。②当攻击空间维度较大时，可以采用重要性采样，只更新最具贡献的坐标，作为进一步的优化启发。这可以通过以下方式实现：首先将一个输入划分为 8×8 像素的区域，分配给每个区域一个采样概率。在攻击过程开始时，每个区域的采样概率被统一分配。在攻击过程中，每迭代几次后，通过对每个区域的绝对像素值变化进行最大池化来计算这些概率，然后将其归一化为 [0, 1]，从而更新其概率值。

6.2.4 基于决策的对抗样本生成

边界攻击（Boundary Attack）[23] 是一种生成与干净样本 $\boldsymbol{x}$ 相似的对抗样本的黑盒攻击方法。工作原理是通过迭代扰动产生与干净样本 $\boldsymbol{x}$ 属于不同分类的“种子”图像 $\boldsymbol{x}'_0$，使其向 $\boldsymbol{x}$ 和 $\boldsymbol{x}'_0$ 对应类之间的决策边界不断移动。此方法不利用目标模型的输入雅可比矩阵 $\nabla_x f$ 生成对抗样本。而是通过各种扰动图像不断地查询模型，进而使用被拒绝采样的信息进行优化。

边界攻击可以是靶向的，也可以是非靶向的，完全取决于如何定义“对抗”条件。对于非靶向攻击，可以从一张随机采样的图像出发，使其预测的类与干净样本 $\boldsymbol{x}$ 的类不同。边界攻击过程首先朝向并沿着与干净图像的真实类接壤的决策边界进行扰动，直到最终被扰动的对抗样本以相对于 $\boldsymbol{x}$ 的感知差异 $d(\boldsymbol{x},\boldsymbol{x}'_i)$（例如 L_2 欧氏距离）最小化。

由于边界攻击采用迭代查询的方式，所以边界攻击的攻击效率并不是很高。一轮攻击可能需要经历多次迭代（例如，几十万次的更新）才能找到高质量的对抗样本。但这种黑盒攻击的方法优势在于攻击者只需要查询目标模型的输出信息，而不需要获取其内部信息，从而能适用于广泛的现实世界攻击场景。边界攻击的简单性引起了学术界对现有机器学习模型安全性的广泛关注，因为它表明攻击者不一定需要复杂的策略来执行对抗攻击。同时，由于边界攻击不依赖于梯度信息，因此像蒸馏防御和梯度掩蔽防御之类的防御方法对边界攻击无效，如算法 6.5 所示。

算法 6.5　边界攻击

输入： 原始图片 $\boldsymbol{o}$；对抗标准 $c(\cdot)$；模型的决策 $d(\cdot)$
输出： 对抗样本 $\tilde{\boldsymbol{o}}$
1：初始化：$k=0, \tilde{\boldsymbol{o}}^0 \sim U(0,1)$ s. t.
2：**while** k<最大步数 **do**
3：　从分布 $\boldsymbol{\eta}_k \sim P(\tilde{\boldsymbol{o}}^{k-1})$ 中得到随机扰动
4：　**if** $\tilde{\boldsymbol{o}}^{k-1}+\boldsymbol{\eta}_k$ 是对抗的 **then**
5：　　let $\tilde{\boldsymbol{o}}^k=\tilde{\boldsymbol{o}}^{k-1}+\boldsymbol{\eta}_k$
6：　**else**
7：　　set $\tilde{\boldsymbol{o}}^k=\tilde{\boldsymbol{o}}^{k-1}$
8：　**end if**
9：　$k=k+1$
10：**end while**

6.3　图像对抗样本防御

本节将从多个方面来介绍抵抗图像对抗样本攻击的防御方法，其中包含输入层面的防御方法（例如随机输入变换、输入降噪等）、模型层面的防御方法（例如对抗训练、特征剪枝等）以及可验证的防御方法和其他防御方法。

6.3.1　输入层面的防御方法

6.3.1.1　随机输入变换

1. 随机缩放和随机填充

模型输入层防御可利用两种随机变换方法（随机缩放和随机填充）来缓解模型在预测阶段的对抗效应。整体流程如图 6.2 所示，随机缩放在输入图像送入网络前，对其进行图像随机缩放操作；随机填充则会在输入图像的四周随机填充零值。这种方法在黑盒设定下能表现出不错的效果。但其在白盒设定下，仍然面临着变换期望对抗样本算法攻击的威胁。

2. 随机图像变换

Guo 等人[81] 提出在图像输入网络前，采用图像位深度降低、压缩 JPEG、最小化总

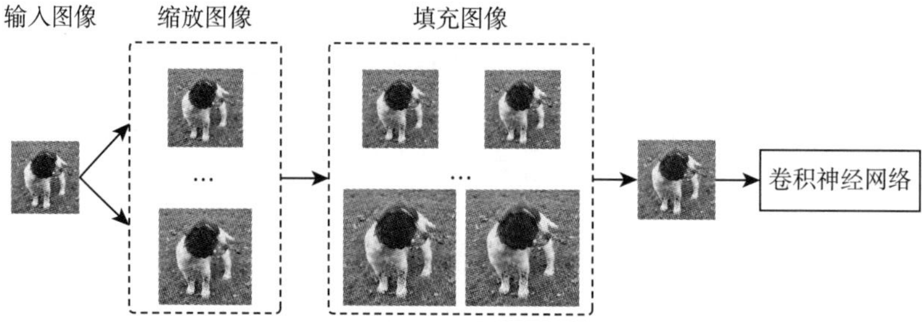

图 6.2 随机缩放和随机填充的防御方法流程

方差（Total Variance Minimize，TVM）和图像拼接等方法对图像进行随机变换，从而达到防御效果。其中，TVM 方法首先在输入中随机抽取像素，然后进行迭代优化找到与随机抽取出的像素颜色一致的图像。图像拼接方法则通过利用最近邻方法，从训练数据集中提取出小块图像来重建大图像，这种方法通过使用干净的数据补丁来构建一个没有对抗扰动的图像。TVM 方法和图像拼接方法都表现出不错的效果，因为两者都包含以下几点特性：①随机性；②不可区分性（阻碍了攻击者对模型梯度的计算）；③模型无关性（这意味着模型不需要重新训练或微调）。

6.3.1.2 图像降噪

1. 阈值降噪

使用指定阈值对图像降噪是一种常用的防御机制。对于基于图像识别的任务，可以首先选择一个特定的阈值 α，如果图像上的一个像素值 d 大于 α，那么它会被设置成最大值（如 255），如果它小于 α，那么将它设置为 0。这种技术可以有效地清洁常规图像以及低噪图像，但因为阈值 α 不是动态变换的，所以其无法清洁高噪图像。因此防御者需要对阈值进行不断调整，以使其允许在过滤掉噪声的情况下有足够数量的像素通过过滤器。当 α 设置较大时，神经网络对对抗样本有较高的识别准确率。但与此同时，神经网络的准确率将会大幅下降。原因可能是当噪声水平提高，更多的背景像素将能够通过过滤器并获得更高的亮度，最终导致输出的降噪图像出现比较明显的噪声。

2. 特征压缩

Xu 等人[271]提出了特征压缩技术（Feature Squeezing）来抵御对抗样本攻击。特征压缩是一种被动型防御方法，其利用了两种技术来降低输入图像的维度：减少颜色位和空间平滑。减少颜色位的作用是消除较小的扰动，而空间平滑的作用则是消除较大的扰动。这两种技术可以处理不同的对抗扰动而互相补充。该方法的工作过程如图 6.3 所示。在检测过程中，特征压缩方法将产生输入图像 $\boldsymbol{x}$ 的两个去除部分扰动的版本：颜色位减少的图像 $\hat{\boldsymbol{x}}_1$ 和空间平滑的图像 $\hat{\boldsymbol{x}}_2$。接下来将图像 $\boldsymbol{x}$、$\hat{\boldsymbol{x}}_1$ 和 $\hat{\boldsymbol{x}}_2$ 输入 DNN f 进行分类，并使用 L_1 度量比较 $f(\boldsymbol{x})$、$f(\hat{\boldsymbol{x}}_1)$ 和 $f(\hat{\boldsymbol{x}}_2)$ 的 Softmax 输出（d_1 和 d_2）。如果 L_1 度量结果超过预定义的

阈值 τ，则该方法将把 $\boldsymbol{x}$ 归类为对抗样本。

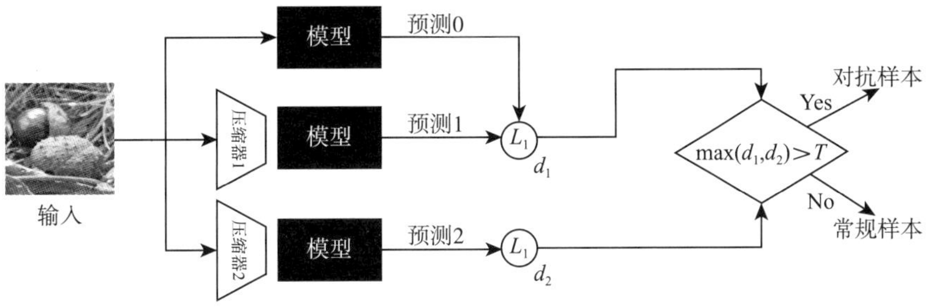

图 6.3 特征压缩防御方法示意图

特征压缩对于拥有一般知识能力的攻击者具有不错的防御效果，但随着攻击者拥有的知识能力的提升，其防御效果也将下降。He 等人[86]进行了实验说明了这一问题，采用 CW_2 作为对抗损失开展对抗攻击。He 等人[86]将攻击过程中生成的每一个中间图像送入特征压缩防御系统中进行检查，然后收集所有能绕过该检查器的图像以开展面对特征压缩方法的有效攻击。这种攻击是整体自适应的，其可以在扰动很小的情况下表现出显著的攻击效果。此外，不仅是 CW_2 攻击，其他研究者（例如 Sharma 和 Chen 等人[217]）也发现，其他攻击方法也可以在攻击者拥有较高知识能力的情况下，攻破该特征压缩防御系统。

6.3.1.3 基于 GAN 的输入清理

GAN 是用于学习数据分布的一种强大工具。机器学习安全研究领域内有大量的研究利用 GAN 来学习良性数据样本的分布，从而生成对抗样本的良性投影图像来抵御攻击。在所有的防御方法中，最为典型的方法是基于防御的 GAN（Defense-GAN）[211]和基于对抗性扰动消除的 GAN（APE-GAN）[107]。如图 6.4 所示，在 Defense-GAN 方法中，防御方通过训练一个生成器 G 来模拟良性图像的分布，从而抵抗对抗样本的攻击。因为在训练阶段中，生成器已经学习到了关于良性样本的一个分布。所以在对抗样本输入模型后，模型将会从分布中找到一个与对抗样本特征分布类似的图像作为替代输入到分类器模型中，进而避免对抗样本对模型决策的污染。当然，这种防御方法也不是十全十美的。也存在针对 Defense-GAN 的一些攻击方法（例如基于后传可微分近似的方法（BPDA））。另外一种基于 GAN 的对抗样本防御方法是 APE-GAN，其策略与 Defense-GAN 有些区别：其通过

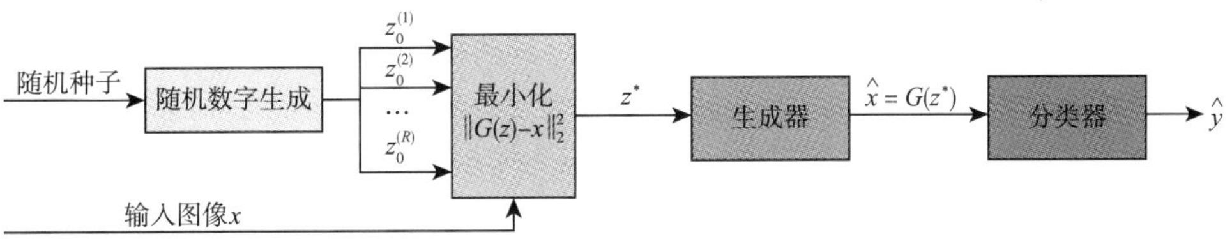

图 6.4 Defense-GAN 的流程

将对抗样本作为输入，通过学习对抗样本的特征并建立生成器，从而对对抗样本进行数据清洗，进而得到对抗样本对应的良性样本。同样地，目前也存在一些针对该防御技术的攻击方法（例如自适应白盒 CW_2 攻击）。

6.3.1.4　基于自编码器的输入降噪方法

MagNet 防御方法[27]是基于自编码器的一种防御方法，其自编码器结构中包含了检测器和改造器。其工作流程如下：首先，在对抗攻击发生前，防御者需要训练一个自动编码器学习良性输入样本的分布。随后，在攻击发生时，检测器通过检测输入样本的特征分布是否符合先前所学的良性样本的特征分布，并基于此判断该输入样本是否为良性样本。当检测器判断某一样本属于对抗样本后，自编码器中的改造器将其修正为良性样本，从而达到规避攻击的目的。研究者发现，即使该方法在灰盒和黑盒设置下具有不错的效果，但也不是对任何攻击都起作用的。例如在面对（C&W）转移性样本的攻击时，该防御方法将失去效果。

6.3.2　模型层面的防御方法

6.3.2.1　对抗训练

对抗训练是目前公认的有效防御方法之一。对抗训练通过利用在训练集中添加对抗样本来重新训练模型的方法，从而增强机器学习模型的鲁棒性。从损失函数的形式上看，它是一个最小值-最大值的博弈过程，其可以表述为

$$\min_{\boldsymbol{\theta}} \max_{D(\boldsymbol{x},\boldsymbol{x}')<\eta} J(\boldsymbol{\theta},\boldsymbol{x}',\boldsymbol{y}) \tag{6.14}$$

其中，$J(\boldsymbol{\theta}, \boldsymbol{x}', \boldsymbol{y})$表示对抗损失，$\boldsymbol{\theta}$ 表示网络权重，$\boldsymbol{x}'$表示对抗输入，$\boldsymbol{y}$ 为真实标签，$D(\boldsymbol{x}, \boldsymbol{x}')$表示对抗输入 $\boldsymbol{x}'$和原始输入 $\boldsymbol{x}$ 之间的一个距离度。公式从形式上表达了两个目标：①找到最有效的对抗样本；②模型能够防御高效地对抗样本攻击。具体来说：max 任务描述的是目标①，min 任务描述的是目标②。防御方希望机器学习模型在对抗训练中能够有效地抵御对抗样本的攻击，从而得到一个鲁棒的机器学习模型。

1. FGSM 对抗训练

在 FGSM 对抗训练中，防御方为了训练一个更鲁棒的神经网络模型，可以通过在训练样本中混合添加良性样本和 FGSM 对抗样本来达到目的。Goodfellow 等人[77]表述这个目标如下：

$$\tilde{J}(\boldsymbol{\theta},\boldsymbol{x},\boldsymbol{y}) = cJ(\boldsymbol{\theta},\boldsymbol{x},\boldsymbol{y}) + (1-c)J(\boldsymbol{\theta},\boldsymbol{x}+\boldsymbol{\varepsilon}\cdot \mathrm{sign}(\nabla_x J(\boldsymbol{\theta},\boldsymbol{x},\boldsymbol{y})),\boldsymbol{y}) \tag{6.15}$$

其中，$\boldsymbol{x}+\boldsymbol{\varepsilon}\cdot \mathrm{sign}(\nabla_x J(\boldsymbol{\theta}, \boldsymbol{x}, \boldsymbol{y}))$ 是由 FGSM 生成的良性样本 $\boldsymbol{x}$ 的对抗样本，而 c 是用来平衡良性样本和对抗样本精度的超参数。在经过 FGSM 对抗训练之后，机器学习模型将对对抗样本攻击产生鲁棒性，这样一来对抗攻击的成功率将大幅下降。虽然在经过 FGSM 对抗训练之后的模型会对 FGSM 对抗样本产生防御效果，但是更多的研究表明其仍然会受到其他攻击的危害（例如基于迭代、基于优化的对抗攻击）。

2. PGD 对抗训练

FGSM 对抗训练存在一定的缺陷。因此，研究者们考虑将 PGD 攻击算法添加到对抗训练中以生成对抗样本。研究者们发现 PGD 攻击很可能是一种通用的一阶 L_∞ 攻击，所以如果机器学习模型对 PGD 算法生成的对抗样本具有抵抗性，那么其可能对通用的一阶 L_∞ 攻击也都具有一定的抵抗性。Madry 等研究者在经过了实验验证后，使用 PGD 对抗训练的机器学习模型对典型的，甚至目前最强的一阶 L_∞ 攻击都具有一定鲁棒性。PGD 对抗训练总体上可以说是目前最有效的防御方法，但也存在以下两个问题：①计算成本高；②其对非 L_∞ 的其他 L_p-norm 攻击依旧脆弱。

3. 集成对抗训练

集成对抗训练（Ensemble Adversarial Training，EAT）是一种通过集成多种对抗样本来进行集成对抗训练的防御方法。其出发点是为了解决 PGD 对抗训练计算成本巨大的问题，以及在随机启动中的 FGSM 对抗训练容易遭受黑盒攻击的问题。EAT 因为使用了多种对抗样本进行训练，从而使得经过集成对抗训练的机器学习模型对于多种对抗样本都能表现出鲁棒性。在后续的实验中，研究者发现经过 EAT 训练的机器学习模型能够抵抗多种对抗样本（包括来自其他模型的、单/多步攻击的对抗样本）的攻击。

4. 对抗性 logit 匹配

对抗性 logit 匹配法（ALP）是 Kannan 等人[111]提出的一种对抗训练方法。ALP 与之前工作提出的稳定性训练策略类似，ALP 通过将良性样本 $\boldsymbol{x}$ 和相应的对抗样本 $\boldsymbol{x}'$之间的交叉熵包含在训练损失中，从而鼓励机器学习模型学习 logit 空间中样本对之间的相似性。ALP 方法中定义的损失函数如下所示：

$$\tilde{J}(\boldsymbol{\theta},\boldsymbol{x},\boldsymbol{x}',\boldsymbol{y}) = J(\boldsymbol{\theta},\boldsymbol{x},\boldsymbol{y}) + cJ(\boldsymbol{\theta},\boldsymbol{x},\boldsymbol{x}') \tag{6.16}$$

其中，$J(\boldsymbol{\theta},\boldsymbol{x},\boldsymbol{y})$为原始损失，$J(\boldsymbol{\theta},\boldsymbol{x},\boldsymbol{x}')$表示 $\boldsymbol{x}$ 和 $\boldsymbol{x}'$的 logit 值之间的交叉熵，c 为超参数。作者通过分析验证在多种数据集上证明，这种损失函数可以显著提高对抗训练的效果。就具体效果来说，其提升后的性能几乎与使用 EAT 方法对抗黑盒攻击一样好。但是，ALP 方法也有一定的缺陷，比如有实验评估了使用 ALP 方法训练的 ResNet 的鲁棒性，结果发现该 ResNet 在目标攻击下只达到了 0.6%的正确分类率。

5. 生成对抗训练

前文所描述的防御方法都采用了具体的、确定性的攻击方法（比如 FGSM、PGD）来生成对抗样本进行对抗训练。此外，由 Lee 等人[131]最先提出的一些新的研究也探索了利用具有非确定性的生成器来生成对抗样本、进行对抗训练的方法。具体来说，这种方法建立了一种生成器，而后将使用良性样本训练后的分类器的梯度作为输入，用于生成对抗扰动。然后再分别使用良性样本和添加了对抗扰动的样本来训练分类器。这样便可以得到一个更加稳健的机器学习模型。此外，Liu 等人[150]提出使用 AC-GAN 的方法对数据进行增强。AC-GAN 通过使用 PGD 算法生成的对抗样本作为真正样本送入判别器，让生成器学习并生成与 PGD 算法生成的对抗样本的特征分布类似的假样本。防御者利用生成的样本同时训练判别器和分类器，最终可以得到一个更加鲁棒的分类器。

6.3.2.2 随机激活剪枝

随机激活剪枝（Stochastic Activation Pruning，SAP）是一种由 Dhillon 等人[56] 提出的，通过修剪网络层中部分激活值集合的对抗样本防御方法，如算法 6.6 所示。在修剪过程中，为了保护网络模型遭受对抗样本攻击，SAP 方法首先会留住网络中波动比较大的激活。然后在修剪激活后，SAP 会对存活的激活进行放大，使每层的输入标准化。但是，SAP 仍然有一些缺点。比如，在 CIFAR-10 数据集上，变换期望对抗样本攻击算法在 $L_\infty = 8/255$ 的对抗扰动的情况下，也可以将 SAP 的精度降低到 0。此外，Luo 等人[155] 提出了一种新的卷积神经网络结构。通过随机掩盖卷积特征图的输出特征，每个滤波器只提取部分位置的特征，这有助于过滤器一致地学习特征分布，因此，CNN 可以捕捉到更多局部特征的空间结构信息。

算法 6.6 SAP 方法

输入： 数据输入 $\boldsymbol{x}$；神经网络层数 n；第 i^{th} 层权重矩阵 $\boldsymbol{W}^i$；非线性激活函数 ϕ^i；每一层的抽样数量 r_i

$\boldsymbol{h}^0 \leftarrow \boldsymbol{x}$
for i **in** n **do**
  $\boldsymbol{h}^i \leftarrow \phi^i(\boldsymbol{W}^i \boldsymbol{h}^{i-1})$
  $p_j^i \leftarrow \dfrac{|(\boldsymbol{h}^i)_j|}{\sum_{k=1}^{a} |(\boldsymbol{h}^i)_k|}, \forall_j \in \{1, \cdots, a^i\}$
  $S \leftarrow \{\ \}$
  for m in r^i **do**
    Draw $s \sim \text{categorical}(p^i)$
  $S \leftarrow S \cup \{s\}$
  end for
   for each $j \notin S$ **do**
    $(\boldsymbol{h}^i)_j \leftarrow 0$
  end for
   for each $j \in S$ **do**
    $(\boldsymbol{h}^i)_j \leftarrow \dfrac{(\boldsymbol{h}^i)_j}{1-(1-p_j^i)^{r^i}}$
  end for
end for
return $\boldsymbol{h}^n$

6.3.2.3 随机噪声

Liu 等人[151] 提出了一种称为随机自集合（Random Self-Ensemble，RSE）的防御方法，其通过随机噪声来抵抗对抗样本攻击。如图 6.5 所示，RSE 在模型推理和模型训练阶段，向每个卷积层前增加一个噪声层，与此同时在随机噪声上对预测结果进行累加。受上述启发，Lecuyer 等人[130]提出了一种称为 PixelDP 的基于差分隐私的防御方法。PixelDP 在 DNN 内部加入了一个差分隐私噪声层，以强制执行差分隐私对其分布变化的约束。PixelDP 方法可以用来防御使用 Laplacian/高斯 DP 机制的 $L1$ 和 $L2$ 攻击。在 PixelDP 基础上，有学者提出在分类前对对抗样本的像素点添加随机噪声，从而削弱对抗样本的效应。Renyi 的发散理论证明这种简单的方法可以增加模型对更大的对抗扰动的鲁棒性（对抗扰动取决于模型输出的第一大和第二大概率）。

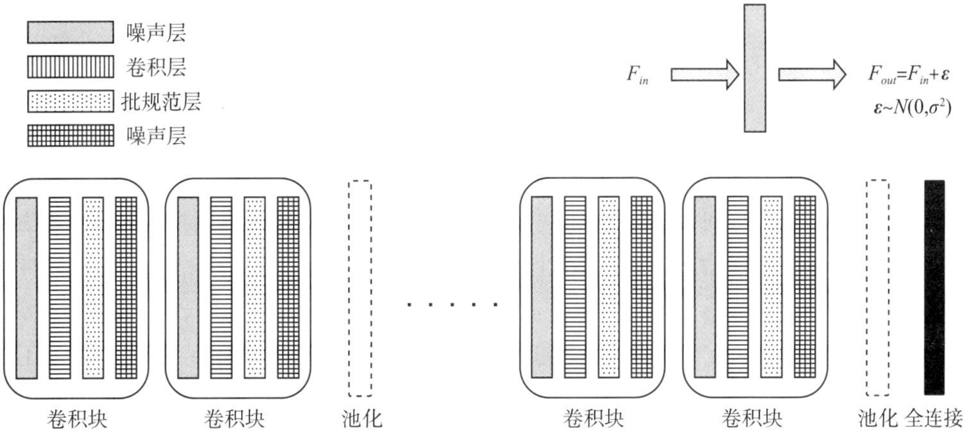

图 6.5　RSE 的架构

6.3.2.4　稀疏权重深度神经网络

尽管对抗训练极大地提高了模型的鲁棒性，但这些基于对抗训练的方法要么容易受到梯度模糊的影响（例如，采用 FGSM 进行对抗训练），要么会被认为计算成本很高，这是因为迭代方法需要对深度神经网络函数进行多次前向传播，从而计算得到一个对抗样本。当在 MNIST 数据集上进行对抗训练时，卷积神经网络的第一个卷积滤波器会表现出权重稀疏的特性。此外，通过观察输入和各层之间的互信息证实对抗训练会使得深度神经网络的权重矩阵产生低秩结构。从信息论的角度来说，对抗鲁棒性的增加和互信息的减少相互对应，这同时也表示隐藏层中的输入被压缩得更多。在训练过程中，促进特定属性的一种常用技术是在损失函数中添加一个惩罚项，称为正则化项。下面是一些通过正则化提高鲁棒性的方法。

权重稀疏性： Guo 等人[82]首先展示了权重稀疏性与网络鲁棒性的关系，并且证明对抗扰动会使得线性模型的权重产生稀疏解。而对于非线性神经网络，它应用了来自其他工作的鲁棒性保证，并证明了当权重变得稀疏时，网络的 Lipchitz 常数容易变小（该常数变小有助于提高深度模型的鲁棒性）。通过使用 L_1 正则化对神经网络进行训练来提高深度模型参数稀疏性。

低秩性：对抗性训练诱发了深度神经网络权重矩阵的低秩结构。在这一现象的推动下，有学者提出低秩正则化技术。该方法将权重矩阵的核范数用作训练损失的正则化项。矩阵的核范数可以写成其奇异值向量的 L_1 范数，使用它作为正则化项可以促进该奇异值向量的稀疏性（即低秩）。

6.3.3 可验证的防御方法

对抗样本防御方法在整体上可以分为启发式的和可验证的，前面所描述的防御方法都是启发式的防御。对于启发式的防御方法，其有效性只经过实验验证，而并未在理论上证明。这样的启发式防御方法因为没有理论上的误差保证，在未来很可能会被新的攻击方法所攻破。因此，很多研究者都在努力研究可验证的防御方法，这些方法可以在一类定义好的攻击下始终保持一个特定的准确率。下面将介绍几种可验证的防御机制。

6.3.3.1 基于半定编程的可认证防御

Raghunathan 等人[194]推导出了一种半定松弛法来界定对抗损失，并将该松弛法作为正则器纳入训练损失中。通过这种方法产生的深度模型有一个防御认证：当对抗样本的扰动小于 $L_\infty=0.1/1.0$ 时，其在 MNIST 数据集上将不会超过 35%的攻击成功率。此外，Raghunathan 等人[195]在后续的工作中也进一步提出了一个新的半有限松弛方法，用于认证任意的 ReLU 网络。新提出的松弛法则比先前的更加严格，并能在三个不同的网络上产生有意义的鲁棒性保证。

6.3.3.2 基于二元方法的可证明防御

Wong 等人[262]提出了一个二元问题来界定对抗多角形。这个二元问题可以通过优化另一个深度模型工作的优化问题来解决。此外还提出了一种非线性随机投影技术来估计边界，这种技术只与隐藏单元的大小成线性比例，所以适用于更大的网络。在后续的实验中，作者对使用该防御方法的模型进行了测试，发现该方法改善了可证明的鲁棒性误差。具体结果如下：在 MNIST 上，从 5.8%降到 3.1%，其中 L_∞ 扰动为 $\boldsymbol{\varepsilon}=0.1$，而在 CIFAR 上从 80%降到 36.4%，L_∞ 扰动为 $\boldsymbol{\varepsilon}=2/255$。

6.3.3.3 分布式鲁棒认证

Sinha 等人[223]把对抗性分布的优化问题表示为

$$\min_{\boldsymbol{\theta}}\sup_{\varphi\in\Phi}E_{\varphi}[J(\boldsymbol{\theta},\boldsymbol{x},\boldsymbol{y})] \tag{6.17}$$

其中，Φ 是良性数据周围所有分布的候选集，可以通过 f-divergence 球或 Wasserstein 球构造；φ 是从候选集合 Φ 中进行抽样。

对这一分布目标的优化相当于将良性数据邻域中所有样本的经验风险降到最低，这样的样本是生成对抗样本的所有候选者。由于 φ 会影响可计算性，而对任意的 φ 进行直接优化是难以实现的，所以有学者利用 Wasserstein 距离度量法推导出可行的集合 Φ，其计算效率高，即使当 $J(\boldsymbol{\theta}, \boldsymbol{x}, \boldsymbol{y})$ 在非凸的情况下也是可计算的。此外，其他文献工作也提供了一个对抗性训练程序，其计算和统计性能有可证明的保证。这些工作使用惩罚项对对抗鲁棒区域进行概括。由于对这个惩罚的优化是难以实现的，作者提出了对惩罚的拉格朗日松弛方法，并实现了对分布性损失的鲁棒性优化。

6.3.4 其他防御方法

6.3.4.1 测试阶段使用批规范化

批规范化可用来帮助神经网络更好地泛化未见过的图像。对于标准的神经网络，每一层神经元都依赖于前一层神经元的输出。然而在训练过程中，所有的神经元都会更新其相应权重从而更好地泛化图像。因此，在训练过程中，每次神经网络看到相同的图像时，后面几层神经元的输入都是不同的，这也使得后面的神经元更难以准确地更新它们的权重。批规范化可以对神经网络中每层神经元输出进行规范化。因此，后面各层神经元可以收敛得更快。

在目前的批规范化实现中，归一化的平均值和标准差只用训练数据计算，然后用于测试数据的归一化。因此，对抗样本仍然有能力改变神经网络不同层输出的平均值和标准差，并对最后一层的输出产生影响。

抵御对抗攻击的一种潜在方法是计算神经网络看到的每一幅图像（无论该图像是训练样本还是测试样本）的标准化所使用的平均值和标准差。因此，由于对抗样本引起的输入中的任何变化都会被限制，它们将会被重新归一化，对后面各层的影响较小。

6.3.4.2 测试阶段使用 Dropout

Dropout 是一种常用的正则化技术，用于防止神经网络对训练数据集过度拟合。顾名思义，Dropout 在训练过程中会随机地从各层丢掉一定比例的神经元。这样，神经网络架构在训练期间每次看到新的图像时都会发生变化（因为存在的神经元组合是不同的），所以神经网络必须学会在更多的神经元之间分配信息，而不是只依赖少数几个神经元（因为这几个神经元可能会随机消失）。然而，目前这只会在训练阶段使用，所以在进行预测时，整个神经元以原始形式保留。

这种方法可以在模型测试阶段使用来帮助模型抵抗对抗样本的攻击。如果没有 Dropout 层，神经网络很可能只依赖几个神经元，而这些神经元只依赖图像的几个像素进行预测。对抗样本会改变这几个像素，并能够破坏这些神经元的预测，从而破坏整个神经网络的预测。然而，通过随机丢弃神经元，每次进行预测时都会使用一组不同的图像像素，这也使得产生对抗样本变得更加困难。这是因为我们不可能事先知道哪些神经元会被抛弃（从而知道哪一组像素会被用于最终的分类）。使用 Dropout 的一个问题是它会降低神经网络原有的识别准确率，因为它只有少部分的神经元可预测。因此，Dropout 的数量需要进行不断调节以适应对抗样本准确率和原有准确率的权衡。

6.3.4.3　基于分类器集合的防御

基于分类器集合的防御是由两个或多个分类模型组成的防御系统，可以在运行时对模型进行选择。这种方法是基于以下假设：每个模型在对给定的输入图像进行分类时，相互补偿的其他模型可能存在弱点。研究人员在进行此方面的相关研究时，使用了不同技术手段来实现。其中包括：①使用贝叶斯算法从集合中选择一个最佳模型，这种方法可以减少攻击成功的概率，同时最大限度地提高对良性图像的预测准确率。②形成专家模型集合，通过投票策略对输入图像进行检测和分类，输出票数最高检测结果。③基于不同的合集和训练进行经验评估。④对抗训练变体，用 DNN 的集合生成的对抗样本来训练主分类器。

6.4　文本对抗样本生成与防御

6.4.1　文本对抗样本生成

随着卷积神经网络在计算机视觉领域取得飞跃式成就，神经网络在文本领域也得到了越来越多的成果。神经网络在文本领域的应用包括阅读理解、文本分类、自动翻译、文本摘要、对话生成等。阅读理解是将一篇文章作为神经网络模型的输入，通过模型的理解可以输出文章相关问题的答案；文本分类类似于图像分类任务，可以将输入的文本集合按照不同类别分类输出；自动翻译是将源语言文本翻译成目标语言文本，百度翻译、谷歌翻译等在线翻译工具中都集成了人工智能模型；文本摘要则是将一篇文章作为神经网络模型的输入，通过模型自动输出文章的总结与摘要，最大限度保留原始文本的含义；对话生成是指人工智能模型对用户的对话产生相应的应答，从对话中捕获用户的意图。

自然语言处理采用了多种不同的深度网络模型，包括前馈神经网络（Feed-forward Neural Network，FNN）、循环神经网络（Recurrent Neural Network，RNN）、卷积神经网络（Convolutional Neural Network，CNN）和它们的变种，都是自然语言处理中常用的神经网络，这些神经网络具有处理序列的能力。近年来，序列到序列学习（Sequence to Sequence，Seq2Seq）和注意力机制的提出成为自然语言处理在深度学习方面的两个重要突破。序列到序列学习由一个预测输出的解码器和一个处理输入并将其压缩为矢量表示的编码器组成，这两个循环神经网络能够为具有编码器-解码器架构的输入序列信息生成另外一个序列信息。编码器-解码器结构具有良好的性能和结果，然而这种结构具有局限性，即所有的长度输入序列都被强制编码成固定长度的内部向量，这限制了比较长的输入序列时的网络性能。注意力机制解决了序列到序列学习中需要编码长序列的难题，允许解码器对源序列的隐藏状态进行回溯，并从隐藏状态中获取加权平均值，然后一并输入到解码器中。

与图像领域相似，文本领域的对抗样本同样会对文本处理任务产生危害。如图 6.6 所示，正常情况下，基于长短时记忆网络（Long and Short Time Memory，LSTM）的情感分析模型根据原始文本判断其情感倾向为负面，然而如果将文档中的一小部分单词替换为恶意选择的错误，从而生成对抗样本，如“Unfortunately”替换为“Unf0rtunately”“terrible”替换为“terrib1e”“weak”替换为“wea k”，虽然该文档仍能被人类正确地理解并保留绝大部分的原始语义，但是被攻击模型会给出情感为正面的错误答案。

Task: Sentiment Analysis. ***Classifier:*** Amazon AWS. ***Original label:*** 100% Negative. ***Adversarial label:*** 89% Positive.

Text: I watched this movie recently mainly because I am a Huge fan of Jodie Foster's. I saw this movie was made right between her 2 Oscar award winning performances, so my expectations were fairly high. ~~Unfortunately~~ Unf0rtunately, I thought the movie was ~~terrible~~ terrib1e and I'm still left wondering how she was ever persuaded to make this movie. The script is really ~~weak~~ wea k.

图 6.6　文本级别对抗性示例[136]

6.4.1.1　威胁模型

对文本领域的人工智能模型进行攻击与图像领域有所不同，这是因为文本数据与图像数据相比存在三个区别：

① 输入数据的离散性。在定义扰动时，由于输入模型的图像数据是连续的，因此通常采用 L_p 范数计算干净数据像素与扰动数据之间的距离。然而，输入模型的文本数据具有离散性的特点，因此定义文本数据上的扰动具有一定的难度。

② 对抗样本的易感知性。图像对抗样本通过修改图像像素点来添加扰动，小规模像素的修改通常不易被人类察觉，因此对抗样本不会改变人类对图像语义的判断，只会影响人工智能模型的预测结果。但是文本中即使出现单个字母的变化也很容易被人类察觉，从而导致攻击的失败。例如，用户如果事先使用语法检查工具来修改原始文本，然后再输入人工智能模型，则可能破坏对抗样本的完整性，从而使其失效。因此，寻找不易被感知的文本对抗样本是非常重要的。

③ 对抗样本语义的易变性。图像对抗样本在文本的添加扰动很容易改变一个词和一个句子的原始语义，从而被用户察觉，进而严重影响人工智能模型的输出。例如，在图像对抗攻击中，扰动单个像素并不能将原始图像从一只猫变成其他动物，然而在文本对抗攻击中，删除文本中的否定词会使得文本的原始语义完全变化。改变对抗样本原始的语义违背了对抗攻击的目标，即在误导人工智能模型预测结果的同时保持人类对输入数据原始语义的判断不变。

由于人工智能模型需要向量作为输入，对于文本输入数据，需要特定的操作来将文本转换成向量。目前主要有三种方法：基于词频的编码、独热编码和特征嵌入法。

① 基于词频的编码。词袋模型（Bag of Word，BOW）是一种经典的文本向量化方法。在词袋模型中，首先初始化一个长度为词汇个数的零编码向量。然后将目标单词在给定文本中出现的频数代替向量中的维数。另一种基于词频的编码是利用词频（Term

Frequency，TF）和词频逆文件频率（Inverse Document Frequency，IDF），生成向量的维度是文本的 TF-IDF 值。

② 独热编码。独热编码生成只有 0 和 1 的向量，其中 1 表示对应的单词出现在文本中，0 则表示未出现。可见，独热编码通常生成稀疏向量。人工智能模型可以在模型训练过程中将独热编码生成的向量表示为更密集的方式。

③ 特征嵌入。与独热编码相比，特征嵌入生成了文本数据的低维分布式表示。Word2Vec 模型使用神经网络的权重组成的向量唯一表示词语，这基于一个基本假设：出现在相似语境中的单词具有相似的含义。特征嵌入在一定程度上缓解了文本数据向量化的离散性和数据稀疏性问题。

6.4.1.2 文本中的度量指标

为了在生成文本对抗样本时可以调节扰动幅度，从而确保在更加难以察觉的情况下误导人工智能模型的预测结果，需要一种方法来定量地度量对抗样本扰动的大小。然而，文本数据扰动的度量与图像数据扰动的度量有很大的区别。通常，扰动的大小是通过干净数据点 $\boldsymbol{x}$ 和它的对抗样本点 $\boldsymbol{x}'$ 之间的距离来衡量的。但是在文本中，对距离度量的同时还需要考虑文本语法正确性和语义的不变性。下面介绍几种常见的文本中的度量指标。

语法和句法相关性度量： 这种方法要求确保文本语法或句法的正确性，使对抗样本不容易被察觉。

基于范数的度量： 直接采用 L_p，$p \in 0, 1, 2, \infty$，要求输入数据是连续的。对于文本数据来说，一种解决方法是使用连续的、稠密的表示方法来表示文本。但这通常会导致文本语义无法理解，这反过来又需要涉及其他约束。

语义相似度度量： 语义相似度度量通常是通过向量的相似度度量来实现的。给定文本向量 $\boldsymbol{m} = (m_1\ m_2 \cdots\ m_k)$ 和 $\boldsymbol{n} = (n_1\ n_2 \cdots\ n_k)$，二者的欧几里得距离为

$$D(\boldsymbol{m},\boldsymbol{n}) = \sqrt{(m_1 - n_1)^2 + \cdots + (m_k - n_k)^2} \tag{6.18}$$

它们的余弦相似性为

$$D(\boldsymbol{m},\boldsymbol{n}) = \frac{\sum_{i=1}^{k} m_i \times n_i}{\sqrt{\sum_{i=1}^{k} (m_i)^2} \times \sqrt{\sum_{i=1}^{k} (n_i)^2}} \tag{6.19}$$

与欧氏距离相比，余弦距离更加关注两个向量方向之间的差异。方向越一致就越相似。

编辑距离： 编辑距离通过量化一个字符串到另一个字符串的最小修改量来度量两个字符串之间的差异程度，修改量越低，表明两个字符串越相似。不同的编辑距离使用不同的字符串操作集来定义。编辑距离定义插入、删除、替换等字符串操作方法。词移距离（Word Mover's Distance，WMD）利用词嵌入技术表示编辑距离。它测量一个文档中嵌入单词到达另一个文档对应单词所需移动的最小距离。这个距离可以用一个最小化问题

来衡量

$$\min\sum_{i,j=1}^{n}T_{ij}\parallel \boldsymbol{e}_i-\boldsymbol{e}_j\parallel_2$$

$$\text{s.t.}\sum_{i,j=1}^{n}T_{ij}=d_i,\forall i\in\{1,\cdots,n\},\sum_{i,j=1}^{n}T_{ij}=d'_i,\forall j\in\{1,\cdots,n\} \tag{6.20}$$

这里，$\boldsymbol{e}_i$ 和 $\boldsymbol{e}_j$ 分别代表单词 i 和单词 j 的嵌入词向量。n 是单词的数目。$\boldsymbol{T}\in\mathbf{R}^{n\times n}$ 是流矩阵，$\boldsymbol{T}_{i,j}\leqslant 0$ 表示有多少在 d 中的单词 i 移动到在 d' 中的单词 j。d 和 d' 分别是两个文档的标准化词向量包。

Jaccard 相似系数： Jaccard 相似系数根据有限样本集的交集和并集来评估文本的相似性。对于两个给定的文本集合 A 和 B，其 Jaccard 相似系数计算为

$$J(A,B)=\frac{|A\cap B|}{|A\cup B|} \tag{6.21}$$

其中，A，B 是两个句子。$A\cap B$ 表示在 A 和 B 中都出现的词的数量，$A\cup B$ 表示没有重复的词的数量。其中 $0\leqslant J(A,B)\leqslant 1$。这表示 $J(A,B)$ 的值越接近 1，则越相似。

以上指标针对不同文本输入数据类型使用。其中，欧式距离、余弦距离和编辑距离用于评估文本矢量，因此需要将原始样本和对抗样本转换为向量，再应用这三种方法来计算向量之间的距离。Jaccard 相似系数和编辑距离则直接用于文本输入数据，无须将原始文本转换为矢量。

6.4.1.3　文本对抗样本攻击方法分类

攻击者通过难以被察觉的插入、删除、翻转等微小修改产生文本对抗样本，保留文本原始语义，但是却能使人工智能模型输出错误的预测结果。文本对抗样本的攻击方法可以分为以下 5 类：①**模型访问**是指在执行攻击时对被攻击模型的知识，包括白盒攻击和黑盒攻击。②**语义应用**是指执行攻击时针对的文本应用系统，包括单一系统和交叉系统。③**目标类型**是指攻击的目标是靶向的还是非靶向的。④**语义粒度**考虑模型受到攻击的粒度级别。⑤**DNN 模型攻击**是指不同的文本分类模型进行对抗样本生成。

以下按照攻击粒度分为字符级攻击、词级攻击、句级攻击、多级混合攻击四类，并进行详细介绍。

① **字符级攻击：** 字符级攻击的扰动对象是原始文本中的字母。该攻击方法使用新字母、特殊字母和数字进行修改单个字母。具体的方法包括直接添加单个字母到文本中，或者将文本中的某个字母与相邻的字母进行交换，或者直接进行删除或翻转。

② **词级攻击：** 词级攻击的扰动对象是原始文本中的单词，具体方法为词替换。替换词的选择有多种多样，替换方法包括基于词向量相似度替换、同义词替换、语言模型评分替换等。有学者研究尝试添加或删除单词，但是这样做往往会影响所生成的对抗样本的语义和通顺性。

③ **句级攻击：** 句级攻击将整句原始输入视作扰动的对象，可以产生一个对抗样本。常用的句级攻击方法包括改述、编码后重新解码、添加无关句等。

④ **多级混合攻击：** 多级混合攻击组合使用字符级攻击、词级攻击和句级攻击生产对抗样本。

在以上四种级别的攻击方法中，句级攻击的扰动往往会导致对抗样本和原始文本输入之间产生较大的差异，因此对抗样本的隐蔽性较差，且无法保证其具有和原始文本相同的语义，从实验结果来看攻击效果也差强人意。字符级攻击所产生的对抗样本很大可能会破坏原文的语法性，因此易被读者察觉。尽管攻击成功率较高，但是现有一些基于语法纠错的防御方法可以有效应对字符级攻击。相比之下，词级攻击在对抗样本的隐蔽性以及攻击成功率方面有更好的表现。这是因为对原始文本中某些词进行同义替换不会改变原始文本的语义且不会产生错误的词汇，因此所产生的对抗样本的语法正确性和语义也更容易得到保证。与此同时，白盒攻击场景下的词级攻击往往可以较快找到合适的替换词和被替换词，因此具有较高的攻击成功率。即使在黑盒攻击场景下，现有的词级攻击方法利用目标人工智能模型对词级扰动产生的准对抗样本输出，迭代地进行词替换操作，最终也可以取得较好的攻击效果。

6.4.1.4 常见的攻击举例

本节将文本对抗样本的生成方法分为白盒攻击、黑盒攻击和跨模态攻击三类，并进行详细介绍。跨模式攻击中，被攻击的模型的输入为多模态数据（例如图像和文本数据），因此跨模态攻击中不是针对纯文本数据的攻击方式。

1. 白盒攻击

在白盒攻击中，攻击者可以访问模型的全部信息，包括体系结构、参数、损失函数、激活函数、输入输出数据等。白盒攻击定义为对目标模型和输入的最坏情况攻击。这种攻击策略通常非常有效。本节将针对文本人工智能模型的白盒攻击分为七类。

① 基于梯度的方法。

快速梯度下降法是最早的图像攻击方法之一，同样可以用在文本领域。文本欺骗法[144]采用了快速梯度下降法的思想，如算法 6.7 所示，通过计算梯度的大小，确定对文本分类任务有高权重的文本。算法使用反向传播计算每个训练样本 $\boldsymbol{x}$ 的成本梯度 $\delta_x J(f, \boldsymbol{x}, c')$，其中 f 是模型函数，$\boldsymbol{x}$ 是原始数据样本，c' 是目标输出类。然后，算法将梯度幅度最大的维度对应的字符定义为热字符，将包含较多热字符且出现频率最高的短语定义为热训练短语（Hot Train Phrase，HTP）。文本欺骗法三种常见的攻击方式为插入、修改和删除。在插入攻击中，在原始类 c 有高权重的短语附近插入一些目标类 c' 的 HTP，进一步利用伪造事实等外部资源来选择可信的句子。修改攻击则采用与识别 HTP 相同的方法识别热样本短语（Hot Sample Phrase，HSP），并用常见的拼写错误或易混淆字符替换 HTP 中的字符。与识别 HTP 相似，使用热字符来识别对当前分类有较高权重的短语。在移除攻击中，移除 HSP 中不重要的副词或形容词。对抗生成法同样是一种基于梯度的方法，与快速梯度下降法的不同之处在于，它使用梯度本身进行对抗样本的生成，其攻击目标是神经机器翻译模型。对抗生成法通过考虑损失函数梯度的相似性，以及一个原始词与其替代词之间的距离来生成对抗样本。

算法 6.7　FGSM 在词级别上的对抗样本生成方法

输入：干净样本 x, $x \in X \subset \mathbf{R}^{n*4}$；对抗样本扰乱 p；对抗样本 x'.
输出：对分类拥有重大贡献的文本项 HTP

 1：**for** $x \in$ training sample **do**
 2：　　$\text{score}_i = \Delta_x J(f, x, c')$；
 3：**end for**
 4：sort（score）；
 5：hotCharacters←最高的 50 个分数对应的字符；
 6：**for** word $\in$ training sample **do**
 7：　**if** word 包含三个或以上 hotCharacters 的单词 **then**
 8：　　hotWords. pushback（word）；
 9：　**end if**
10：**end for**
11：**for** word $\in$ training sample **do**
12：　**if** word $\in$ hotWords **then**
13：　　hotPhase. pushback（word）；
14：　**end if**
15：**end for**
16：HTP←训练集最常出现的 hotPhase；

---

② 基于雅可比矩阵的显著图攻击法。

基于雅可比矩阵的显著图攻击法的灵感来自图像领域的显著图[181]。该方法利用了不同输入特征对人工智能模型产生输出的大小存在差异。假如攻击者发现输入的某些特征对应着分类器中某个特定的输出，那么可以通过在输入样本中增强这些特征，从而使得人工智能模型产生指定类别的输出。基于雅可比矩阵的显著图攻击法算法主要包括三个步骤：计算前向导数、计算对抗性显著图和添加扰动。前向导数显示了每个输入特征对每个输出类别的影响程度，算法使用雅可比矩阵定义前向导数，然后利用计算图展开来计算前向导数。论文作者针对分类数据和序列数据的两种人工智能模型的输出设计了对抗样本。对于分类模型，通过考虑对应于输出分量之一 j 的雅可比 $\text{Jacb}_F[:, j]$ 列来生成对抗样本。具体地说，对于每个单词 i，通过以下方式确定扰动方向：

$$\text{sign}(\text{Jacb}_F[x'][i, g(x')])$$
$$g(x') = \text{argmax}_{0,1}(p_j) \tag{6.22}$$

其中，p_j 是目标类的输出概率。基于雅可比矩阵的显著图攻击法选择 logit 来代替等式中的概率，进一步将扰动样本投影到空间中最近的向量上。对于序列模型，在计算雅可比矩阵后，使用高雅可比值 $\mathrm{Jacb}_F[i,j]$ 和低雅可比值 $\mathrm{Jacb}_F[i,k]$ 改变输入集 i 的子集，以实现对输出集 j 的子集的修改。在分类模型上的具体算法如算法 6.8 所示。

算法 6.8　基于雅可比矩阵的显著图攻击法在分类模型上的对抗样本生成方法

输入： LSTM 分类器 f

1：输入序列 $\boldsymbol{x}$；

2：字典 D。

输出： 对抗样本 $\boldsymbol{x}^*$

3：$\boldsymbol{y} \leftarrow f(\boldsymbol{x})$；

4：$\boldsymbol{x}^* \leftarrow \boldsymbol{x}$；

5：**for** $f(\boldsymbol{x}^*)==\boldsymbol{y}$ **do**

6：　选择序列 $\boldsymbol{x}^*$ 中的一个单词 i；

7：$\boldsymbol{w}=\|\mathrm{argmin}_{z\in D}\mathrm{sgn}(\boldsymbol{x}^*[i]-z)-\mathrm{sgn}(J_f(\boldsymbol{x})[i,\boldsymbol{y}])\|$；

8：$\boldsymbol{x}^*[i] \leftarrow \boldsymbol{w}$；

9：**end for**

10：**return** $\boldsymbol{x}^*$；

③ C&W 方法。

C&W 方法[233] 首先应用于对病例预测模型进行攻击的场景。病例预测模型可以检测输入模型的每个病人的病历中最容易感染的症状及其测量值，为临床医学提供指导。攻击者的攻击目标是生成一个病历对抗样本 $\hat{\boldsymbol{x}}$，使 $\hat{\boldsymbol{x}}$ 与原病历 $\boldsymbol{x}$ 接近，但会导致病例预测模型的预测结果不同。假设患者病历数据由矩阵 $\boldsymbol{x}^i\in\mathbf{R}^{d\times t_i}$ 表示（d 是医疗特征的数量，t_i 是医疗检查的时间指数），对抗样本的生成公式如下：

$$\min_{\hat{x}} max\{-\boldsymbol{\varepsilon},[\mathrm{logit}(\boldsymbol{x}')]_y-[\mathrm{logit}(\boldsymbol{x})]_{y'}\}+\lambda\|\boldsymbol{x}'-\boldsymbol{x}\|_1 \tag{6.23}$$

这里 logit(·)表示逻辑层的输出，λ 是控制 L_1 范数正则化的参数，$\boldsymbol{y}'$是目标标签，$\boldsymbol{y}$ 是原始标签。攻击者采用迭代软阈值算法来求解目标，对于每个记录值，如果每次迭代时与原始数据的偏差小于 λ，算法就会执行软阈值 $S_\lambda(\cdot)$算法，将扰动减小为 0。在生成对抗样本后，攻击者根据评估方案选择最优样本。最后，攻击者使用对抗样本来计算病历数据的易感性得分以及不同测量的累积易感性得分。

④ 基于方向的攻击方法。

基于方向的攻击方法不利用损失梯度，而是使用方向导数。比如，热翻转攻击[64] 将字符级操作（即交换、插入和删除）表示为输入空间中的向量，并通过相对于这些向量的方向导数来估计损失的变化。具体而言，给定独热编码的输入，第 i 个字的第 j 个字符中的字符翻转（$a\rightarrow b$）可以由以下向量表示：

$$\boldsymbol{v}_{ijb}=(0,\cdots;(0,\cdots(0,\cdots-1,0,\cdots,1,0)_j,\cdots0)_i;0,\cdots) \tag{6.24}$$

其中，-1 和 1 分别位于字母表的第 a 个和第 b 个字符的相应位置。然后，通过沿操作向量的方向导数使损失变化的一阶近似值最大化，可以找到最佳的特征交换：

$$\max \nabla_x J(\boldsymbol{x},\boldsymbol{y})^{\mathrm{T}}\boldsymbol{v}_{ijb}=\max_{\boldsymbol{v}_{ij}} \frac{\partial J^{(b)}}{\partial \boldsymbol{x}_{ij}}-\frac{\partial J^{(a)}}{\partial \boldsymbol{x}_{ij}} \tag{6.25}$$

其中，$J(\boldsymbol{x},\ \boldsymbol{y})$是模型输入 $\boldsymbol{x}$ 和真实输出 $\boldsymbol{y}$ 的损失函数。类似地，在第 i 个字的第 j 个位置插入也可以被视为字符翻转，因为字符向右移动，直到单词的结尾。字符删除是由字符向左移动而导致的字符翻转次数。HotFlip 攻击方法可以有效地找到多个最佳的翻转方向。

⑤ 基于注意力机制的攻击方法[17]。

这种攻击方法利用人工智能模型的注意力分布来寻找关键句。为了得出正确的预测结果，关键句通常被模型赋予较大的权重。攻击者将权重最大的单词与在已知词汇表中随机选择的单词进行交换，得到对抗性样本，使得模型输出错误的预测结果。

⑥ 对抗性重新编程[170]。

对抗性重新编程是最近提出的一种对抗攻击方法，在这种攻击中，对抗性重新编程函数 g_0 被训练来重新指定被攻击的人工智能模型的用途，以便在不修改模型参数的情况下执行替代任务（例如，从问题分类到名称分类）。对抗性重新编程采用迁移学习的思想，但模型参数不变。

⑦ 混合攻击法[73]。

该方法通过干扰词嵌入中的文本输入来攻击人工智能模型。这是一种通用的攻击方法，适用于大多数针对图像人工智能模型的攻击。混合攻击法特别应用了快速梯度下降和深度混淆技术，直接应用图像领域的方法会产生无用的对抗样本。为了解决这个问题，混合攻击法使用词移动距离（WMD）作为相似度的度量方法，将对抗样本近似到最近的有意义的词向量。

2. 黑盒攻击

黑盒攻击下攻击者无法得知人工智能模型的细节参数，但可以访问输入和输出。这种类型的攻击通常依赖于启发式算法来生成对抗样本。因为在许多实际场景中，人工智能模型的细节对攻击者来说是一个黑匣子，所以这种攻击更加实用。本节将针对文本人工智能模型上的黑盒攻击分为五类，并进行详细介绍。

① 串联对抗攻击。

通过在段落的最后添加无意义句子，来分散人工智能模型的注意力[105]。这些分散注意力的句子不会改变段落的原始语义，但会误导人工智能模型的预测结果。这些句子可以是精心编辑的信息性句子，也可以是使用随机常用词生成的任意序列。攻击者通过不断迭代查询模型输出的方式获得扰动的最终结果，并进一步通过改变语句的嵌入位置、扩展生成分散注意力语句的原始数据集大小来提高攻击成功率。串联对抗的一个应用是评估阅读理解模型的鲁棒性。如图 6.7 所示，先修改正确的输出答案作为分散注意力语句。将分散注意力的内容附加到原始段落中，作为目标人工智能模型的对抗样本。添加的内容不会改变输入文本的原始语义，但会误导目标人工智能模型产生错误的预测结果。

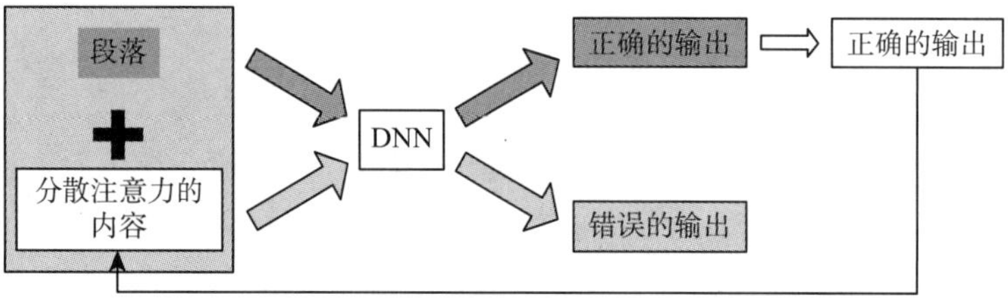

图 6.7 串联对抗工作流程[288]

② 编辑对抗攻击。

如图 6.8 所示，编辑对抗攻击是通过替换、删除、插入和交换等编辑策略对句子、单词或字符进行的攻击。比如在攻击文本分类模型时，Shuhuai Ren 等人[199]提出了一种选择替换词的攻击方法。首先收集现有语料库中所有同义词，然后通过测量同义词对分类概率的影响，从同义词集合中选择一个替代词，这个替代词可以导致模型的预测结果产生较为显著的变化。进一步加入单词显著性来确定替换的顺序。Pasquale Minervini 等人[166]提出了一种用于自然语言推理的反一阶逻辑约束的对抗样本自动生成方法[165]，使用不一致性损失来衡量一组句子影响模型违反规则的程度。该方法中的对抗样本生成是一个寻找变量到句子之间映射的过程，这个映射使得不一致性损失最大。这些对抗样本由低复杂度的句子组成，为了生成低复杂度的对抗样本，作者使用了三种编辑扰动：i）对输入语句更改一个单词；ii）删除输入语句的一个解析子树；iii）在输入语句的解析树中插入语料库中另外一个语句的一个解析子树。

③ 基于复述的对抗攻击。

如图 6.9 所示，SCPN 等人[98]提出了一个编码器-解码器架构，可以由给定句子和目标语法形式输入生成具有所需语法的复述。该方法首先对原输入语句进行编码，然后将编码器生成的复述和目标句法形式输入到解码输入语句的目标复述。作者从 SCPN 中训练得到一个语法生成器，并在 PARANMT-50M 模型中选择了 20 个最常用的模板，生成复述语句后，通过检查基于复述的相似度和 n-gram 重叠，进一步删减不合理的句子。被攻击的人工智能模型能够正确地预测原句的分类，但是在分类复述语句时会产生错误。SEA 根据上述思想，生成语义相等对抗样本[200]。如式（6.26）所示，迭代生成输入句子 $\boldsymbol{x}$ 的复述，并从人工智能模型 f 得到预测，直到原始的预测结果被改变。同时需要保持复述的语义和原语句相同。

$$\mathrm{SEA}(\boldsymbol{x},\boldsymbol{x}') = 1[\mathrm{Sem}Eq(\boldsymbol{x},\boldsymbol{x}') \wedge f(\boldsymbol{x}) \neq f(\boldsymbol{x}')] \tag{6.26}$$

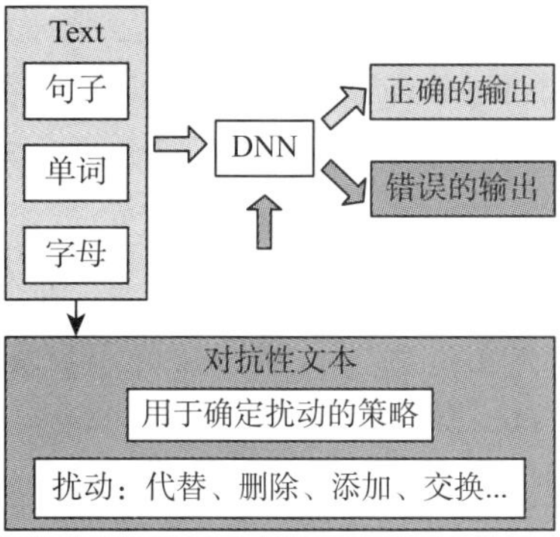

图 6.8　编辑对抗工作流程

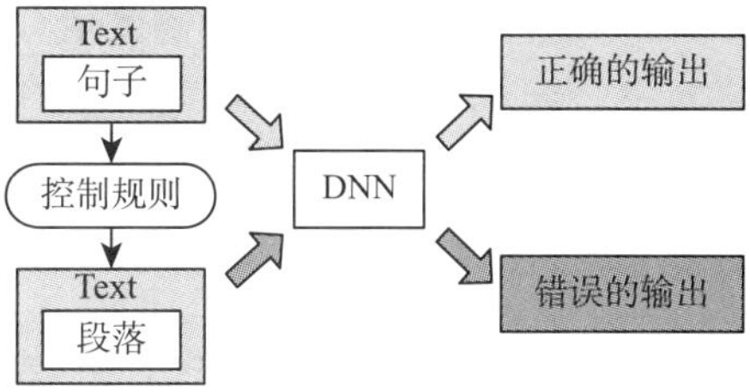

图 6.9　复述对抗工作流程

④ 基于生成对抗网络的对抗攻击。

利用 GAN 来生成文本对抗样本更具有迷惑性。Zhengli Zhao 等人[295] 提出的基于 GAN 的文本对抗模型由两个关键部分组成：一个 GAN 模型（生成假数据样本）和一个反向器（将输入 $\boldsymbol{x}$ 映射到其潜在表示 z）。通过最小化原始输入和对抗样本之间的重建误差来训练以上两个模型。利用迭代随机搜索和混合收缩搜索在稠密空间中进行扰动，得到 z 附近的扰动样本 $\hat{z}$。每次迭代过程中，攻击者需要查询被攻人工智能模型以找到可能使其产生错误预测结果的 $\hat{z}$。因此，这种方法比较耗时。这项工作适用于图像和文本数据，因为该方法从本质上解决了文本数据的离散性所带来的问题。

⑤ 替代攻击法。

Weiwei Hu 等人[92] 利用替代攻击法攻击了一个用于检测恶意软件的人工智能模型。该模型由两部分组成：一部分是生成型循环神经网络，另一部分是替代型循环神经网络。生成型循环神经网络旨在从恶意软件的序列生成一个对抗序列。它基于 Seq2Seq 模型，生成一小块序列，并在输入序列之后插入这个序列。替代型循环神经网络是一种具有注意机制的双向神经网络，它模拟被攻击的循环神经网络的行为。替代型循环神经网络在恶意软件和良性序列以及生成型循环神经网络的 Gumbel Softmax 输出上都进行训练。这里，Gumbel Softmax 用于实现两个循环神经网络的联合训练，因为生成型循环神经网络的原始输出是离散的，使得梯度可以从生成型循环神经网络反向传播到替代型循环神经网络。通过不断查询替代型循环神经网络，获取对抗样本。

3. 多模态攻击

一些工作尝试攻击跨模态数据的人工智能模型。例如，包含执行图像到文本或语音到文本转换功能的人工智能模型。虽然这些攻击不是针对纯文本数据的，但是为了完整性，简要地介绍一些有代表性的多模态攻击。

① 图像到文本。

图像文本模型是一类基于图像语义生成对应文本描述的技术。从图像中识别字符被称为光学字符识别（Optical Character Recognition，OCR），它是一种多模式的学习算法，以图像作为模型的输入，输出识别出的文本。Congzheng Song 等人[225] 提出了一种针对 OCR 模型和后续 NLP 算法的白盒攻击方法。作者首先利用转换模型得到原始文本对应的干净图像。然后找到满足编辑距离阈值且在 WordNet（一种基于认知语言学的英语词典）中存在反义词的单词。进一步保留有效且语义不一致的反义词的单词。之后，定位包含上述单词的干净图像中的行，并由它们对应的反义词替换。最后将输入转换为目标序列。给定输入/目标图像和序列，作者将生成对抗样本作为优化问题：

$$\begin{aligned}&\min_w c\cdot J_{\mathrm{CTC}}f(\boldsymbol{x}',\boldsymbol{t}')+\|\boldsymbol{x}-\boldsymbol{x}'\|_2^2\\&\boldsymbol{x}'=(\boldsymbol{\alpha}\cdot\tanh(w)+\boldsymbol{\beta})/2\\&\boldsymbol{\alpha}=(\boldsymbol{x}_{\max}-\boldsymbol{x}_{\min})/2,\boldsymbol{\beta}=(\boldsymbol{x}_{\max}+\boldsymbol{x}_{\min})/2\\&J_{\mathrm{CTC}}(f(\boldsymbol{x},\boldsymbol{t}))=-\log p(\boldsymbol{t}\mid\boldsymbol{x})\end{aligned}\tag{6.27}$$

这里 $f(\boldsymbol{x})$ 是神经网络模型，$J_{\mathrm{CTC}}(\cdot)$ 是连接时间分类损失函数，$\boldsymbol{x}$ 是输入图像，$\boldsymbol{t}$ 是真值序列，$\boldsymbol{x}'$ 是对抗样本，$\boldsymbol{t}'$ 是目标序列，w，$\boldsymbol{\alpha}$，$\boldsymbol{\beta}$ 是控制对抗样本的参数，以满足 $\boldsymbol{x}\in[\boldsymbol{x}_{\min},\boldsymbol{x}_{\max}]^p$ 的盒约束，其中 p 是确保有效 $\boldsymbol{x}$ 的像素数。该方法生成对抗样本后，替换文本图像中对应行的图像。作者从文档识别、单词识别和基于识别文本的自然语言处理三个方面对该方法进行了评价。

② 从语音到文本。

语音到文本也称为语音识别。其任务是自动识别语音并将其翻译成文本。Nicholas Carlini 等人[26] 攻击了一个最新的语音-文本转换神经网络。给定一个自然语音输入，攻击者采用 C&W 方法的思路构造了一个人耳几乎听不见但可以通过加入原始语音识别的音频扰动，最终获得错误的文本生成结果。

6.4.2 文本对抗样本防御

6.4.2.1 对抗训练

与图像对抗样本防御类似，文本领域的对抗样本防御也可以通过对抗训练来实现。

1. 数据增强

数据增强用扩展生成对抗样本的原始训练集，并让模型在训练过程中获得更多的数据。数据增强通常用于黑盒攻击，在被攻击的人工智能模型上增加对抗样本数量和训练 epoch。

Jia 等人[105] 试图通过训练包含对抗样本在内的增强数据集来强化阅读理解模型。实验结果表明，这种数据增强方法对防御相同原理的对抗样本的攻击是有效的。Jia 等人的工作也表明，这种增强策略难以防御基于其他原理的对抗样本的攻击。

Kang 等人[110] 提出 AdvEntuRe 方法，训练增加了对抗样本的文本神经网络模型。作者提出了三种方法来生成更多具有不同特征的数据：①基于知识的特征生成方法，用多个知识库中提供的上位词/下位词来代替原始单词；②手工特征生成方法，即采用手工的方法增加对抗样本；③基于神经网络的特征生成方法，利用 Seq2Seq 模型通过损失函数测量原始输入和预测结果之间的交叉熵来生成样本。在训练过程中，采用生成对抗网络来训练一个判别器和一个生成器，并将判别器的优化方法引入对抗样本。AdvEntuRe 具体原理如算法 6.9 所示，其中 $\mathbb{D}$ 是预训练的鉴别器，$\mathbb{G}$ 是在原始数据 X 上的 Seq2Seq 生成器。

Belinkov 等人[15]提出一种针对文本模型的黑盒对抗训练方法，在没有查询模型权限的前提下，生成对抗样本。该方法使用带有噪声的训练集代替原始的训练集，含有噪声的训练集与原始训练集中的语句和单词的数量完全相同。对于每种噪声类型（自然噪声或者人工噪声），都有一个特定的噪声训练集。自然噪声是指拼写错误等自然发生的错误；人工噪声包括键盘输入错误、交换产生法、中间随机法和全随机法等。

算法 6.9 AdvEntuRe 训练过程

1: **for** 迭代次数 **do**
2:　　**for** 最小批量 $B \leftarrow X$ **do**
3:　　　　从 $\mathbb{G}$ 生成样本：
4:　　　　　$Z_G \Leftarrow \mathbb{G}(B;\phi)$
5:　　　　平衡 X 和 Z_G，使得 $|Z_G| \leqslant \alpha|X|$
6:　　　　优化鉴别器：
7:　　　　　$\hat{\theta} = argmin_\theta \, \mathrm{L}_{\mathbb{D}}(X + Z_G;\theta)$
8:　　　　优化生成器：
9:　　　　　$\hat{\phi} = argmin_\phi \, \mathrm{L}_{\mathbb{G}^s{}_s}(Z_G;\mathrm{L}_{\mathbb{D}};\phi)$
10:　　　　更新 $\theta \leftarrow \hat{\theta}; \phi \leftarrow \hat{\phi}$
11:　　**end for**
12: **end for**

交换产生法：这是一种最简单的噪声产生方法，只需交换两个字母（例如 noise→nosie）。这在快速输入时很常见且易于实现。具体方法是对每个单词执行一次交换，但不对第一个或最后一个字母进行处理。因此，该噪声生成法只适用于长度 $\geqslant 4$ 的单词。

中间随机法：该方法不对第一个和最后一个字母进行处理，但将剩余的字母顺序随机交换，该方法同样仅适用于长度 $\geqslant 4$ 的单词。

全随机法：目前尚未发现任何可证明首字母和尾字母重要性的证据，所以该方法包含了完全随机化的单词（例如 noise→iones）。这不是一个广泛适用的方法，但是为了完整性也对该方法进行介绍。这种噪声生成法适用于所有的单词。

键盘输入错误：使用传统键盘随机地将每个单词中的一个字符替换为相邻的字符（noise→noide）。这种类型生成法比随机设置容易，因为大多数单词都是完整的，但该方法生成了一个全新的字符，因此存在破坏模型已经学到的知识的风险。

使用不同噪声生成法在不同的数据集上进行训练时，模型权重方差如图 6.10 所示。实验结果表明，使用包含噪声的文本集进行训练可以提升人工智能模型的鲁棒性，以抵抗对抗攻击。

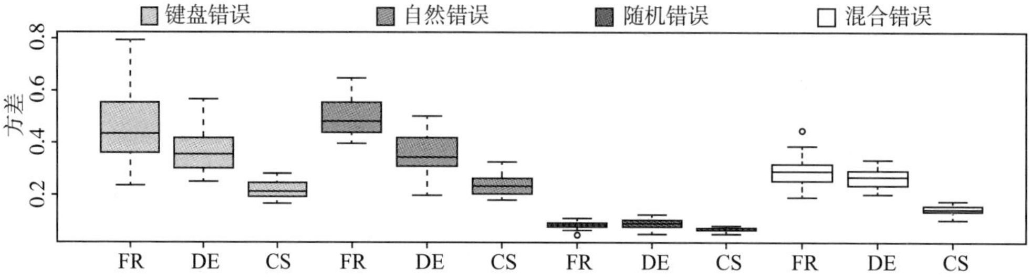

图 6.10　使用不同噪声生成法训练时模型权重方差[15]

Zang 等人[286]提出基于义素替换和粒子群（Particle Swarm Optimization，PSO）的优化方法进行文本对抗攻击，并用实验证明其会被对抗训练防御，使攻击效果减弱。义素在语言学中被定义为人类语言的最小语义单位，一个词的意义由多个义素构成。通过对义素进行替换，可以有效地生成对抗样本。粒子群优化是一种基于群体的启发式计算范式，现有研究证明，该方法比遗传算法等其他的优化算法更有效。粒子群算法利用一个相互作用的个体群体，在特定的空间内迭代搜索最优解。实验结果表明，通过这两种方法生成对抗样本，并进行对抗训练，可以有效地提升模型鲁棒性，抵抗相应的对抗攻击。

2. 模型正则化

模型正则化强制将生成的对抗样本作为正则项，并遵循以下约束：

$$\min(J(f(\boldsymbol{x}),\boldsymbol{y})+\lambda J(f(\boldsymbol{x}'),\boldsymbol{y})) \tag{6.28}$$

其中，λ 是超参数。

Miyato 等人[167] 用线性近似构建对抗训练：

$$-\log p(\boldsymbol{y}\mid\boldsymbol{x}+-\varepsilon\boldsymbol{g}/\|\boldsymbol{g}\|_2,;\boldsymbol{\theta})$$

$$\boldsymbol{g}=\partial_x\log p(\boldsymbol{y}\mid\boldsymbol{x};\hat{\boldsymbol{\theta}}) \tag{6.29}$$

其中，$\|\boldsymbol{g}\|_2$ 是 L_2 范数正则化，$\boldsymbol{\theta}$ 是神经网络模型的参数，$\hat{\boldsymbol{\theta}}$ 是 $\boldsymbol{\theta}$ 的副本。Miyato 等人在词嵌入方面进行了对抗训练，扩展了之前关于攻击图像神经网络模型的工作，将这种攻击策略应用于文本领域，并通过添加对抗样本作为正则化生成器进行对抗训练。

Sato 等人[212]将 Miyato 的工作扩展到了长短时记忆人工神经网络上，遵循快速梯度下降法，将对抗训练视作一种正则化过程。但为了使对抗样本具有可解释性，即对抗样本的词嵌入应该是词汇中语义有效的词嵌入，引入了一个方向向量，将有效嵌入与扰动嵌入相关联，如图 6.11 所示（左侧是未加入方向向量的情况）。

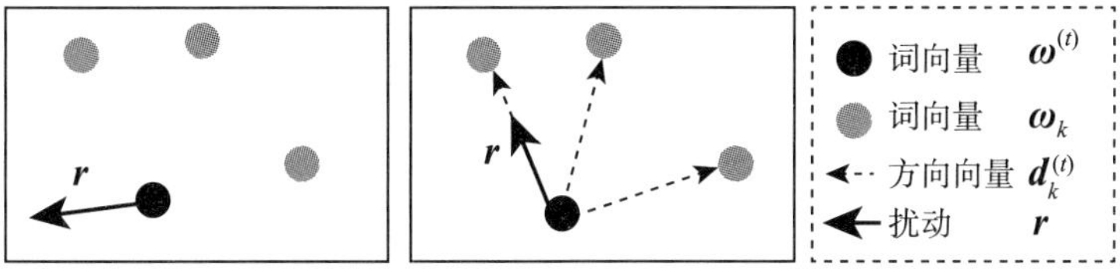

图 6.11　引入方向向量的扰动

3. 鲁棒性优化

Madry 等人[156]将人工智能模型的学习视为一种具有鞍点的鲁棒性优化问题，它由内部非凹最大化问题（攻击）和外部非凸最小化问题（防御）组成。根据 Danskin 定理，对于极小值和极大值问题，最大化点上的梯度对应着下降方向，因此优化可以采用反向传播进行。具体的学习目标如下所示：

$$\boldsymbol{\theta}^* = \underset{\boldsymbol{\theta}}{\operatorname{argmin}}\ E_{(\boldsymbol{x},\boldsymbol{y})\sim \boldsymbol{D}}[\max_{\boldsymbol{x}'\in S(\boldsymbol{x})} L(\boldsymbol{\theta},\boldsymbol{x}',\boldsymbol{y})] \tag{6.30}$$

其中，$S(\boldsymbol{x})$为保留恶意软件 $\boldsymbol{x}$ 功能的二进制向量集合，L 为原始人工智能模型的损失函数，$\boldsymbol{y}$ 为真实标签，$\boldsymbol{\theta}$ 为可学习参数，$\boldsymbol{D}$ 为数据样本 $\boldsymbol{x}$ 的分布。这种鲁棒性优化方法是一个通用的方法，除了可以用于防御文本对抗攻击，也可以用于防御其他类型的对抗攻击。

6.4.2.2　其他防御技术

对抗训练的主要难点之一是在对抗训练过程中需要了解不同类型的攻击方法，否则无法进行针对性的对抗训练。由于敌手不可能公开所使用的攻击原理，因此对抗训练受到了很大的限制。如果用户尝试对所有已知攻击进行对抗训练，那么模型在原始训练数据上学习到的信息将会非常少，甚至不能正常地执行模型预测任务。

为了保护模型免受基于同义词原理的对抗攻击，Wang 等人[256]提出了同义词编码防御法（Synonym Encoding Method，SEM），SEM 方法在人工智能模型前构造一个编码器网络来检查对抗样本。该方法在模型的输入层之前插入一个编码器，然后训练模型以消除对抗扰动。大量的实验表明，同义词编码防御法能够有效地防御当前最先进的同义词替换对抗攻击。该方法假设模型泛化导致了对抗样本的存在：一个不够强的泛化导致了一个初始数据 $\boldsymbol{x}$ 在不同类别中存在多个相邻 $\boldsymbol{x}'$。而同义词编码防御法将所有的同义词进行编码，使 $\boldsymbol{x}$ 所有的相邻样本都具有相同的标签。具体方法是首先根据嵌入空间的欧氏距离对同义词进行聚类构造编码器。然后在不修改模型结构的情况下，将编码器放置在深层模型的输入层之前的位置，对模型进行二次训练，以防御对抗攻击。通过这种方法在文本分类的背景下有效地防御同义词替换对抗性攻击，如算法 6.10 所示。

为了防御对抗性拼写错误，Pruthi 等人[188]建议在人工智能模型分类器之前放置一个单词识别模块。Pruthi 等人在使用的单词识别模型建立在循环神经网络半字符结构的基础上，引入了一些新的回滚策略来应对不可见的单词。经过对抗训练，模型能够识别由随机添加、随机删除、随机交换和键盘错误生成的对抗性单词。值得注意的是，该方法对人工智能模型的分类器提供了更高的鲁棒性，优于对抗训练和现有的拼写检测器。作者在用于情感分析的 BERT（Bidirectional Encoder Representations from Transformer）模型进行实验，结果表明，一种单一的字符攻击可将模型预测成功率从 90.3% 降低到 45.8%。而该对抗训练方法能够将正确率恢复到 75%。

算法 6.10　同义词编码方法

输入：W：词典
 1：n：词典的大小
 2：σ：同义词的距离
 3：k：每个单词同义词的个数
输出：E：编码结果
 4：$E = \{w_1 : \text{None}, \cdots, w_n : \text{None}\}$
 5：**for** $w_i \in W$ **do**
 6：　**if** $E[w_i] = \text{NONE}$ **then**
 7：　　**if** $\exists \hat{w}_i \in \text{Syn}(w_i, \sigma, k), E[\hat{w}_i] \neq \text{NONE}$ **then**
 8：　　　$w_i^* \leftarrow$ the closest $\hat{w}_i \in \text{Syn}(w_i, \sigma, k)$
 9：　　　$E[w_i] = E[w_i^*]$
10：　　**else**
11：　　　$E[w_i] = w_i$
12：　　**end if**
13：　　**for** $\hat{w}_i$ in $\text{Syn}(w_i, \sigma, k)$ **do**
14：　　　**if** $E[\hat{w}_i] = \text{NONE}$ **then**
15：　　　　$E[\hat{w}_i] = E[w_i]$
16：　　　**end if**
17：　　**end for**
18：　**end if**
19：**end for**

Papernot 等人[182]提出知识蒸馏是防御对抗攻击的另一种方法。其原理是利用对抗样本训练得到鲁棒性强的教师网络，再使用其 Softmax 输出结果训练一个与教师网络同样具有强鲁棒性的学生网络，从而达到提高模型集成性的目的。通过引入参数 T，对原始模型的 Softmax 层进行修改，具体方法如下：

$$q_i = \frac{\exp(z_i / T)}{\sum_k \exp(z_k / T)} \tag{6.31}$$

其中，q_i 是网络的输出，z_i 是 Softmax 层的输出，T 控制知识蒸馏值，当 $T = 1$ 时，式

(6.31) 返回正常的 Softmax 函数。当 T 较大时，q_i 接近均匀分布，当 T 较小时，函数会输出更加极限的值。Papernot 等人证明了 Softmax 层降低了模型对微小扰动的敏感性，因此，具有较高的 T 值并使用离散数据作为输入的模型应该采用知识蒸馏法防御对抗攻击。作者用增强的原始数据集和原始模型的 Softmax 输出训练第二个模型，实验结果表明，对抗训练比知识蒸馏法更有效。

Zhou 等人[298]提出了一个对抗攻击防御框架来识别扰动，通过检测和调整恶意扰动，来阻止针对文本人工智能模型的对抗攻击。为了检测对抗攻击，扰动检测器验证文本中某个字符被扰动的可能性，并列出一组可能出现的扰动数据。对于每一个预测的扰动，算法将通过学习构建一个嵌入器，并且根据上下文语义恢复原始词的嵌入，并根据最近邻算法搜索一个替换的字符。该方法可以在不修改原始模型结构或训练过程的情况下，阻止任何对自然语言处理模型的对抗攻击。

6.5 其他数字对抗样本

6.5.1 图对抗样本

近年来，关于图（Graph）的深度学习研究受到了极大的关注。图作为一种十分有用的表示方式，在多个领域中得到了广泛的应用。图与深度学习的结合是一个热门话题，图神经网络在不同领域得到了越来越多的应用，如搜索引擎、电子商务和智能推荐系统等。但图分析与机器学习相结合的同时，同样也难以抵御精心设计的对抗样本的攻击。例如，在基于图神经网络的节点分类任务上，攻击者会操纵多个假节点，通过增加或删除这些假节点和其他正常节点之间的边缘来误导模型的预测结果。如图 6.12 所示，在一个良性的输入图数据上进行小的扰动（增加两个边缘以及改变某些节点的特征）就会导

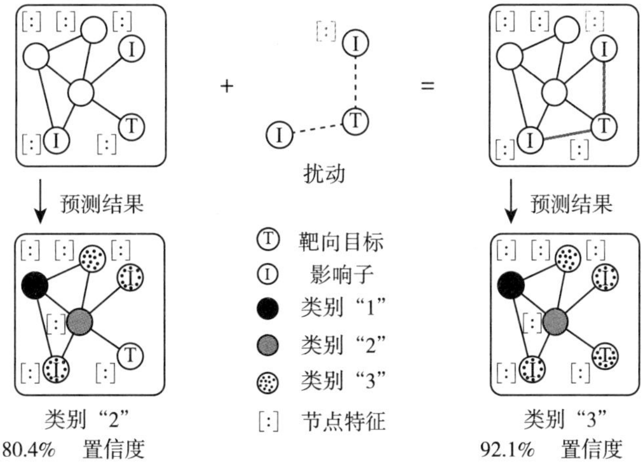

图 6.12 图对抗样本示例

致图神经网络模型的误分类。

本节首先介绍针对图神经网络模型的对抗攻击的定义，然后从不同角度对这些攻击方法进行分类，最后对现有的研究进行概述。

6.5.1.1 针对图数据的攻击定义

考虑f是一个深度学习模型，旨在处理相关的任务。给定一组目标样本$T \subseteq S-S_L$，其中S可以分别是V、E或G，用于不同级别的任务，S_L表示带有标签的样本。攻击者的目的是尽可能地使目标节点在f上的损失最大化，导致模型预测准确率下降。一般情况下，可以将针对图深度学习模型的攻击定义为

$$\underset{\hat{g} \in \Psi(G)}{\text{maximize}} \sum_{t_i \in T} L(f_{\theta^*}(\hat{g}^{t_i}, \boldsymbol{X}, t_i), y_i)$$
$$\text{s. t. } \theta^* = \underset{\theta}{\text{argmin}} \sum_{v_j \in S_L} L(f_\theta(\hat{g}^{v_j}, \boldsymbol{X}, t_j), y_j) \tag{6.32}$$

其中，有节点t_i的图$g \subseteq G$表示为G^{t_i}。$\hat{g}$表示被扰动的图，$\Psi(G)$表示G上的扰动空间，分别用$\hat{g}$表示原始图g或修改后的图$\hat{g}$。

为了使对抗攻击尽量不被检测到，通过设置一个度量准则来比较攻击前后的图结构，如下所示：

$$Q(\hat{g}^{t_i}, g^{t_i}) < \boldsymbol{\varepsilon}$$
$$\text{s. t. } \hat{g}^{t_i} \in \Psi(G) \tag{6.33}$$

其中，Q表示相似度函数，$\boldsymbol{\varepsilon}$是允许变化的阈值。

由于本节关注的是一个简单的图，因此可以对目标模型进行不同类型的攻击。本节使用了由 Sun 等人[230]提出的攻击类型分类法，随后根据不同的分类基准进行扩展。针对不同的攻击类别，进行相关总结。

6.5.1.2 攻击者的知识

为了对目标人工智能模型进行攻击，攻击者通常会收集关于目标模型和数据集的一些知识，帮助完成对抗攻击。基于对目标模型的了解，可将攻击分为不同威胁级别。

白盒攻击：这是最简单的攻击级别，攻击者拥有目标人工智能模型的全部信息，包括且不限于模型结构、参数和梯度信息。利用这些模型的详细信息，攻击者可以轻易地影响目标模型的预测结果，实现对抗攻击。然而，在现实情况下，一般不会出现这种情形，因为需要较高的成本来获取这些目标模型的详细信息。因此，白盒攻击发生的可能性较低，但通常用于评估被攻击模型的最弱性能。

灰盒攻击：在这种攻击级别下，攻击者能获得目标模型的部分信息。这种攻击相比白盒攻击来说更能反映现实的情况，因为攻击者只能获取关于模型的有限信息，例如目标模型的架构。因此，灰盒攻击成功的难度更大，但对目标模型来说更加危险。

黑盒攻击：与白盒攻击相反，黑盒攻击级别表示攻击者对目标模型的信息一无所知。在这种场景下，攻击者最多只能利用有限的样本进行黑盒查询。但这是对目标模型威胁最大的攻击，因为攻击者可以在掌握很少信息的情况下攻击任何模型。

除上述概念以外，还有“无盒攻击”的概念，该攻击基于对目标模型的信息构造代替模型并进行攻击，由于攻击者对代替模型有完全的了解，针对该模型的对抗样本可以在白盒级别下产生。当攻击者构造了一个代替模型，且其对抗样本可以迁移到其他目标模型上时，无盒攻击即成为白盒攻击。理论上而言，无盒攻击在大多数情况下很难影响目标模型。然而，由于目标模型的代替模型具有很强的可迁移性，因此无盒攻击也具有破坏性。

由于筛选可用于构建对抗样本的目标模型信息较为严苛，因此攻击者可从数据集 D 上获取的信息也较少，根据数据集具备的不同知识水平，可分为以下几种情况。

完备知识：数据集 D 中包含了整个图结构、节点特征，甚至不同类别的标签信息，并可被攻击者获得，即假设攻击者通过数据集可获取模型的一切信息。这在现实中可能不会发生，但却是目前研究中最常见的假设。因为一个具有完备知识的攻击者可能造成的损害不能被忽视，因为数据集会暴露出目标模型在实际预测中的潜在弱点。

中等知识：这种假设表示攻击者掌握的数据集的信息量较少。攻击者因此更加注重攻击的成功率，并通过其他非法或者合法方法获取更多的信息。

最小知识：这对于攻击者来说是最难的一个假设，攻击者只能在掌握最基本数据集信息的情况下攻击，比如图的部分结构或某些节点的特征。这些信息对于完成攻击来说是必不可少的，否则白盒攻击也无法成功。最小知识情况代表着威胁最小的攻击者，其攻击成功率自然也较低。

最后，本节用 K 来表示攻击者在一个知识空间中具备的知识。K 主要由三部分组成：训练算法、数据集信息和目标模型的参数。例如，$K=(D, f, \theta)$ 表示白盒攻击和完备知识；$K=(D_{\text{train}}, \hat{f}, \hat{\theta})$ 表示灰盒或黑盒攻击和中等知识，其中 $\hat{f}$ 和 $\hat{\theta}$ 来自代替模型，$D_{\text{train}} \subset D$ 表示训练数据集。

6.5.1.3　攻击者的目标

攻击者的目标可以分为三种类别，包括安全冲突、错误特异性和攻击特异性。但是这三个类别并不是相互排斥的，下面将详细介绍。

安全冲突：安全冲突可分为可用性攻击、完整性攻击等。对于可用性攻击，攻击者试图破坏目标模型的功能，从而损害模型的正常预测。这种破坏是全局性的，即攻击人工智能模型的整体性能。发动完整性攻击的攻击者旨在绕过人工智能的检测，与可用性攻击不同之处在于，完整性不破坏模型的正常预测与运转。此外，攻击者还有一些其他的目的，比如对模型进行逆向工程来获取输入数据的隐私信息。

错误特异性：以图神经网络的节点分类为例，发动错误特异性攻击是为了将模型的预测结果修改为攻击者指定的类别，而非特异性攻击则不指定某个预测结果，只要能使人工智能模型的预测结果错误即可。

攻击特异性：这个攻击目标关注攻击的范围，可将攻击分为靶向攻击和非靶向攻击。靶向攻击主要针对某些特定的节点子集（通常是目标节点），而非靶向攻击则是无差别的、全局的。参照式（6.32），靶向攻击和非靶向攻击的区别是 $T \subset S-S_L$ 或 $T=S-S_L$。

值得注意的是，在计算机视觉等其他一些领域，靶向攻击指特定的错误攻击，非靶向攻击指非特定错误攻击。在图神经网络领域，本书建议读者根据攻击范围来区分是否为靶向攻击，根据攻击结果来区分是否为特定错误攻击。

6.5.1.4　攻击者的能力

根据攻击者的能力，攻击可以分为投毒攻击和逃逸攻击，这两种攻击分别发生在不同的阶段。

投毒攻击：投毒攻击在训练时发起，该攻击使目标模型在中毒的数据集上进行训练，通过污染数据集来影响目标模型的预测结果。由于现有的大多数图分析场景中，跨时空学习应用广泛，因此不包含标签的测试样本也会用于训练阶段，这为攻击者发动投毒攻击提供了可乘之机。在这种情况下，目标神经网络模型的参数受到被修改训练数据的影响，投毒攻击的定义为

$$\begin{aligned}&\underset{\hat{g}\in\Psi(G)}{\text{maximize}}\sum_{t_i\in T}L(f_{\theta^*}(\hat{g}^{t_i},\boldsymbol{X},t_i),y_i)\\&\text{s.t. }\theta^*=\underset{\theta}{\operatorname{argmin}}\sum_{v_j\in S_L}L(f_\theta(\hat{g}^{v_j},\boldsymbol{X},v_j),y_j)\end{aligned}\tag{6.34}$$

逃逸攻击：与投毒攻击不同，逃逸攻击是攻击者在测试阶段引入对抗样本来发起的攻击。逃逸攻击发生在目标模型在纯净输入图数据上进行训练之后，也就是说，学习的参数在逃逸攻击过程中是固定的。因此，可以通过稍微改变式（6.34）的部分内容来定义逃逸攻击，改变部分为

$$\theta^*=\underset{\theta}{\operatorname{argmin}}\sum_{v_j\in S_L}L(f_\theta(g^{v_j},\boldsymbol{X},v_j),y_j)\tag{6.35}$$

6.5.1.5　攻击策略

对于图数据上的目标模型，攻击者会有一系列的策略来生成对抗样本。在大多数情况下，攻击者会关注图结构或节点/边缘特征。基于应用于图神经网络领域的策略，有以下攻击方法。

拓扑攻击：攻击者主要关注的是图的拓扑结构，也就是基于结构的攻击。例如，攻击者可以在图结构的节点中合法地增加或删除一些边，以误导目标模型的预测结果。为了明确这一点，需要首先定义一个攻击预算 $\Delta\in\mathbf{N}$，然后定义拓扑攻击为

$$\begin{aligned}&\max_{\hat{g}\in\Psi(G)}\sum_{t_i\in T}L(f_{\theta^*}(\hat{g}^{t_i},\boldsymbol{X},t_i),y_i)\\&\text{s.t. }\sum_{u<v}|\boldsymbol{A}_{u,v}-\boldsymbol{A}'_{u,v}|\leqslant\Delta\end{aligned}\tag{6.36}$$

其中，A'是被扰动的目标图的邻接矩阵。

特征攻击： 除了较为常见的拓扑攻击，攻击者也可以发动特征攻击。在特征攻击中，目标图数据的特征将被改变。但与图结构不同之处在于，图的节点和边缘特征既可以是二进制的，也可以是连续的，即 $X \in \{0, 1\}^{N \times F(\cdot)}$ 或 $X \in \mathbf{R}^{N \times F(\cdot)}$。对于图结构的二进制特征，攻击者可以像翻转边一样对其进行翻转，而对于图结构的连续特征，攻击者可以添加一个微小的扰动。综上所述，特征攻击的定义为

$$\max_{\hat{g} \in \Psi(G)} \sum_{t_i \in T} L(f_{\theta^*}(\hat{g}^{t_i}, \boldsymbol{X}, t_i), y_i)$$
$$\text{s.t.} \sum_u \sum_j |\boldsymbol{X}_{u,j} - \boldsymbol{X}'_{u,j}| \leqslant \Delta \tag{6.37}$$

其中，X'的定义类似，这里 $\Delta \in \mathbf{N}$ 表示二元特征，$\Delta \in \mathbf{R}$ 表示连续特征。

混合攻击： 为了提高攻击成功率，攻击者会同时应用两种攻击方法，以产生更好的攻击效果。此外，攻击者甚至可以添加多个带有假标签的节点，这些假节点具有自己的特征以及和其他正常节点的连接关系。例如，一些假节点会被添加到推荐系统中，影响推荐模型的预测结果。因此，总结出了一个统一的表述为

$$\underset{\hat{g} \in \Psi(G)}{\text{maximize}} \sum_{t_i \in T} L(f_{\theta^*}(\hat{g}^{t_i}, \boldsymbol{X}, t_i), y_i)$$
$$\text{s.t.} \sum_{u<v} |\boldsymbol{A}_{u,v} - \boldsymbol{A}'_{u,v}| + \sum_u \sum_j |\boldsymbol{X}_{u,j} - \boldsymbol{X}'_{u,j}| \leqslant \Delta \tag{6.38}$$

其中，如果在输入图数据中加入假节点，A'和 X'可能分别与 A 和 X 的维度不一样。

6.5.1.6　攻击者的操作

虽然攻击者可能拥有关于目标模型的足够信息，但不一定能够控制所有的训练数据集。此外，不同的操作可能会带来不同的攻击成本。例如，在攻击基于图神经网络的电子商务系统时，攻击者只能通过购买足够多的东西来增加图的边缘，而无法通过删除购买记录来减少图的边缘。不同的操作总结如下所述。

添加： 在目标图数据中，攻击者可以在指定的节点/边上添加特征，或者在不同的节点之间添加边。这是最简单的攻击操作，在大多数情况下攻击成本最低。

移除： 在目标图数据中，攻击者可以删除指定节点/边上的特征，或者删除不同节点之间的边。这种操作将比“添加操作”的攻击成本更高，因为攻击者可能没有执行“移除”操作的权限。

重写： 如果 δ 比较大，上述的操作对目标模型来说可能会变得更加容易被察觉。为了解决这个问题，研究人员提出了比添加/删除操作更不容易被发现的重写操作。例如，攻击者可以增加一条与目标图的节点相连的边，同时删除另外一条与之相连的边。每一次的重写操作都包含两个单次操作，这样可以最大程度上保留一些图属性（如度），因此更

不易被察觉。最后，本节定义一个操作集 $O=\{O_{Add}, O_{Rem}, O_{Rew}\}$，分别代表攻击者的上述三种操作。

6.5.1.7　攻击算法

一般来说，目前基于对抗样本的对抗攻击方法主要依赖于人工智能模型的梯度信息，模型来源可以是目标模型（白盒攻击），也可以是代替模型（黑盒或灰盒攻击）。此外，还有一些其他对抗样本生成的方法。下面从攻击算法的角度对现有攻击方法进行总结。

基于梯度的攻击：在所有攻击方法中，基于梯度的算法简单有效。其核心思路是将训练好的目标模型参数固定，并将输入视为一个超参数进行优化。与训练过程类似，攻击者可以利用损失 L 相对于边缘（拓扑攻击）或特征（特征攻击）的部分导数，来决定如何控制数据集。然而，由于图输入数据的差异性，梯度信息不能直接应用到输入数据中，相反，攻击者往往选择绝对梯度最大的图输入数据，用一个合适的值对其进行修改和扰动。虽然大多数深度学习模型都是通过梯度来优化的，但攻击者也可以通过梯度来攻击它们。

基于非梯度的攻击：除了梯度信息外，还有其他方式可以生成对抗样本。例如，遗传算法可以作为一种对抗样本的生成方法，攻击者可以选择适应性得分（如目标/代用模型的错误输出）最高的对抗样本。除此之外，强化学习算法也是生成对抗样本的常用方法。基于强化学习的攻击方法可以在一个动作空间内学习可泛化的对抗样本。此外，对抗样本可以由一个设计精准的生成模型产生。

6.5.1.8　目标任务

根据任务在图神经网络领域中的不同层次可以将现有的攻击方法分为以下三类。

点相关任务：基于节点的攻击方法有很多种，这是因为节点分类任务在现实世界中是无处不在的，现有的大部分攻击算法都是针对节点分类模型的。Bojchevski 等人[18]利用随机行走算法作为攻击节点嵌入到代替模型中。Daniel 等人[301]最先针对图数据开展对抗攻击的研究，采用高效率的贪婪搜索方法扰动节点特征和图结构，从而实现对传统的神经网络模型进行攻击，如算法 6.11 所示。从梯度方面来看，有一些研究专注于拓扑攻击，利用梯度信息生成各种替代模型，增加/删除图数据节点之间的边。Xu 等人[270]提出了一种新型基于优化的攻击方法，利用替代模型的梯度解决了离散图数据的问题。Zugner 等人[301]利用元梯度解决输入数据中投毒的双层问题。Wang 等人[253]提出了一种贪心算法，基于 GAN 生成假节点的特征矩阵和邻接关系，并将假节点注入图中，从而误导目标模型的分类结果。Chen 等人[34]将 GCN 作为代替模型，提取替代模型的梯度信息，进而生成对抗样本。Wu 等人[264]认为综合梯度可以更好地反映修改某些特征或边缘的效果。此外，Dai 等人[51]考虑对节点分类和图分类模型进行规避攻击，并分别基于强化学习和遗传算法提出了两种有效的攻击方法。Xuan 等人[285]以 Deepwalk 为基础方法提出了基于遗传算法和特征分解的网络嵌入攻击算法。Bose 等人[20]从生成角度设计了一个统一的编码器-解码器框架，该框架可以用来攻击多模态输入的模型（图像、文本和图形）。Wang 等人[251]提出了一种威胁模型，通过解决基于图数据的优化问题，控制图结构来避开检测算法。考虑到实际应用场景，Hou 等人[91]提出了一种通过注入节点（应用）让恶意软件逃避检测的算法。

算法 6.11 Daniel 等提出的图对抗样本算法

输入：图 $\boldsymbol{G}^{(0)} \leftarrow (\boldsymbol{A}^{(0)}, \boldsymbol{X}^{(0)})$；目标节点 v_0；攻击者节点 A；修改预期值 Δ.

输出：E：更改后的图 $\boldsymbol{G}' = (\boldsymbol{A}', \boldsymbol{X}')$

训练 $\boldsymbol{G}^{(0)}$ 的替代模型来获得 W

$t \leftarrow 0$

while $|\boldsymbol{A}^{(t)} - \boldsymbol{A}^{(0)}| + |\boldsymbol{X}^{(t)} - \boldsymbol{X}^{(0)}| < \Delta$ **do**

  $C_{\text{struct}} \leftarrow$ 待选边扰动$(\boldsymbol{A}^{(t)}, \boldsymbol{A})$

  $\boldsymbol{e}^* = (u^*, v^*) \leftarrow \underset{e \in C_{\text{struct}}}{\operatorname{argmax}}\, s_{\text{struct}}(\boldsymbol{e}; \boldsymbol{G}^{(t)}, v_0)$

  $C_{\text{feat}} \leftarrow$ 待选特征扰动$(\boldsymbol{X}^{(t)}, A)$

  $\boldsymbol{f}^* = (u^*, i^*) \leftarrow \underset{f \in C_{\text{feat}}}{\operatorname{argmax}}\, s_{\text{feat}}(\boldsymbol{f}; \boldsymbol{G}^{(t)}, v_0)$

end while

if $s_{\text{struct}}(\boldsymbol{e}^*; \boldsymbol{G}^{(t)}, v_0) > s_{\text{feat}}(\boldsymbol{f}^*; \boldsymbol{G}^{(t)}, v_0)$ **then**

  $\boldsymbol{G}^{(t+1)} \leftarrow \boldsymbol{G}^{(t)} \pm \boldsymbol{e}^*$

else

  $\boldsymbol{G}^{(t+1)} \leftarrow \boldsymbol{G}^{(t)} \pm \boldsymbol{f}^*$

end if

$t \leftarrow t+1$

return $\boldsymbol{G}^t$

链接相关任务：现实世界中的很多关系都可以用图来表示。对于其中的一些图（如社会图），在现实中总是动态的。因此，为了预测图结构边缘的变化，图上的链接预测应运而生。链接预测也是链接相关任务中最常见的应用，很多相关的攻击方法已经出现。例如，Waniek 等人[259]研究了链路连接，并提出了启发式算法，通过重写操作来避开检测算法。此外，Chen 等人[33]提出了一种基于图输入数据的新型自编码迭代梯度攻击方法。同样，Chen 等人[35]也利用代替模型的梯度信息，提出了基于动态网络链路预测（Dynamic NetworkLink Prediction，DNLP）的攻击算法。在推荐系统模型中，将用户和物品之间的交互视为一个图结构，并将其视为一个链路预测任务，Christakopoulou 等人[47]提出了注入假节点的方法来降低模型的推荐准确率。

图相关任务：图相关任务将图作为一个基本单元。与节点或链接相关任务相比具有整体性。图相关方法的应用更倾向于生物、化学、环境、材料等研究领域。在该领域中，模型通过提取图节点和空间结构的特征来表示图，从而实现图分类或聚类等操作。与式（6.32）类似，攻击目标应该是一个图，而 y 是由具体任务决定的。对于图形相关的任务，也出现了一些攻击研究。Ma 等人[156]提出了一种基于重写操作的算法，在图分类的任务上使用强化学习来学习攻击策略。此外，Chen 等人[40]重点研究了图聚类和社区检测场景，设计了基于噪声注入的通用攻击算法，并展示了其对真实世界人工智能模型的有效性。

6.5.1.9　现有方法的限制

尽管目前的研究在攻击图神经网络模型上取得了一些成果，但仍然存在一些局限性。

不可察觉性：大多数研究都没有意识到要尽量保证对抗攻击方法的不可察觉性，往往只是考虑到如何降低攻击成本，这对于成功的攻击是不够的。

可扩展性：现有的工作主要研究相对尺度较小的图数据，但是尺度达到百万级别甚至更大的图输入数据在现实场景中也是经常出现的，因此未来需要对更大的图进行进一步的探索与研究。

知识：现有工作通常建立在攻击者对数据集有完备了解的假设上，但是现实情况中攻击者对模型及其数据集的访问权限有限，在实际情况下往往不太可能出现。尽管如此，很少有研究在中等限制甚至最低限度知识的情况下进行攻击。

物理攻击：现有的大部分研究都是在理想数据集上进行攻击的，但在现实应用中，攻击需要考虑更多的因素。例如，在物理攻击中，攻击者输入的对抗样本有一部分可能会失真，因此导致其不能达到预期的攻击效果。这与理想数据集上进行攻击有所不同，给攻击者带来了更多的挑战。

6.5.2　恶意软件检测模型中的对抗样本

自从引入基于哈希的文件签名方法以来，恶意代码检测和分类领域得到了蓬勃的发展。随着恶意代码的制作者在恶意代码中加入混淆等逃避检测的技术后，使用静态或动态分析的恶意代码检测方法被开发出来。另一方面，随着计算机性能的提升和深度学习的发展，许多基于深度学习的恶意代码检测被提出，并被应用于商业产品中。

然而，2014 年 Szegedy 等人[237]发现深度神经网络很容易受到对抗样本的攻击。Grosse[78]在之后的研究中也发现基于机器学习的恶意软件检测器和分类模型也同样受到这一攻击的威胁。自这项工作出现以来，许多针对最先进的人工智能模型的攻击方法被提出（如 MalConv 算法[193]）。这些攻击方法中的大部分并不生成真实的恶意代码，而是生成一个特征向量，用于表示一个可能恶意软件预设的形态，从而逃避检测器的检测。由于逆特征映射函数是困难的，因此给定特征向量生成一个程序是十分困难的。也就是说，特征提取过程不是唯一可逆的，因此不能保证找到的解决方案将包含与原始恶意软件样本相同的程序逻辑。

接下来我们回顾在恶意软件领域中的对抗样本研究，以及为这一领域的未来发展方向提出一些建议，并讨论未来发展面临的挑战。

6.5.2.1 恶意软件对抗样本

目前大多数对抗样本研究聚焦于图像处理领域，数据集包括 MNIST、CIFAR10 和 ImageNet 等。在恶意软件对抗样本领域，需要考虑生成的对抗样本能保持恶意软件本身的功能。

图像对抗攻击中，对抗样本是通过扰动原始图像的像素值产生的。只要像素值在 0 和 255 之间，对像素值的任何改变都会导致图像的轻微改变。应用程序上的扰动也可以用类似的表示方式。根据定义，二进制的每个字节在 0x00 和 0xff 之间，每个字节的十六进制表示可以转换为十进制的等价表示（在 0 和 255 之间）。在这种状态下，可以用同样的方法对字节和像素进行扰动。然而，由于可执行程序存在于离散空间中，对字节的任意扰动可能导致可执行程序不能正常运行。比如改变可执行程序的一个字节，如果这个字节来自 ELF 的 . text 部分，那么修改后的字节可能会导致函数参数改变或者产生坏的指令，以至于破坏程序的功能。因此，将对抗样本应用于恶意软件领域需要在构建二进制时特别注意。最重要的是，一个带有对抗样本的恶意软件必须包含与原始程序相同的恶意程序逻辑和功能。

带有对抗样本的恶意软件具有逃避性和恶意性。这就将恶意软件对抗样本与对抗性特征向量区分开来。虽然对抗性特征向量也能逃避检测器的检测，但没有直接的威胁性。Pierazzi 等人[184]认为，使用一个对抗性特征向量生成一个可执行文件是很困难的，并称之为逆特征映射问题。逆特征映射问题没有唯一的解。在简单的 n-gram 分类器的情况下，一个 n-gram 的添加可以通过多种方式来完成。然而，它们并不能保证都能产生一个包含与原始恶意软件样本相同的程序逻辑或可执行性的可执行文件。这个问题在黑盒攻击场景更加困难，因为攻击者对分类器的输入和内部结构一无所知。Pierazzi 等人解释说，有两种实用的恶意软件可以规避这个问题。①梯度驱动的方法，其中代码扰动对梯度的影响是近似的，并用于遵循梯度的方向；②问题驱动的方法，即首先随机应用突变，然后再采取进化的方法。

6.5.2.2 梯度驱动的方法

本节总结了使用梯度驱动的方法生成恶意软件对抗样本的相关工作。

编辑字节和元数据： 生成实用的恶意软件对抗样本的一种流行方法是在未使用的二进制空间中增加或改变字节。此外，这可以在头数据中进行，以改变头元数据而不影响原始功能。本节将回顾使用这种类型转换的拟议攻击。由于这些攻击集中在未使用或“不重要”（对执行而言）的字节上，因此它们不需要源代码来生成其规避的恶意软件样本。然而，除了 GADGET 之外，这些攻击仍然是白盒攻击，因为它们需要完全访问目标模型来计算梯度。

2018 年，Rosenberg 等人[203]提出了一个软件框架 GADGET，利用神经网络之间对抗样本的可转移性，将 PE 恶意软件转化为逃避性类型。其所提出的攻击假设了一个黑盒威胁模型，无法访问恶意软件的源代码。然而，该攻击假设目标模型需要一个 API 调用序列作为输入。为了生成对抗样本，GADGET 构建了一个替代模型，该模型通过基于雅各布的数据集增强进行训练（该模型由 Papernot 等人引入，作为针对自然图像分类器的攻击）。数据集增强创造了合成输入，帮助替代模型更好地接近目标黑盒模型的决策边界。这增加了攻击的可转移性的概率，因为替代模型和目标模型都会学到类似的分布。一旦替代模型被训练，通过在原始恶意软件的 API 调用序列中添加虚拟 API 调用来生成恶意软件对抗样本。因为所选择的 API 调用或其对应的参数对原始程序逻辑没有影响，作者将这些虚拟 API 调用称为语义 nops。需要注意的是，作者只添加了 API 调用，因为删除一个 API 调用会破坏程序的功能。假设原来的 API 调用序列是一个数组 $\boldsymbol{W}_0$，其中每个索引 $j \in [0, n]$ 包含一个 API 调用。这个过程的每次迭代 i 都会返回一个新的数组 $\boldsymbol{W}_i$。在第 i 次迭代中，一个 API 调用 d 被添加到 $\boldsymbol{W}_{i-1}$ 的某个索引 i，将其推向梯度指示的方向，作为代替模型的决策影响最大的方向。这将作用于 $\boldsymbol{W}_i$，其中 $\boldsymbol{w}_i[j+1:]=\boldsymbol{w}_{i-1}[j:]$ 因为在索引 j 后的前一个序列中的所有 API 调用基本上都被“推回”了。这种通过添加虚拟 API 调用来扰乱输入的方法确保了软件功能不会被破坏。为了从这个对抗性的 API 调用序列中生成实际的可执行文件，GADGET 实现了一个包装器，它可以链接所有的 API 调用。这些钩子根据需要从对抗性 API 调用序列中调用原始 API 以及虚拟 API。这些钩子确保产生的恶意软件对抗样本，能保持原始样本的功能和行为，因为原始样本在某种意义上被执行了。GADGET 对自定义模型进行了评估，包括逻辑回归、循环神经网络、全连接深度神经网络、卷积神经网络、支持向量机、提升决策树和随机森林分类器的变量。攻击产生的恶意软件能够逃避使用静态特征的分类器，如可打印字符序列。

Kolosnjaji 等人[119]提出了一种针对 MalConv 的白盒攻击，通过反复操作文件末尾的填充字节来生成 PE 恶意软件的对抗样本。虽然作者指出 PE 中任何位置的字节都可以被改变，但这需要对文件架构精确了解，因为一个简单的改变就可以破坏文件的完整性。出于这个原因，此方法提出的攻击只关注字节追加。其中本方法面临的一个挑战是，由于 MalConv 含有嵌入层带来的不可区分性。为了规避这个问题，作者提出了计算目标函数，相对于嵌入表示 z 的梯度来代替输入。每个填充字节都被一个最接近行 $\boldsymbol{m}$ 的嵌入字节 $\boldsymbol{g}(\eta)=z+\eta\boldsymbol{n}$ 代替，其中 $\boldsymbol{n}$ 是归一化梯度方向。但是，如果 $\boldsymbol{m}$ 在行上的投影没有与 $\boldsymbol{g}(\eta)$ 对齐，则选择下一个最接近的字节。通过只改变文件末尾的填充，本方法所提出的攻击不会改变程序逻辑或原始恶意软件样本的功能。然而，这也限制了攻击所允许的扰动总数。正如之前所解释的那样，MalConv 从二进制文件中提取的字节数最多为 d。如果二进制的大小小于 d，则提取的 k 字节有 $(d-k)$ 0xff 填充字节。这意味着，所提出的攻击会受到原始恶意软件样本大小的限制。本方法的简要算法如算法 6.12 所示。

算法 6.12 Kolosnjaji 等提出的恶意软件对抗样本算法

输入： $\boldsymbol{x}_0$(输入的恶意软件，其具有 k 个字节信息、$d-k$ 个填充字节)；q(可被植入的最大填充字节数量，$k+q \leq d$)；T(最大攻击迭代次数).

输出：恶意软件对抗样本 $\boldsymbol{x}'$

修改预期值 Δ
设 $\boldsymbol{x}=\boldsymbol{x}_0$
随机设置 x 中的前 q 个填充字节
repeat
　　迭代次数增加 $t \leftarrow t+1$
　　for $p=1,\cdots,q$ **do**
　　　　设置 $j=p+k$ 来索引填充字节
　　　　计算梯度 $w_j=-\nabla_{\phi}(\boldsymbol{x}_j)$
　　　　设置 $n_j=w_j/\|w_j\|_2$
　　　　for $i=0,\cdots,255$ **do**
　　　　　　计算 $s_i=n_j^{\mathrm{T}}(m_i-z_j)$
　　　　　　计算 $d_i=\|m_i-(z_j+s_i\cdot n_j)\|_2$
　　　　end for
　　设置 $\boldsymbol{x}_j$ 为 $\operatorname{argmin}_{i:s_i>0} d_i$
　　　　end for
until $f(x)<0.5$ or $t \geqslant T$
return $\boldsymbol{x}'$

Kreuk 等人[123]扩展了 Kolosnjaji 等人的工作，提出了一种给定对抗样本的 PE 恶意软件的重构方法。作者发现，从扰动 $\boldsymbol{z}^*$ 重建字节通常是非平凡的，因为 $\boldsymbol{z}^*$ 会失去与嵌入 $z \in Z$ 用于学习 M，即将填充字节映射到嵌入字节的函数。因此，Kruek 等人提出了一种新的损失函数，以确保扰动嵌入 $\boldsymbol{z}^*$ 将接近实际嵌入 M。这是通过在生成的嵌入内容和 M 之间的损失函数中引入一个距离项来实现的。

Demetrio 等人[54]提出的特征归因作为一种可解释的机器学习算法来理解机器学习模型做出的决策，特征归因基于 Sundararajan 等人[232]2017 年提出的集成梯度技术。给定目标模型 f，一个输入 $\boldsymbol{x}$ 和一个基准 $\boldsymbol{x}'$，集成梯度计算 $\boldsymbol{x}$ 的第 i 个特征为

$$\mathrm{IG}_i(\boldsymbol{x})=(\boldsymbol{x}_i-\boldsymbol{x}'_i)\int_0^1 \frac{\partial f(\boldsymbol{x}'+\alpha(\boldsymbol{x}-\boldsymbol{x}'))}{\partial \boldsymbol{x}_i}\mathrm{d}\alpha \tag{6.39}$$

因为这个积分是在 $\boldsymbol{x}$ 和 $\boldsymbol{x}'$ 之间的所有点上计算的，其中 $\boldsymbol{x}'$ 是一个好的基准，每个点 $\boldsymbol{x}$ 都会对 f 的分类做出一定的贡献。可以使用求和法来逼近这个积分。此外重要的一点，这些贡献是相对于所选基准 $\boldsymbol{x}'$ 计算的。dararajan 等人选择了一个空文件作为所提出的特征归因的基准。基准的另一个选项是一个零字节的文件。然而，这个选项被 MalConv 标注为恶意，概率为 20%，这违背了规定的基线约束。另外，Demetrio 等人观察了输入可执行文件的每个字节的归因，发现 MalConv 对二进制文件的 PE 头部分进行了大量的权重。Demetrio 等人利用这一点，提出了一种针对 MalConv 的白盒攻击，只改变恶意软件样本头部的字节。这种攻击使用了 Kolosnjaji 提出的相同的算法，但扰动的是文件头内未使用的

和可编辑的字节，而不是文件尾部的填充部分。

代码转化：只要不改变程序的功能和恶意行为，所提出的方法就可以用来改变恶意二进制文件的 . text 部分。以下攻击利用混淆技术来改变 . text 部分。

Park 等人[183]提出了一种白盒攻击，利用 x86 汇编中的 mov eax、eax 等语义 nops 来创建对抗性 PE 恶意软件实例。攻击的卷积神经网络使用可执行文件的图像表示作为输入。可执行文件的图像表示将每个字节视为一个像素，并使用字节的十进制值作为像素值。本方法所提出的攻击有两个步骤。①使用 FGSM 生成一个对抗样本。这个对抗样本是一个图像，可能与原始恶意软件样本的功能或恶意行为不一样。②原始恶意软件样本和生成的对抗样本图像被用作动态算法的输入，该算法使用 LLVM 传递插入语义 nops。类似于 Sara[206]工作中如何添加 API 调用以生成对抗性特征向量，动态算法添加语义 nops 的方式，使得生成的恶意软件样本的图像表示类似于步骤①中生成的对抗性图像。作者进一步表明，由于对抗样本和扰动的可转移性属性，这种攻击可以用于黑盒模型。作者使用一个简单的 2 层卷积神经网络作为替代模型，生成了同样可以躲避黑盒模型的恶意软件对抗样本，其中一个是使用字节级特征的梯度提升决策树。作者还提到，如果有恶意软件的源代码，攻击效果最好。然而，在没有源代码的情况下，二进制翻译和重写技术可以用来插入必要的语义 nops。需要注意的是，引入这些技术也会引入二进制提升过程中的构件。

6.5.2.3 问题驱动的方法

本节回顾了采取问题驱动的方法的恶意软件对抗样本算法。与前一小节类似，本节使用攻击可用的方式来组织内容。问题驱动的方法不需要通过白盒获取目标的梯度信息，故以下方法是黑盒攻击。

1. 编辑字节和元数据

Anderson 等人[5]提出了一种特别有趣的攻击方式，在这种攻击方式中，强化学习代理配备了一套 PE 功能保存操作。强化学习代理对产生逃避检测的恶意软件的行为进行奖励。通过这个策略，算法生成了一个创建回避恶意软件的策略。Anderson 所提出的攻击利用了以下不改变原始程序逻辑的操作：

- 导入表中添加从未使用过的函数。
- 更改节名称。
- 创建新的但未使用的节。
- 向节中未使用的空间添加字节。
- 删除签名者信息。
- 更改调试信息。
- 打包或解压二进制文件。
- 修改头文件。

利用这些操作，强化学习代理能够改变 PE 元数据、人类可读字符和字节直方图等内容。在训练阶段经过 5 万多次的迭代后，强化学习代理将根据一个梯度提升的决策树模型进行评估（该模型在分类恶意软件方面被证明是成功的）。对抗样本通过构造后应该是有效的，是具有功能性的。然而，这种攻击破坏了某些 Windows PE 中的功能，这些 PE 利用了不太常见的文件格式从而使用了混淆技巧，违反了 PE 标准。这可以简单地通过确保原始恶意软件样本可以被二进制工具框架正确解析来解决。

Song 等人[227]在生成恶意软件对抗样本时采取了不同的方法。其提出的攻击首先随机生成一个宏操作序列，并将它们应用到原始的 PE 恶意软件样本中。重复进行此操作，直到产生的转化恶意软件能够逃避检测。一旦恶意软件样本逃避检测，就从应用于它的宏操作序列中删除不需要的宏操作。这样做是为了最大限度地降低由于一些混淆技巧而意外破坏功能的概率。剩余的宏操作被分解成微操作，以便更详细地追踪导致恶意软件对抗样本的转换。宏操作包括以下几个方面：

- 将字节追加到二进制的末尾。
- 将字节追加到节末尾未使用的空间。
- 添加一个新的节。
- 重新命名一个节。
- 归零已签名的证书。
- 删除调试信息。
- 将头中的校验和值清零。
- 用语义等同的指令代替原有指令。

其中一些宏操作可以分解为一系列较小的操作，称为微操作。例如，添加字节的操作可以分解为每次添加一个字节的序列。通过分解每个宏操作，可以深入了解为什么某个操作会造成逃逸。所提出的方法没有利用对抗样本生成算法，如快速梯度下降或 C&W 攻击，而是试图提供一种针对机器学习模型的可解释的攻击。该方法对商业杀病毒软件进行了评估，发现其对包含静态和动态分析的分类器也是有效的。

2. 代码转化

Yang 等人[276]提出了构建 Android 恶意软件样本的两种攻击方式，以避开人工智能模型的检测，但其设计方法并没有使用机器学习算法，提出的演化攻击侧重于基于突变的上下文特征（由时间特征、区域特征和依赖特征组成）来模仿 Android 恶意软件的自然演化过程，并不针对误分类。通过混淆工具 OCTOPUS 将这些突变策略自动化，并大规模使用这些策略来识别目标分类器上的“盲点”。将恶意软件构成树结构，以分析集合内的共同特征和特异性特征。每一个特征突变都会根据可行性和频率进行排序，并进行分类。排名靠前的 x 特异性特征被用来生成新的恶意软件变种。作者还提出了一种特征混淆攻击来补充进化攻击。特征混淆攻击的目标是修改恶意软件样本，使某些特征与良性样本的特征相似。攻击首先收集一组混淆特征，或者说收集一组都有相同特征的恶意软件和良性软件样本。对于混淆特征集中的每个特征，记录包含该特征的良性和恶意样本的数量。如果有更多的良性样本，该特征就会被添加到目标特征列表中。然后，攻击将恶意软件样本突变为包含发现的目标特征，以增加被检测的概率。该方法是针对基于 Android 学习的恶意软件分类器 AppContext 和 Drebin 进行评估的。需要注意的是，虽然该攻击不需要白盒场景下的访问目标模型，但它需要恶意软件源代码和目标模型使用的特征知识。

Kucuk 等人[125]认为，恶意软件对抗样本必须避开基于静态和动态人工智能模型的检测。因此提出了一种针对 PE 恶意软件的攻击，利用虚假的控制流混淆和 API 混淆来避开使用静态和动态特征的模型检测。应用的控制流混淆基于 LLVM-Obfuscator。LLVM-Obfuscator，通过利用不透明的谓词和带有任意指令的假基本块来改变程序在 LLVM-IR 层的控制流。利用差分分析，作者找到了最佳的控制流混淆和假基本块来生成一个恶意软件对抗样本。利用 n-grams、操作码频率和导入的 API 调用扰乱了静态特征。攻击使用遗传算法最小化所需目标类的频率特征向量和恶意软件对抗样本之间的 Kullback-Leibler（KL）分歧。为了避开基于动态 API 调用的恶意软件检测器的检测，作者使用相同的遗传算法来确定哪些 API 调用必须被混淆，然后使用 Suenaga[229]所描述的技术对其进行混淆。此外，同样的遗传算法再次被用来确定额外 API 调用序列应该被添加到原始恶意软件样本的具体位置。

Pierazzi 等人[185]提出了一种针对 Android 恶意软件分类器 Drebin 的黑盒攻击。作者提出了一种问题空间方法，使用不透明谓词反复插入良性代码块来改变 Drebin 提取的特征。这些良性代码块是在攻击前通过分析训练集中的样本来初始化的，以寻找有助于负面或良性标签的代码序列。攻击通过可行性检查来约束，以避免过度的转换，这可能会增加被察觉的可能性。此外，使用 FlowDroid 和 Soot 插入代码块，从而减少修改痕迹。

HideNoSeek 代码转换攻击[68]与其他应用代码转换的攻击不同，它试图通过转换抽象语法树（Abstract Syntax Code，AST）来隐藏恶意的 JavaScript，使其看起来是良性的。攻击的开始是构建恶意和良性文件的 AST，以检测两个类之间共享的子 AST 或子图。为了创建对抗样本，HideNoSeek 利用随机化、数据混淆和不透明构造来插入良性外观的子 AST。攻击还可以重写现有的 AST，使其看起来是良性的。这些攻击是在黑盒模型中针对基于 Zozzle 的自定义分类器进行的，Zozzle 是一个贝叶斯分类器，使用从 JavaScript AST 中提取的特征。

6.6 对抗攻击与防御实现案例

具体实现案例，请扫下面二维码获取。

6.7 小结

本章对图像领域的对抗样本、文本领域的对抗样本以及其他领域的对抗样本进行了深入探讨，着重介绍了多种具有代表性的攻击和防御方法，期望读者能对不同领域汇总的对抗样本的生成和防御方法产生直观的了解，并能掌握一些简单的方法。

CHAPTER7

第7章

深度伪造攻击与防御

内容提要

7.1 深度伪造攻击与防御概述

深度伪造是一种通过使用自编码器或生成式对抗网络等高级深度学习工具伪造人的面部、表情、声音等，从而生成虚假图像或视频的数字处理技术。有了这项技术，只要能够访问大量数据，人们就可以很容易地创建逼真的虚假媒体内容。深度伪造技术常应用于电影制作、摄影、视频游戏以及虚拟现实等领域。然而，深度伪造技术也被某些人用于恶意目的，比如制作虚假视频来敲诈他人。

深度伪造一词起源于一个名为“deepfakes”的用户，该用户于2017年在社交网站上发布了第一个深度伪造视频，将一名著名女演员的脸替换到了色情演员的身上，对该名女演员的名誉造成了极大的影响。除了虚假视频之外，这些虚假内容还常被用于制造虚假新闻愚弄公众，对社会的安全造成极大的威胁。

对于演员这种公众人物制作的虚假视频，我们很容易判断视频的真假，或者很可能在网络上找到这些虚假视频的原始图像或视频。然而，如果虚假视频针对的是一个不为所知的人，并且网络上只有伪造的版本，那么验证视频的真假就变得非常困难。例如，如果攻击者自己拍摄一个视频，将视频中的人脸替换为目标人脸，就会出现这种情况。政府机构、执法机构、新闻行业，甚至大街上的普通人，都开始意识到这种技术所带来的潜在威胁。因此寻找高效、快速的深度伪造检测方法变得越来越重要，越来越有挑战性。

伪造内容的检测并不是一个新兴的话题，从摄影诞生之日起，图像处理也随之诞生。强大的图像或视频编辑工具，如 Photoshop、After Effects Pro 或 GIMP，已经存在很长时间。使用这种传统的信号处理方法，可以很容易地对图像进行修改，修改后的图像甚至可以骗过很多细心的观察者。多媒体取证的研究已经进行了至少 15 年，并受到越来越多的关注。2016 年，美国国防部国防高级研究计划局启动了大规模媒体取证计划，以推动音频和视频媒体的真实性和完整性研究，并在方法和参考数据集方面取得了重要成果。Facebook、微软以及人工智能联盟也合作发起了“深度伪造检测挑战”项目。此外，学术界也提出了很多关于深度伪造及其检测相关的论文。从网站 https://app.dimensions 获取到的数据显示，近年来关于深度伪造研究的学术成果显著增加。

本章将对深度伪造相关技术及其检测技术进行详细的介绍。首先在第一节对深度伪造相关的概念、发展和影响进行了简要的概述。第二节依据对面部操作级别的不同，着重阐述了四种不同程度的深度伪造人脸生成方法。第三节重点介绍了基于帧内和帧间差异的深度伪造人脸检测的主要策略。第四节主要介绍了深度伪造语音生成相关的技术及其对应的检测方法。第五节针对深度伪造人脸生成和检测介绍了简单的实现案例。第六节对本章内容进行了小结。

7.2 深度伪造人脸生成

人脸伪造技术根据对人脸的操作程度大致可分为四种类型，分别是人脸合成、身份交换、面部属性操作以及面部表情操作。本节按照从高到低的操作程度对四种面部操作进行介绍。

7.2.1 人脸合成

人脸合成旨在创造现实世界中完全不存在的面部图像，这种操作通常需要依赖以 GAN 为代表的深度生成模型来完成。表 7.1 总结了四种在人脸合成方面的公开数据集。四种不同的伪造数据集都基于 GAN 框架：ProGAN 框架和 StyleGAN 框架。每个伪造图像可以由特定的 GAN 指纹标识，就像自然图像由设备的指纹标识一样。上述四个数据集仅包含使用 GAN 框架生成的虚假图像，若要进行真伪检测实验，研究人员还需要从其他公开数据集（例如 CelebA、FFHQ、CASIA-WebFace 和 VGFace2）中获取真实的人脸图像。接下来我们对上述每个数据集进行详细介绍。

表 7.1　人脸合成公开数据集

数据集	真实图像	虚假图像
100K-Generated-Images(2019)	—	100 000(StyleGAN)
100K-Faces(2019)	—	100 000(StyleGAN)

（续）

数据集	真实图像	虚假图像
DFFD(2020)	—	100 000(StyleGAN)200 000(ProGAN)
iFakeFaceDB(2020)	—	250 000(StyleGAN)80 000(ProGAN)

100K-Generated-Images 数据集是由 Karras 等人[113]发布的一个包含 100 000 张由 StyleGAN 框架生成的虚假人脸的图像数据集。StyleGAN 框架在 ProGAN 框架的基础上进行了改进，引入了一种逐步改进生成器和判别器的训练方法。它提出了一种替代生成器框架，该框架可以自动学习人脸的高级属性（例如姿势、身份等），从而能够生成富有变化的虚假人脸（例如头发、雀斑等）。

100K-Faces 数据集包含 100 000 张虚假人脸，这些人脸均由 StyleGAN 框架生成。与 100K-Generated-Images 数据集相反的是，该数据集考虑到了更可控情况下的面部图像，如单一背景的图像，并使用来自 69 个不同模型的 29 000 张照片对 StyleGAN 框架进行训练。

DFFD 数据集[53]通过预先训练的 ProGAN 框架和 StyleGAN 框架，对整个人脸进行合成操作，分别创建了 100 000 张和 200 000 张虚假图像。

iFakeFaceDB 数据集[171]通过 StyleGAN 框架和 ProGAN 框架，分别生成了 250 000 和 80 000 张虚假人脸图像。与 DFFD 数据集不同的是，为了干扰深度伪造的检测器，该数据集通过 GANprintR 方法移除了 GAN 框架产生的指纹，同时还能保持非常逼真的外观。图 7.1 展示了使用 StyleGAN 框架直接生成的虚假图像及其在用 GANprintR 方法移除 GAN 指纹信息之后的改进版本。

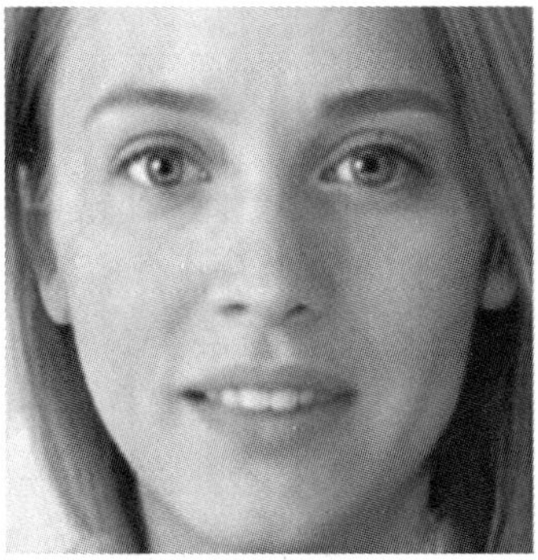

a）虚假人脸

b）去除指纹信息后的虚假人脸

图 7.1　虚假人脸以及移除 GAN 指纹信息后的虚假人脸

7.2.2　身份交换

身份交换是指将一个视频中的人脸替换成另外一个人的脸，也就是我们常说的换脸

(Face Swap)。由于公众对换脸操作的极大关注，换脸已成为当今最流行的面部操作研究方向之一。与人脸合成在图像级执行操作不同，身份交换的目标是生成逼真的虚假视频。随着深度生成模型的快速发展，许多换脸应用软件层出不穷。由于应用软件的易于使用性，无论是专业人士，还是计算机技能薄弱的新手用户，均可以生成高质量的换脸视频。

这些应用大多是基于深度学习技术开发的，深度学习能够表示复杂的高维数据。表 7.2 总结了目前流行的深度学习人脸交换工具及其特点。第一个深度伪造应用软件是由 Reddit 的一名用户开发的 FakeApp，它使用的是自编码器-解码器结构，该结构是一种深度神经网络，广泛应用于降维和图像压缩。该方法首先采用自编码器提取人脸的潜在特征，然后采用解码器对人脸图像进行重构。整个换脸过程需要两个编码器-解码器对，两对编码器-解码器分别使用源人脸和目标人脸数据集进行训练，其中两个编码器共享参数。这一方法使得编码器能够很容易找到两组人脸之间的相似性。图 7.2 展示了人脸交换的实现过程，将编码器 A 与解码器 B 连接，能够在源人脸 A 上重构出目标人脸 B。

表 7.2　深度伪造工具总结

工具	链接	主要特点
Faceswap	https://github.com/deepfakes/faceswap	使用两个编解码器对;编码器参数共享
Faceswap-GAN	https://github.com/shaoanlu/faceswap-GAN	将 VGGFace 中实现的对抗损失和感知损失添加到自编码器中
Few-Shot Face Translation GAN	https://github.com/shaoanlu/fewshot-face-translation-GAN	利用预训练的人脸识别模型提取潜在的嵌入信息,供后续 GAN 处理;合并 FUNIT 和 SPADE 中模块获得的语义先验
DeepFaceLab	https://github.com/iperov/DeepFaceLab	从 Faceswap 方法扩展新的模型,例如 H64、H128、LIAEF128、SAE;支持多种人脸提取模型,例如 S3FD、MTCNN、dlib 或手工
DFaker	https://github.com/dfaker/df	使用 DSSIM 损失函数重建人脸;基于 Keras 库实现
DeepFake tf	https://github.com/StromWine/DeepFake_tf	与 DFaker 类似,但基于 TensorFlow 实现
Deepfakes web	https://deepfakesweb.com/	身份交换商业网站

Faceswap-GAN 是一种用于深度伪造人脸交换的 GAN 框架，它将 VGGFace 框架中的对抗损失和感知损失添加到编解码器框架中。添加 VGGFace 框架中的感知损失，能够使得眼球运动更加真实，与输入人脸更加一致，使得最后产生的虚假视频质量更高。此外，为了使人脸检测更加稳定，人脸对齐更加可靠，Faceswap-GAN 框架还引入了 FaceNet 框架中实现的多任务卷积神经网络（Multi-Task Convolutional Neural Networks，MTCNN）。

表 7.3 总结了在身份交换方面的公开数据集。从最初的 UADFV 数据集，到最近的

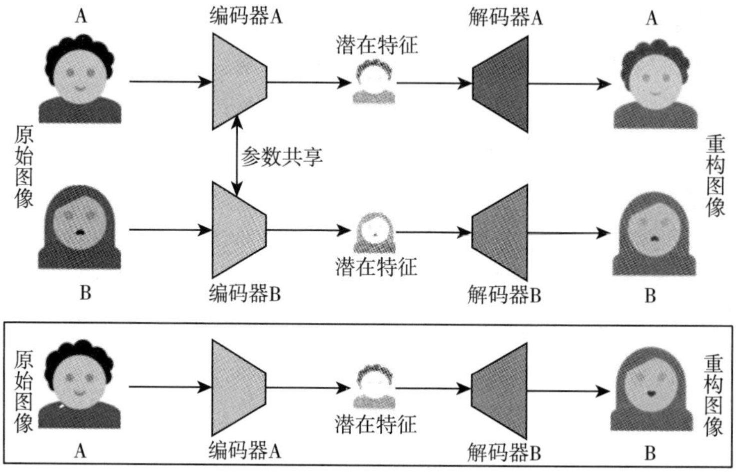

图 7.2　身份交换

Celeb DF 数据集和深度伪造检测挑战赛数据集（DeepFake Detection Challenge，DFDC），得益于公开数据集的发展，虚假视频的真实性得到了显著改善。身份交换数据集可以分为两代。第一代包含三个不同的数据集：UADFV、DeepfakeTIMIT、FaceForensics++。其中，UADFV 数据集包含来自 Youtube 的 49 个真实视频，作者根据这些视频，使用 FakeApp 应用程序创建了 49 个假视频，将所有视频中的原始人脸与尼古拉斯·凯奇的人脸进行了交换。因此，所有的虚假视频只有一个身份。每个视频代表一个人，且分辨率都为 294×500 像素，平均时长为 11.14s。第二个数据集 DeepfakeTIMIT[122] 包含来自 VidTIMIT 数据集的 32 个主题的 620 个虚假视频，这些虚假视频由公开的基于 GAN 框架的人脸交换算法生成。在这种方法中，使用 CycleGAN 框架作为生成网络，同时使用多任务卷积神经网络提高人脸检测和对齐的稳定性和可靠性。此外，还使用了卡尔曼滤波平滑处理帧与帧之间的人脸检测边框的位置，进而消除因交换人脸带来的人脸抖动。DeepfakeTIMIT 数据集中还包含两种不同质量的图像：64×64 像素的低质量图像和 128×128 像素的高质量图像。此外，针对不同质量的视频，还采用了不同的混合技术。

表 7.3　身份交换公开数据集

代次	数据集	真实视频	虚假视频
第一代	UADFV(2018)	49(Youtube)	49(FakeApp)
	DeepfakeTIMIT(2018)		620(Faceswap-GAN)
	FaceForensics++(2019)	1000(Youtube)	1000(FaceSwap)1000(DeepFake)
第二代	DeepFakeDetection(2019)	363(Actors)	3068(DeepFake)
	Celeb-DF(2019)	890(Youtube)	5639(DeepFake)
	DFDC Preview(2019)	1131(Actors)	4119(Unknown)

FaceForensics++是此类面部操作最流行的数据集之一，该数据集于 2019 年初被推出，是 FaceForensics 数据集的一个扩展。FaceForensics++数据集包含从 Youtube 上提取的 1000 个真实视频，以及基于此 1000 个真实视频分别使用 FaceSwap 方法和 DeepFake 方法生成的 2000 个虚假视频。FaceSwap 方法是一种基于计算机图形学的方法，经过人脸对齐、高斯-牛顿优化以及图像融合等步骤将源人脸交换成目标人脸。DeepFake FaceSwap 方法则是一种基于深度伪造的方法，其具有两个自编码器-解码器对，分别用来重建源人脸和目标人脸的图像。

由于第一代数据集视频质量较差且存在很多肉眼可见的瑕疵，为了提供更高质量的虚假视频，研究学者相继发布了许多更高质量的数据集，形成了第二代数据集。第二代数据集主要包括三个数据集，分别为 DeepFakeDetection、Celeb-DF 和 DFDC Preview。DeepFakeDetection 数据集包含来自 16 个不同场景中 28 个演员的 363 个真实视频，以及基于 DeepFake FaceSwap 方法实现的 3068 个虚假视频。Celeb-DF 数据集由 Li 等人[143]创建，主要由从 Youtube 中提取的 890 个真实视频和 5639 个虚假视频组成，其中虚假视频是通过开源 DeepFake 算法的改进版本生成的，提高了虚假人脸的分辨率，改善了肤色不一致等方面的问题。DFDC Preview 数据集是由 Facebook、微软、亚马逊和麻省理工学院及其他公司和学术机构合作发布的，它们在 2019 年年底发起了一个深度伪造检测挑战赛（DeepFake Detection Challenge，DFDC），并发布了一个预览数据集。该数据集由 66 名演员的 1131 个真实视频和 4119 个虚假视频组成，其中虚假视频由两种未知的深度伪造方法生成。

下面进一步讨论第一代和第二代深度伪造数据集之间的关键区别。一般来说，第一代虚假视频的缺点有：① 质量较差；② 合成人脸和原始人脸肤色不同；③ 合成人脸具有明显的边界；④ 能从合成人脸中看到来自原始视频的元素；⑤ 人物姿势单一，缺乏变化；⑥ 帧和帧之间连接不流畅。第二代数据集不仅在视觉上对这些问题进行了改进，而且在可变性方面，如野外场景，也做了许多改进。例如，DFDC Preview 数据集考虑到了不同的采集场景，如室内和室外、光照条件、白天、夜晚、人到相机的距离以及姿势变化等。

7.2.3　面部属性操作

面部属性操作主要是在图像中对面部的一些属性进行修改，例如修改头发或皮肤的颜色、性别、年龄以及添加眼镜等。可逆条件 GAN（Invertible Conditional GAN，IcGAN）是一种常见的操作面部属性框架，它结合了编码器与条件 GAN 框架（Conditional GAN，CGAN），主要用于复杂图像的编辑。IcGAN 框架虽然能够对属性进行准确的修改，但却严重改变了人的面部特征。

StarGAN 是由 Choi 等人[44]提出的一种增强框架。在此之前，图像域到图像域的转换已经取得了非常好的效果，但两个以上图像域的转换研究却很少。在这种情况下，最常见的方法就是为每一对图像域分别建立一个模型。而 StarGAN 框架只需要一个模型就可以实现多个图像域的转换。Choi 等人通过属性分类损失和循环一致性损失训练了一个条件属性迁移网络，取得了非常好的视觉效果。然而，这种方法有时会修改面部不希望被修改的部分，例如皮肤的颜色。

AttGAN 框架由 He 等人[87]提出，能够从潜在表示中去除严格的属性无关约束，只对生成的图像应用属性分类约束，以保证属性的正确变化。AttGAN 框架不仅能够提供逼真的面部属性，还可以保留其他的面部细节。通常，属性操作可以通过合并编码器-解码器方法或 GAN 框架来解决。然而，编码器-解码器方法中的瓶颈层通常产生模糊和低质量的操作结果。而 STGAN 框架[149]的提出，很好地解决了这一问题，它通过合并选择性传输单元与编码器-解码器方法，来同时提高属性处理能力和图像质量。因此，STGAN 框架目前已成为最流行的属性操作方法。到目前为止，DFFD 数据集是唯一可以进行面部属性操作的公开数据集。这个数据集包括 18 416 个通过 FaceApp 方法和 79 960 个通过 StarGAN 框架生成的虚假图像。

7.2.4 面部表情操作

面部表情操作也被称为面部重现，主要是修改人的面部表情。该领域最流行的操作技术是 Face2Face 和 NeuralTextures，唯一可用的数据集是 FaceForensics++。

FaceForensics 数据集中主要采用的是 Face2Face 方法，这是一种计算机图形学方法。它主要通过手动选择关键帧，来实现将源视频中人物的表情转换为目标视频中人物的表情。首先从每个视频的第一帧中获取一个临时的人脸身份，然后捕捉其余帧上的表情。最后，将源视频每一帧的表达式参数传递到目标视频中，最终生成一个虚假视频。后来，作者又在 FaceForensics++数据集中实现了一种基于神经纹理的学习方法。比较特别的一点是，作者在实现过程中采用了基于补丁的 GAN 损失，只修改了嘴部区域对应的面部表情。

除了 Face2Face 和 NeuralTexture 方法，还有一些其他可以改变图像和视频中的面部表情的方法。其中一个非常流行的方法是由 Averbuch-Elor 等人[10]提出的，他们使用不同主体的视频模拟静止肖像，将视频主体的丰富表情转换到目标肖像上。与 Face2Face 和 NeuralTexture 方法不同，此方法只需要输入源视频和目标图像。

最后介绍其他几种流行的图像编辑方法。这些方法可以很容易地改变微笑的程度，或将目标人物表情从高兴变为愤怒。这些方法基于当前的 GAN 框架，例如，StarGAN 框架可以将输入图像中的表情转换为不同表情，如愤怒、快乐、中性、悲伤、惊讶和恐惧。还有一些其他能够同时对虚假图像的图像质量进行改进，以及控制编辑参数的框架，例如 Inter-FaceGAN、UGAN、STGAN 和 AttGAN 等框架。

7.3 深度伪造人脸检测

视频通常是由一帧一帧的画面组成的，而深度伪造一般通过逐帧的方式对视频中人物的面部区域进行篡改，在帧内部留下一些视觉伪影和噪声。同时，帧与帧之间也会出现人物时空状态连续性不一致问题。这些残留的痕迹为深度伪造的检测提供了很多依据。本节主要针对这两种情况的检测方法进行详细的介绍。

7.3.1 基于帧内差异的检测方法

深度伪造图像或视频通常选择篡改人脸的面部中心区域，而非整个面部。因此，图像或视频中伪造的人脸中心区域和面部边缘真实区域之间无法很好地融合，可能会出现亮度、颜色等差异。基于这种差异，利用机器学习算法、深度学习模型或其他的分类算法能够很好地对真伪视频进行区分。本节重点介绍三种基于此类方法的检测技术。

7.3.1.1 基于三维头部姿态的检测方法

一般的人脸合成模型在生成虚假人脸时，通常创建不同人的面孔，但保持原始人脸的面部表情。然而，神经网络合成算法并不能保证原始人脸和合成脸具有一致的面部关键点，这些关键点对应人脸上眼睛和嘴角等重要结构的位置。因此，借助关键点的不同[277]，便可以检测出一张人脸是否为神经网络伪造的。

深度伪造人脸的常规制作过程为：①向人脸生成模型中输入一张包含人脸的图片（或者视频里的一帧）；②利用人脸检测器检测出人脸的边界框，进而检测出面部关键点；③通过最小化中心面部关键点到标准关键点位置的对齐误差，利用仿射变换 $\boldsymbol{M}$ 将面部区域拉伸到一个标准位置，这一过程称为面部对齐；④将这张图像裁剪成 64×64 像素大小，并将其输入到深度生成神经网络中合成虚假人脸；⑤对合成的人脸进行 $\boldsymbol{M}^{-1}$ 变换，便可以替换原始人脸；⑥通过边界平滑等后处理方法，创建一个深度伪造图像或视频帧。

在深度伪造人脸生成过程中，由于在人脸中心区域交换了人脸，使得虚假人脸的关键点位置偏离原始人脸。首先将人脸中心区域 $\boldsymbol{P}_0$ 中的关键点仿射变换为 $\boldsymbol{P}_{0\text{in}}=\boldsymbol{M}\boldsymbol{P}_0$。经过生成神经网络后，虚假人脸上对应的关键点为 $\boldsymbol{Q}_{0\text{out}}$。

由于深度伪造神经网络不保证关键点匹配，且人的面部结构不同，生成的人脸关键点 $\boldsymbol{Q}_{0\text{out}}$ 与 $\boldsymbol{P}_{0\text{in}}$ 的位置可能不同。通过对比 64×64 像素的 795 对图像中 51 个中心区域关键点，可以得出输入到输出的平均平移量以及标准差。经过精确变换 $\boldsymbol{Q}_0=\boldsymbol{M}^{-1}\boldsymbol{Q}_{0\text{out}}$ 后，虚假人脸中的关键点位置 $\boldsymbol{Q}_0$ 与原始人脸中相应关键点 $\boldsymbol{P}_0$ 存在差异。但是，由于深度伪造模型只在人脸中央区域交换人脸，所以在人脸外轮廓上关键点的位置将保持不变。虚假人脸的中心轮廓和外部轮廓之间的不匹配意味着从中心和整个面部关键点估计出的三维头部姿势不一致。在真实图像中，中心区域和整个面部区域的头部姿势差异较小，而在虚假图像中则较大。

基于面部关键点集估计的头部姿态与面部中心区域的头部姿态之间的差异，可训练出支持向量机分类器，用于区分深度伪造图像与真实图像。

7.3.1.2 基于频域分析的检测方法

基于频域分析的图像处理方法在图像分析、图像滤波、图像重建和图像压缩等方面有着广泛的应用。本节将详细介绍频域分析在深度伪造检测方面的应用，使用频域分析进行深度伪造检测的总体流程如图 7.3 所示[62]。

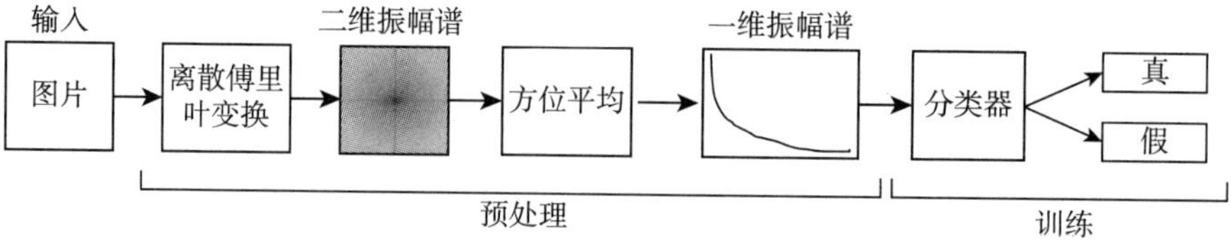

图 7.3　基于频域分析的检测流程

首先对图像进行离散傅里叶变换（Discrete Fourier Transform，DFT），得到二维的振幅谱。离散傅里叶变换能够将一个离散信号分解成各种频率的正弦分量。其过程为在离散信号的等距点上进行采样，对这些采样点进行连续傅里叶变换，进而转换为离散模拟。对于尺寸为 $M\times N$ 的二维数据，计算过程如下：

$$X_{k,l}=\sum_{n=0}^{N-1}\sum_{m=0}^{M-1}x_{n,m}\quad e^{-\frac{2i\pi}{N}kn}e^{-\frac{2i\pi}{M}lm} \tag{7.1}$$

信号的频域表示 $X_{k,l}$ 包含关于信号在每个频率上的振幅和相位的信息。

在对样本图像进行傅里叶变换后，图像的信息虽然在一个新的域内表示，但维度却没有改变，输出仍然包含二维信息。因此，本方法采用方位平均来计算快速傅里叶变换功率谱，进而得到图像信息的一维表示，该方法可以看作将相似的频率分量压缩、收集并通过计算平均值得到一个特征向量。通过这种方法，可以在不丢失相关信息的情况下减少特征的数量。此外，通过压缩相似的频率分量，可以使输入数据的表示方式更为健壮，通过方位平均得到一维振幅谱之后，利用分类算法（例如逻辑回归、支持向量机等）来检测该图像是否是伪造的。

7.3.1.3　基于胶囊网络的检测方法

基于胶囊网络的检测方法[172]既适用于图像，也适用于视频。对于视频输入，需要在预处理阶段将视频分割成帧，然后从帧中获得分类结果，即后验概率，并在后处理阶段计算概率的平均值，得到最终结果。其余流程与图像检测相同。整个检测流程如图 7.4 所示。在预处理阶段，利用人脸检测器检测人脸区域并将其缩放到 128×128 像素。使用 VGG-19 网络来提取潜在特征，然后将这些特征作为胶囊网络的输入。

本方法采用的网络结构由三个主要的胶囊和两个输出胶囊组成，两个输出胶囊中一个用于真实图像，一个用于虚假图像。VGG-19 网络提取图像的潜在特征，这些特征被分配到三个主要胶囊，如图 7.4 所示。然后将三个主要胶囊的输出（$\boldsymbol{u}_{j|i}$）动态路由到输出胶囊（$\boldsymbol{v}_j$），路由过程如算法 7.1 所示。该网络约有 280 万个参数，这对此类网络来说已经是一个相对较小的数字。在迭代路由之前，向三维权重张量 $\boldsymbol{W}$ 添加随机高斯噪声，并增加一个额外的 squash。增加的噪声有助于减少过拟合，而额外的 squash 可使得网络更加稳定。

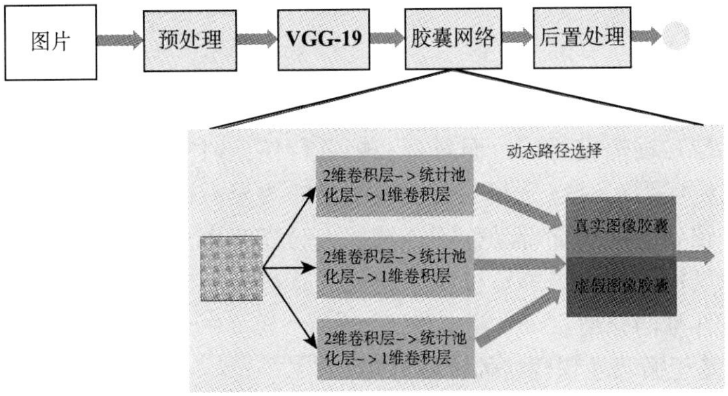

图 7.4 基于胶囊网络的检测流程

$$v_j = \mathrm{squash}(s_j) = \frac{\parallel s_j \parallel^2}{1 + \parallel s_j \parallel^2} \frac{s_j}{\parallel s_j \parallel} \tag{7.2}$$

算法 7.1 动态路由算法

输入：$u_{j|i}, W, r$

输出：v_j

1：$\hat{W} \leftarrow W + \mathrm{rand}(\mathrm{size}(W))$

2：$\hat{u}_{j|i} \leftarrow \hat{W}_i \mathrm{squash}(u_{j|i}), W_i \varepsilon \mathbf{R}^{m \times n}$

3：**for** 所有输入胶囊 i 和所有输出胶囊 j **do**

4：　　$b_{ij} \leftarrow 0$

5：**end for**

6：**for** r 迭代次数 **do**

7：　　**for** 所有输入胶囊 i **do**

8：　　　　$c_i \leftarrow \mathrm{softmax}(b_i)$

9：　　**end for**

10：　　**for** 所有输出胶囊 j **do**

11：　　　　$s_j \leftarrow \sum_i c_{ij} \hat{u}_{j|i}$

12：　　**end for**

13：　　**for** 所有输出胶囊 j **do**

14：　　　　$v_j \leftarrow \mathrm{squash}(s_j)$

15：　　**end for**

16：　　**for** 所有输入胶囊 i 和输出胶囊 j **do**

17：　　　　$b_{ij} \leftarrow b_{ij} + \hat{u}_{j|i} \cdot v_j$

18：　　**end for**

19：**end for**

20：**return** v_j

7.3.2 基于帧间差异的检测方法

由于视频伪造是逐帧进行的，而对每一帧进行伪造时很难兼顾前后的帧序列，因此深度伪造视频的帧序列在时空分布上会出现明显的差异。这种差异具体表现为在播放深度伪造视频时，很容易出现面部动作不连续、人脸亮度出现变化等问题。基于这种时空状态的差异，深度伪造视频很容易被序列相关的算法检测出来。本节将对此类方法的三种检测技术进行详细的介绍。

7.3.2.1 基于循环卷积网络的检测方法

基于循环卷积网络的检测方法[205]大体可分为两个步骤，分别为预处理和检测，如图 7.5 所示。其中，预处理主要是对视频帧中的面部进行裁剪和对齐操作，然后基于这些处理过的面部区域进行深度伪造检测。接下来对这两个步骤进行详细的介绍。

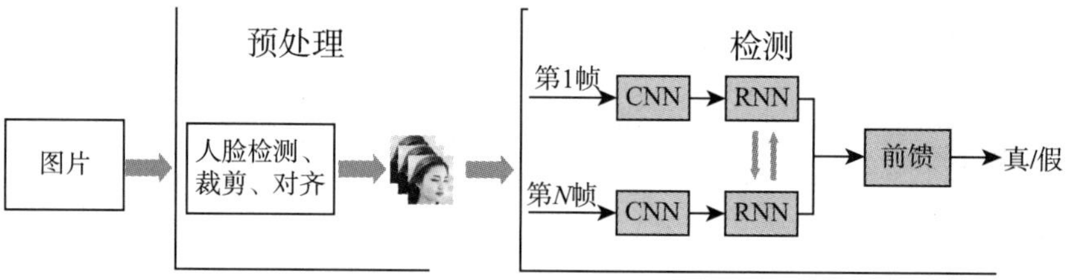

图 7.5 结合 CNN 网络和 RNN 网络的检测流程

首先，使用遮罩裁剪面部区域，然后对裁剪的面部区域进行面部对齐操作。面部对齐技术主要有两种，一种是基于面部关键点的显式对齐，另外一种是基于仿射变换的空间变换网络（Spatial Transformation Network，STN）的隐式对齐。基于面部关键点的显式对齐主要通过相似变换（四个自由度）将人脸图像进行对齐。首先选择一组位于面部最具辨识性特征的关键点，如眼角、鼻尖和嘴角，然后通过相似变换将人脸进行对齐。STN 网络主要利用可学习的仿射变换参数对数据进行空间对齐，它可以被插入到深度学习网络的特征图之间。STN 网络由三个部分组成，分别是定位网络、网格生成器和采样器。定位网络预测仿射变换参数，网格生成器和采样器利用仿射参数对输入特征图进行变换，生成输出特征图。

由于深度伪造操作通常是逐帧进行的，因此伪造视频帧和帧之间会出现时间上的差异。在检测方面，该方法使用了循环卷积网络，该网络可利用帧间的时间差进行检测，其中输入是视频的帧序列。为了端到端的训练，选择了 ResNet 网络作为 CNN 网络中的一个模块，它的优点是容易训练，且深度伪造图像表现出的是低层次特征，如不连贯的下颌轮廓、模糊的眼睛等，其不具备高层次的面部语义特征。因此，使用 ResNet 网络已经足够学习到它的特征。然后使用 RNN 模块对 CNN 模块进行扩展，最后在多种策略下进行端到端训练。将 RNN 模块放在 CNN 主干网络的不同位置，它将主干网络连接在一起，充当特征学习器，随着时间的推移主干网络将特征传递给聚合输入的 RNN 子网络。

7.3.2.2 基于卷积长短时记忆网络的检测方法

卷积长短时记忆网络[80]有两个重要的组成部分，分别是用于帧特征提取的卷积神经网络和用于时间序列分析的长短时记忆（Long Short Term Memory，LSTM）网络。如图 7.6 所示，给定一个图像序列，首先利用 CNN 网络提取每一帧的一组特征。该方法采用 InceptionV3 作为卷积神经网络，去掉网络顶部的全连接层，使用 ImageNet 数据集预训练模型直接输出每一帧的深度表示，最后一个池化层输出的 2048 维特征向量作为后续 LSTM 网络的输入。

LSTM 网络接受一个 2048 维的特征向量序列作为输入，对序列的时序状态进行学习。LSTM 网络后面是一个具有 512 个神经元的全连接层，其对帧序列特征进行特征加权。最后，LSTM 网络使用 Softmax 层来计算视频伪造的概率。

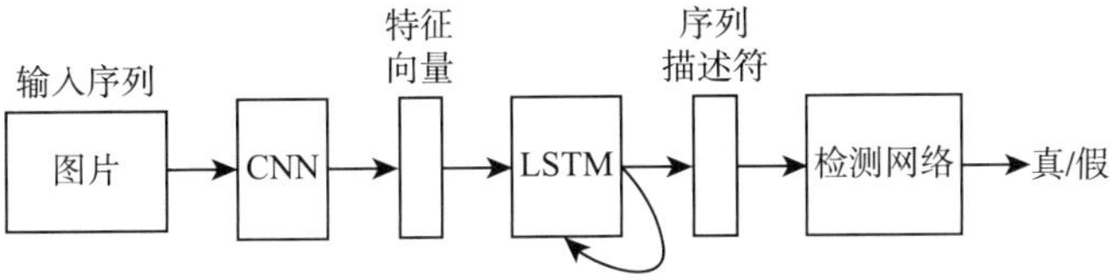

图 7.6 基于卷积 LSTM 网络的检测流程

7.3.2.3 基于眨眼频率的检测方法

深度伪造算法通常使用网上公开的人脸图像进行训练，而这些图像中的人眼通常是睁开的。因此，深度伪造视频中人的眨眼频率要明显低于普通人。基于这种现象，可以采用一种基于眨眼频率的检测方法[141]来检测一个视频是否是深度伪造的。

首先对视频进行预处理，将视频分解成帧，然后使用人脸检测器在每一帧中检测出面部区域。从每个检测到的面部区域中提取具有重要结构信息的面部关键点，如眼睛、鼻子、嘴和脸颊轮廓等。视频帧中的头部运动和人脸方向的变化会干扰人脸分析。因此，首先使用基于关键点的人脸对齐算法将人脸区域对齐到统一的坐标空间。从对齐后的人脸区域中，可以提取出眼睛轮廓关键点周围的矩形区域，放入新的输入帧序列中，如图 7.7b 所示。然后，将裁剪后的眼部区域序列放到长期递归卷积网络（Long-Term Recurrent Convolutional Network，LRCN）中进行预测。

如图 7.7c 所示，LRCN 网络由三部分组成，分别是特征提取模块、序列学习模块以及状态预测模块。特征提取模块是一个 CNN 网络，它将输入的眼睛区域转换为可识别的特征，其输出被输入到基于长短时记忆单元递归神经网络（Long Short Term Memory-Recurrent Neural Network，LSTM-RNN）的序列学习模块中。LSTM 网络是一种内存单元，它控制何时以及如何忘记以前的隐藏状态，何时以及如何更新隐藏状态。在最后的状态预测阶段，将每个 RNN 网络中神经元的输出进一步发送到由全连接层组成的神经网络，该神经网络接收 LSTM 网络的输出，预估眼睛睁开和关闭的状态，分别用 0 和 1 表示。

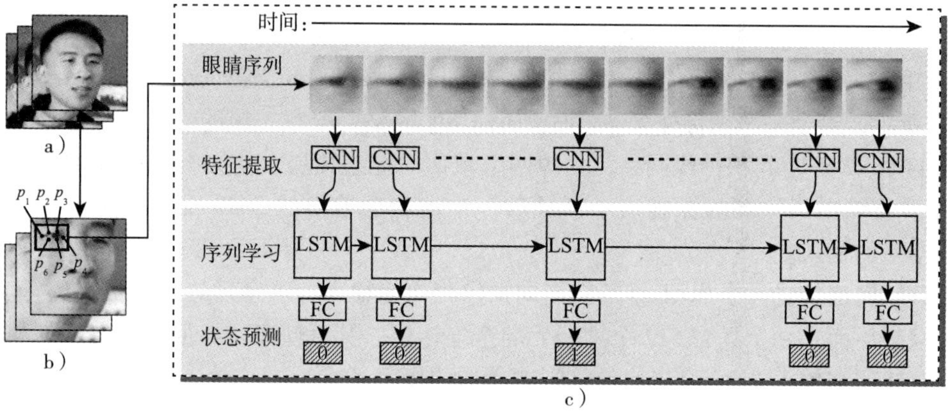

图 7.7　基于 LRCN 的检测流程

7.4　深度伪造语音生成与检测

7.4.1　深度伪造语音生成

人工智能合成音频操作也是一种深度伪造，它可以克隆一个人的声音，并用这个声音说一些离谱的话，但事实上这个人从来没有说过。最新研究表明，人工智能合成算法能够产生几乎无法与真实语音区分的虚假语音。

现如今，合成语音被广泛应用于不同领域，例如电视和电影的自动配音、聊天机器人、人工智能助理、文本阅读器以及为语音障碍人士提供的个性化合成语音。然而，也有一些人将其用于恶意目的，例如虚假新闻、利用合成语音进行欺诈等。音频合成是一种更复杂的语音合成技术，它将人工智能和人工编辑技术结合了起来。例如，首先利用语音合成模型，如 Tacotron、Wavenet 或 AdobeVoco，生成与受害者语音相似的虚假语音，然后利用音频编辑软件，将原始音频和合成音频的片段进行组合，从而产生真实度更高的音频。本节列出了语音合成的最新进展，并介绍了在语音合成领域取得的重大成果以及带来的潜在威胁。

语音合成指的是一种能够利用给定输入合成语音的技术，即文本到语音（Text To Speech，TTS）或语音到语音的转换（Voice Conversion，VC）方法。TTS 方法可以从给定的输入文本中合成说话人的自然声音，从而使声音能够更好地用于人机交互。VC 方法通过修改源说话人的音频波形，使其听起来像目标说话人的声音，同时保持语音内容不变。

目前来说，语音合成最常用的方法是级联方法和参数化方法。级联 TTS 系统主要是将语音片段分割成小片段，然后将其串联成新的语音片段。但这种方法由于不可扩展性和不一致性，现已逐渐被淘汰。而参数化模型强调从给定的文本输入中提取声学特征，并使用声码器将其转换为音频信号。由于语音参数化性能的提高、声道建模和深度神经网络的实现，参数化 TTS 系统取得的显著成果使得它已成为当前语音合成领域的主流技术。图 7.8 展示了参数化 TTS 系统的工作流程。

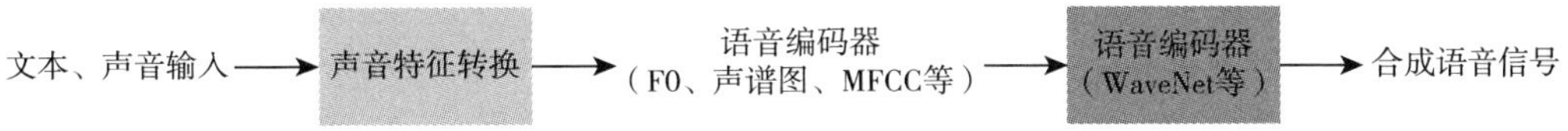

图 7.8　参数化 TTS 系统的工作流程

在过去的几年里，由于深度学习技术的进步，TTS 系统生成语音的自然性和质量有了显著的提高，最具代表性的模型有 WaveNet、Tacotron 和 DeepVoice3，它们可以通过文本输入生成逼真的合成语音，从而增强人与机器之间的交互体验。WaveNet 模型[175]由 DeepMind 公司于 2016 年开发，由 pixelCNN 网络演变而来。WaveNet 模型是一种概率自回归模型，通过使用先前产生的样本概率来确定当前声信号的概率分布。膨胀因果卷积层是 WaveNet 模型最主要的模块，如图 7.9 所示，它用于保证 WaveNet 模型只能使用从 0 到 t-1 的采样点来预测新的采样点。虽然 WaveNet 模型能够生成高质量的音频，但它也有以下几个问题：①生成过程比较耗时，因为新信号的生成依赖于所有先前生成的样本；②WaveNet 模型对语音特征具有很高的依赖性，这会对合成过程产生负面影响。为了解决上述问题，Deep Voice 1 模型[8]引入了平行波网络来提高采样效率，新模型能够熟练地产生高保真音频信号。Deep Voice 1 也是一种基于深度学习的语音合成模型，它是 WaveNet 模型的一个变体，主要通过相关的神经网络模型替换包含音频信号处理、语音发生器或文本分析前端在内的每个模块。由于它的各个模块是独立训练的，因此，它并不是一个真正意义上的端到端语音合成系统。

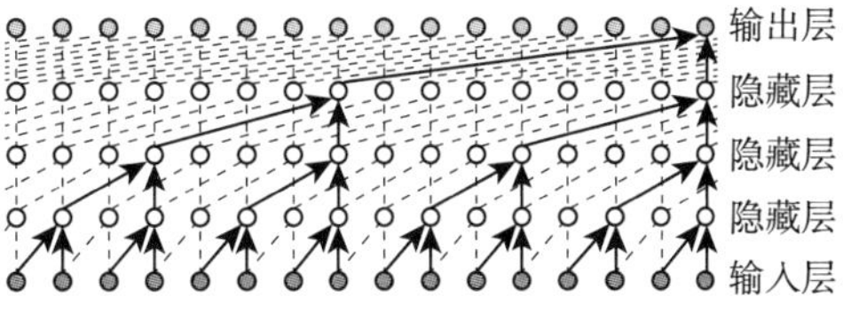

图 7.9　膨胀因果卷积层

2017 年，谷歌推出了一个端到端语音合成模型 Tacotron[258]。Tacotron 模型可以通过给定的<text，audio>对从头开始完全训练。并且，它不需要音素级别的对齐，因此可以扩展到其他带有转录文本的音频数据。与 WaveNet 类似，Tacotron 模型是一个生成模型，由 Seq2Seq 模型组成，该模型包含一个编码器、一个基于注意力机制的解码器和一个后处理网络。该框架接受字符作为输入，生成原始的频谱图，然后将其转换为波形。该模型采用 Griffin-Lim 技术，通过迭代计算频谱图中的相位数据来重建声信号。尽管 Tacotron 模型已经获得了很好的性能，但它有一个潜在的局限性，即必须采用多个循环分量单元，这些单元的加入使得它的经济效率低下。Deep Voice 2[71]是一种结合 Tacotron 模型和 WaveNet 模型的语音合成技术，它首先利用 Tacotron 模型将输入文本转换为线性频谱图，然后通过 WaveNet 模型将其转换为语音。

Yasuda 等人[280]提出了 Tacotron2 模型进行语音合成，它能够产生与人类录音非常接近的音频，达到了很高的平均主观意见分（Mean Opinion Score，MOS）。Tacotron2 模型由一个递归的序列到序列特征预测网络组成，该网络将字符表征映射到梅尔标度谱图。该框架的其余部分是一个改进的 WaveNet 模型，该模型被用来作为声码器，其利用频谱图合成时域波形。为了解决基于递归单元的语音合成模型带来的时间复杂性，Wei 等人[186]提出了一种全卷积的模型 Deep Voice 3 模型，其可以将字符转化为谱图。Deep Voice 3 模型采用了完全并行的计算方式，因此它具有比其他使用循环单元的模型更快的运行速度。Deep Voice 3 模型主要由三个模块组成：① 全卷积编码器，接受文本作为输入并将其转换为内部学习表征；② 全卷积解码器，以自回归方式利用多跳卷积注意力机制将学习表示解码为低维度的音频表示；③ 转换器，是一个由全卷积构成的后处理网络，从解码器隐藏状态预测最终声码器的参数（取决于声码器选择）。与解码器不同，转换器是非因果的，因此它可以依赖未来的上下文信息。

语音合成另一个比较出名的模型是 VoiceLoop[238]，它使用一个记忆框架来生成训练过程中没出现过的语音。VoiceLoop 模型将移位缓冲器当作矩阵来进行运算，从而构建语音存储器。文本字符串被其特征化为一个音素列表，随后被解码为短向量的形式。新的上下文向量是通过评估结果音素的编码并将它们相加而产生的。VoiceLoop 模型与其他语音合成模型的一些区别是其包含了一个移位缓冲器来代替传统的 RNN 网络，所有程序之间共享内存，以及所有处理过程都使用浅层的、完全连接的网络。这些特性使得 VoiceLoop 模型适用于在嘈杂环境中录制的声音。上述功能强大的端到端语音合成器模型已经部署到大规模商业产品中，如谷歌云 TTS 系统、亚马逊 AWS Polly 和百度 TTS 系统。

Jia 等人[106]提出了一种基于 Tacotron2 的 TTS 系统，它能够利用不同演讲者的声音生成音频，包括训练集中不存在的演讲者。该框架由三个独立的神经网络组成：① 演讲者编码器网络，在数千个演讲者的带噪声数据集上进行训练，不需要文本数据，可以利用几秒的语音生成一个表征向量；② 基于 Tacotron2 的序列到序列的合成器，根据演讲者的表征向量，从文本中生成梅尔谱图；③ 基于 WaveNet 的自回归声码器神经网络，可以将频谱图转换为时域波形。Arik 等人[7]提出了一种基于 Deep Voice 3 的语音克隆系统，它可以通过使用少量录制的音频样本来生成任何目标的克隆语音。这种系统由两个模块组成：演讲者自适应器和演讲者编码器。演讲者自适应器采用的是微调后的多演讲者生成框架。演讲者编码器则是一个独立训练的模型，它计算出一个新的演讲者表征，然后将其输入到多演讲者生成模型中。

这些模型的目标都是使合成语音和人声高度相似。这些经典的面向内容的 TTS 系统正逐步向个性化语音方向发展，最终目标将是用听起来自然的语音代替非自然的机器语音来改善人机交互。

7.4.2　深度伪造语音检测

虽然语音合成能够帮助我们进行更好的人机交互，为我们的生活提供极大的便利，但语音合成的滥用也存在一些安全风险，可能导致个人身份的信息泄露以及名誉的损坏等问题。本节主要介绍几种主流的深度伪造语音检测方法。

Chen 等人[37]提出了一种基于大边缘余弦损失函数（Large Margin Cosine Loss，LMCL）和在线频率屏蔽增强的合成语音检测技术。该技术在训练过程中使用在线频率屏蔽技术来随机丢弃$[f_0, f_0+f)$范围内的连续频率带。其中，f 服从均匀分布$[0, F]$，F 表示需要屏蔽的最大频率通道数；f_0 服从均匀分布$[0, v-f]$，v 表示输入原始线性滤波器组（Linear Filter Bank，LFB）的频率通道总数。f 和 f_0 是随机选取的，并且训练期间两者的值在每个小批次中都不相同。在每个小批次内的所有训练样本上使用相同的频率掩码。创建频率掩码后，在滤波器组和频率掩码之间进行元素乘法运算，从而将所选频率通道的值设置为零。

LMCL 损失函数的目的是将 Softmax 损失转化为余弦损失，并在余弦空间中注入余弦值，迫使深度学习神经网络能够最大化类间方差和最小化类内方差的特征表征。LMCL 损失函数的定义为

$$L_{\mathrm{lmc}} = \frac{1}{N}\sum_i - \log \frac{\mathrm{e}^{s(\cos(\theta_{y_i}, i)) - m}}{\mathrm{e}^{s(\cos(\theta_{y_j}, i)) - m} + \sum_{i \neq y_i} \mathrm{e}^{s(\cos(\theta_j, i))}} \tag{7.3}$$

其中，$\cos(\theta_j, i)$服从

$$\cos(\theta_j, i) = \boldsymbol{W}_j^{\mathrm{T}} \boldsymbol{x}_i, \boldsymbol{W} = \frac{\boldsymbol{W}^*}{\|\boldsymbol{W}^*\|}, \boldsymbol{x} = \frac{\boldsymbol{x}^*}{\|\boldsymbol{x}^*\|} \tag{7.4}$$

其中，N 是训练样本数量，$\boldsymbol{x}_i$ 表示归一化后的第 i 个特征，$\boldsymbol{W}_j$ 表示第 j 类对应的权重向量，s 和 m 是余弦空间中余弦边界的超参数。

整个检测流程如图 7.10 所示。首先，将原始音频输入 60 维的滤波器组，并将滤波器组的输出输入到 ResNet 网络中生成深度特征表示。然后，将特征表示进行长度标准化，

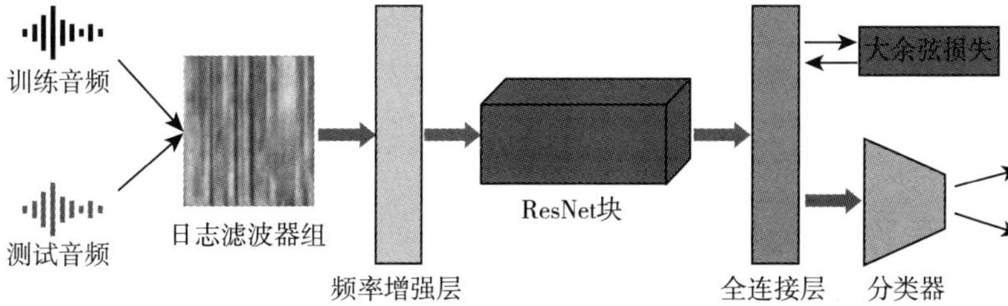

图 7.10　基于大边缘余弦损失函数和频率增强的检测流程

再输入后端分类器中进行检测。后端分类器是由一个具有 256 个神经元的全连接层、批次归一化层、Dropout 层和一个 Softmax 输出层组成的神经网络。这种检测技术虽然取得了很好的音频检测效果，但在存在噪声的情况下性能表现不佳。

Huang 等人[94]提出了一种音频重放欺骗攻击检测方法。该方法结合了分段线性滤波器组特征提取和增强注意力的 DenseNet-BiLSTM 网络。首先，利用短期过零率和能量从每个语音信号中识别无声段。然后，从相对高频域的指定段中计算出滤波器组中的关键点。最后，建立一个注意力增强的 DenseNet-BiLSTM 网络来定位音频操作。该方法可以避免过拟合，但代价是计算成本高。

Wu 等人[266]提出了一种基于真实化轻量卷积神经网络（Lightweight Convolutional Neural Network，LCNN）的深度伪造语音检测方法，如图 7.11 所示。首先，使用语音的对数功率谱（Logarithmic Power Spectrum，LPS）作为真实转换器的输入。真实化转换器是一个 CNN 网络，主要由两部分组成，分别是编码器和解码器。在编码阶段，输入信号首先通过多个卷积层进行压缩，然后通过激活函数 leaky ReLU 得到卷积结果。解码阶段先反卷积，然后再使用 ReLU 激活函数激活。通过这种方式，转换器就像自编码器一样能够学习真实语音的特征分布。真实化转换器并不改变真实语音的特征，而是将虚假语音映射到不同的输出，最大限度地放大真实语音和虚假语音的差异。真实化转换器将输入的对数功率谱转换为真实化的特征，作为后续 LCNN 网络的输入。LCNN 网络采用最大特征图（Max Feature Map，MFM）作为激活函数，最大特征图的优点在于它能够学习密集的特征。此外，最大特征图利用 max 函数抑制少量神经元的激活，使得基于最大特征图的 CNN 网络不仅轻量而且鲁棒性很高。这种方法虽然鲁棒性很好，但它无法处理重放攻击。

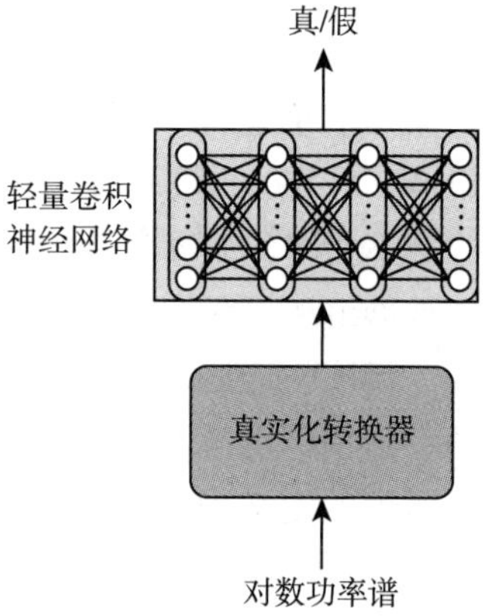

图 7.11　基于真实化轻量卷积神经网络的检测流程

Lai 等人[128]提出了一种基于注意力滤波网络的音频重放攻击检测方法。首先将注意力过滤网络用于关键点处理，在此基础上训练基于 ResNet 网络的分类器来检测重放攻击。该方法虽然对语音变化检测具有很高的鲁棒性，但其性能还需进一步提升。Yang 等人[274]通过倒常 Q 系数、倒常 Q 倒谱系数、常 Q 块系数和倒常 Q 线性块系数来训练 DNN 网络，以识别深度伪造语音。这种方法对噪声环境具有很高的鲁棒性。但是，它不能很好地应用于实际场景。

7.5　深度伪造攻击与防御实现案例

具体实现案例，请扫下面二维码获取。

7.6　小结

本章对深度伪造人脸和深度伪造语音的生成与检测进行了深入探讨，着重介绍了深度伪造人脸的生成与检测，期望读者能对深度伪造领域的生成和检测方法产生直观的了解，并能掌握一些简单的方法。

第三部分

模型与数据隐私

CHAPTER8

第8章 隐私保护基本概念

内容提要

8.1 隐私保护概述

在人工智能系统中，系统参与方（包括数据贡献方、模型拥有方、模型使用方等）正面临着全方位的隐私攻击挑战。例如，用户是否参与模型训练的信息可能会被隐私敌手从模型服务接口推断得到（即成员推理攻击）、用户所贡献数据样本的数值可能会被隐私敌手从模型参数中恢复得到（即属性推理攻击）、具有商业价值的机器学习模型的参数与功能可能会被隐私敌手从其服务接口复制得到（即模型窃取攻击）等。

按照隐私敌手所攻击的内容，隐私攻击主要分为**身份与存在性攻击、属性攻击、概率知识攻击**等，其中身份与存在性攻击针对攻击目标的存在性以及攻击目标所对应的数据条目，属性攻击针对目标的属性取值，概率知识攻击则针对广义的目标知识（包括存在性、属性值等）。人工智能系统中的成员推理攻击是身份与存在性攻击的一种具体形式，属性推理攻击是属性攻击的一种具体形式，模型窃取攻击是概率知识攻击的一种具体形式。

隐私保护来源于人们的社会性需求，关于隐私或隐私保护哲学含义的思考由来已久，大多强调个人（也包括人工智能系统的各个参与方）对于自身信息传播的可控制性。在人工智能系统中，按照各参与方所持有并欲控制传播的信息类型，隐私保护的对象主要包括以下几个方面。

- **训练数据**：数据贡献方的隐私保护对象是其所持有的训练数据条目，隐私保护目标主要是防止隐私敌手获知其数据条目是否出现在训练数据集中、数据条目的属性值等信息。

- **模型参数**：模型拥有方的隐私保护对象是其所持有的模型，隐私保护目标主要是防止隐私敌手获知模型的架构、参数、超参数或功能等信息。
- **推理数据**：模型使用方的隐私保护对象是其所持有的用于推理的数据条目，隐私保护目标主要是防止隐私敌手获知数据条目的属性值等信息。

如何在技术层面上实现训练数据、模型参数、推理数据传播的可控制性并抵御上述多种隐私攻击行为，是人工智能系统隐私保护研究的主要内容。通用的隐私保护技术主要包括以下几个方面。

- **基于密码学的技术**：基于密码学的隐私保护技术通过对数据进行加密、秘密共享等方式防止数据的泄露，并通过安全多方计算进行密文上的计算。常用的密码学隐私保护技术包括加法同态加密、全同态加密、秘密共享、混淆电路等。
- **基于扰动的技术**：基于扰动的隐私保护技术通过对数据进行删除、泛化、添加随机噪声等方式防止数据的泄露。经典的数据扰动隐私保护技术包括 k-匿名、l-多样性、差分隐私等。这些扰动技术可以应用于人工智能与机器学习流程中的多个阶段，如数据采集阶段的原始数据隐私保护、模型训练阶段的梯度查询隐私保护、模型推理阶段的输出结果隐私保护等，从而实现人工智能系统参与方对于不同对象的隐私保护目标。

本章主要对通用的隐私保护定义与技术（如安全多方计算、差分隐私）进行较为详尽的介绍，其中安全多方计算多用于计算过程的隐私与机密性保护，而差分隐私多用于对计算结果的隐私与机密性保护。

8.2　安全多方计算

8.2.1　安全多方计算的基本概念

安全多方计算（Secure Multi-Party Computation，SMC）[279]最早是由图灵奖获得者姚期智于 1982 年正式提出的，其目的是解决一组互不信任的参与方各自持有秘密数据，安全地共同计算一个函数的问题。安全多方计算使得多个参与方能够以安全的方式正确执行分布式计算任务，能够保证参与方在获得正确计算结果的同时，无法获得计算结果之外的任何信息。在整个计算过程中，参与方对其所拥有的数据始终有绝对的控制权。具体地，假设在分布式网络中有 n 个参与方 P_1，P_2，$\cdots$，P_n。每个参与方 P_i 持有秘密输入 x_i，各参与方希望利用各自的秘密输入共同计算某个 n 元函数 $f(x_1, x_2, \cdots, x_n)$，在计算完成后，参与方 P_i 得到输出 y_i，且每个参与方除了自己的输入和输出，以及从输入和输出推导出来的信息之外，得不到任何其他信息。

安全多方计算的安全性要求是在部分参与方有欺骗行为的情况下必须满足的。事实上，这正是安全多方计算理论的核心。有欺骗行为的参与方数量以及参与方的欺骗能力与安全性的满足与否是有密切联系的。因此，应针对不同的情况建立不同的安全模型，然后再针对不同的安全模型进行研究。为此，假设有一个攻击者，他可以腐化部分参与方。某个参与方一旦被收买，攻击者就可以掌握该参与方的全部数据。根据攻击者的能力，可以将攻击者分为被动攻击者（半诚实的攻击者）和主动攻击者（恶意的攻击者）。相应地可以得到半诚实敌手模型和恶意敌手模型。

定义 8.1（半诚实敌手模型）

各参与方严格遵循协议的要求，执行协议要求的各步骤，但是会尽可能从获得的数据中挖掘其他参与方的隐私。

定义 8.2（恶意敌手模型）

恶意参与方试图通过改变协议甚至采取任意的行为获取其他参与方的隐私。

在半诚实敌手模型中，被动攻击者只能得到被腐化参与方的全部信息，但被腐化参与方仍然忠实地执行协议；而在恶意敌手模型中，主动攻击者会完全控制被腐化的参与方，这意味着被腐化参与方将不会忠实地执行协议。对于每个安全模型，攻击者会腐化部分参与方，同时腐化的参与方也有可能会相互勾结。攻击者还可以分为静态的和动态的。静态攻击者在协议执行之前，就已经确定了要腐化的参与方集合，并且在协议执行的整个过程中不会改变要腐化的参与方；动态攻击者可以在协议执行的过程中，随时根据所掌握的信息选择要收买的参与方。攻击者的能力还可以按照计算能力划分为具有无限计算能力和具有概率多项式时间计算能力，分别对应于信息论安全和计算安全。文献[147]对攻击者能力和安全模型进行了详细介绍。

安全多方计算凭借坚实的安全理论基础，在提供输入秘密数据的隐私保护功能的同时，实现了隐私保护计算过程的安全。在安全多方计算协议中，与函数 f 等价的电路 C，可能是一个逻辑电路，也可能是一个计算电路。安全多方计算协议需要依次对电路中的每一个电路门进行计算，从而完成整个电路的计算。对于逻辑电路来说，原则上由于“与门”“或门”和“非门”组成完备集（当然存在冗余），因此针对逻辑电路设计安全多方计算协议，只需要解决“与门”“或门”和“非门”的计算就足够了。但在实际计算中，往往引入更多的电路门直接进行安全多方计算，从而获取较高的效率。对于算术电路来说，“加法门”与“乘法门”就是完备的，因此针对算术电路设计安全多方计算协议，只需要解决“加法门”与“乘法门”的计算就足够了。

安全多方计算协议的安全性分为半诚实模型安全和恶意敌手模型安全，在安全多方计算协议的设计中，一般先设计半诚实模型安全的协议，然后利用承诺、茫然传输(Oblivious Transfer) 协议、零知识证明及一些固定的范式转化为恶意敌手模型安全的协议。安全多方计算协议主要包括基于混淆电路的安全多方计算解决方案和基于门限秘密共享的安全多方计算解决方案。

8.2.2　基于混淆电路的安全多方计算

混淆电路 (Garbled Circuit)[279]是由姚期智在 1989 年提出的。对于布尔电路而言，电路实现与、或、非即可实现完备，可以模拟任意的函数。混淆电路的核心思想是将任何函数的计算问题转化为由“与门”“或门”和“非门”组成的布尔逻辑电路。混淆电路是实现安全多方计算的一种重要技术，通过对电路进行加密来掩盖电路的输入和电路的结构，以此来实现对各个参与方隐私信息的保密，再通过电路计算来实现安全多方计算的目标函数的计算。混淆电路的构造从门开始，先加密一个门再延伸到加密整个电路。

下面以“与门”为例简单说明姚氏混淆电路的主要思想。一个常见的与门及其真值表如图 8.1 所示，将该与门的输入线记为 w_1，w_2，输出线记为 w_3。

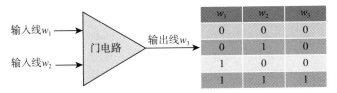

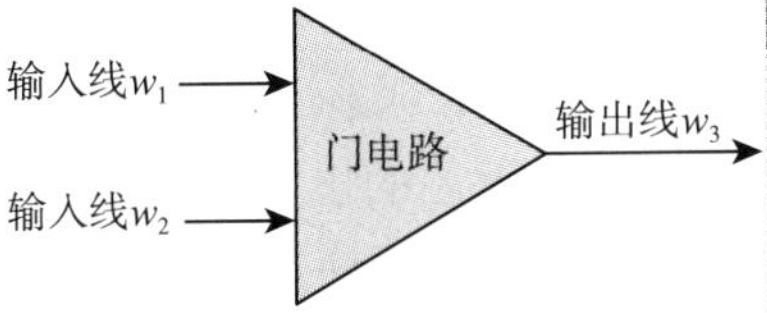

w_1	w_2	w_3
0	0	0
0	1	0
1	0	0
1	1	1

图 8.1　单个门电路计算

协议随机生成 6 个密钥 $\{k_1^0, k_1^1, k_2^0, k_2^1, k_3^0, k_3^1\}$，分别表示 w_1，w_2，w_3 这三条线为 0 和 1 时的两种情况所对应的密钥。例如：k_1^0 和 k_1^1 分别代表 w_1 为 0 和 w_1 为 1，k_3^0 和 k_3^1 分别代表 w_3 为 0 和 w_3 为 1。然后，该门利用对称加密算法 En () 生成 4 个密文 $c_{0,0}$，$c_{0,1}$，$c_{1,0}$，$c_{1,1}$，其中 $\mathrm{En}_{a,b}$ (c) 表示用 a，b 作为加密密钥，使用加密算法 En () 来加密 c。在对真值表进行加密后，形成一个新的输入输出表，新表和该门的真值表呈现一一对应的关系，如图 8.2 所示。

w_1	w_2	w_3
0	0	0
0	1	0
1	0	0
1	1	1

w_1	w_2	w_3
k_1^0	k_2^0	$\mathrm{En}_{k_0^1,k_2^0}(k_3^0)$
k_1^0	k_2^1	$\mathrm{En}_{k_0^1,k_2^1}(k_3^0)$
k_1^1	k_2^0	$\mathrm{En}_{k_1^1,k_2^0}(k_3^0)$
k_1^1	k_2^1	$\mathrm{En}_{k_0^1,k_2^1}(k_3^0)$

图 8.2　真值表

其中

$$c_{0,0} = \mathrm{En}_{k_1^0,k_2^0}(k_3^0) = \mathrm{En}_{k_1^0}(\mathrm{En}_{k_2^0}(k_3^0))$$

$$c_{0,1} = \mathrm{En}_{k_1^0,k_2^1}(k_3^0) = \mathrm{En}_{k_1^0}(\mathrm{En}_{k_2^1}(k_3^0))$$

$$c_{1,0} = \mathrm{En}_{k_1^1,k_2^0}(k_3^0) = \mathrm{En}_{k_1^1}(\mathrm{En}_{k_2^0}(k_3^0))$$

$$c_{1,1} = \mathrm{En}_{k_1^1,k_2^1}(k_3^1) = \mathrm{En}_{k_1^1}(\mathrm{En}_{k_2^1}(k_3^1)) \tag{8.1}$$

然后，将 $c_{0,0}$，$c_{0,1}$，$c_{1,0}$，$c_{1,1}$ 打乱顺序，在电路门中存储这四个乱序的值，记为 c_1，c_2，c_3，c_4。通常，将这四个值称为电路门的混淆值。假设门上两条线 w_1，w_2 的输入值对为（0，1），那么输入线对应的电路计算值为(k_1^0, k_2^1)。输出线 w_3 对应的加密值有四个，分别为 $c_{0,0}$，$c_{0,1}$，$c_{1,0}$，$c_{1,1}$。由于对电路求值的一方不知道哪个才是真值，所以使用密钥对（k_1^0，k_2^1）分别对 $c_{0,0}$，$c_{0,1}$，$c_{1,0}$，$c_{1,1}$ 进行解密，只有 $c_{0,1}$ 能够被成功解密时才能得到 k_3^0，即为该门的输出值，而对其他的值进行解密时只会得到无效值。这就需要解决如何分辨有效值和无效值的问题。可以通过在电路真值后面添加固定比特数的标志位，来表明解密结果是否正确。如果是使用错误的密钥进行解密，则无法得到正确的标志位，从而可以判断出是否是有效值。混淆电路的基础结构如图 8.3 所示，其中门 g 可以是与门、或门等各种类型的门电路。若该门为整个电路的中间门，此时输出是其他门的输入，那么将其输出 k_3^0 继续作为输入重复以上操作即可。

若该门为最后的输出门，其输出即为结果，那么再将 k_3^0 转换为 0，若输出为 k_3^1 则转换为 1 即可。对于多个电路组成的门，当一条输入线分成多条分别接到多个门时，其分出的每条线上的信号标记都相同，如图 8.4 所示。如果一个门有多条输出线，每条输出线的信号标记也都相同。如对于三个门组成的电路，分别令 w_1，w_2，…，w_7 表示电路上的信号线，对于每一条信号线 w_1，w_2，…，w_7，分别生成独立的密钥对（(k_1^0, k_1^1)，(k_2^0, k_2^1)，…，(k_7^0, k_7^1)）。给定所有密钥后，通过上文所述的思路对真值表进行替换和打乱顺序，即利用每个门的两个输入值对输出值进行加密，并使用各个加密值替换真值表的相应位置，最后打乱真值表的顺序。

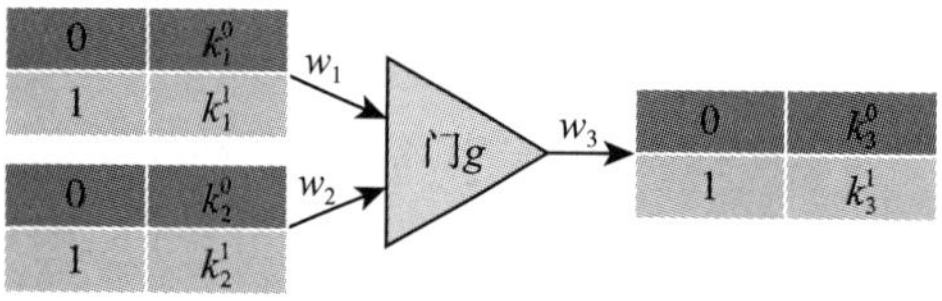

图 8.3　混淆电路的基础结构

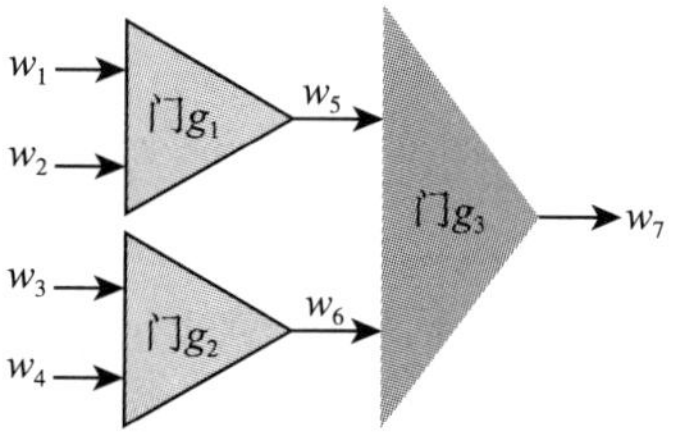

图 8.4　多个门的混淆电路

混淆电路是安全多方计算中一个非常实用的工具，电路可以通过与、或、非门实现任意一个函数，而多方计算的目标就是在保护各方输入信息的情况下进行目标函数的安全计算。通过将目标函数的电路转换为混淆电路，可以在保护隐私信息的情况下实现目标函数的安全计算。下面给出一个基于混淆电路进行两方计算的例子（如图 8.5 所示）。

假设 Alice 为发送方，Bob 为接收方。Alice 设计一个混淆电路发送给 Bob，由 Bob 负责进行计算。因为 Bob 不知道密钥和 0、1 的对应关系，所以 Bob 无法得知电路的实际真值表。Alice 直接将其秘密转换为密钥后发给 Bob，Bob 也不清楚其真值。Bob 通过不经意

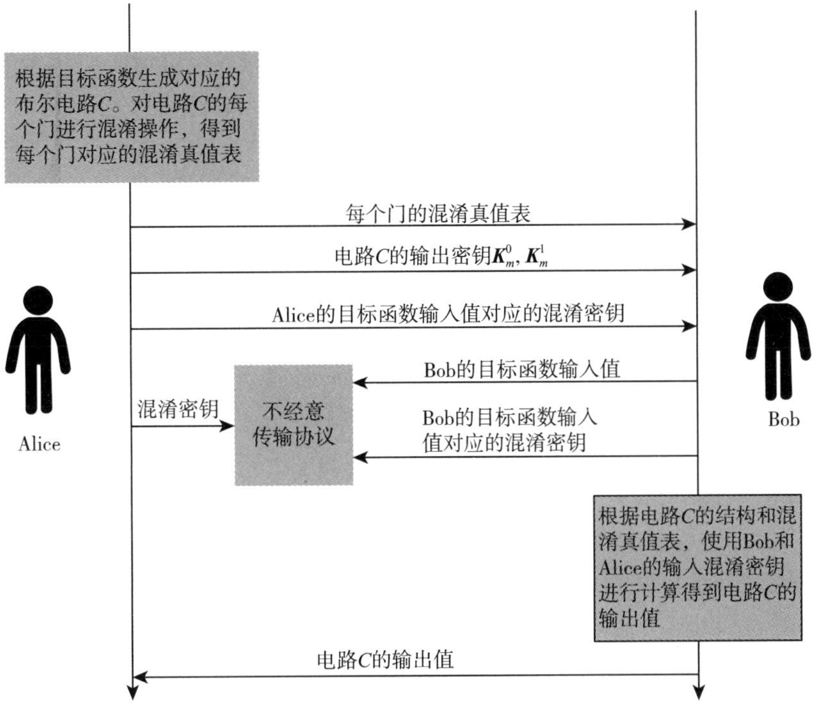

图 8.5　两方混淆电路协议

传输协议获得与其目标函数的输入所对应的 Alice 的密钥，然后按照电路的结构逐个门进行计算，直到获得最后的函数计算结果。此时，由于 Bob 不知道 Alice 的密钥和 0、1 的对应关系，因此无法得知 Alice 的实际输入。而电路计算过程都在 Bob 处完成，因此 Alice 也无法得知 Bob 的输入。这样既能实现双方合作进行目标函数的计算，也可以保护各方的输入隐私。

混淆电路中所使用的不经意传输协议是一个两方协议，如图 8.6 所示。该协议中发送方 Alice 拥有两个相同长度的秘密消息比特串 x_0 和 x_1，接收方 Bob 选择并且仅能恢复其中的一个秘密消息 $x_b(b \in \{0, 1\})$，但无法得到关于另一个消息的任何信息，同时 Alice 无法知晓接收方选择的是 x_0 和 x_1 中的哪一个消息。

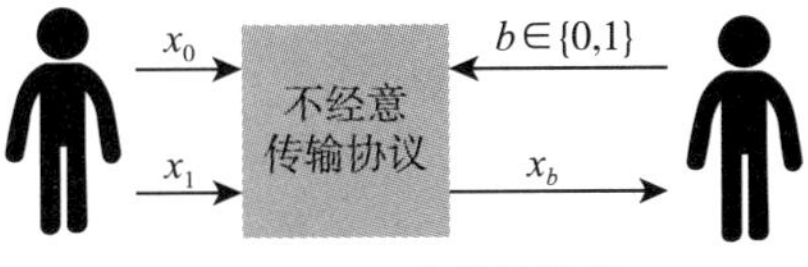

图 8.6　不经意传输协议

不经意传输协议是在构建安全多方计算时经常需要使用的一个模块，可基于离散对数等困难问题进行构造，详细情况可参考文献 [192]。

8.2.3　GMW 协议

GMW 协议是由 Goldreich[72] 等人提出的。该协议基于混淆电路技术设计，是支持多方参与的、半诚实模型下的安全计算协议。和之前所述的姚氏混淆电路估值方案的不同之处在于，GMW 协议不需要使用混淆真值表，从而没有用到混淆真值表所带来的查表和加解密操作，节省了非常大的计算量和通信量。

GMW 协议的目标函数由“异或门”“与门”和“非门”组成。非门的输出值是输入值的反，输入为 1 则输出为 0，反之输入为 0 则输出为 1。与门及其真值表如图 8.1 所示，异或门及其真值表如图 8.7 所示。

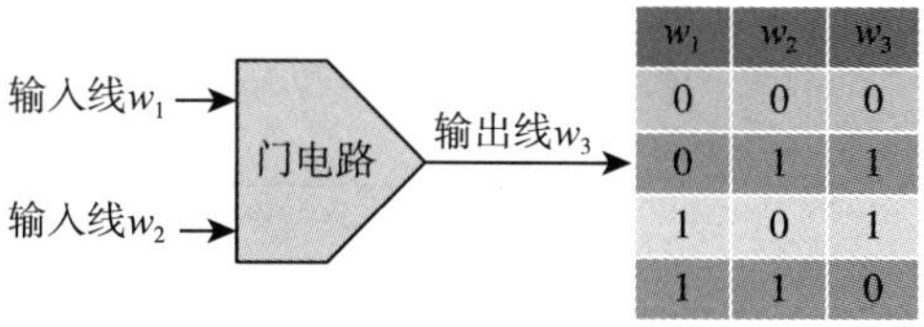

图 8.7　异或门及其真值表

在 GMW 协议中，布尔值 $b\in\mathbf{Z}_2$ 表示 $[b]$ 由 n 个布尔值 $[b]_1$，⋯，$[b]_n$ 构成，其中 $[b]_1\oplus\cdots\oplus[b]_n=b$，并且参与方 P_i 知道 $[b]_i$。该协议的工作方式如下所述。

输入阶段：如果参与方 P_i 为输入顶点 v 提供输入 x，则它将随机生成 $n-1$ 个元素 b_1，⋯，$b_{n-1}\in\mathbf{Z}_2$，并定义 $b_n=b_1\oplus\cdots\oplus b_{n-1}\oplus x$。然后将 b_j 发送给 P_j。P_j 将使用 b_j 作为 $[x]_j$。

加法阶段：假设门 v 的计算结果为 $x=y_1\oplus y_2$，其中 y_1 和 y_2 分别是门 v_1 和 v_2 的计算结果，并且表示$[y_1]$和$[y_2]$已经被计算出来，则每个参与方 P_i 定义$[x]_i=[y_1]_i\oplus[y_2]_i$。

乘法阶段：假设某个门的计算结果为 $x=y_1\wedge y_2$，并且$[y_1]$和$[y_2]$已经被计算出来，则每个参与方 P_k 定义$[x]_k=\oplus_{i=1}^{n}\oplus_{j=1}^{n}c_{ijk}$。其中，对于每个 i，j，$k\in\{1,\cdots,n\}$，参与方 P_k 知道值 $c_{ijk}\in\mathbf{Z}_2$，并且$\oplus_{k=1}^{n}c_{ijk}=[y_1]_i\wedge[y_2]_j$。具体地，如果 $i=j$，则 $c_{iii}=[y_1]_i\wedge[y_2]_i$，并且当 $k\neq i$ 时，$c_{iik}=0$。如果 $i\neq j$，则参与方 P_i 随机选择 $c_{iji}\in\mathbf{Z}_2$，并定义 $d_0=c_{iji}$，$d_1=[y_1]_i\oplus c_{iji}$。参与方 P_i 和 P_j 使用不经意传输协议将 $d_{[y_2]_j}$ 发送给 P_j，其中 $d_{[y_2]_j}=c_{ijj}$。如果 $k\notin\{i,j\}$，则 $c_{ijk}=0$。

输出阶段：如果参与方 P_i 想要学习某个门 v 中计算出的值 x，并且 $[x]$ 已经被计算出来了，则每个参与方 P_j 将 $[x]_j$ 发送给 P_i。参与方 P_i 将输出 $x=[x]_1\oplus\cdots\oplus[x]_n$。

验证协议是否正确地计算某个函数 f 并不困难。如果所使用的不经意传输协议可以抵抗被动敌手的攻击，则即使在敌手可以控制 $n-1$ 个参与方的情况下，该协议也可以抵抗被动敌手的攻击。确实，只要对手不知道表示$[x]$的所有组成部分，并且此表示的每个组成部分都是均匀分布的，敌手就不会获得 x 的信息。另外，该协议实际上比上面介绍得更通用。除了“异或”和“与”运算外，所有其他二进制布尔运算都可以使用类似于乘法协议的方式进行处理。

8.2.4　基于门限秘密共享的安全多方计算

密钥共享是一种非常重要的密码技术，它是 n 个参与方之间共享一个秘密信息的方法，即分发给每个参与者一个子秘密，使得只有授权集中的参与方才能联合其子秘密恢复出主秘密信息，而所有非授权集都不能获得关于主秘密的任何信息。设 t 和 n 为两个正整数，且 $t \leq n$，并假设 n 个需要共享秘密的参与方集合为 $P=\{P_1,\cdots, P_n\}$。(t, n) 门限秘密共享方案是指：假设 $P_1,\cdots, P_n$ 要共享同一个主秘密 s，有一个密钥颁发方 P_0 来负责对 s 进行管理和分配。密钥颁发方 P_0 掌握秘密分配算法和秘密重构算法，这两个算法均满足重构要求和安全性要求。(t, n)门限秘密共享方案是最常用的秘密共享方案，在该方案中，包含至少 t 个参与者的任意子集都可以恢复出主秘密信息，而包含参与者的数量小于 t 的任意子集不能获得关于主秘密的任何信息。

门限秘密共享方案与安全多方计算有着密切的关系。在安全多方计算中，攻击者能够最大收买的参与方人数，很大程度上决定了协议是否安全。(t, n)门限攻击者结构是指参与方总数是 n，攻击者最多能够收买 t 个参与方。对于攻击者结构，经常会说是 Q^2 或 Q^3 的。其中，Q^2 的攻击者结构指攻击者收买的参与方集合中的人数小于参与方总人数的 1/2，即 $t<\frac{1}{2}$；Q^3 的攻击者结构指攻击者收买的参与方集合中的人数小于参与方总人数的 1/3，即 $t<\frac{1}{3}$。

密钥颁发方 P_0 首先通过将主秘密 s 输入秘密分配算法（如图 8.8 所示），生成 n 个值 s_1，…，s_n，这些值通常称为子秘密。然后密钥颁发方 P_0 分别将秘密分配算法所产生的子秘密 s_i 通过 P_0 与 P_i 之间的安全通信信道秘密地传送给参与方 P_i，并要求参与方 P_i 不得向其他参与方泄露自己所收到的子秘密 s_i。

在 (t, n)门限秘密共享方案中，任意一个包含大于或等于 t 个参与方的子集中，各参与方 P_i 将各自所掌握的子秘密 s_i 进行共享，其中的任意一个参与方 P_i 在获得其余 $t-1$ 个参与方所掌握的子秘密后，都可独立地通过秘密重构算法（如图 8.9 所示）恢复出主秘密 s。而在 n 个参与方的情况下，即使有任意的 $n-t$ 个参与方丢失了各自所掌握的子秘密，剩下的 t 个参与方仍然可以通过将各自掌握的子秘密与其他参与方共享，即可以使用秘密重构算法来重构出主秘密 s。在 (t, n)门限秘密共享方案中，安全性要求是指任意攻击者通过收买等手段获取了少于 t 个的子秘密，或者任意少于 t 个参与方合谋都无法恢复出主秘密 s，并且也无法得到主秘密 s 的任何信息。

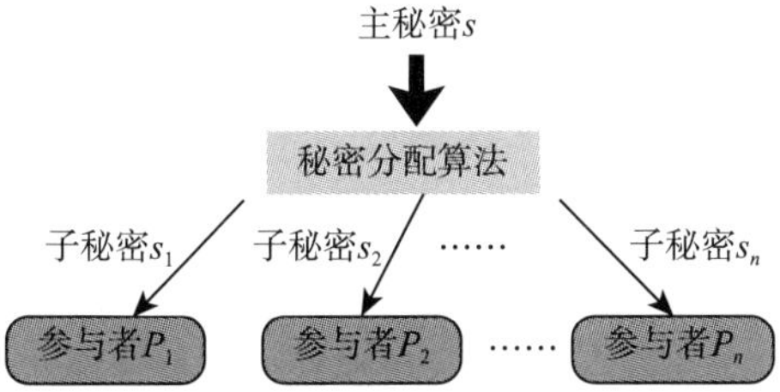

图 8.8　秘密分配

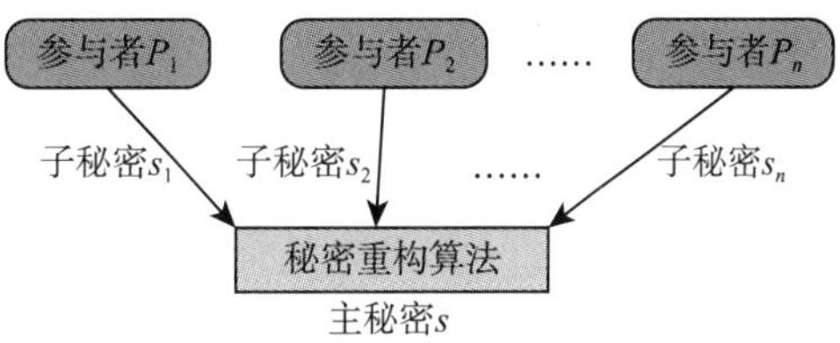

图 8.9　秘密重构

门限秘密共享方案有多种实现方法。其中应用最广泛的是 Shamir[215] 在 1979 年提出的基于多项式插值算法设计的（t，n）门限秘密共享方案，它的秘密分配算法如下所述。

首先假设 F_q 为 q 元有限域，q 是素数且 $q>n$，并假设 n 个参与方 P_i 要共享的主秘密为 $s \in F_q$。密钥管理方 P_0 按如下所述的步骤对主秘密 s 进行分配（如图 8.10 所示）。为了增加可读性，以下公式均略去了模 q 操作。

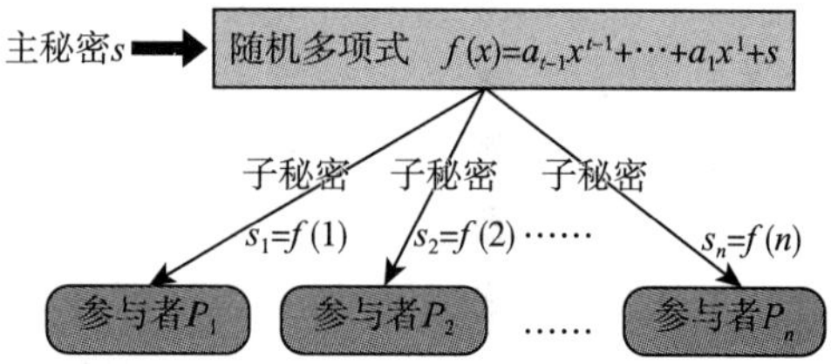

图 8.10　Shamir 门限方案的秘密分配

① 密钥管理方 P_0 秘密地在有限域 F_q 中随机选取 $t-1$ 个元素 a_1，a_2，…，a_{t-1}，并构造一个具有下列形式的多项式：

$$f(x)=a_{t-1}x^{t-1}+\cdots+a_1x+s \tag{8.2}$$

② 对于任意 $1 \leqslant i \leqslant n$，$P_0$ 秘密计算 $s_i=f(i)$。

③ 对于任意 $1 \leqslant i \leqslant n$，$P_0$ 通过安全信道秘密地将(i, s_i)分配给 P_i。

Shamir(t, n)门限共享方案的秘密重构可以使用多项式插值方法和解方程组方法实现。下面以解方程组方法为例来阐述秘密重构算法。该方法利用 t 个方程来确定 t 个未知数，而这 t 个未知数即为包括主秘密 s 在内的多项式 $f(x)$ 的各项系数。例如，参与方 P_1，…，P_t 掌握了子秘密 $f(1)$，…，$f(t)$，通过解方程组

$$\begin{cases} a_{t-1}1^{t-1}+\cdots+a_1 1^1+s=f(1) \\ a_{t-1}2^{t-1}+\cdots+a_1 2^1+s=f(2) \\ \qquad\vdots \\ a_{t-1}n^{t-1}+\cdots+a_1 n^1+s=f(n) \end{cases} \tag{8.3}$$

即可求解出系数 a_{t-1}，…，a_1，s，这就得到了主密钥 s。

对于有限域 F_q 上 $n-1$ 次的多项式 $f(x)$，存在有限域 F_q 上的 n 个元素 λ_1，…，λ_n，使得：

$$f(0)=\sum_{i=1}^{n}\lambda_i f(i) \tag{8.4}$$

通常，向量（λ_1，…，λ_n）被称为重组向量。

利用重组向量，就可以构造基于 Shamir 门限秘密共享方案的安全多方计算协议。

假设 $P=\{P_1, \cdots, P_n\}$ 表示参与方的集合，P_i 掌握输入 $x_i(1 \leqslant i \leqslant n)$，需要共同计算的函数为 $f(x_1, \cdots, x_n)$。在有限域 F_q 上的基于 Shamir($t+1$, n) 门限秘密共享方案所设计的安全多方计算协议的主要流程如下所述。

输入阶段： 每个参与方 P_i 基于自己的输入 x_i，利用 Shamir($t+1$, n) 门限秘密共享方

案，秘密选取 t 次随机多项式 $f_i(x)$，使得 $f_i(0)=x_i$。然后 P_i 将 $f_i(j)$ 发送给参与方 P_j。

计算阶段： 假设输入的 a 和 b 已经利用 t 次随机多项式 $f_a(x)$ 和 $f_b(x)$，通过 Shamir 门限方案共享给了各个参与方。这里 $f_a(x)=m_tx^t+\cdots+m_1x^1+a$，并且 $f_b(x)=n_tx^t+\cdots+n_1x^1+b$，其中 $m_t,\cdots,m_1$、$n_t,\cdots,n_1$ 是随机的多项式系数。参与方 P_i 掌握输入 a 的子秘密 a_i 和输入 b 的子秘密 b_i。注意，这里多项式至多 t 次的原因是该多项式的系数是随机产生的，t 次的系数也有可能是 0。

加法计算： 每个参与方 $P_i(1\leqslant i\leqslant n)$ 独立计算 $c_i=a_i+b_i$。$c_1,\cdots,c_n$ 即为 $a+b$ 通过随机多项式共享后的结果，通过多项式插值法或者解方程即可恢复秘密 s。子秘密可以直接相加，是因为对于 $c_i=a_i+b_i=f_a(i)+f_b(i)=(m_t+n_t)i^t+\cdots+(m_1+n_1)i+a+b$，多项式的次数并没有发生变化，新的多项式 $f_a(x)+f_b(x)$ 的最高次数依旧为 t。因此 $t+1$ 个参与方共享其所掌握的 c_i，即可根据 $t+1$ 个方程解 $t+1$ 个未知数，以解出 $a+b$。或者也可直接使用拉格朗日插值法解出 $a+b$。

乘法计算： 首先，每个参与方计算 $d_i=a_ib_i$，然后每个参与方 P_i 独自选取次数为 t 的随机多项式 $h_i(x)$，且满足 $h_i(0)=d_{i,1}$，$1\leqslant i\leqslant n$，$t<\dfrac{n}{2}$。然后向各个参与方分配 d_i，且 $c_{ij}=h_i(j),1\leqslant i,j\leqslant n$。当所有参与方分配结束后，$P_i$ 掌握了信息 $c_{1i},c_{2i},\cdots,c_{ni}$，同时 $(\lambda_1,\cdots,\lambda_n)$ 是公开的重组向量，即 $(\lambda_1,\cdots,\lambda_n)$ 满足 $ab=h(0)=\sum_{i=1}^{n}\lambda_id_i$，因此 P_i 可计算 $c_i=\sum_{j=1}^{n}\lambda_jc_{ij}$，再利用秘密重构算法，即可获得 ab。

8.2.5 BGW 协议

BGW 协议[16]是由 Ben-Or 等人在 1988 年提出的支持多方的安全计算协议。BGW 协议是基于 Shamir (t,n) 门限秘密共享方案设计的，它利用了 Shamir 秘密共享方案的加法同态和乘法同态的性质。BGW 协议与 Shamir 秘密共享协议的不同之处在于，Shamir(t,n) 门限秘密共享是基于一般有限域设计的，而 BGW 协议是将有限域 F_2 上的 Shamir 秘密共享协议和电路计算进行了结合。

假设 BGW 协议的参与方有 n 个，并假设参与方 P_i 要输入秘密 a，则参与方 P_i 先利用 Shamir(t,n) 门限秘密共享方案将秘密 a 共享给其他所有参与方，阈值 t 根据具体使用情景下的安全性要求来选择。

当所有参与方的输入都通过 Shamir(t,n) 门限秘密共享方案分享后，每个参与方都掌握了协议输入的子秘密。假设一个门的输入分别为 a 和 b，秘密 a 和 b 已经分别由秘密分配函数

$$\begin{aligned}f_a(x)&=\alpha_{t-1}x^{t-1}+\cdots+\alpha_1x^1+a\\ f_b(x)&=\beta_{t-1}x^{t-1}+\cdots+\beta_1x^1+b\end{aligned}\tag{8.5}$$

分配完成。注意$f_a(0)=a$，$f_b(0)=b$，参与方 P_i 掌握 a 和 b 的子秘密 a_i 和 b_i。在布尔电路上，可将异或门和与门分别看成在有限域 F_2 上的加法和乘法。将“异或”用模为 2 的加法进行计算，将“与”用模为 2 的乘法进行计算。

对于异或门，由于 Shamir 具有加法同态性，因此

$$\begin{aligned} a \oplus b &= f_a(0) \oplus f_b(0), f_a(x) \oplus f_b(x) \\ &= (\alpha_{t-1} + \beta_{t-1})x^{t-1} + \cdots + (\alpha_1 + \beta_1)x^1 + (a+b) \end{aligned} \tag{8.6}$$

假设$f_c(x) = f_a(x) \oplus f_b(x)$，则$f_c(i)=f_a(i) \oplus f_b(i)$，而$f_a(i)=a_i$ 和$f_b(i)=b_i$ 都由 P_i 掌握，因此 P_i 可以本地计算出$f_c(i)=a_i+b_i$。当所有计算完成后，每个参与方 P_i 公布自己计算出的$f_c(i)$，即可恢复出$f_c(x)$和$f_c(0)$。

对于与门，和之前叙述过的基于 Shamir(t, n) 门限共享方案的多方乘法计算相同，只是 BGW 协议是在有限域 F_2 上进行运算。每个参与方 P_i 计算 $d_i=a_ib_i$，然后每个 P_i 独自选取次数为 t 的随机多项式 $h_i(x)$，使得 $h_i(0)=d_i$。其中，$1 \leqslant i \leqslant n$，$t<n/2$。然后，向各个参与方分配 d_i，且 $c_{ij}=h_i(j)$，$1 \leqslant i, j \leqslant n$。所有参与方分配结束后，$P_i$ 掌握了信息 $c_{1i}, c_{2i}, \cdots, c_{ni}$，同时利用公开的重组向量（$\lambda_1, \cdots, \lambda_n$），$P_i$ 计算 $c_i=\sum_{j=1}^{n} \lambda_j c_{ji}$。此时 P_i 掌握的子秘密 c_i 即为 ab 的子秘密。当所有计算完成后，每个参与方公开自己的子秘密，再根据之前叙述的 Shamir(t, n) 门限秘密重构算法即可获得 ab。

8.3 同态加密

同态加密（Homomorphic Encryption）是密码学里一种特殊的加密模式，它可以将加密后的密文发给任意的第三方进行计算，并且在计算前不需要解密，即在密文上进行计算。同态加密的思想最早由 Rivest、Adleman 和 Dertouzos[201] 在 1978 年提出的，最初被称为“隐私同态”。

随着云计算、大数据、人工智能以及区块链需求的不断增加，数据的安全外包计算已经成为必然趋势，数据安全和隐私保护问题越来越受到学术界和工业界的关注。同态加密是一种可以支持在密文上进行计算的加密方式，它对在密文上计算得到的结果进行解密后得到的内容，与直接在明文上做计算的结果是相同的。同态加密既可以保护数据的安全性，又能够完成数据的安全处理与分析。因此，无论在理论上还是在实际中，同态加密都有着重要的意义。

8.3.1 同态加密技术简介

可以将同态加密算法看作一类特殊的公钥加密算法，即带有同态性质的公钥密码算法。同态加密算法一般包含以下四个部分。

① KeyGen：密钥生成算法，产生公钥和私钥。

② Encryption：加密算法。

③ Decryption：解密算法。

④ Homomorphic Property：同态加密计算部分。

其中，前三个部分在很多公钥加密算法中都可以看到，第四部分则是同态加密算法的核心，用于密文下的运算。

从抽象代数的角度来讲，同态（映射）指的是不同代数系统之间保持运算关系的映射。以带有一个二元运算的代数系统为例，对于两个代数系统 $\langle X, \otimes \rangle$ 和 $\langle Y, \otimes \rangle$，如果映射 f: $X \to Y$，满足

$$f(a \otimes b) = f(a) \otimes f(b) \tag{8.7}$$

称 f 为 $\langle X, \otimes \rangle$ 到 $\langle Y, \otimes \rangle$ 的同态，并称 f 把 $\langle X, \otimes \rangle$ 同态映射到 $\langle Y, \otimes \rangle$。如果一个加密算法能够把明文空间及其运算形成的代数系统同态映射到密文空间及相对应运算形成的代数系统，则称该加密算法为同态加密算法。当然，明文空间带的运算一般不止 1 个，比如常用的模 n 剩余类环具有模 n 加法和乘法两种运算。从定义上可以看到，同态加密算法不需要对密文解密，可直接对密文进行运算，所得到的运算结果等同于对应明文所作相应运算计算结果的密文。由于同态加密可实现不解密而进行计算的功能，对于隐私保护具备得天独厚的优势。

为了更好地理解与运用同态加密算法，按照同态加密算法支持的运算类型和数量，将其分成三类：部分同态加密、有限同态加密和全同态加密。

部分同态加密（Partial Homomorphic Encryption）算法指加密算法可以保持明文空间上的一种运算，即该同态加密算法只对加法或乘法（其中一种）有同态的性质。如果加密算法可以保持明文代数系统上的加法运算，则称之为加法同态加密。典型的加法同态加密算法有 Paillier 加密[178]。如果加密算法可以保持明文空间上的乘法运算，则称之为乘法同态加密。典型的乘法同态加密算法有 RSA 加密算法，以及 ElGamal 加密算法[65]等。部分同态加密算法的优点是原理简单、易实现，缺点是仅支持一种运算（加法或乘法）。

有限同态加密（Somwhat Homomorphic Encryption）算法一般支持有限次数的加法和乘法运算。有限同态加密的研究主要分为两个阶段，第一个阶段是在 2009 年 Gentry 提出第一个全同态框架以前，比较著名的例子有：姚氏混淆电路等；第二个阶段在 Gentry 提出全同态框架之后，主要解决全同态算法效率低的问题。有限同态加密算法的优点是同时支持加法和乘法，并且因为出现时间比部分同态加密算法晚，所以技术更加成熟。一般来说，它的效率比全同态加密算法要高很多、与部分同态加密算法效率接近或高于部分同态加密算法，缺点是支持的计算次数有限。

全同态加密（Fully Homomorphic Encryption）算法支持在密文上进行无限次数的、任意类型的计算。从使用的技术来看，全同态加密算法有以下类别：基于理想格的全同

态加密方案、基于 LWE/RLWE 问题的全同态加密方案等。全同态加密算法的优点是支持的算子多并且运算次数没有限制，缺点是效率很低，目前还无法支撑大规模的计算。

全同态加密的构造比较困难，直到 2009 年，Gentry[70] 首次基于理想格构造出全同态加密算法，之后相继出现了一些更高效的全同态加密算法。尽管全同态加密算法具备优良的性质，但目前算法的效率较低，在实际应用中仍处于起步阶段。因此人们也经常使用部分同态加密算法来解决实际中的问题。其中使用 Paillier 加密就是一个很好的选择。特别值得提出的是，Paillier 加密不但是一个加法同态算法，即满足性质 $\text{Enc}(a+b)=\text{Enc}(a)\times\text{Enc}(b)$，同时它也保持常数的倍乘，即 $\text{Enc}(a\times b)=(\text{Enc}(a))^{b}$。这个性质为明密文计算的转换带来很大便利，在实际应用中被大量采用。

8.3.2 BGV 全同态加密算法

全同态加密是允许对密文进行任意次数多项式函数运算的同态加密方案。本文介绍 Brakerski 等人[22] 提出的 BGV 全同态加密算法。BGV 算法是目前效率较高的全同态加密方案，它采用密钥交换技术进行密文降维，采用模交换技术进行噪声约简。不同于 Gentry 基于理想格构造全同态加密方案的思路，BGV 算法是采用重线性化技术和维度模数归约技术实现的全同态加密方案。其思想是每次密文计算后先利用密钥交换技术将膨胀的密文乘积转换为一个全新的密文，而新密文的维数与原密文相同，然后再进入下一层电路进行计算，最后通过模交换技术约简密文噪声。

BGV 全同态加密算法是基于 GLWE 方案构造的。设 λ 为安全参数，表示方案的目标是实现 2^{λ} 的安全性来抵抗已知攻击。假设 $R=R(\lambda)$ 为一个环，具体包括以下两个实例：

① $R=Z$，代表给定方案是基于标准 LWE 问题的。

② $R=Z[x]/f(x)$，其中 $f(x)=x^{d}+1$，$d=d(\lambda)$ 是 2 的幂，代表给定方案是基于 RLWE 问题的。

GLWE 加密方案是一类特殊的公钥加密方案，可表示为

$$\begin{aligned}\text{GLWE} = (&\text{GLWE. Setup, GLWE. Secret KeyGen,}\\ &\text{GLWE. PublicKeyGen, GLWE. Enc, GLWE. Dec})\end{aligned} \tag{8.8}$$

其工作原理如下所述。

① 参数设置 GLWE. Setup $(1^{\lambda}, 1^{\mu}, b)$：比特 $b\in\{0, 1\}$，b 的取值决定方案是基于 LWE 问题还是基于 RLWE 问题。其他参数都是与安全相关的参数。

② 私钥生成 GLWE. Secret KeyGen(t)：采样并输入一个向量 $\boldsymbol{t}$，输出私钥 $\boldsymbol{sk}$：$\boldsymbol{sk}=\boldsymbol{s}\rightarrow(1, \boldsymbol{t}[1], \cdots, \boldsymbol{t}[n])\in\mathbf{R}^{n+1}$。

③ 公钥生成 GLWE. PublicKeyGen$(\boldsymbol{B}, \boldsymbol{e}, \boldsymbol{t}, \boldsymbol{sk})$：均匀采样构造出矩阵 $\boldsymbol{B}$：$\boldsymbol{B}\rightarrow\mathbf{R}^{N\times n}$，以及一个 N 维向量 $\boldsymbol{e}$。设 $\boldsymbol{z}=\boldsymbol{Bt}+2\boldsymbol{e}$，$A$ 为一个 $n+1$ 列矩阵，其中第一列为向量 $\boldsymbol{z}$，其他 n 列为矩阵 $\boldsymbol{B}$。则公钥为 $\boldsymbol{pk}=\boldsymbol{A}$，其中 $\boldsymbol{As}=2\boldsymbol{e}$。

④ 加密算法 GLWE. Enc（$\boldsymbol{r}$，$\boldsymbol{pk}$，$\boldsymbol{m}$）：加密明文 $\boldsymbol{m}\in\mathbf{R}_2$。设 $\boldsymbol{m}=(m,0,\cdots,0)\in\mathbf{R}^{n+1}$，并采样得到 $\boldsymbol{r}$：$\boldsymbol{r}\rightarrow\mathbf{R}_2^N$，输出密文 $\boldsymbol{c}=\boldsymbol{m}+\boldsymbol{A}^t\boldsymbol{r}\in\mathbf{R}^{n+1}$。

⑤ 解密算法 GLWE. Dec($\boldsymbol{sk}$，$\boldsymbol{c}$)：输出明文 $\boldsymbol{m}=[[\langle \boldsymbol{c},\boldsymbol{s}\rangle]_q]_2$。

在 GLWE 方案的基础上，运用重线性化技术和维度模数归约技术，可构建出实现全同态加密功能的 BGV 算法。该算法的工作原理如下所述。

① 参数设置 FHE. Setup（1^λ，1^μ，b）：选取安全参数 λ、电路层数 L 以及比特 b。对于 $j=L\rightarrow 0$，L 表示输入的电路层数，0 为输出层数。执行 $\lambda_j\rightarrow$GLWE. Setup（1^λ，$1^{(j+1)\cdot\mu}$，b），得到一组阶梯态递减的模数 q。

② 私钥生成 FHEKeyGen（λ_j）：首先，分别执行操作生成密钥

$$\begin{aligned}&\boldsymbol{s}_j\rightarrow \text{GLWE. SecretKeyGen}(\boldsymbol{\lambda}_j),\\&\boldsymbol{A}_j\rightarrow \text{GLWE. PublicKeyGen}(\boldsymbol{\lambda}_j,\boldsymbol{s}_j)\end{aligned}\tag{8.9}$$

然后，设 $\boldsymbol{s'}_j\rightarrow\boldsymbol{s}_j\otimes\boldsymbol{s}_j$，即 $\boldsymbol{s'}_j$ 是 $\boldsymbol{s}_j$ 与其自身的张量；并执行操作

$$\tau_{s'_{j+1}\rightarrow s_j}\rightarrow \text{SwitchKeyGen}(\boldsymbol{s'}_{j+1},\boldsymbol{s}_j)\tag{8.10}$$

最终的私钥由 $\boldsymbol{s'}_{j+1}$ 组成，而公钥由 $\boldsymbol{A}_j$ 和 $\tau_{s'_{j+1}\rightarrow s_j}$ 组成。

③ 加密算法 FHE. Enc($\boldsymbol{\lambda}_j$，$\boldsymbol{pk}$，$\boldsymbol{m}$)：加密明文 $\boldsymbol{m}\in\mathbf{R}_2$，执行 GLWE. Enc（$\boldsymbol{\lambda}_L$，$\boldsymbol{A}_L$，$\boldsymbol{m}$）。

④ 解密算法 FHE. Dec($\boldsymbol{sk}$，$\boldsymbol{c}$)：假设密文为 $\boldsymbol{c}$，其对应的私钥为 $\boldsymbol{s}_j$，执行解密操作 GLWE. Dec($\boldsymbol{\lambda}_j$，$\boldsymbol{sk}$，$\boldsymbol{c}$)。

⑤ FHE. Add($\boldsymbol{pk}$，$\boldsymbol{c}_1$，$\boldsymbol{c}_2$)：取对应相同私钥 $\boldsymbol{s}_j$ 的两个密文 $\boldsymbol{c}_1$，$\boldsymbol{c}_2$（如果该条件不满足，则执行 FHE. Refresh 操作确保条件成立）。设 $\boldsymbol{c}_3\rightarrow$（$\boldsymbol{c}_1+\boldsymbol{c}_2$）mod q_j，则 $\boldsymbol{c}_3$ 为对应私钥 $\boldsymbol{s}'_j$的密文。输出

$$\boldsymbol{c}_4\rightarrow \text{FHE. Refresh}(\boldsymbol{c}_3,\tau_{s'_j\rightarrow s_{j-1}},q_j,q_{j-1})\tag{8.11}$$

⑥ FHE. Add($\boldsymbol{pk}$，$\boldsymbol{c}_1$，$\boldsymbol{c}_2$)：取对应相同私钥 $\boldsymbol{s}_j$ 的两个密文 $\boldsymbol{c}_1$，$\boldsymbol{c}_2$（如果该条件不满足，则执行 FHE. Refresh 操作确保条件成立）。首先，执行乘法操作得到新的密文 $\boldsymbol{c}_5$，它是线性方程 $L_{c_1,c_2}(\boldsymbol{x}\otimes\boldsymbol{x})$的系数向量，并且它对应的私钥为 $\boldsymbol{s}'_j$。然后输出

$$\boldsymbol{c}_6\rightarrow \text{FHE. Refresh}(\boldsymbol{c}_5,\tau_{s'_j\rightarrow s_{j-1}},q_j,q_{j-1})\tag{8.12}$$

⑦ FHE. Refresh（$\boldsymbol{c}$，$\tau_{s'_j\rightarrow s_{j-1}}$，$q_j$，$q_{j-1}$）：取对应私钥为 $\boldsymbol{s}_{j-1}$ 的密文 $\boldsymbol{c}$，辅助信息 $\tau_{s'_j\rightarrow s_{j-1}}$ 方便密钥交换及模数转换的表示，对应操作为

密钥交换：得到对应私钥为 $\boldsymbol{s}_{j-1}$，模数为 q_j 的密文为

$$\boldsymbol{c}_1\rightarrow \text{SwitchKey}(\tau_{s'_j\rightarrow s_{j-1}},\boldsymbol{c},q_j,)\tag{8.13}$$

模数转换：得到对应私钥为 $\boldsymbol{s}_{j-1}$，模数为 q_{j-1} 的密文为

$$c_2 \to \mathrm{Scale}(c_1, q_j, q_{j-1}, 2) \tag{8.14}$$

由于 BGV 算法的高效性，IBM 推出的 Helib 库㊀和微软推出的 SEAL 库㊁都实现了 BGV 算法，它们是全同态研究中具有代表性的两个开源代码库。接下来介绍 Helib 库的相关知识。

Helib 软件库结构可划分为数学工具层与加密层两个部分，如图 8.11 所示。其中，加密层涉及密文操作的类又被划分为数据操作层。下面是 Helib 各结构层次及其主要包含的内容。

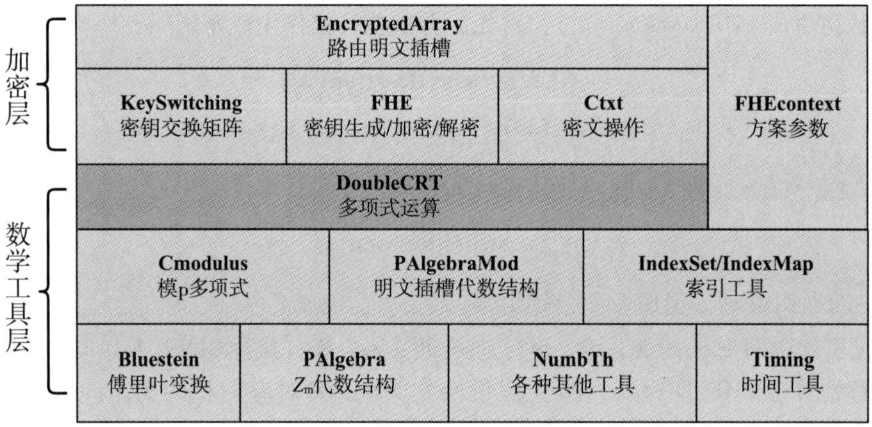

图 8.11 Helib 软件库结构图

① 数学工具层。

Timing：用来获取各种时间的标准输出。

NumbTh：用于实现数论的各种实用工具/程序，即在各种分布中进行随机采样。

Bluestein/Cmodulus：用于实现多项式的 FFT 表示。

PAlgebraMod：用于实现代数结构 Z_m^* 和 $Z_m^*/2$。

IndexSet/IndexMap：用于存放索引的集合 Set、Map。

DoubleCRT：一种多项式表示，可以实现高效的多项式运算。

FHEcontext：用于存放方案的初始化参数。

② 加密层。

Ctxt：用于实现密文表示，同时用于同态操作。

FHE：用于生成系统密钥，同时用于实现系统加密、解密。

KeySwitching：用于实现一些通用策略，来决定如何生成密钥交换矩阵。

软件库的加密层可以进一步划分为实现了密文和密文矩阵的 Ctxt 模块和 KeySwitching

㊀ Helib. https://github.com/homenc/Helib.

㊁ Microsoft SEAL. https://www.microsoft.com/en-us/research/project/microsoft-seal.

模块，KeySwitching 模块实现了用于决定密钥交换矩阵生成的一般策略。这一层将密文实现为任意长度的多项式向量，加密系统实例中可以同时持有多把私钥。

③ 数据操作层。

EncryptedArray：用于将应用中的明文值表示为线性数组中的元素。

软件库的顶层，提供了一些接口允许应用程序同态地操作密文及密文数组。使用由 PAlgebraMod 提供的编码/解码电路，明文数组被转化为明文多项式。使用加密层提供的低层次接口，可以实现对密文的同态操作。

8.4 差分隐私

安全多方计算技术避免了参与方之间的原始信息交互，多用于保证计算过程中的机密性，然而其无法防范计算结果（如统计查询、机器学习模型训练或推理的结果等）导致的隐私泄露。广义的计算结果包括数据集发布结果、数据集查询结果等，也包括机器学习模型构建结果、机器学习模型推理结果等。以下以医疗数据集的发布与查询为例，对计算结果上的经典数据隐私保护定义与技术（如 k-匿名，l-多样性等）进行简要回顾，并着重对理论保证严格、应用较为广泛的差分隐私定义及技术进行较为详细的介绍。

各服务机构（如医院、学校、政府机构）都有向第三方研究机构或公众发布包含个人服务记录数据集的需要，如医院发布病人的病史数据给医疗学术研究机构进行机器学习建模。原始的关于个人的数据集包含着各种个人标识，比如姓名、地址、电话号码、身份证号等。这些个人标识会直接泄露身份信息从而影响匿名性，因而在发布的数据集中需要去除这些个人标识，这也是长期以来对数据集进行隐私保护的常见做法，如 1990 年美国人口调查局发布的人口普查数据集，该数据集去掉了姓名、社会保险号等标识符，保留了性别、年龄、人种等人口学信息以及职业、收入、住房面积、房间数、房租等工作和家庭信息。然而，2000 年 Sweeney 发表的技术报告[235]表明，美国 85%的人口可以由邮政编码、性别、出生日期组成的三元组唯一确定，而这三元组存在于多个美国发布的人口普查数据集、医疗机构数据集、选民数据集，通过这三元组链接这些数据集就意味着数据集中个人的身份信息被泄露。

表 8.1 原始数据集

编号	出生年份	性别	地区	疾病	是否住院
1	1981	男	福建	头痛	否
2	1983	男	浙江	头痛	是
3	1982	男	江苏	头痛	是
4	1979	男	广东	关节炎	否
5	1982	男	湖南	胃痛	是

（续）

编号	出生年份	性别	地区	疾病	是否住院
6	1980	男	江西	头痛	是
7	1981	女	湖南	胃痛	是
8	1978	女	广西	头痛	否
9	1982	女	广东	关节炎	否
10	1987	女	浙江	胃痛	是
11	1984	女	江苏	头痛	是
12	1985	女	上海	关节炎	否

作为对上述身份攻击行为的一种补救措施，可以直接将数据集中可能被用于身份攻击的属性（如表 8.1 中的出生年份、性别、地区）去掉，但这会造成数据集包含的可用信息急剧减少，导致无法对年龄、性别与疾病间的相关性进行研究。为了在防止个人遭受身份攻击的同时允许合理的数据集分析，Sweeney[234] 在 2002 年提出了 k-匿名隐私定义。在 k-匿名中，数据集 D 中的邮政编码、性别、出生日期等属性被称为准标识符 QI，即可被用于身份识别的属性集多元组，k-匿名要求对于 D 中的每个准标识符 QI，它的取值在该数据集中至少出现 k 次。实现 k-匿名隐私定义的方法多种多样，常用的技术包括属性泛化（将细粒度的属性值转换为粗粒度的属性值）、属性抑制（禁止使用某些具体属性值）等。同时，k-匿名也可以通过微聚合（Micro-aggregation）技术实现，其基本思路是将原数据集分为众多簇，将簇中的某个数据条目（如条目中心或均值）作为该簇的代表性条目，从而替换掉簇中的原有条目。

k-匿名隐私定义主要用于防范身份攻击，但并没有考虑到针对攻击目标的属性攻击。例如在表 8.2 中，编号 1、2、3 数据条目对应的准标识符虽然满足 3-匿名，但它们的疾病属性是一致的，即使隐私敌手无法得知攻击目标是对应编号 1、2 或是 3，但隐私敌手仍可以获知其对应的疾病为“头痛”。为此，2006 年 Machanavajjhala 等人[157] 提出 l-多样性隐私定义，对于每个准标识符 QI 对应的数据条目集合中敏感属性（如疾病）的多样性做出限制，从而防止隐私敌手获知攻击目标的具体敏感属性值。具体来说，每个准标识符 QI 对应的数据条目集合中敏感属性（如疾病）集的取值至少为 l 种。

表 8.2 样例 k-匿名数据集

编号	出生年份	性别	地区	疾病	是否住院
1	1980	男	东部	头痛	否
2	1980	男	东部	头痛	是
3	1980	男	东部	头痛	是
4	1980	男	南部	关节炎	否
5	1980	男	南部	胃痛	是

（续）

编号	出生年份	性别	地区	疾病	是否住院
6	1980	男	南部	头痛	是
7	1980	女	南部	胃痛	是
8	1980	女	南部	头痛	否
9	1980	女	南部	关节炎	否
10	1985	女	东部	胃痛	是
11	1985	女	东部	头痛	是
12	1985	女	东部	关节炎	否

l-多样性可以抵抗身份攻击和部分属性攻击（如一致性攻击），但当隐私敌手具有较强的背景先验知识时，如已知 k-匿名某个组中除攻击目标外的所有其他数据条目时，隐私敌手仍可以推断得到攻击目标所对应的数据条目及其属性值，从而造成身份和属性值泄露。之后有不少研究工作为应对 k-匿名和 l-多样性在不同背景知识假设下的隐私泄露（即概率知识攻击）风险做了改进，但对于隐私敌手背景知识的建模本身就是困难的且不全面的，因而这些工作同样会在某些（已知或未知）场景下失效。

身份攻击、属性攻击和存在性攻击是概率知识攻击的特例，为了应对层出不穷的概率知识隐私攻击行为，Dwork[187] 于 2006 年提出了差分隐私（Differential Privacy）定义，其可以在最坏情况下（如隐私敌手具有较强背景知识时）限制概率知识攻击从发布、查询与计算结果中获取的知识。在以下小节中，将对集中式差分隐私的直观含义、数学定义与性质、实现机制及其应用场景进行较为详细的介绍。

8.4.1　概念与定义

差分隐私限制了单个个体在原始数据集上的存在性、数据值变化等对于查询与计算结果（上述数据集发布可以看作是查询的一个特例）的影响，即限制了查询结果在相邻数据集上的概率可区分性，从而使得隐私敌手无法从查询结果中获取过多的关于任意单个个体（对应单个样本）的存在性、数据值等信息，达到防范个体身份攻击、属性攻击、概率知识攻击行为的目的。这里的相邻数据集是指相互之间只相差一个数据条目或者只在一个数据条目上值不相等的两个数据集，其正式定义如下：

定义 8.3（相邻数据集）

数据集 D 和 D' 称为相邻数据集，当 D' 可以通过从 D 中删除或添加一个数据条目得到。

若标记 K 为查询机制，$K(D)$ 为查询机制在数据集 D 的查询结果，range(K) 为所有可能的查询结果集合，差分隐私的数学定义如下：

定义 8.4（集中式差分隐私 ε-DP）

一个随机化的查询机制 K 满足 ε-差分隐私（ε-DP），当且仅当对于任意的相邻数据集 D 和 D'，对于任意的输出 $t\in \text{range}(K)$，其满足：

$$\Pr[K(D)=t]\leqslant \exp(\varepsilon)\cdot \Pr[K(D')=t] \tag{8.15}$$

其中 ε 被称为隐私等级或隐私预算，较小的 ε 意味着更小的概率可区分性（即更严格的隐私保护效果），其合理取值范围通常为 $0<\varepsilon\leqslant \log(20)$。

将防范隐私敌手攻击行为（存在性攻击和属性攻击）作为基准，当相邻数据集 D 和 D'为定义 8.3 时，该定义称为无界差分隐私（Unbounded Differential Privacy，ε-UDP），以存在性攻击为基准；当相邻数据集 D 和 D'定义为只有一个数据条目值不相等的两个数据集时，该定义称为有界差分隐私（Bounded Differential Privacy，ε-BDP），以属性攻击为基准。满足 ε-UDP 的查询机制必然满足 2ε-BDP，因而两种定义无本质上的差异，本文中的 ε-DP 都是指代 ε-UDP。

差分隐私的直观含义是保证无论某个个体是否存在于数据集中或者其对应的数据条目值是什么，查询结果在概率上都几乎不可区分。因此，隐私敌手最多只能从查询结果中获取关于任意某个个体知识的 $\exp(\varepsilon)\approx 1+\varepsilon$ 概率增益因子（$0<\varepsilon<1.0$），而无法过多地获取关于任意个体的存在性、属性值信息（包括身份信息）等知识，从而达到隐私保护的效果。

上述差分隐私的查询与计算场景需要假设数据集已由可信任的数据管理方收集得到，但在网络分布式环境中，数据源（如用户或机构）通常无法找到可信任的第三方作为数据管理方。因而，与上述数据库模式下的（集中性）差分隐私相对应，研究者提出本地差分隐私的定义，由数据源在本地（如智能终端）对自身数据独立地进行满足差分隐私的发布，而无须依赖可信的数据管理方或其他第三方。以下将对本地差分隐私的定义，并对代表性实现机制、应用场景等进行概述。

在本地差分隐私的数据统计分析模型中，每个个体独立地对自身的数据 x 进行隐私保护，即满足本地差分隐私的随机变换，得到视图 z，再发送给数据管理方（这里的数据管理方是不可信任的，可能为隐私敌手）。数据管理方通过来自众多个体的视图推测得到关于原始数据的统计信息，如均值、频率分布。

本地差分隐私可以看作面向单个数据条目 $x\in \boldsymbol{X}$ 组成数据集的集中式差分隐私，对应的相邻数据集与有界集中式差分隐私（BDP）的定义一致。本地差分隐私 ε-LDP 的数学定义如下：

定义 8.5（本地差分隐私 $\boldsymbol{\varepsilon}$-LDP）

一个随机化的查询机制 K 满足 $\boldsymbol{\varepsilon}$-本地差分隐私（$\boldsymbol{\varepsilon}$-LDP），当且仅当对于任意的输入 X，$X' \in \boldsymbol{X}$，对于任意的输出 $t \in \text{range}(K)$，其满足：

$$\Pr[K(X)=t] \leqslant \exp(\boldsymbol{\varepsilon}) \cdot \Pr[K(X')=t] \tag{8.16}$$

直观上 LDP 方法保证了无论用户的真实数据 x 取值是什么，其经过隐私保护之后的输出视图 t 几乎是不可区分的，因而 LDP 方法与 BDP 方法类似，具有可以防范身份攻击、属性攻击、概率知识攻击的特点。

8.4.2 基础技术

差分隐私机制 K 的实现方式多种多样，其中使用最广泛的有面向数值型查询结果的拉普拉斯机制（Laplace Mechanism）和面向类别选择查询的指数机制（Exponential Mechanism）。

1. 拉普拉斯机制

拉普拉斯机制通过在真实的数值查询结果上添加特定参数的拉普拉斯随机变量来满足指定等级的差分隐私，所添加噪声的参数和查询 f 的敏感度 Δ_f 有关，参考定义 8.6，敏感度 Δ_f 被定义为查询结果在相邻数据集上的最大差异。

定义 8.6（敏感度）

对于查询 f：$D \rightarrow \mathbf{R}^d$，假定任意的相邻数据集 D 和 D'，查询 f 的敏感度为

$$\Delta_f = \max_{D,D' \in D} | f(D) - f(D') |_1 \tag{8.17}$$

数据库中常用的计数查询或直方图查询的敏感度为 1。若查询 f 在数据集 D 上的真实查询结果为 $f(D) \in \mathbf{R}^d$，则添加随机噪声之后的查询结果 $f(D) + \langle \text{Laplace}(0, \frac{\Delta}{\boldsymbol{\varepsilon}}) \rangle^d$ 满足 $\boldsymbol{\varepsilon}$-DP，其中 $\langle \text{Laplace}(0, \frac{\Delta}{\boldsymbol{\varepsilon}}) \rangle^d$ 表示 d 维独立的拉普拉斯噪声。Laplace(μ, b) 的概率分布函数为

$$\mathbf{Pr}(x | \mu, b) = \frac{1}{2b} \exp\left(- \frac{| x - \mu |}{b} \right) \tag{8.18}$$

其方差为 $2b^2$。

举例来说，若数据表 8.1 上的查询 f 为“数据表中住院的人数”，真实的查询结果为 7，当隐私保护等级 $\boldsymbol{\varepsilon}=1.0$ 时，拉普拉斯机制的输出结果是均值为 7，scale 参数 $b=1.0$ 的拉普拉斯随机变量，该随机变量的方差为 2。

2. 指数机制

拉普拉斯机制只适用于数值型查询结果，当查询结果为其他类型时，通常采用指数机制[161]选择类别以使得查询结果满足差分隐私。在指数机制中，首先需要定义查询输出结果的效用性函数 $u(t, D)$，输出候选 $t \in T$ 在数据集 D 上的效用性越高意味着 t 越接近于真实的查询结果 $f(D)$，效用性越低意味着 t 越偏离于真实的查询结果 $f(D)$。效用性函数 $u(t, D)$ 的具体定义需要针对查询类型进行定制，若查询结果为数值型，则 $u(t, D)$ 可以定义为 t 与 $f(D)$ 之间的绝对距离（l_1 范数距离），若查询结果是投票选举类型，则 $u(t, D)$ 可以定义为候选 t 所得票数。

与拉普拉斯机制类似，指数机制也需要定义效用性函数的敏感度 Δ_u 并据此制定随机化映射概率，效用性函数的敏感度定义如下：

定义 8.7（效用性函数的敏感度）

关于效用性函数 u：$(\mathbb{T}, D) \rightarrow \mathbf{R}$，假定任意的输出候选 $t \in \mathbb{T}$ 以及任意的相邻数据集 D 和 D'，其敏感度为

$$\Delta_u = \max_{t \in \mathbb{T}; D, D' \in D} |u(t, D) - u(t, D')| \tag{8.19}$$

指数机制通过输出候选 t 在数据集 D 上的效用性 $u(t, D)$ 来决定其选择概率，具体来说，指数机制的定义如下：

定义 8.8（指数机制）

若效用性函数为 $u(t, D)$，则指数机制选择某个 $t \in \mathbb{T}$ 作为输出结果的概率是：

$$\Pr[t|D] = \exp\left(\frac{\boldsymbol{\varepsilon} \cdot u(t,D)}{2\Delta_u}\right) / \Omega \tag{8.20}$$

其中 Ω 为归一化因子且 $\Omega = \sum_{t' \in \mathbb{T}} \exp\left(\frac{\boldsymbol{\varepsilon} \cdot u(t',D)}{2\Delta_u}\right)$。

举例来说，若数据表 8.1 上的查询 f 为“数据表中住院的人数是否多于或等于 6 人”，因为真实的住院人数为 7，真实的查询结果为“是”。为了满足差分隐私，指数机制需要以一定概率输出“是”，以一定概率输出“否”。具体来说，可以定义输出候选“是”的效用性函数为（$c-6$），定义输出候选“否”的效用性函数为（$6-c$），其中 n 表示数据集的数据条目总数量（总人数），c 表示数据集中真实的住院人数。该效用性函数的敏感度 $\Delta_u=1$，则当隐私保护等级分别为 $\boldsymbol{\varepsilon}=0.1$，$1.0$，$5.0$ 时的指数机制输出概率分布如表 8.3 所示。可以看出，当隐私保护等级较高时，指数机制会以较高的概率输出与真实结果不同的结果，而当隐私保护等级较低时，指数机制会以很高的概率输出真实结果。

表 8.3 在不同隐私预算下指数机制输出候选“是”与“否”的概率分布

隐私等级	“是”	“否”
0.1	0.525	0.475
1.0	0.731	0.269
5.0	0.993	0.007

与（集中式）差分隐私类似，本地差分隐私定义也并未对输出定义域 range(K) 做出限制，输出定义域 range(K)也不一定与输入定义域 $\boldsymbol{X}$ 一致。面向不同的数据定义域 $\boldsymbol{X}$，不同的数据统计分析任务，需要设计相应的合适输出定义域 range(K)及其概率分布，使得其统计分析准确率较高且开销较小。以下对常见的类别数据的两种本地差分隐私机制进行介绍，一种是多元随机响应机制，另一种是二进制随机响应机制。

(1) 多元随机响应机制

考虑最简单的二元输入定义域 $\boldsymbol{X}=\{0, 1\}$，比如 0 代表性别为男，1 代表性别为女。若服务提供方希望统计用户的男女比例，为保护每个用户性别的隐私，每个用户需要对性别数据进行本地化差分隐私保护，比如以 2/3 的概率发布真实的性别，以 1/3 的概率发布不相符的性别，从而使得服务提供方（可能的隐私敌手）无法准确判断用户的真实性别，使得性别数据具有模糊可抵赖性（Plausible Deniability）。这种以有限的概率提供真实类别的方法被称为随机响应机制，最早于 1965 年由 Warner[260] 提出并用于较为敏感话题的调研。随机响应机制满足本地差分隐私，以上述方法为例，其对于性别数据提供了 log(2) 的隐私保护等级。

现在考虑多元输入定义域 $\boldsymbol{X}=\{X_1, \cdots, X_m\}$，即类别数量为 m 的类别数据（Categorical Data），与二元类别数据类似，以有限的概率 q 发布真实的类别 x，以概率 $1.0-q$ 从 $\boldsymbol{X}-\{x\}$ 中均匀随机地挑选一个类别。多元随机响应（Multinomial Randomized Response，MRR）机制的具体定义如下：

定义 8.9（多元随机响应机制）

对于类别数据 $x=X_i \in \boldsymbol{X}$，其中 $\boldsymbol{X}=\{X_1, \cdots, X_m\}$，假设多元随机响应机制的输出为 $z \in \boldsymbol{X}$，则 z 以概率 q $(0 \leqslant q \leqslant 1.0)$ 等于 X_i，分别以概率 $(1-q)/(m-1)$ 等于 X_j($X_j \in \boldsymbol{X}$ 且 $X_j \neq X_i$)。

现在回到本地差分隐私的统计分析任务上来，通常服务提供方需要统计各类别在用户群体中真实类别数据 x 的频数或频率分布，由于多元随机响应机制对真实的类别数据 x 做了扰动，服务提供方观察到 z 的频率分布与 x 的频率分布是存在偏差的。假定用户的数量为 n，类别 X_i 的真实频数为 F_i，则对于从视图 z 中观测到的 X_i 的频数 F'_i，存在以下关系：

$$E[F'_i] = F_i \cdot q + (n - F_i) \cdot \frac{1-q}{m-1} \tag{8.21}$$

因此，关于 F_i 的无偏估计可以由 F'_i得到：

$$F_i = E\left[\frac{F'_i - n(1-q)/(m-1)}{q-(1-q)/(m-1)}\right] \tag{8.22}$$

从而完成基于多元随机响应的本地差分隐私分布估计。

（2）二进制随机响应机制

在上述面向多元类别数据的多元随机响应机制中，输出视图的定义域和输入的定义域相同，在隐私保护等级 $\boldsymbol{\varepsilon}$ 固定时，若类别数量较大，则 q 的取值会随着类别数量 m 的增大而减小，即输出真实类别的概率降低，从而使得最终单个类别的频数估计或分布估计的误差较大。

为了解决类别数量对单个类别频数估计误差的影响，Duchi 等人[59]在研究工作中提出了二进制随机响应机制（Binary Randomized Response，BRR），该机制首先将类别数据表示为位图（bit map）的形式，然后对位图中的每个比特（对应一个类别）独立地进行二元随机响应。

对于类别数据 $x=X_i\in\boldsymbol{X}(i\in[1,\ m])$，可以将 x 表示为长度为 m 的比特序列 $bx=\{0,1\}^m$，其中第 i 个比特 bx^i 的取值为 1，其他比特的取值为 0。接着二进制随机响应机制对其中的每个比特 bx^j 独立地进行随机翻转，以 q 的概率保留 bx^j 的真实值，以 $1-q$ 的概率翻转为 $1-bx^j$。二进制随机响应机制的正式定义如下：

定义 8.10（二进制随机响应机制）

对于类别数据 $x=X_i\in\boldsymbol{X}$，其中 $\boldsymbol{X}=\{X_1,\ \cdots,\ X_m\}$，$x$ 的位图表示为 $bx\in\{0,\ 1\}^m$，二进制随机响应机制的输出为 $z\in\{0,\ 1\}^m$，对于任意的 $j\in[1,\ m]$，z 的第 j 个比特 z^j 以概率 $q(0\leqslant q\leqslant 1.0)$等于 bx^j，以概率$(1-q)$等于 $1-bx^j$。

定理 8.1 保证了二进制随机响应机制满足本地差分隐私保护，该定理也给出了为实现相应隐私保护等级所需指定的随机响应参数 q。

定理 8.1（二进制随机响应机制）

二进制随机响应机制满足隐私保护等级为

$$\boldsymbol{\varepsilon} = 2\log\left(\max\left\{\frac{q}{1-q},\frac{1-q}{q}\right\}\right) \tag{8.23}$$

的本地差分隐私。

现在考虑基于二进制随机响应机制的本地差分隐私的统计分析，通常数据使用方（如服务提供商）需要统计各类别在用户群体中真实类别数据 x 的频数或频率分布，由于二元随机响应机制对真实的类别数据 x 做了扰动，服务提供方观察到的类别频率分布与 x 的真实频率分布之间是存在偏差的。假定用户的数量为 n，类别 X_i 的真实频数为 F_i，则对于从视图 z 中观测到 X_i（即 $z^i=1$）的频数 F_i'，存在以下关系：

$$E[F_i'] = F_i \cdot q + (n - F_i) \cdot (1 - q) \tag{8.24}$$

因此，关于 F_i 的无偏估计可以由 F_i'得到：

$$F_i = E\left[\frac{F_i' - n(1 - q)}{2q - 1}\right] \tag{8.25}$$

从而实现基于二进制随机响应的本地差分隐私分布估计。

差分隐私的组合性质：多次查询所消耗的隐私保护预算至多为单次查询所消耗隐私预算的总和，称为差分隐私的组合性质。对于较为复杂的查询与计算（如频繁项挖掘、决策树模型构建、深度学习模型构建），可以将该复杂查询分解为多个简单的查询（如频数查询、平均梯度查询等），从而使得最终查询与计算结果满足差分隐私约束。举例来说，频繁项挖掘可以分解为数据集上的直方图查询，决策树模型的构建可以分解为数据集上的条件概率查询，基于梯度下降的深度学习模型构建可以分解为数据集上样本梯度的均值估计。

差分隐私的平行性质：差分隐私的另一个重要性质是平行性质，即对于数据集不重叠子集分别进行预算为 $\boldsymbol{\varepsilon}$ 的查询，其消耗的总隐私预算为 $\boldsymbol{\varepsilon}$。该性质的直观解释在于单个数据条目只会对其所在子集的查询结果有影响，因而其总隐私消耗等于子集上的隐私消耗。合理利用差分隐私的平行性质可以显著降低多次查询所需的总隐私消耗（具体例子见本章实验部分），并提升查询准确度。

由于差分隐私具有严格的可抵抗背景知识攻击的隐私保护性能，且能够通过划分隐私预算对复杂查询进行分解与组合，数据处理后也不影响隐私保护性能，差分隐私已经被应用于诸多领域的场景中。例如统计推断与优化理论、数据库系统、数据挖掘与机器学习以及网络服务等。

8.5　差分隐私的决策树构建实现案例

本章将以满足差分隐私的决策树模型构建为例，通过具体流程演示如何运用差分隐私技术对机器学习模型构建过程中的训练数据隐私泄露进行限制，从而使得最终的计算结果（决策树模型）满足训练数据隐私保护的要求。该演示在 UCI Adult 数据集上进行，此数据集来自 1994 年美国的人口普查数据，包含 48 842 条个人记录。每条记录包含个人的年龄、性别、原国籍、受教育程度、受教育年限、职业、雇主类型等属性，以及关于该个人年收入是否超过 50K 的标签。

现考虑在该数据集上构建 CART 贪心决策树模型。回顾一下 2.2 节中贪心决策树的构建过程。

① **数据预处理**：为简化后续决策树的构建构成，首先对数据集进行清洗、离散化等预处理，包括去除缺失属性的条目、对数值属性进行离散化等。

② **根节点属性挑选**：按照信息增益、信息增益比、基尼系数等指标计算各个属性划分类别的能力，挑选指标最优的一个属性作为根节点。

③ **子数据集划分**：依据根节点属性的取值，将原数据集划分为多个子数据集，每个子数据集对应于根节点的一个子节点。

④ **在子数据集上重复步骤②和③**：现以子节点作为根节点，在对应子数据上递归地进行属性挑选以及数据集划分，直至所有属性均已被用于划分，或树的深度达到指定阈值，或叶子节点所对应数据集条目数量低于指定阈值。

⑤ **指定叶子节点标签**：统计叶子节点所对应子数据集的标签分布，将频次最大的标签作为所预测标签。

在决策树构建过程中，模型构建方需要对数据集进行多次的访问查询，而该数据集包含着关于个人的敏感信息，直接对该数据集的访问与查询可能导致潜在的隐私泄露。因而现在考虑在构建过程中采用差分隐私技术对查询结果进行隐私保护。决策树构建过程中既需要对判别属性进行挑选，也需要查询叶子节点的标签分布。判别属性的挑选可以由指数机制实现，而标签分布查询可以由面向数值的拉普拉斯机制实现。在对数据集进行预处理后，等级为 ε 的差分隐私 CART 决策树构架流程如下所述（假设树的高度阈值为 H）。

① **使用指数机制进行根节点属性挑选**：在 CART 决策树中，属性挑选的指标为 Gini 系数的减少量，以该指标作为效用性函数，其敏感度为 2（见定义 8.7）。使用隐私预算 $\varepsilon/(2H)$ 挑选根节点划分属性。

② **递归地对多个子数据集进行属性挑选**：对于每个子数据集，使用隐私预算 $\varepsilon/(2H)$ 挑选根节点划分属性。由于子数据集不存在重叠的数据条目，因而该步骤的总隐私消耗为 $\varepsilon/(2H)$，与子数据集的数量无关。递归过程在树的深度达到 H 时停止。

③ **指定叶子节点标签**：通过隐私预算 $\varepsilon/2$ 的拉普拉斯机制查询叶子节点所对应子数据集的标签分布，将加噪后频次最大的标签作为预测标签。同样由于子数据集不存在重叠的数据条目，因而该步骤的总隐私消耗为 $\varepsilon/2$，与叶子节点数量无关。另一种做法是使用隐私预算 $\varepsilon/2$ 的指数机制挑选频次最大的标签。

在上述过程中，高度为 H 的树结构构造过程消耗隐私预算 $H\cdot\varepsilon/(2H)=\varepsilon/2$，叶子节点标签分布查询消耗隐私预算 $\varepsilon/2$，因而总的隐私消耗为 ε，即该 CART 决策树满足等级为 ε 的差分隐私。

8.6　小结

本章介绍了与隐私保护相关的一些安全技术。首先介绍了安全多方计算的概念与技术原理，然后介绍了同态加密的定义和实现方法，最后介绍了差分隐私的基本概念与技术方法。

CHAPTER9

第9章

数据隐私

内容提要

9.1 数据隐私概述

由于机器学习具有解决分类、预测以及决策等问题的卓越能力，因此，机器学习被广泛应用于实际生活中，如推荐系统、智能医疗等。机器学习为日常生活带来极大便利的同时，其暴露出的隐私泄露问题也受到越来越多的关注。其中，机器学习的隐私泄露问题与训练集数据的隐私保护密切相关，因此，有关训练数据集的隐私保护问题也十分重要。

本章主要介绍了两种典型的机器学习数据隐私攻击方式：成员推理攻击以及数据集重建攻击。并分析了这些典型攻击方式的攻击机理以及相应的防御手段。

9.2 成员推理攻击

成员推理攻击（Membership Inference Attack，MIA）是一种判断数据是否属于模型训练集的攻击。通过这种攻击，攻击者可以推测出有关目标模型训练集的成员信息，从而造成严重的隐私泄露问题。例如，如果对从某种疾病患者那里收集的数据进行了机器学习模型的训练，则通过确认受害者的数据是否属于模型的训练数据，攻击者可以立即获知该受害者的健康状况。

针对机器学习的成员推理攻击最早是由 Shokri 等人[221] 提出的。近几年，关于成员推理攻击的工作越来越多，并且已经在许多领域成功实践，如生物医学等领域。图 9.1 简单描述了成员推理攻击的流程，给定一个实例（即访问数据）（x，y），通过访问目标模型$f_{\text{target}}(\theta)$，攻击者可获得目标模型的输出$f_{\text{target}}(x;\theta)$，并以此判断实例$(x, y)$是否属于目标模型的训练集$D_{\text{target}}^{\text{train}}$。

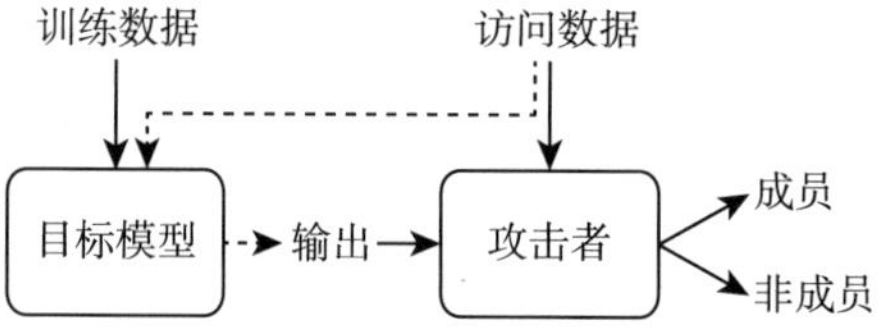

图 9.1　成员推理攻击流程

目前，机器学习模型成员推理攻击的研究有很多，本节将分别从成员推理攻击类型、成员推理攻击方法、攻击执行的场景以及攻击成功执行的机理展开描述。

9.2.1　成员推理攻击类型

敌手知识描述的是攻击者可以接触到与目标模型有关的信息。敌手知识可分为四种类型，即数据知识、模型知识、训练知识以及输出知识。

① 数据知识指的是目标模型训练集以及其对应的分布信息。

在大多数成员推理攻击方案中，攻击者可以获得目标模型训练集$D_{\text{target}}^{\text{train}}$的分布信息。因此，攻击者可获得与$D_{\text{target}}^{\text{train}}$同分布的数据集$D'$。根据攻击执行的难易程度，数据集$D_{\text{target}}^{\text{train}}$与$D'$可以有交集，也可以无交集，但是在一般的成员推理攻击中，通常都假定$D_{\text{target}}^{\text{train}}$与$D'$是不相交的。而对于目标模型训练集，攻击者一般是接触不到的，这也比较符合实际情况。但是也有少数攻击方案假设攻击者拥有部分目标模型训练数据，如文献［169］，作者假设攻击者可以访问一小部分目标模型训练集和一些测试集样本。

② 模型知识指的是目标模型$f_{\text{target}}(\theta)$训练前设置的模型结构以及训练后获得的模型参数$\theta$。

模型结构知识包括使用的模型类型，模型的层数，使用的激活函数类型等。通常，攻击者只能通过目标模型的应用程序接口（Application Programming Interface，API）来访问目标模型，即攻击者并不知道目标模型的模型结构，但是，攻击者可以通过模型窃取的攻击方式推导出模型结构知识，相关内容将在第 10 章描述。而对于模型参数，根据攻击者是否知道目标模型的模型参数，可以将攻击分为黑盒成员推理攻击与白盒成员推理攻击，本小节将详细描述相关内容。

③ 训练知识指的是目标模型训练过程使用的算法、参数等设置。

在大多数的成员推理攻击中，都假定攻击者已知这些设置信息，即知道目标模型是如何训练的。攻击者知道目标模型的训练知识以及模型知识后，便可以模仿目标模型的行为，训练出一个代替模型，从而进一步执行成员推理攻击。

④ 输出知识指的是目标模型输出的预测置信度P_x。

根据攻击的难易程度，输出知识可分为全部输出知识、部分输出知识和仅标签知识。全部输出知识表示攻击者可以获得模型输出的整个预测置信度P_x；部分输出知识表示攻击者只获得模型输出的预测置信度 P_x 中最大的几个值；仅标签知识则表示攻击者只获得模型输出的预测置信度 P_x 对应的类标签 $\hat{y}$。

在成员推理攻击中，通常会假设攻击者拥有目标模型训练数据的分布知识、模型知识、训练知识和输出知识。基于攻击者能否获得模型知识中的模型参数，成员推理攻击可以分为黑盒成员推理攻击和白盒成员推理攻击。

9.2.1.1 黑盒成员推理攻击

在黑盒成员推理攻击中，目标模型知识中的模型参数对于攻击者是不可知的，也就意味着实例（$\boldsymbol{x}$，y）输入目标模型后的中间计算过程对于攻击者是不可见的。对于任何实例（$\boldsymbol{x}$，y），攻击者只能访问目标模型，并获得模型输出的预测置信度 P_x，如图9.2所示。目前大多数成员推理攻击基本都是基于黑盒设置的，因为这种设置更符合实际应用场景，也更具有挑战性。

但是在黑盒成员推理攻击中，攻击者可以知道关于目标模型的数据知识、模型知识中的结构知识、训练知识以及输出知识。根据这些知识，攻击者可以训练一个影子模型 $f_{\text{shadow}}(\theta)$ 来模仿目标模型的功能，并进一步执行攻击。

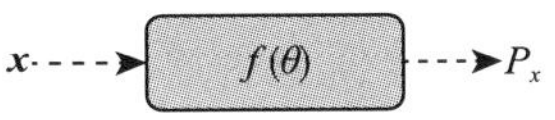

图9.2　黑盒成员推理攻击

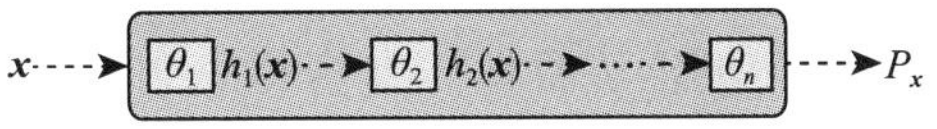

图9.3　白盒成员推理攻击

9.2.1.2 白盒成员推理攻击

在一般的白盒成员推理攻击中，攻击者可获得除目标模型训练数据以外的所有敌手知识，并且可以完全接触目标模型。这意味着对于实例（$\boldsymbol{x}$，y），攻击者可以获得其对应预测置信度 P_x 的所有信息，也可以获得其在目标模型中间计算过程的信息。如图9.3所示，假设 θ_1，θ_2，…，θ_n 分别为目标模型的每一层参数，则攻击者可以计算输入（$\boldsymbol{x}$，y）在目标模型上的每一层输出 $h_i(\boldsymbol{x})$。

一般而言，白盒成员推理攻击会比黑盒成员推理攻击更强，因为在前者的背景下，攻击者知道更多目标模型的信息。文献［169］实现了白盒成员推理攻击，使用模型中间层计算的梯度、中间层的输出、模型输出的置信度以及其对应输出的标签来区分训练样本和非训练样本，并表明该推理攻击方案比黑盒攻击具有更高的攻击精度。但是该方案中，Leino 等人[133] 假设攻击者知道训练集的部分训练数据，这与一般的成员推理攻击假设不太一样。而文献［132］考虑弱化 Leino 等人的假设，在不访问目标模型训练数据的同时，实现有效的白盒攻击。

9.2.2 成员推理攻击方法

成员推理攻击可推理某个实例是否属于目标模型的训练数据集。如何执行推理、成功执行推理的判断依据是成员推理攻击的关键内容。通常，深度神经网络模型都是过度参数化的，这意味着它们有足够的能力来记忆其训练数据集的信息。此外，训练数据集的大小是有限的，模型在相同的实例上被反复训练，这使得模型在其训练数据（即成员数据）上的表现往往与其第一次“看到”的数据（即非成员数据）不同。一般而言，目标模型在训练数据上的输出置信度中会有一个较大的值，而目标模型在未见过的训练数据上的输出置信度会有一个较小的值，这种差异也是目前大部分成员推理攻击执行成功与否的判断依据，如何衡量这种差异也是成员推理方法的分类依据。目前成员推理攻击方可以分为基于神经网络的成员推理攻击和基于度量的成员推理攻击。

9.2.2.1　基于神经网络的成员推理攻击

基于神经网络的成员推理攻击通过构建一个二分类模型来判断访问数据是否属于目标模型训练集。如何构建这个二分类模型是此类攻击执行的关键步骤。

最初，shokri 等人[221] 提出一种有效的影子模型 $f_{\text{shadow}}(\theta)$、攻击模型 $f_{\text{attack}}(\theta)$ 的训练方法。其主要的思路是创建影子模型来模仿目标模型实现的功能，进一步为训练攻击模型提供训练数据。在此攻击中，假设攻击者已知目标模型训练数据的分布、模型知识以及训练知识，那么它能够训练一个与目标模型功能一致的影子模型。通过训练影子模型来提供攻击模型的训练数据。其主要思想是：学习如何推理数据是否属于影子模型的训练集会得到一种攻击模型，该模型也能成功地推断出目标模型训练集中的成员。

如图 9.4 所示为该攻击执行的过程。首先，攻击者需要训练影子模型来模仿目标模型的行为。需要注意的是，构建影子模型的训练集 $D_{\text{shadow}}^{\text{train}}$ 和测试集 $D_{\text{shadow}}^{\text{test}}$ 与目标模型的训练集 $D_{\text{target}}^{\text{train}}$ 服从同一个分布的，但他们两两之间是没有交集的。影子模型训练好后，攻击者将使用其对应的训练集与测试集分别访问影子模型，将影子模型的输出作为攻击模型训练数据的特征。然后，将训练集对应的输出标记为 1（即成员），测试集对应的输出标记为 0（即非成员），分别获得（$\text{output}^{\text{train}}$，1）与（$\text{output}^{\text{test}}$，0）。再构建攻击模型的训练数据集 $D_{\text{attack}}^{\text{train}}=(\text{output}^{\text{train}},1)\cup(\text{output}^{\text{test}},0)$，便可用数据集 $D_{\text{attack}}^{\text{train}}$ 训练出一个用于判断访问数据是否为目标模型训练集中成员的二分类攻击模型。

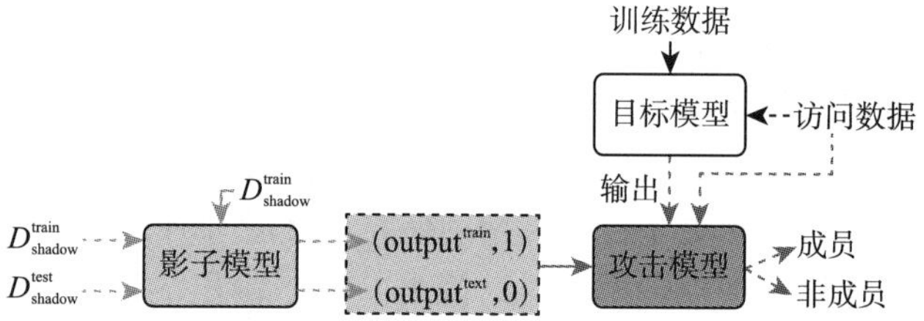

图 9.4　基于神经网络的成员推理攻击

文献［221］表明，当攻击者没有与目标模型训练集数据同分布的数据集时，仍然可以通过基于模型的合成、基于统计的合成、有噪的真实数据三种方式构造影子模型的训练数据。①基于模型的合成。如果攻击者没有真正的训练数据，也没有关于其分布的任何统计，他可以利用目标模型本身为影子模型生成训练数据。通过不断请求目标模型，使人造数据尽可能接近目标模型训练集的分布。②基于统计的合成。利用有关于目标模型训练数据的统计信息（比如不同特征的边缘分布），通过利用独立地从每个特征的边缘分布中采样的值来生成影子模型的合成训练记录，由此产生的攻击模型也很有效。③有噪的真实数据。攻击者可以访问一些与目标模型的训练数据类似的数据，这些数据可以被视为训练数据的“噪声”版本。因此，不论是否有额外数据集作为敌手知识，攻击者总可以得到目标模型的影子模型。并根据影子模型在训练集和非训练集上的不同表现，训练一个有监督的二分类器作为攻击模型，以预测某条数据存在于训练集中的可能性，来实现成员推理攻击。

在训练好攻击模型后，攻击者将访问数据输入目标模型，再将目标模型输出的置信度 P_x 输入攻击模型，根据攻击模型的输出判断该访问数据是否属于目标模型的训练数据集。根据攻击模型的训练过程可知，若攻击模型输出为 1 则表示该访问数据属于目标模型的训练数据集，为 0 则表示该访问数据不属于目标模型的训练数据集。

根据上述基于神经网络的成员推理攻击的描述可知，训练二分类模型的关键是构造其训练集 $D_{\text{attack}}^{\text{train}}$。按照不同的攻击模型训练集 $D_{\text{attack}}^{\text{train}}$，现有的基于神经网络的成员推理攻击方案如下所述。

1. 基于预测置信度的神经网络成员推理攻击

在文献［221］中，shokri 等人使用模型预测输出的置信度作为成员数据与非成员数据的特征，然后以这些特征作为攻击模型的输入，来训练一个攻击模型以区分成员数据与非成员数据。shokri 等人在该工作中训练了 k 个影子模型来模仿目标模型的行为，其主要思想是影子模型越多，为攻击模型提供的训练素材就越多，攻击模型也就越精确。这里需要注意的是，构建影子模型的训练集及其测试集与目标模型的训练集之间需要服从同一个分布并没有交集，而影子模型与影子模型之间的训练集、测试集则可以存在交集。具体的过程如图 9.5 所示，构建好的影子模型分别为攻击模型生成训练数据（$P_{\text{shadow}i}^{\text{train}}$，1）与（$P_{\text{shadow}i}^{\text{test}}$，0），其中 $i \in \{1, 2, \cdots, k\}$，故 $D_{\text{attack}}^{\text{train}} = \cup_{i=1}^{k}((P_{\text{shadow}i}^{\text{train}}, 1) \cup (P_{\text{shadow}i}^{\text{test}}, 0))$。

文献［209］在 shokri 等人[221] 工作的基础上进行了改进，放宽了对影子模型的结构、训练影子模型的数据以及影子模型数量的要求。他们只训练一个影子模型，其结构

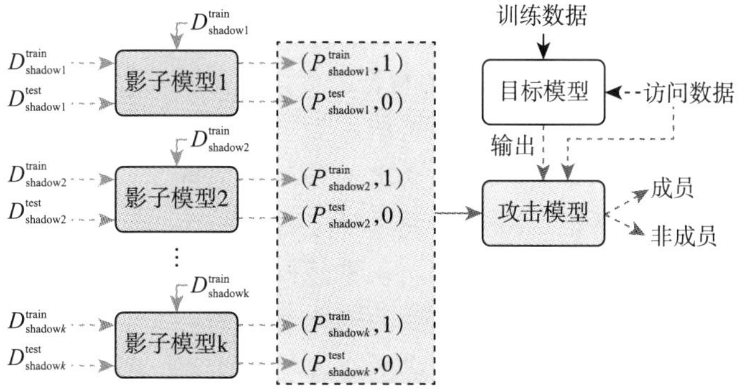

图 9.5 基于预测置信度的神经网络成员推理攻击

任意，影子模型的训练数据也不需要与目标模型的训练数据服从同一个分布。在此要求下，他们执行攻击的主要思想是影子模型仅用于捕获训练数据集的成员状态，而不是用于模仿目标模型的行为。

2. 基于扰动信号的神经网络成员推理攻击

文献［45］的作者 Choo 等人提出使用实例（$\boldsymbol{x}$，y）的扰动版本来提取更细微的成员信息，如图 9.6 所示为他们访问目标模型获取扰动信号的过程。在攻击过程中，Choo 等人首先使用数据增强的方式获取实例（$\boldsymbol{x}$，y）的扰动版本（$\boldsymbol{x}_i$，y），将扰动版本输入目标模型获取其对应的预测类别 y_i'，当扰动版本的预测类别等于其对应标签时（即 $y_i'=y$），将该扰动版本数据信号 b_i 标记为 1（即 $b_i=1$），否则 b_i 标记为 0（即 $b_i=0$），以此获得数据（$\boldsymbol{x}$，y）的一个 N 维扰动信号（b_1，b_2，…，b_N）。在训练攻击模型时，则将 N 维扰动信号作为攻击模型训练数据。当该扰动信号向量对应的数据（$\boldsymbol{x}$，y）为训练数据时，将 N 维扰动信号（b_1，b_2，…，b_N）标记为 1（即成员）；当该扰动信号向量对应的数据（$\boldsymbol{x}$，y）为非训练数据时，将 N 维扰动信号（b_1，b_2，…，b_N）标记为 0（即非成员）。该方式对攻击模型训练数据的生成仍然需要影子模型的辅助。因为访问目标模型时，只需要获取其对应预测的类别标签，所以这种攻击方式被称为 label_ only 成员推理攻击。label_ only 成员推理攻击的主要思想是通过组合扰动版本数据的多个查询，来提取关于分类器决策边界的细粒度信息，并通过评估目标模型在不同扰动数据上的鲁棒性，可推断具有高鲁棒性的数据点为成员数据。

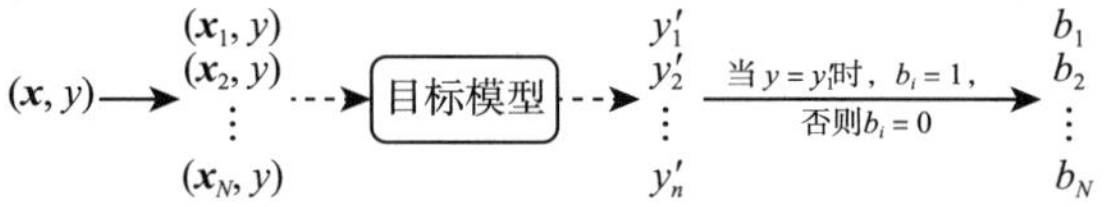

图 9.6　扰动信号提取过程

3. 基于中间层信息的神经网络成员推理攻击

文献［169］的作者 Nasr 等人提出使用实例（$\boldsymbol{x}$，y）在模型预测过程中产生的梯度 $\dfrac{\partial L}{\partial \theta_N}$、中间层输出 $h_n(\boldsymbol{x})$、损失值 $L(f(\boldsymbol{x};\ \theta),\ y)$、模型输出的预测置信度 $P_{\boldsymbol{x}}$ 以及其对应的真实标签 y 作为攻击模型训练数据的特征。如图 9.7 所示，该攻击模型由特征提取器和编码器组成。为了从每一层的输出、真实标签的独热编码、模型输出的预测置信度以及对应的损失值中提取特征，Nasr 等人设计了带有一个隐藏层的全连接网络子模块，同时使用卷积神经网络子模块来处理梯度。然后，将每个子模块组件的输出重塑为一个一维向量，并使用一个含有多个隐藏层的全连接的编码器组件来组合所有攻击特征提取组件的输出。编码器的输

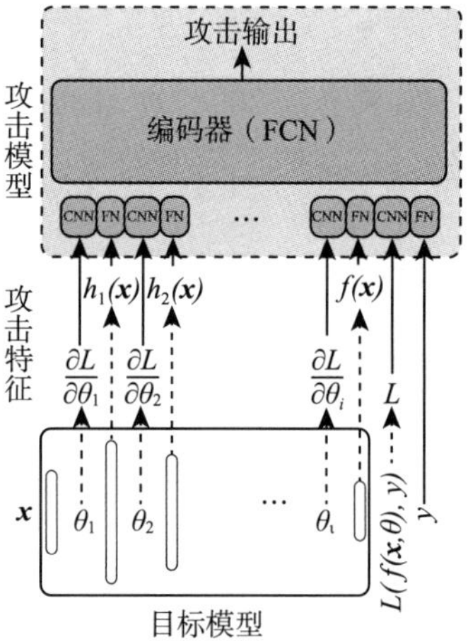

图 9.7　基于中间层信息的神经网络成员推理攻击

出是一个单一的分数，该分数即为预测输入数据的成员身份概率。

9.2.2.2 基于度量的成员推理攻击

基于度量的成员推理攻击，即根据目标模型输出的置信度定义一个度量规则来判断访问数据是否为成员。针对不同度量规则的设定，可将基于度量的成员推理攻击细分为基于预测正确性的攻击、基于预测损失的攻击、基于预测置信度的攻击、基于预测熵的攻击和基于预测差分距离的攻击。

1. 基于预测正确性的攻击

基于预测正确性的攻击主要思想是如果目标模型能够正确地预测一个输入实例（$\boldsymbol{x}$，y），攻击者则将该实例（$\boldsymbol{x}$，y）推断为成员，否则攻击者则将其推断为非成员。攻击的直觉是目标模型训练后可对其训练数据进行正确的预测，但是目标模型可能在测试数据集上的泛化性不够好，所以可以借助这种差异来执行成员推理攻击。这种攻击方式可形式化为

$$M_{\text{corr}}(P_{\boldsymbol{x}};y)=I(\operatorname{argmax}(P_{\boldsymbol{x}})=y)\rightarrow\{\text{member},\text{non-member}\} \tag{9.1}$$

其中，argmax（$P_{\boldsymbol{x}}$）函数输出的是目标模型输出预测向量中最大值对应的类别。

基于预测正确性的攻击最初是由文献［283］提出的，Yeom 等人证明了在黑盒设置下其攻击性能与基于神经网络的攻击性能相当。这种攻击方式通常被认为是一个简单的基线攻击，后续的相关文献［45，132，226］都将其作为基线来比较他们提出的攻击性能。另外，文献［45］中 Choo 等人借助模型预测的正确性，设计了一种新的度量方法。在该方法中，对于给定的实例（$\boldsymbol{x}$，y），Choo 等人尝试着去测量该实例离模型决策边界的距离 $\text{dist}_{f(\theta)}(\boldsymbol{x},\ y)$。当 $\operatorname{argmax}(P_{\boldsymbol{x}})\neq y$ 时，令 $\text{dist}_{f(\theta)}(\boldsymbol{x},\ y)=0$；当 $\operatorname{argmax}(P_{\boldsymbol{x}})=y$ 时，则需要利用对抗样本生成的方法，寻找与实例（$\boldsymbol{x}$，y）欧氏距离最小的对抗样本（$\boldsymbol{x}'$，y），此时 $\operatorname{argmax}(P_{\boldsymbol{x}}')\neq y$，于是令 $\text{dist}_{f(\theta)}(\boldsymbol{x},\ y)=\sqrt{(\boldsymbol{x}-\boldsymbol{x}')^2+(y-y')^2}$。当 $\text{dist}_{f(\theta)}(\boldsymbol{x},\ y)>\tau$ 时，可判断该数据为成员数据。这种攻击方式可形式化为

$$M_{\text{corr\_D}}(\boldsymbol{x};y)=I(\text{dist}_{f(\theta)}(\boldsymbol{x},y)>\tau)\rightarrow\{\text{member},\text{non-member}\} \tag{9.2}$$

其中 τ 的取值，可以通过构造一个影子模型来模仿目标模型的行为，对影子模型执行攻击，调整 τ 值以实现最好的成员推理攻击性能，最后将最优的 τ 值作为攻击目标模型的阈值。

2. 基于预测损失的攻击

基于预测损失的攻击主要思想是如果实例（$\boldsymbol{x}$，y）的预测损失小于训练样本的平均损失，则攻击者推断该实例（$\boldsymbol{x}$，y）为成员，否则攻击者将其推断为非成员。攻击的直觉是目标模型通过最小化其训练样本的预测损失来进行训练的。因此，训练样本的预测损失应该小于未在训练过程中使用的输入损失。这种攻击方式可形式化为

$$M_{\text{loss}}(P_{\boldsymbol{x}};y)=I(\text{Loss}(P_{\boldsymbol{x}},y)\leqslant\tau)\rightarrow\{\text{member},\text{non-member}\} \tag{9.3}$$

其中 τ 为目标模型对训练样本的平均损失，文献［283］中表明这个值一般会与目标模型的 API 一同公布，Loss 函数根据目标模型的不同可设定为均方损失函数，也可设为交叉熵损失函数。

基于预测损失的攻击最初是由文献［283］提出的，并表明该攻击只需要较少的计算资源和背景知识，便可实现 Shokri 等人[221] 提出的基于神经网络攻击的性能相当。

3. 基于预测置信度的攻击

基于预测损失的攻击主要思想是如果实例（$\boldsymbol{x}$，y）的预测置信度最大值大于预先设置的阈值 τ，攻击者则将实例（$\boldsymbol{x}$，y）推断为成员，否则攻击者将其推断为非成员。攻击的直觉是目标模型通过尽量减少训练数据的预测损失来训练的，这意味着对于训练数据而言，其预测置信度的最大值应该接近 1。这种攻击方式可形式化为：

$$M_{\text{conf}}(P_{\boldsymbol{x}}) = I(\max(P_{\boldsymbol{x}}, y) \leqslant \tau) \rightarrow \{\text{member}, \text{non-member}\} \tag{9.4}$$

其中 $\max(P_{\boldsymbol{x}})$ 函数输出的是目标模型输出预测向量中的最大值。阈值 τ 选择方式为在目标数据点的特征空间中生成一个随机点的样本，输入目标模型得到相应的输出预测向量，可认为这个随机点是非成员点，这个随机点预测向量中最大值的前 t 位可以作为一个很好的阈值。

基于预测置信度的攻击最初是由 Salem 等人提出的[209]，他们选择为所有类标签使用单个阈值，并通过实验表明了使用最大置信度值可以达到非常高的攻击性能。文献［226］通过为不同的类标签设置不同的阈值来改进这种攻击方法。

4. 基于预测熵的攻击

基于预测熵的攻击主要思想是如果实例（$\boldsymbol{x}$，y）预测熵小于预先设置的阈值，攻击者则将实例（$\boldsymbol{x}$，y）推断为成员，否则攻击者将其推断为非成员。攻击的直觉是，训练和测试数据之间的预测熵分布有很大的不同，目标模型对其测试数据的预测熵通常大于对其训练数据的预测熵。这种攻击方式可形式化为

$$M_{\text{entr}}(P_{\boldsymbol{x}}) = I(H(P_{\boldsymbol{x}}) \leqslant \tau) \rightarrow \{\text{member}, \text{non-member}\} \tag{9.5}$$

其中，$H(P_{\boldsymbol{x}})$ 函数输出的是目标模型输出预测向量的信息熵，即 $H(P_{\boldsymbol{x}}) = -\sum_i P_{\boldsymbol{x}}(i)\log(P_{\boldsymbol{x}}(i))$，$P_{\boldsymbol{x}}(i)$ 表示预测向量 $P_{\boldsymbol{x}}$ 的第 i 个值。

关于训练数据和测试数据之间的预测熵分布的差异最初是由文献［221］展现出的，用以解释为什么存在成员隐私风险。随后文献［209］证明了使用预测熵进行攻击的有效性，而文献［226］在此基础上提出了改进方案，通过设置依赖于类标签的不同阈值来获得更高的攻击精度。同时文献［226］也提出了另一种改进的基于预测熵的攻击方法。他们认为，预测熵不包含任何关于真实标签的信息，这可能会出现对成员和非成员错误分类的情况。例如，一个概率为 1 的完全错误分类会导致预测熵的值为零，而基于预测熵的攻击会将数据实例归类为成员。但是，完全错误分类的数据实例可能是一个测试数据实

例（即非成员）。因此，Song 等人提出了一个改进的预测熵度量方法，其定义如下：

$$\mathrm{MH}(P_{x};y) = -(\mathbf{1} - P_{x}(t)\log(P_{x}(t)) - \sum_{i \neq t} P_{x}(i)\log(\mathbf{1} - P_{x}(i))) \tag{9.6}$$

其中，t 描述的是实例（$\boldsymbol{x}$，y）真标签 y 对应的类索引。该攻击方式形式化为

$$M_{\mathrm{Mentr}}(P_{x};y) = I(\mathrm{MH}(P_{x};y) \leqslant \tau) \rightarrow \{\text{member}, \text{non-member}\} \tag{9.7}$$

文献［226］的作者 Song 等人也通过实验表明，改进的基于预测熵的攻击明显优于基于预测熵的攻击。

5. 基于预测差分距离的攻击

基于预测差分距离的攻击主要思想是对于成员数据集与非成员数据集，将实例（$\boldsymbol{x}$，y）从成员数据集移至非成员数据集，如果两个集合中的数据输入目标模型后计算的差分距离变小，则攻击者推断实例（$\boldsymbol{x}$，y）为成员数据，否则将其推断为非成员。攻击的直觉是，对于两个不相交的集合，数据从一方移动至另一方，将影响两个集合的空间距离。如图 9.8 所示，集合 $S_{\text{target}}^{\text{prob},k}$ 更倾向于成员数据集，集合 $S_{\text{non-mem}}^{\text{prob},k}$ 为非成员数据集。现在的目标是确定 $S_{\text{target}}^{\text{prob},k}$ 集合中的数据是否都为成员数据，所以通过将 $S_{\text{target}}^{\text{prob},k}$ 集合中的数据移至 $S_{\text{non-mem}}^{\text{prob},k}$ 集合，再计算两个更新的集合之间的距离，来推断移动数据是否属于成员。图 9.8 描述了移动数据对两个集合之间距离影响的两种情况：①从 $S_{\text{target}}^{\text{prob},k}$ 中移动数据点，导致两个集合之间的距离变小，意味着两个集合有了关联，以此来推断移动的数据为成员数据。②从 $S_{\text{target}}^{\text{prob},k}$ 中移动数据点，导致两个集合之间的距离变大，意味着两个集合之间的关联变小了，以此来推断移动的数据为非成员数据。这种攻击方式可形式化为

$$\begin{aligned} M_{\mathrm{DD}}(P_{x}) = I(D(S_{\text{target}}^{\text{prob},k} - G_{\text{projection},k}(P_{x}), S_{\text{non-mem}}^{\text{prob},k} \cup G_{\text{projection},k}(P_{x})) - \\ D(S_{\text{target}}^{\text{prob},k}, S_{\text{non-mem}}^{\text{prob},k}) > 0) \rightarrow \{\text{member}, \text{non-member}\} \end{aligned} \tag{9.8}$$

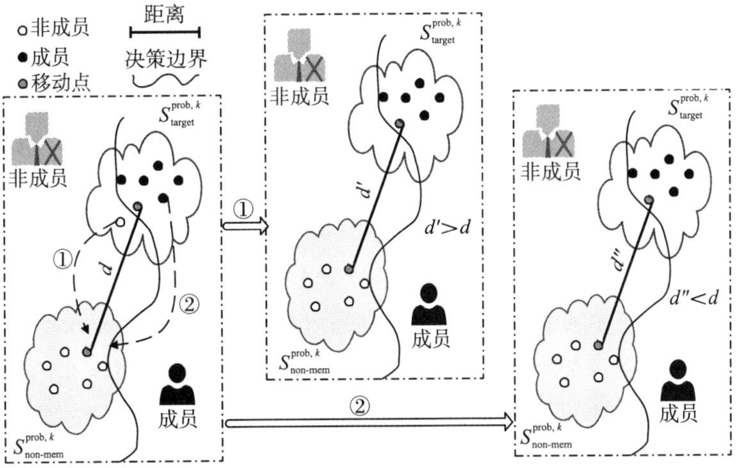

图 9.8　基于预测差分距离的攻击

其中，$S_{\text{target}}^{\text{prob},k}=\{P_x' \mid P_x'=G_{\text{projection},k}(P_x),\ P_x \in S_{\text{target}}^{\text{prob}}\}$，$S_{\text{target}}^{\text{prob}}=\{P_x \mid P_x=f_{\text{target}}(\boldsymbol{x},\ \theta),\ \boldsymbol{x} \in S_{\text{target}}\}$；$S_{\text{non-mem}}^{\text{prob},k}=\{P_x' \mid P_x'=G_{\text{projection},k}(P_x),\ P_x \in S_{\text{non-mem}}^{\text{prob}}\}$，$S_{\text{non-mem}}^{\text{prob}}=\{P_x \mid P_x=f_{\text{target}}(\boldsymbol{x},\ \theta),\ \boldsymbol{x} \in S_{\text{non-mem}}\}$；$S_{\text{target}}$ 为成员数据集，$S_{\text{non-mem}}$ 为非成员数据集；$G_{\text{projection},k}(P_x)$ 为投影函数，可将 m 维的 P_x 转化为 k 维的向量。投影函数 $G_{\text{projection},k}(P_x)$ 设计的直觉是类之间的关系对于成员推理攻击而言并不重要，但不同类的等级排名决定了成员身份，因此 $G_{\text{projection},k}(P_x)$ 函数有以下三种设计方法：①将所有的概率分数按顺序排列。此投影函数将所有概率分数从最大到最小进行排序，从而删除不重要的类信息，只保留对应的值。②Top-k 概率得分。该投影函数选择前 k 个概率分数，进一步去除一些值较小的噪声概率分数。③Top-k+真实类标签。该投影函数选择前 k 个概率分数并加上真实的类标签。基于预测差分距离的攻击最初是由文献［97］提出的，并通过实验表明，该攻击方式具有较好的攻击性能，同时可以击败最先进的防御系统。

9.2.3　攻击执行的场景

本节详细介绍了如何针对特定的机器学习模型发起这些攻击。基于目标模型是集中式训练还是分布式训练，这些攻击可分为两类：一类是攻击集中式学习模型，另一类是攻击分布式学习模型。

9.2.3.1　攻击集中式学习模型

在集中式学习中，目标模型的训练只用一个包含所有训练数据实例的私有数据集 $D_{\text{target}}^{\text{train}}$。目标模型在 $D_{\text{target}}^{\text{train}}$ 上进行训练，训练完成后，模型参数固定。基于监督学习和无监督学习的学习类型，成员推理攻击可分为针对集中式监督学习的攻击和针对集中式无监督学习的攻击。

1. 针对集中式监督学习的攻击

目前，针对集中式监督学习的成员推理攻击主要针对分类模型。攻击者的目标是推断一个数据实例是否被用于训练一个分类器。文献［221］提出了第一个针对分类模型的成员推理攻击，Shokri 等人使用 7 个数据集对四种分类目标模型的推理攻击进行了评估：其中两种是由基于云平台的机器学习服务（即谷歌预测 API 和亚马逊 ML），一种标准的 CNN 分类器和一种全连接的 NN 分类器。作者通过实验证明这些目标模型很容易受到成员推理攻击的攻击。

2. 针对集中式无监督学习的攻击

前几节内容所描述的成员推理攻击都是针对分类模型的。而针对集中式无监督学习的成员推理攻击，目前主要针对生成对抗网络（Generative Adversarial Network，GAN）。为了更好地理解对 GAN 模型的成员推理攻击，本节首先描述 GAN 模型的体系结构，然后介绍如何在 GAN 模型中执行成员推理攻击。

GAN 的模型结构如图 9.9 所示。GAN 模型由一组对抗的神经网络构成（分别称为生成器和判别器），生成器 G 试图生成可被判别器误认为真实样本的生成样本。与其他生成模型相比，GAN 的显著不同在于，该方法不直接以数据分布和模型分布的差异为目标函数，转而采用了对抗的方式，先通过判别器学习差异，再引导生成器去缩小这种差异。生成器 G 接受隐变量 $\boldsymbol{z}$ 作为输入，参数为 θ。判别器 D 的输入为样本数据 $\boldsymbol{x}$ 或是生成样本 $\boldsymbol{x}'=G(\boldsymbol{z})$，参数为 Φ。GAN 中的生成器与判别器可被视作博弈中的两个玩家，两个玩家有各自的损失函数 $J_G(\theta, \Phi)$ 与 $J_D(\theta, \Phi)$，训练过程中生成器和判别器会更新各自的参数以极小化损失。GAN 的训练实质是寻找零和博弈的一个纳什均衡解，即一对参数（θ，Φ）使得 θ 是 J_G 的一个极小值点对应的模型参数，同时 Φ 是 J_D 的一个极小值点。两个玩家的损失函数都依赖于对方的参数，但是却不能更新对方的参数，这与一般的优化问题有很大的不同。

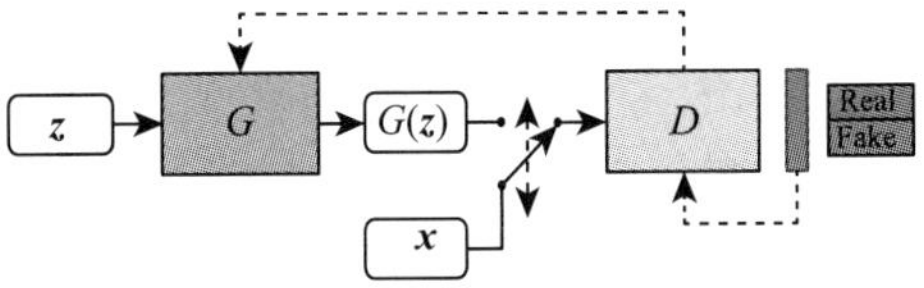

图 9.9　生成对抗网络

针对生成对抗网络的成员推理攻击旨在识别是否使用数据实例来训练生成器 G。与攻击分类模型不同的是，攻击者不能从生成器 G 中获得与目标实例相关的置信度向量或预测标签，这意味着攻击者没有线索来进行成员推理攻击。此外，目前的 GAN 模型往往会遇到模式坍塌，导致某些数据样本代表性不足的问题。这给攻击者带来了额外的攻击难度。根据攻击者是否可以获得 GAN 模型的参数（即生成器与判别器的模型参数），GAN 模型上的成员推理攻击可以分为黑盒攻击和白盒攻击。在黑盒攻击中，攻击者只对生成器进行查询并接收生成的合成样本。在白盒攻击中，攻击者可以完全访问 GAN 模型，包括生成器参数和判别器参数，这是攻击者拥有最多信息的场景。

针对生成对抗网络的成员推理攻击最早是由文献［84］提出的。攻击的直觉是如果目标模型对训练数据过拟合，则判别器将对训练集中的样本会输出更高的置信度，因为它是为了学习分布的统计差异而训练的。假设攻击者拥有数据集 $X=\{\boldsymbol{x}_1, \boldsymbol{x}_2, \cdots, \boldsymbol{x}_{m+n}\}$，其中 n 个数据属于目标模型的训练集，m 个数据不属于目标模型的训练集，攻击者的目的是将 n 个成员数据识别出来。在白盒攻击中，攻击者只需要将数据集 $X=\{\boldsymbol{x}_1, \boldsymbol{x}_2, \cdots, \boldsymbol{x}_{m+n}\}$ 输入到判别器中，并获得 $n+m$ 个数据对应的为训练数据的概率向量，攻击者按降序对这些概率值进行排序，并选择前 n 个概率值对应的样本作为成员数据。在黑盒攻击中，攻击者利用生成器生成的样本训练一个本地 GAN 模型，以从生成器生成的样本中了解有关目标 GAN 模型的信息。在本地 GAN 模型经过训练后，攻击者使用本地 GAN 模型的判别器执行成员推理攻击。文献［84］分别用 DCGAN、BEGAN 和 VAEGAN 评估了这种攻击的性能。实验表明，当 DCGAN 和 VAEGAN 是目标模型时，白盒攻击可获得更好的攻击性能，而黑盒攻击可通过少量的辅助对抗知识来提高攻击性能。

9.2.3.2　攻击分布式学习模型

目前，针对分布式学习模型的成员推理攻击侧重于联邦学习背景中的有监督分类任务。联邦学习是一种分布式学习方法，其目的是在不共享数据的同时联合训练一个模型。联邦学习训练出具有较好准确性模型的同时，实现对各参与训练用户数据隐私的保护，这也是联邦学习很受欢迎的原因之一，然而模型在联邦学习场景中仍然会遭受成员推理攻击。为了更好地理解联邦学习中的成员推理隐私风险，本节首先对联邦学习框架进行简单的描述。

图 9.10 描述了联邦学习的基本框架。在一个联邦学习任务中，有 n 个参与方共同训练一个模型，每个参与方都有不同的训练集 $D_i(i \in 1, 2, \cdots, n)$。各参与方协商训练一个全局深度学习模型，同时不需要共享他们的私有数据。为了实现这一目标，各参与方首先用自己的数据训练一个本地模型，从而获得一组本地模型参数。然后在每一轮训练中，各参与方都将其本地模型更新的参数发送到聚合服务器（也叫中心服务器），聚合服务器以加权平均的方式聚合所有参与方上传的模型参数，从而获得一组全局模型参数。然后，各参与方下载全局模型参数，并在其本地私有数据上使用 SGD 算法更新本地模型。当全局模型收敛时，便完成了联邦学习的训练任务。

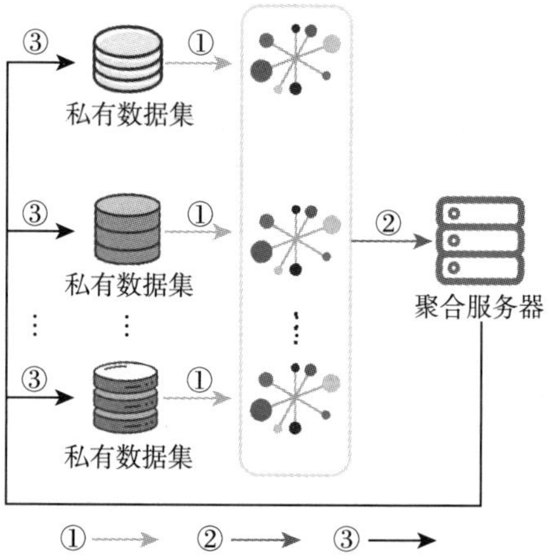

图 9.10　联邦学习框架

联邦学习中的成员推理攻击发生在训练过程，这与集中式中的成员推理攻击明显不同。在集中式中的成员推理攻击中，攻击者是“局外人”，在完成训练过程且目标模型固定后执行攻击。“局外人”攻击者，即使用机器学习的用户，用户可以通过黑盒或白盒的方式访问训练好的目标模型，然后执行成员推理攻击。而在联邦学习场景的成员推理攻击中，攻击者有三个可能的角色，包括两个“局内人”攻击者的角色和一个“局外人”攻击者的角色。“局内人”攻击者既可以是中心服务器，也可以是参与者中的某一个，而“局外人”攻击者是使用最终全局模型的用户。对联邦学习中的成员推理攻击的研究集中在联邦训练阶段的“局内人”攻击者身上，也就是中心服务器或参与者中的某一个，攻击者试图在训练过程中，确定一个数据实例是否被用于训练全局模型。攻击一般在训练阶段进行，因为当联邦训练过程完成后，“局内人”攻击者拥有固定的全局模型。因此，“局内人”攻击者的成员推理攻击与集中式中成员推理攻击的白盒攻击基本相同。

需要注意的是，联邦学习中的成员推理只要求攻击者识别数据实例是否用于训练全局模型，但不需要确定该数据实例属于哪个参与者。这是因为机器学习模型上的成员推理攻击专注于区分目标模型的训练数据和它们从未见过的数据。在联邦学习过程中，每个参与者都参与全局模型的训练，因此他们的本地训练样本都是属于全局模型训练数据的成员。联邦学习中的攻击者会在每次迭代训练结束时保存全局模型的模型参数，获得全局模型的多个版本。构建攻击模型有两种方法。第一种是攻击者对目标模型的每个版本运行独立的成员身份推理攻击，然后合并它们的结果。第二种是攻击者在保存的所有目标模型版本上运行单个攻击模型。也就是说，单个攻击模型的攻击组件同时在观察到的目标模型上处理其所有相应的输入。例如，假设攻击者收集到目标模型的 T 个版本，则损失函数 L 的攻击组件则为（L_1，L_2，…，L_T），然后由攻击模型立即处理。与第一种构建攻击模型的方法相比，第二种方法可以随着时间的推移捕获目标模型的参数之间的依赖关系，从而提供更好的攻击性能。

联邦学习中的攻击者可以在训练过程中主动或被动地执行成员推理攻击。当攻击者是中心服务器时，主动攻击者会反向修改聚合参数，并将其发送回每个参与方以构建成员推理攻击；而被动攻击者则诚实地计算聚合参数。当攻击者是参与者中的某一个时，主动攻击者会反向修改他的本地参数并将其上传到中心服务器来执行成员推理攻击，而被动攻击者会诚实地将他的参数上传到中心服务器。本节分别以攻击者执行主动攻击或被动攻击来介绍联邦学习中的成员推理攻击。

1. 主动攻击

文献［169］研究了攻击者如何在联邦学习设置中主动提取有关数据实例的成员信息。主动攻击者利用 SGD 算法来构建主动攻击。对于目标数据实例 $\boldsymbol{x}$，攻击者（假定为参与者中的某一个人）在实例 $\boldsymbol{x}$ 上运行梯度上升，沿增加实例 $\boldsymbol{x}$ 损失值的方向更新本地模型参数为 $\theta_i=\theta_i+\gamma\dfrac{\partial e}{\partial\theta_i}$，其中 γ 为更新率。然后，攻击者会将 θ_i 上传到中央服务器。主动攻击的直觉是，如果目标实例 $\boldsymbol{x}$ 是其他参与方的数据，应用攻击者的梯度上升将触发目标模型，试图通过由其他参与方在目标模型梯度方向下降来减少其损失。因此，攻击者的梯度上升效果将被抵消。但是，如果实例 $\boldsymbol{x}$ 不是其他参与方的数据，则该模型将不会明显地改变其梯度，因为它没有参与训练过程。主动梯度上升增加了目标模型在成员和非成员之间的不同行为，从而使它们更容易区分。同时作者通过实验表明主动攻击的成功精度比被动攻击的精度更高。

2. 被动攻击

文献［163］提出了联邦学习中的成员推理，它们专注操作非数字数据的深度学习模型，其中输入空间是离散和稀疏的（例如自然语言文本）。这些模型首先使用嵌入层通过嵌入矩阵将输入转换为低维向量表示，并将嵌入矩阵作为全局模型的参数处理并协同优化。攻击者被认为是利用嵌入层更新梯度行为的参与者中的某一个。在训练过程中，嵌入层相对于输入单词的梯度很稀疏：给定一批文本，嵌入层只使用该批中出现的单词进行更新。其他单词的梯度为零。因此，对手利用了这种差异，直接揭示了诚实的参与者在协作学习期间使用的训练批次中出现了哪些单词来决定文本记录是否是成员。

文献［242］指出当攻击者是联邦学习训练过程中的参与者时，会带来成员推理攻击的威胁。不同于之前提到的攻击设置，每个参与者不通过共享参数来构建全局模型，而是训练自己的本地模型，并且只在推断一个新实例时共享预测概率。例如，在三方情况下，对于输入 $\boldsymbol{x}$，第二方计算概率向量 $\hat{\boldsymbol{p}}_2(y \mid \boldsymbol{x})$ 并与其他两方共享。他们假设联邦系统中的各方有不同的数据集，这将导致各方有不同的决策边界。决策边界的差异揭示了底层的训练数据，从而揭示了成员信息。他们评估了决策树模型的内部攻击方案，并证明内部攻击者比外部攻击者拥有更好的攻击性能。

9.2.4　攻击成功执行的机理

1. 过拟合

目前大多数成员推理攻击执行的机理都是基于目标模型过拟合的现象。当目标模型处于过拟合状态时，其对训练集与测试集的表现会有一定的差异。攻击者借助这种差异，通过访问目标模型，根据其输出的差异来判断访问数据是否为成员。文献［283］从理论上分析了过拟合与成员推理攻击的关系，并表明过拟合是成员推理攻击成功执行的充分不必要条件。也就是说，除了过拟合会导致目标模型容易遭到成员推理攻击之外，还有其他原因。文献［221］通过实验表明，过拟合的模型导致成员数据与非成员数据输出的概率分布有明显的差别，而且不同的机器学习模型类型以及不同的数据集对成员推理攻击也会体现出不同的脆弱性。文献［132］提出了关于过拟合如何导致成员信息泄露的新见解。他们认为，过拟合分类模型所记忆的训练数据不仅表现在模型的输出行为上，也会在模型的内部层中有所表现。因此，他们利用在目标模型的内部层中学习到的特性，提出了一种改进现有黑盒 MIA 的白盒 MIA 方法。

2. 训练数据的独特影响

文献［282］表明非过拟合模型也存在成员推理攻击，在泛化的模型中成员信息的泄露是由训练集中的特定实例对学习模型产生的独特影响引起的。这种独特影响会导致关于单个或多个实例数据的模型输出，为预测其他实例的模型提供有用的信息，并带来了具有独特特征的噪声。抑制过拟合的模型归纳方法可以减少训练实例带来的噪声，但不能完全消除噪声的独特影响，尤其是对模型预测能力的影响。基于差分隐私的噪声添加技术可以减少每个训练实例的影响，同时也降低了模型的预测精度。

3. 训练集数据不具有代表性

当训练集数据不具有代表性，即训练集数据的分布与测试集数据的分布不同，此时训练集训练出来的模型就不能完美地贴合要预测的数据集，导致模型的训练集与测试集易于被区别，从而使得成员推理攻击能够成功。

9.3　数据集重建攻击

数据集重建攻击是数据隐私泄露中的另一类主流攻击方法，其攻击的目标是直接重建出部分或全部的数据集，而非确定数据集的某些抽象信息。显然，数据重建攻击是一类更直接、威胁更大，同时难度也更高的攻击方法。目前，针对不同的训练场景，数据集重建已经有不少取得显著效果的攻击方案。根据现有的研究工作，从联邦学习和在线学习这两个方面来介绍数据重建攻击方法。

9.3.1 联邦学习下的数据集重建攻击

1. 基于梯度的深度隐私泄露

分布式训练和协作学习在大规模机器学习任务中得到了广泛的应用。在大多数情况下，假设梯度可以安全地共享，并且不会暴露训练数据。然而，“梯度共享”的训练模式并非像设想中的那样安全。有些研究表明，梯度可以泄露训练数据的一些属性。例如，属性分类（具有特定属性的样本是否在该训练批次中）和使用 GAN 生成与训练图像相似的图片等研究。

联邦学习中窃取数据集的问题可以用以下公式化的语言描述：“给定一个机器学习模型 $F(\cdot)$ 及其权值 W，如果可以获得模型训练某一样本 $\boldsymbol{s}$ 时所产生的更新梯度 $\boldsymbol{w}_s$，那么是否可以反向重建该样本 $\boldsymbol{s}$?”针对这个问题，Zhu 等人[299] 首次提出了一种基于枚举的有效攻击方法。

简单来说，在该攻击方案中，攻击者首先随机生成一对“试探”的输入和标签，然后执行前向传播和反向传播操作。攻击者截取由该“试探”数据产生的梯度后，通过迭代调整“试探”输入和标签，最小化虚拟梯度和真实梯度之间的距离。这个匹配梯度的过程会使虚拟数据逐渐接近真实的训练数据。该优化过程完成后，训练数据（包括输入和标签）将完全显示出来，如图 9.11 所示。

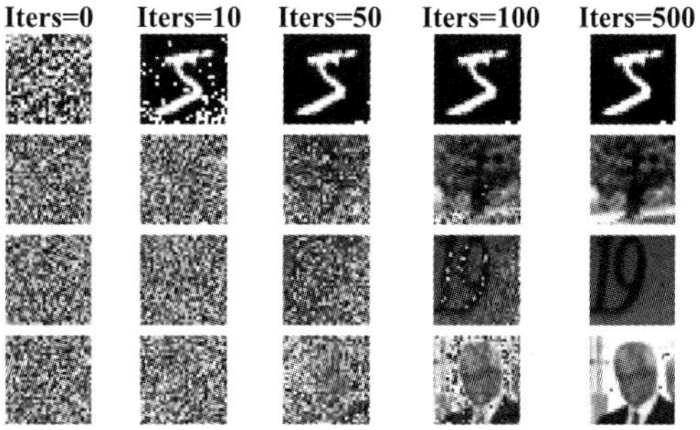

图 9.11 基于枚举的攻击方法

梯度共享所带来的隐私威胁严重影响到了多方机器学习系统的安全性。传统的梯度共享方案对于保护训练数据的隐私并不总是可靠的。在集中式训练中，不存储任何训练数据的中心服务器通常也能够窃取所有参与者的本地训练数据。对于分散的分布式训练而言，情况变得更加严峻，任何参与者都可以窃取其他参与者的私有训练数据。

在标准的联邦学习流程下，每一轮训练中，每个训练参与者通过标准随机梯度下降来更新自己的本地模型：

$$w_{t+1} \leftarrow \eta \frac{\partial L(F(\boldsymbol{x}, w_t), y)}{\partial w_t} \tag{9.9}$$

其中，η 为预先确定的学习率。服务器在接收到各个参与者所上传的梯度后，对梯度进行聚合，以形成新的全局模型：

$$\nabla \boldsymbol{W}_t = \frac{1}{N}\sum_{j}^{N} \nabla w_{t,j};\ \boldsymbol{W}_{t+1} = \boldsymbol{W}_t - \eta \nabla \boldsymbol{W}_t \tag{9.10}$$

为了从梯度中恢复数据，攻击者首先随机初始化一个探测输入 $\boldsymbol{x}'$ 和对应标签 y'。然后把这些“探测数据”输入模型，得到“虚拟梯度”：

$$\boldsymbol{W}' = \eta \frac{\partial L(F(\boldsymbol{x}', \boldsymbol{W}), y')}{\partial \boldsymbol{W}} \tag{9.11}$$

通过逐步对“探测数据”进行优化，使其放入模型训练产生的梯度与真实样本的梯度尽量相似，“探测数据”会越来越接近真实的训练数据。具体来说，给定某一步的梯度，通过最小化以下目标重建出训练数据集：

$$\begin{aligned}\boldsymbol{x}'^{*}, y'^{*} &= \underset{\boldsymbol{x}', y'}{\operatorname{argmin}} \| \nabla \boldsymbol{W}' - \nabla \boldsymbol{W} \|^2 \\ &= \underset{\boldsymbol{x}', y'}{\operatorname{argmin}} \| \eta \frac{\partial L(F(\boldsymbol{x}', \boldsymbol{W}), y')}{\partial \boldsymbol{W}} - \nabla \boldsymbol{W} \|^2\end{aligned} \tag{9.12}$$

对任意的“探测数据” $\boldsymbol{x}$，梯度距离 $\| \nabla \boldsymbol{W}' - \nabla \boldsymbol{W} \|^2$ 是可微的，故上述优化目标可以用标准的梯度下降方法求解。该优化过程需要对模型进行二阶求导。假设目标模型 $F(\cdot)$ 是二次可微的，这适用于大多数现代机器学习模型（如大多数神经网络）和对应的优化目标。

当每一批被训练的样本中只有一张图片和对应的标签时，该算法可以取得良好的攻击效果。然而，当直接将其应用于批量大小为 $N>1$ 的情况时，算法收敛速度会变得非常慢。原因是成批数据可以有 $N!$ 个不同的排列方式使得优化器很难选择梯度方向。为了使优化更接近于一个局部最优解，可以将算法调整为不更新推断整批训练集，而是更新推断单个训练样本。用公式表达为

$$\begin{aligned}\boldsymbol{x}'^{\mathrm{imod}N}_{t+1} &\leftarrow \boldsymbol{x}'^{\mathrm{imod}N}_{t+1} - \nabla_{\boldsymbol{x}'^{\mathrm{imod}\,N}_{t+1}} D \\ y'^{\mathrm{imod}N}_{t+1} &\leftarrow \boldsymbol{x}'^{\mathrm{imod}N}_{t+1} - \nabla_{y'^{\mathrm{imod}N}_{t+1}} D\end{aligned} \tag{9.13}$$

以此来大幅度提高推断的收敛速度和稳定性。

相似地，除了针对图像，该攻击也在文本上取得了优秀的效果。针对语言模型的攻击一样可以取得良好的图片恢复结果。

2. 改进的梯度隐私攻击

然而，在实际的攻击场景中，可以观察到上述攻击方法收敛较慢，甚至经常产生错误的标签。Bo Zhao 等人[290] 提出了一种分析方法来提升该攻击算法推断样本标签的能力，以更有效地提取数据基础上正确的标签。对于普通的分类任务来说，神经网络通常通过如下定义的交叉熵损失函数来训练：

$$l(\boldsymbol{x},c) = -\log \frac{\mathrm{e}^{y_c}}{\sum_j \mathrm{e}^{y_j}} \tag{9.14}$$

其中，$\boldsymbol{x}$ 是试探样本，c 是待推理的标签，$\boldsymbol{y}=[y_1, y_2, \cdots]$ 是模型输出的置信度，y_i 代表第 i 类样本的预测向量。在训练中，每个训练样本产生的梯度可以通过如下方式计算：

$$g_i = \frac{\partial l(\boldsymbol{x},c)}{\partial y_i} = -\frac{\partial \log \mathrm{e}^{y_c} - \partial \log \sum_j \mathrm{e}^{y_j}}{\partial y_i} \tag{9.15}$$

当 $i=c$ 时，上述公式可化成

$$g_i = -1 + \frac{\mathrm{e}^{y_c}}{\sum_j \mathrm{e}^{y_j}} \tag{9.16}$$

否则

$$g_i = \frac{\mathrm{e}^{y_c}}{\sum_j \mathrm{e}^{y_j}} \tag{9.17}$$

鉴于 $\frac{\mathrm{e}^{y_c}}{\sum_j \mathrm{e}^{y_j}}$ 的输出概率在（0，1）之间，因此当 $i=c$ 时，$g_i \in (-1, 0)$；当 $i \neq c$ 时，$g_i \in (0, 1)$。所以，可以将待推断标签作为具有负梯度的输出索引。

但是无法访问输出 y 的梯度，因为它们不包括在共享梯度 $\boldsymbol{W}$ 中，共享梯度 $\boldsymbol{W}$ 是关于模型权重 $\boldsymbol{W}$ 的导数。然而，连接到输出层每一个神经元的权重梯度向量可以改写为

$$\begin{aligned} \nabla \boldsymbol{W}_L^i = \frac{\partial l(\boldsymbol{x},c)}{\partial \boldsymbol{W}_L^i} &= \frac{\partial l(\boldsymbol{x},c)}{\partial y_i} \frac{\partial y_i}{\partial \boldsymbol{W}_L^i} \\ &= g_i \frac{\partial (\boldsymbol{W}_L^{i\mathrm{T}} \boldsymbol{a}_{L-1} + b_L^i)}{\partial \boldsymbol{W}_L^i} \\ &= g_i \boldsymbol{a}_{L-1} \end{aligned} \tag{9.18}$$

其中，L 代表网络的层数，$y=\boldsymbol{a}_L$ 是输出层的激活函数，b_L^i 为偏置参数。由于激活向量 $\boldsymbol{a}_{L-1}$ 与输入类别的索引 i 无关，因此可以根据与其他正负号不同的 $\nabla \boldsymbol{W}_L^i$ 来轻松识别被推断的标签。由此，真实标签 c 可以由以下公式推断：

$$c = i, \text{s. t. } \nabla \boldsymbol{W}_L^{i\mathrm{T}} \ \nabla \boldsymbol{W}_L^j \leqslant 0, j \neq i$$

当使用非负激活函数时，如 ReLU 和 Sigmoid，$\nabla \boldsymbol{W}_L^i$ 和 g_i 的正负性相同。因此，可以

直接识别神经网络对应的∇W_L^i为负的待推理标签。使用此规则，可以很容易地从共享梯度∇W中识别私有训练数据x的地面真值标签c。此规则与模型结构和参数无关。换言之，该攻击适用于任何网络类型、任何训练阶段以及从任何初始化参数开始的训练。

值得注意的是，虽然该改进方法在进行标签推断时可以达到近100%的攻击准确率，然而它只适用于共享每个数据梯度的简化场景，即只有在一个训练批次中的每个样本都提供梯度时才能准确推断标签。

9.3.2 在线学习下的数据集重建攻击

推动当前机器学习发展的一个关键因素是前所未有的大规模可用数据。收集高质量的数据是构建高级机器学习模型的必要条件。在现实中，数据收集通常是一个连续的过程，故机器学习模型的训练也相应转化为一个连续的过程。模型的所有者需要不断地用新收集的数据更新模型，而不是只训练一次机器学习模型后开始使用。由于从头开始的训练往往需要大量计算资源且不现实，这种场景下的模型训练一般通过在线学习（或增量学习）来实现。

增量学习为机器学习隐私提出了一个新的挑战，即使用同一组数据样本查询两个不同版本的机器学习模型所得到的输出是否会泄露相应更新集的信息？这为机器学习模型指出了新的攻击方向。更新集的信息泄露可能会损害模型所有者的知识产权和数据隐私。

针对这个问题，Ahmed Salem 等人[210]提出了四种不同的数据集重建攻击方法。这些方法可以分为单样本重建攻击和多样本重建攻击。其中，单样本重建攻击相对简单，即当目标机器学习模型用一个数据样本更新时，该样本是否可以被攻击者准确重建。多样本重建攻击指的是当更新集包含多个数据样本时，这些样本是否可以被攻击者重建。这是一个更加常见和通用的攻击场景。

1. 单样本在线学习重建攻击

单样本重建攻击的目标是进一步构造用于更新模型的数据样本。实现这个目标需要一个能够在复杂空间中生成数据样本的机器学习模型，其中之一是自动编码器（Auto Encoder）。自动编码器由编码器和解码器组成。自动编码器的目标是学习数据样本的有效编码：其编码器将样本编码为潜在向量，其解码器尝试解码潜在向量以重建相同样本。换言之，自动编码器的解码器本身就是一个数据样本重建器。对于单样本重建攻击，攻击者首先需要训练一个自动编码器，然后将自动编码器的解码器转移到攻击模型中，作为攻击解码器的初始化。在自动编码器经过训练后，攻击者即可获取其解码器并将其附加到攻击模型的编码器中。建立两者的链接可以通过简单地添加一个额外的完全连接层来实现。

攻击模型训练过程可以分为两个阶段。在第一阶段，攻击者使用他的影子数据集来训练前文提到的自动编码器；在第二阶段，攻击者使用与单样本标签推理攻击相同的步骤来训练他的攻击模型。这里来自自动编码器中的解码器作为解码器的初始化，即它需要被额外进行训练，以获得与攻击模型相匹配的编码器。在训练自动编码器和攻击模型的过程中，可以使用均方误差作为损失函数。

2. 多样本在线学习重建攻击

当增量学习更新集的大小从一个增加到多个时，重建更新集任务复杂性也显著增加。单样本重建攻击可以使用自动编码器重建单个样本。但是，自动编码器不能生成一组样本。事实上，直接预测一组样本是一项非常艰巨的任务。因此，在实践中需要借助生成对抗网络模型作为工具，该模型能够生成多个样本，而不是单个样本。

然而，常规的生成对抗网络模型极易发生模式坍塌，即生成器的输出仅限于分布的有限子集。为了解决这个问题，需要引入重建损失。这种重建损失使生成对抗网络模型能够覆盖用于更新模型的数据样本分布（集）的所有模型。然而，考虑到后验差和噪声，攻击者无法确定应该强制生成对抗网络模型重建数据分布中的哪个样本。因此，为了提高攻击准确度，应该允许生成对抗网络模型在学习输出向量和噪声向量到数据样本的映射时具有充分的灵活性，这也意味着让生成对抗网络模型可以自由选择要重建的数据样本。通过定向修改生成对抗网络模型的优化目标可以实现这一点。

9.4 防御手段

9.4.1 针对成员推理攻击的防御

目前有许多针对成员推理攻击的防御方法，这些方法大致可以分为置信度掩蔽、正则化、差分隐私、知识蒸馏四类。下面进行详细介绍。

1. 置信度掩蔽

置信度掩蔽的目的是隐藏目标分类模型返回的真实置信度值，从而降低成员推理攻击的有效性。这一类的防御方法包括仅返回预测置信度向量中较大的 k 个值[221] 或者对预测置信度向量添加特定的噪声[104]。置信度掩蔽防御方法不需要重新训练目标模型，只需对目标模型的输出进行处理，因此不会影响目标模型的精度。该方法旨在缓减黑盒成员推理攻击的执行。黑盒成员推理攻击利用了成员和非成员预测向量之间的差异，置信度掩蔽防御方法通过对预测向量进行隐蔽，可改变这种差异，从而实现对成员推理攻击的防御。然而，通过限制目标模型输出的预测置信度向量维度的方法，并不能缓减成员推理攻击的执行。Shokri 等人[221] 对这种方法进行了评估，他们使用全连接神经网络分别在 Purchase100 和 Texas-100 两个数据集上进行实验，取预测置信度向量较大的 3 个值执行成员推理攻击，结果发现这种方法并不能降低黑盒成员推理攻击的攻击精度，同样的结果也在后续的文献中得到证明。在文献［209］中，Salem 等人证明了仅使用部分预测置信度向量的黑盒成员推理攻击能达到与使用完整预测置信度向量的黑盒成员推理攻击类似的攻击精度。同时，他们证明了只有改变分类模型返回的预测标签才能降低攻击精度，但只要分类模型的训练集精度和测试集精度存在差距，基于预测正确性的成员推理攻击便能够获得一定程度上的成功。置信度掩蔽的另一种方法是通过对预测置信度向量添加特定噪声。Jia 等人[104] 提出了 MemGuard 方法来实现这种防御思想，并表明这种方法不会影响目标分类模型的精度，同时也可以有效地将基于黑盒神经网络的成员推理攻击能力降低至随机预测的级别。

MemGuard 方法[104] 的工作过程大致可以分成两个阶段。在第一个阶段，MemGuard 方法寻找一个精心设计过的噪声向量，将目标分类模型输出的置信度向量变成一个对抗性向量，从而干扰攻击者对成员和非成员的推测。在第二个阶段，MemGuard 方法以一定的概率把噪声向量添加到置信度向量上，来满足给定的有效损失预算。对于第一个阶段需要寻找的噪声向量，这个噪声向量需要满足使置信度向量效用损失最小的条件。同时，当把噪声置信度向量输入给决策函数 g 时，决策函数 g 判断其为成员的概率为 0.5。可以通过求解以下优化问题来找到这样的噪声向量：

$$
\begin{aligned}
&\min_{r} d(\boldsymbol{s}, \boldsymbol{s}+\boldsymbol{r}) \\
&\text{s. t. } \underset{j}{\operatorname{argmax}}\{\boldsymbol{s}_j+\boldsymbol{r}_j\} = \underset{j}{\operatorname{argmax}}\{\boldsymbol{s}_j\} \\
&g(\boldsymbol{s}+\boldsymbol{r}) = \mathbf{0.5} \\
&\boldsymbol{s}_j+\boldsymbol{r}_j \geqslant \mathbf{0}, \forall j
\end{aligned}
\tag{9.19}
$$

这里 $\boldsymbol{s}$ 是真实置信度向量，目标函数表示置信分数失真最小化，第一个约束保证噪声不改变查询数据样本的预测标签，第二个约束保证防御分类模型的决策函数输出为 **0.5**（即保证防御分类模型的预测相当于随机猜测），最后一个约束保证噪声置信分数向量仍然是概率分布。

上述的优化问题可以进一步转换成一个无约束的优化问题，MemGuard 方法设计了一种基于梯度下降的算法来求解这个优化问题，如算法 9.1 所示。通过这种算法可找到一个有代表性的噪声向量 $\boldsymbol{r}$。

算法 9.1　MemGuard 第一阶段

输入： z, max_iter, c_2, c_3 and β（学习率）

输出： $\boldsymbol{e}$

//预测标签
$l=\operatorname{argmax}_j\{z_j\}$
while True **do**
　　//新一轮迭代搜索 c_3
　　$\boldsymbol{e}=\mathbf{0}$
　　$\boldsymbol{e}'=\boldsymbol{e}$
　　$i=1$
　　while $i<$max_iter and($\operatorname{argmax}_j\{z_j+\boldsymbol{e}_j\}\neq l$ or $h(\text{Softmax}(z))\cdot h(\text{Softmax}(z+\boldsymbol{e}))>0$) **do**
　　　//归一化梯度下降

```
        u = ∂L/∂e
        u = u/ ‖ u ‖_2
        e = e - β · u
        i = i+1
    end while
    //如果当前迭代中的重拨标签更改或 h 的符号没有更改,则返回上一个迭代中的向量
    if(argmax_j {z_j+e_j} ≠ l or h(Softmax(z)) · h(Softmax(z+e))
      >0) then
      return e′
    end if
    c_3 = 10 · c_3
end while
```

完成第一阶段后可以得到两个有代表性的噪声向量，一个是 **0**，一个是 $\boldsymbol{r}$。在第二个阶段，MemGuard 方法假设随机噪声的增加机制是在这两个有代表性的噪声向量上的概率分布，而不是整个噪声空间。具体地说，假设防守者分别选择概率为 p 和 $1-p$ 的代表性噪声向量 $\boldsymbol{r}$ 和 **0**，并将选择的代表性噪声向量添加到真实置信分数向量中，这样可以简化上述的优化问题。概率 p 的选择使预期的置信度分数受预算的限制，从而使得防御分类模型在推断成员或非成员时相当于进行随机猜测。对于概率 p，可以通过求解以下优化问题求得：

$$\begin{aligned} p &= \underset{p}{\operatorname{argmin}} \left| p \cdot g(\boldsymbol{s}+\boldsymbol{r}) + (1-p) \cdot g(\boldsymbol{s}+\boldsymbol{0}) - \boldsymbol{0.5} \right| \\ &\text{s. t. } p \cdot d(\boldsymbol{s},\boldsymbol{s}+\boldsymbol{r}) + (1-p) \cdot d(\boldsymbol{s},\boldsymbol{s}+\boldsymbol{0}) \leqslant \boldsymbol{\varepsilon} \end{aligned} \tag{9.20}$$

另外，针对上述简化优化问题可推导出以下解析式：

$$p = \begin{cases} 0 & |g(\boldsymbol{s}) - \boldsymbol{0.5}| \leqslant |g(\boldsymbol{s}+\boldsymbol{r}) - \boldsymbol{0.5}| \\ \min\left(\dfrac{\boldsymbol{\varepsilon}}{d(\boldsymbol{s},\boldsymbol{s}+\boldsymbol{r})}, 1\right) & \text{其他} \end{cases} \tag{9.21}$$

通过优化上述问题求得合适的概率 p，并以概率 p 完成将噪声向量添加到置信度向量的工作，从而实现对成员推理攻击的防御。

Jia 等人[104] 在 Location、Texas100、CH-MINST 三种数据集上使用 MemGuard 方法进行成员推理攻击防御，论文实验结果表明，使用了 MemGuard 防御方法，成员与非成员的置信度向量归一化后熵的分布几乎不可分，使得分类模型无法正确区分成员与非成员，从而达到防御的目的。然而，Song 等人[226] 使用基于度量的攻击对 MemGuard 防御方法的有效性重新进行了评估，发现使用 MemGuard 防御方法的模型仍然具有较高的成员推理精度。

当攻击者处于黑盒设置时，置信度掩蔽机制防御成员推理攻击具有实现简单的优点。它直接作用于模型的预测向量上，因此不需要再训练模型，是一种天然抵抗利用目标分类模型完整预测向量执行成员推理攻击的缓解机制。然而，置信度掩蔽机制并不是时刻都有效，当模型只提供一个预测标签时置信度掩蔽机制便会失效，而基于度量的攻击在置信度掩蔽机制下仍可达到较高的攻击精度。

2. 正则化

在前面的章节中有提到，过拟合是导致成员推理攻击的主要因素，因此可以利用正则化技术来抵御成员推理攻击。常见的用于防御成员推理攻击的正则化技术主要有 L_2 范数正则化、Dropout、模型堆叠、提前终止、标签平滑等。这些正则化技术最初都是为了减少机器学习模型的过拟合，但在许多文章中都被证明可以有效地缓解成员推理攻击，因为它们能够使训练好的模型更好地适应新的数据，以减少模型对训练数据和未见过的数据表现出的差异。此外，专门为了防御成员推理攻击的正则化技术包括对抗性的正则化方法以及 Mixup+MMD 方法。下面简单介绍一下 Dropout、模型堆叠、Mixup+MMD 是如何防御成员推理攻击的。

Dropout：2012 年 Hinton 等人在论文［88］中提出 Dropout，Dropout 是一种训练深度神经网络的策略。其工作原理是在神经网络的训练过程中，对于一次迭代中的某一层神经网络，首先随机选择其中的一些神经元并将其临时隐藏（丢弃），然后再进行本次训练和优化。在下一次迭代中，继续随机隐藏一些神经元，如此循环直至训练结束。这种方法可以减少特征检测器（隐层节点）间的相互作用，从而降低模型的过拟合程度。简单来说就是在神经网络进行前向传播的时候，让某些神经元以一定的概率停止工作，这样可以使模型泛化能力更强，因为模型不会太依赖某些局部的特征。Salem 等人[209] 在一个全连接神经网络模型中，将 Dropout 应用在目标模型的输入层和隐藏层，每次迭代训练都随机删除固定比例（Dropout 概率）的模型参数。实验表明使用 Dropout 确实能够降低成员推理攻击的成功率，但是这种防御是不够强烈的，并且对于有些数据集（如 20NewsGroup 数据集）使用 Dropout 是没有防御效果的。同时，Dropout 只能在神经网络模型中使用，对于其他机器学习模型则无法使用。

模型堆叠：Salem 等人[209] 同时提出了另一种防御方法，即模型堆叠，其结构如图 9.12 所示。模型堆叠是一种将多个弱分类器按层次结构组织起来的集成学习框架。第一层一般由多个基分类器组成，其输入是原始数据集，然后将第一层中分类器的输出作为第二层中分类器的输入继续训练，以此类推，最终将最后一

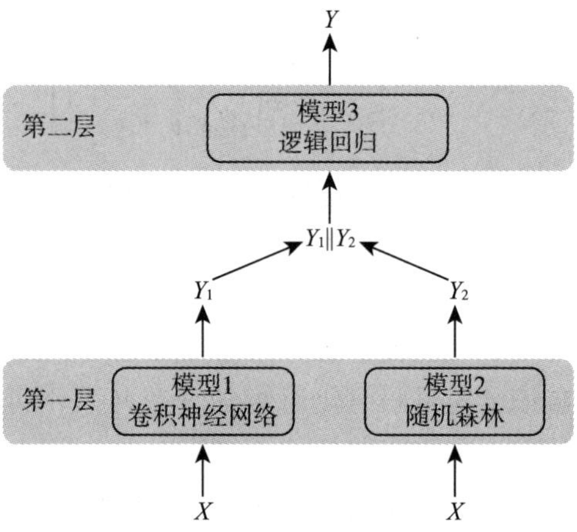

图 9.12　模型堆叠结构

层分类器的输出用作最终模型的输出。在使用模型堆叠时，第一层的基模型最好使用强模型，而且模型个数也不能太少，要尽可能保证模型之间的性能准而不同，而最后层的基模型可以放一个简单的分类器。这种防御方法的主要思想是使用不相交的原始数据训练多个基模型，让最终的目标模型集成多个基模型的优势，相当于训练了目标模型的不同部分，从而降低目标模型的过拟合程度。

Salem 等人[209] 使用两层的模型堆叠架构来缓解成员推理攻击。其中第一层由 CNN 和 Random Forest 两个基分类器组成，第二层只有一个 Logistic Regression 分类器。第一层中的分类器分别用互不相交的原始数据进行训练，将第一层分类器的输出连接起来作为第二层分类器的输入，最后将第二层的输出作为最终模型的输出。实验结果表明模型堆叠方法可以有效地防御成员推理攻击，但是这种方法非常消耗时间，其时间复杂度很高，因为需要训练多个基模型才能得到最终的目标模型，并且无法将攻击成功率降低到 50% 左右（即无法实现严格的防御）。同时，在有些数据集上（如 Purchase 数据集），使用模型堆叠会降低目标模型的准确率。因此，模型堆叠可以作为防御成员推理攻击的一种手段，但这种防御手段不是最好的选择。

Mixup+MMD：Li 等人[135] 提出了 Mixup+MMD 的防御方法，他们采用最大平均差异（Maximum Average Difference，MMD）的方法计算成员与非成员输入分布的距离，并把这种距离作为一种新的正则化技术添加到分类器的损失函数中。这个新的正则化项会迫使分类器为成员和非成员输出相似的输出分布。由于 MMD 倾向于降低分类器的预测精度，因此他们建议将 MMD 与 Mixup 结合起来，以保证分类器的预测效果。

与上述的置信度掩蔽机制不同，正则化技术对于黑盒成员推理攻击和白盒成员推理攻击都能提供防御，但缺点是正则化技术无法提供严格的隐私保护。Shokri 等人[221] 指出单独使用这些正则化技术实现的防御是不够的，在很多情况下，使用简单的 L_2 范数正则化和 Dropout 等正则化技术仍然会受到成员推理攻击。

3. 差分隐私

差分隐私是一项通用的隐私保护技术，其可以克服传统隐私保护技术应用时安全性依赖攻击者的相关背景知识、保护效果差，难以用严格有效的数学方法定量化描述等缺陷，从而可在大大降低保护对象数据集隐私泄露风险的同时，尽可能保证数据集数据的可用性。差分隐私保护技术是通过对真实数据添加随机扰动，并保证数据在被干扰后仍具有一定的可用性来实现的。该技术的目标是，既要使保护对象数据失真，同时又要保持数据集中特定数据或数据属性（如统计特性等）不变。

在使用差分隐私技术为深度学习算法提供隐私保护时，可以修改深度学习算法的不同地方以满足差分隐私的定义。图 9.13 显示了一个深度学习算法框架的概述以及如何将差分隐私应用到深度学习算法的不同部分。可以看到，实现差分隐私所需的隐私保护噪声可以插入五个不同的地方：输入、目标函数、梯度更新、输出以及标签。

差分隐私也被广泛应用于防御成员推理攻击，许多工作都将差分隐私作为机器学习

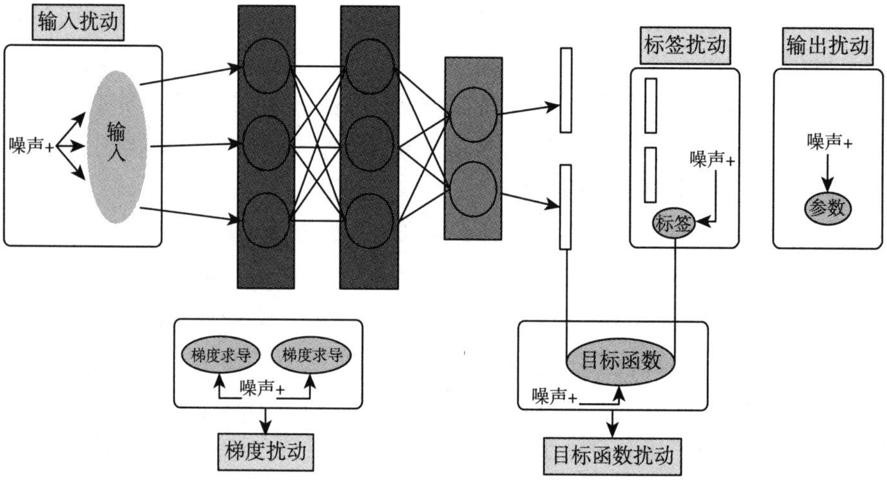

图 9.13　差分隐私应用到深度学习算法框架

模型对抗成员推理攻击的有效防御方法。当以不同私有的方式训练机器学习模型时，得到的模型不会学习或记住任何特定用户的详细信息。因此，差分隐私能够很自然地防御成员推理攻击。

Shokri 等人[221] 最先指出，差分隐私模型能够限制成员推理攻击的成功概率。之后 Yeom 等人[283] 从理论上将差分隐私与成员推理攻击联系起来，并证明了成员推理攻击的成功概率受到隐私预算 $\boldsymbol{\varepsilon}$ 的限制。Rahman 等人[197] 对使用了差分隐私的分类模型进行成员推理攻击，结果表明差分隐私确实能够防御成员推理攻击，但由于差分隐私的使用，导致分类模型的性能下降了许多。随后，Jayaraman 和 Evans 等人[102] 进一步证明了目前很少有差分隐私模型能够在不破坏模型性能和提供强大隐私保护能力之间寻找到一种平衡。他们全面评估了不同形式的差分隐私机制对成员推理攻击的防御，并得出结论：当设置较大隐私预算 $\boldsymbol{\varepsilon}$ 时，模型精度损失较小，但成员推理攻击成功率很高；而当设置较小隐私预算 $\boldsymbol{\varepsilon}$ 时，虽然成员推理攻击成功率很低，但模型精度损失很大，模型性能受到很大影响。

机器学习模型一般是通过 DP-SGD 的形式实现差分隐私的[1]，也就是在训练过程中为模型的梯度增加噪声。Rahimian 等人[196] 认为，当对手处于黑盒设置时，DP-SGD 可能会显著影响模型的预测性能，因此他们提出只在预测时为输入实例的输出逻辑值添加噪声，同时限制查询 DP 逻辑值的次数，并表明 DP-Logits 的隐私预算通常低于 DP-SGD 方法。

差分隐私还可以在生成模型上防御成员推理攻击。许多文献都提出了不同的差分隐私生成模型，以保护训练样本的隐私。Hayes 等人[84] 首先评估了成员推理攻击在 Triastcyn 和 Faltings[241] 提出的 DP-GAN（差分隐私对抗生成网络）上的表现，结果表明

当 $\boldsymbol{\varepsilon}$ 值相对较高时，白盒成员推理攻击可以达到较高的精度，而在 $\boldsymbol{\varepsilon}$ 较小值时，白盒成员推理攻击的成功率与随机猜测差不多。然而，可接受的隐私级别（当 $\boldsymbol{\varepsilon}$ 值较小时）会导致生成对抗网络模型产生质量较差的样本。Chen 等人[31] 也提到了类似的发现，即使 $\boldsymbol{\varepsilon}$ 超过实际值（即 $\boldsymbol{\varepsilon}>10^{10}$），DP 确实会降低成员推理攻击的有效性。同时他们也提到，DP 降低了生成对抗网络模型的生成质量，将其应用于训练中会导致更高的计算成本（如文献中提到的速度会减慢 10 倍）。Wu 等人[263] 从理论上证明了用差分隐私学习算法训练的生成对抗网络模型的泛化间隙是有界的。这表明差分隐私在一定程度上限制了生成对抗网络模型的过拟合，并解释了为什么它有助于缓解成员推理攻击。

差分隐私为保护单个样本的成员隐私提供了理论保证。在分类模型和生成模型中，无论攻击者是在黑盒设置还是白盒设置中，差分隐私都可以作为对抗成员推理攻击的防御机制。虽然它适用广泛且有效，但也存在缺点，即很难在提供可接受的实用性和隐私保护之间找到平衡点，也就是说，它很容易在有限的模型实用损失设置下提供无意义的成员隐私保证，或者在强大隐私保护的设置下导致无用的模型。

4. 知识蒸馏

基于知识蒸馏的防御旨在限制攻击者对目标模型的直接接触，从而保护目标模型训练数据的隐私，减少成员信息的泄露。本节将详细介绍该防御机制具体的实现过程。

知识蒸馏[11] 是一种模型压缩的方法，其主要思想是使用大型教师模型的输出来训练较小的学生模型，即将知识从大型模型转移到小模型，从而使得较小的学生模型与教师模型有相似的准确性。如图 9.14 所示描述了基础知识蒸馏实现的过程，首先使用训练数据集 D 训练出一个强大的教师模型 $f(\theta_{\text{teacher}})$。然后在训练学生模型 $f(\theta_{\text{student}})$ 时，对于数据实例 (x,y)，学生模型不仅需要学习数据实例的真实标签 p（称为硬标签，$p=\text{one-hot}(y)$），同时还需要学习数据实例经过教师模型输出的平缓化结果 q''（称为软标签，$q''=\text{Softmax}(q'/T)$），其中 q' 为教师模型 $f(\theta_{\text{teacher}})$ 对数据 x 预测输出的未经过 Softmax 层的结果，T 为知识蒸馏温度参数，当 T 越大，对应的软标签 q'' 的概率分布图越平缓。训练学生模型对应的损失函数为 $\text{Loss}=\alpha\text{Loss}_{\text{hard}}+(1-\alpha)\text{Loss}_{\text{soft}}$，其中 α 为比例参数，一般设为

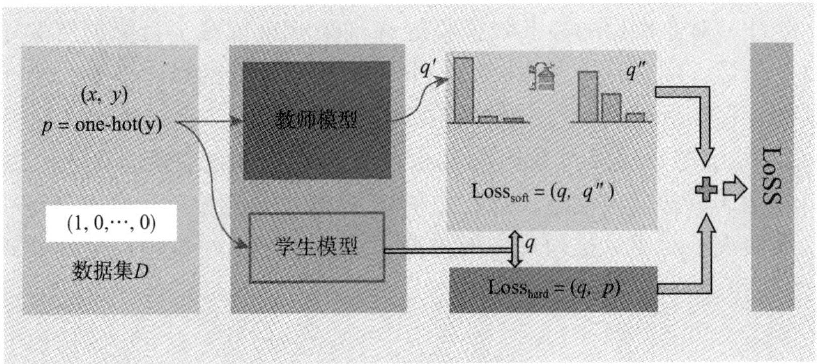

图 9.14　知识蒸馏过程

0.5。$Loss_{hard}$ 用于计算数据 x 输入学生模型 $f(\theta_{student})$ 后输出的结果 q 与真实标签 p 的差值，一般使用交叉熵损失函数计算。$Loss_{soft}$ 用于计算数据 x 输入学生模型 $f(\theta_{student})$ 后输出的结果 q 与 q'' 的差值，一般使用 KL 散度损失函数计算。

在知识蒸馏的基础上，文献［218］提出了成员隐私蒸馏（Distillation Member Privacy，DMP）的防御方法。一般来说，使用知识蒸馏训练的学生模型的结构要小于教师模型的结构，但是在 DMP 方法中并不增加此限制。如图 9.15 所示为 DMP 方法的主要架构，首先使用目标训练数据 $D_{target} \subset (X * Y)$ 训练一个目标模型，作为未受保护的教师模型 $f(\theta_{up})$。然后使用另一个非敏感的参考数据集来保护目标模型 $f(\theta_{up})$，参考数据从 X 中采样，但与目标训练数据无交集且无标签，用 X_{ref} 表示。接着，利用知识蒸馏机制，将参考数据 X_{ref} 输入目标模型 $f(\theta_{up})$ 并获得输出的软标签 $\overline{Y}_{ref}$（平缓化的预测向量）。最后，使用数据集（X_{ref}，$\overline{Y}_{ref}$）训练一个与目标模型 $f(\theta_{up})$ 结构一致的模型，作为未受保护的学生模型 $f(\theta_p)$，并代替未受保护的教师模型 $f(\theta_{up})$ 提供服务。具体的实现过程如算法 9.2 所示。

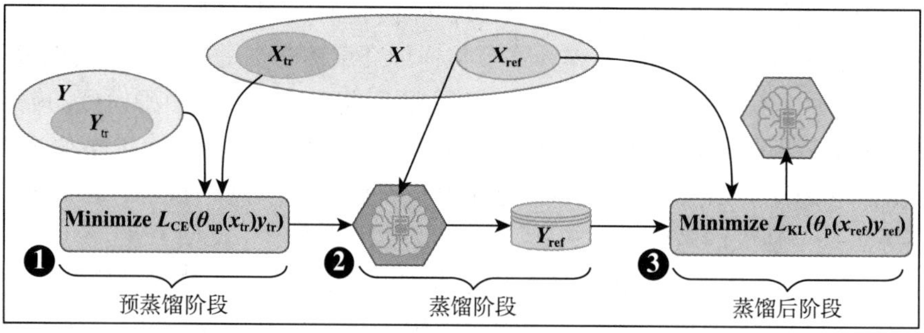

图 9.15　DMP 架构

基于知识蒸馏的防御直观上训练了一个对成员和非成员的损失值在统计上接近的模型，限制了模型 $f(\theta_p)$ 对目标数据 D_{target} 的直接访问，从而防止目标训练集的成员信息泄露。此外，对非敏感的参考数据集的仔细采样也可减少目标训练集中的成员信息泄露。由于记忆，模型 $f(\theta_{up})$ 对 D_{target} 中的数据有较低的熵。但是，由于输入特征空间的高维性，存在着远离 D_{target} 的低损失/熵的样本 X_{ref}。直观上说，这些样本很容易分类，而且 D_{target} 的任何成员数据都不会显著影响他们的预测，因此，这些预测不会泄露任何特定成员的成员信息。最终，DMP 根据所选的参考样本来训练一个受保护的模型，从而实现了对成员推理攻击的防御，并且在隐私与可用性之间实现了最好的权衡。

算法 9.2 成员隐私蒸馏

输入：

$D_{\text{target}}, X_{\text{ref}}, E_{\text{target}}, E_{\text{ref}}$

输出：

θ_{p}

Initialize θ_{up}

for E_{target} epochs **do**

    对交叉熵损失函数进行 SGD 优化

    $\underset{\theta_{\text{up}}}{\operatorname{argmin}} -\frac{1}{|D_{\text{target}}|}\sum_{(\boldsymbol{x},y)} \in (D_{\text{target}}) L_{\text{CE}}(f(\theta_{\text{up}},\boldsymbol{x}),y)$

end for

$\overline{Y}_{\text{ref}} = \{\overline{y} = f(\theta_{\text{up}},\boldsymbol{x}) \cdots \forall \boldsymbol{x} \in X_{\text{ref}}\}$

for E_{ref} epochs **do**

    执行 SGD 优化以最小化 $f(\theta_{\text{p}},\boldsymbol{x})$ 和 $f(\theta_{\text{up}},\boldsymbol{x})$ 之间的 KL 散度损失

    $\underset{\theta_{\text{p}}}{\operatorname{argmin}} \frac{1}{|X_{\text{rel}}|}\sum_{\boldsymbol{x} \in X_{\text{rel}}} L_{\text{KL}}(f(\theta_{\text{p}},\boldsymbol{x}),f(\theta_{\text{up}},\boldsymbol{x}))$

end for

return θ_{p}

9.4.2 针对数据集重建攻击的防御

数据集重建攻击包括联邦学习下的数据集重建攻击以及在线学习下的数据集重建攻击。联邦学习下的数据集重建攻击通常需要在训练期间获得损失梯度，因此大多数防御重建攻击的方法都提出了影响从这些梯度中检索到信息的技术。由于对于在线学习下的数据集重建攻击，目前还没有十分有效的防御手段，因此本节主要介绍针对联邦学习下的数据集重建攻击的防御手段。

1. 梯度加噪

梯度加噪是指在梯度共享之前对其进行添加噪声。Zhu 等人[299] 对这种方法进行了评估，他们分别往梯度添加高斯噪声和拉普拉斯噪声。实验结果表明这种防御方法的效果取决于分布方差的大小，而与添加的噪声类型没有太大的关系。当方差在 10^{-4} 的范围内时，梯度加噪方法无法防御梯度泄露。只有当方差大于 10^{-2} 时，梯度加噪方法才能防御梯度泄露，但此时模型的精度会受到影响。而添加了拉普拉斯噪声后，当方差为 10^{-3} 时情况会好一些，但同样地，当方差大于 10^{-2} 时，模型的精度会显著降低。

2. 梯度压缩

Zhu 等人[299] 通过梯度压缩来防御由梯度泄露所导致的数据集重构攻击（即将小幅度的梯度修剪为零）。他们评估了不同程度稀疏性的修剪（范围在 1%～70%之间）是如

何保护梯度泄露的。结果表明当稀疏性为1%~10%时，基本没什么防御效果，而当修剪比例增加到20%时，在恢复图像上有明显的伪影像素，而当修剪比例超过20%时，恢复的图像不再能够被模型识别，这就说明梯度压缩成功地防止了泄露。

LIN等人[146]以及Tsuzuku等人[243]在之前的工作中表明，可以使梯度压缩超过300%而不损失精度。在这种情况下，稀疏性已经超过99%（超过了深度梯度泄露的最大公差（约为20%）。这也表明，压缩梯度是避免深度泄露的一种实用方法。

3. 增大批次和密码学技术

如果允许更改模型的训练设置，那么就会有更多的防御策略。首先增加批处理的大小会使梯度泄露变得更加困难，因为在优化过程中有更多的变量需要求解。除了这种方法，密码学技术也可以用来防止联邦学习下的梯度泄露问题。例如，Bonawitz等人[19]设计了一个安全的聚合协议，Phong等人[6]建议在发送梯度前对其进行加密。在上述所有的防御方法中，基于密码学技术的防御方法是最安全的。然而，这两种方法都有局限性，安全聚合[19]要求梯度必须是整数，这与大多数卷积神经网络不兼容，而同态加密[19]过程非常复杂。

9.5　小结

成员推理攻击正是一种会威胁数据集隐私的攻击方法。成员推理攻击的目的是判断给定的某一数据是否属于目标模型的训练集。通过这一攻击方法，攻击者可以推测出关于模型训练集的信息。本章系统地介绍了成员推理攻击的方法以及相应的防御手段，为开放环境下机器学习模型的数据隐私安全提供了保障。

CHAPTER 10

第 10 章

模型窃取攻击与防御

内容提要

10.1 模型窃取攻击与防御概述

机器学习模型由于其敏感的训练数据、商业价值或在安全应用中的使用而被视为机密。越来越多的情况下，机密的机器学习模型被部署为具有公开访问查询接口的模型。一些学习系统允许用户使用潜在的敏感数据训练模型，并按查询收费。机器学习模型的机密性和公众访问之间的紧张关系促使研究者致力于模型窃取攻击的研究。模型窃取攻击试图通过目标模型（也称受害模型，在本章中以目标模型代称）提供的询问接口获得输入数据的预测信息，复制一个功能相似甚至完全相同的机器学习模型。具体地，首先给定一个特定选择的输入样本 $\boldsymbol{x}$，一个敌手查询的目标模型 M，得到相应的预测结果 $\boldsymbol{y}$；随后，敌手可以推断甚至提取正在使用的整个模型 M。对于人工神经网络 $\boldsymbol{y}=\boldsymbol{w}\boldsymbol{x}+\boldsymbol{b}$，模型窃取攻击可以在某种程度上近似 $\boldsymbol{w}$ 和 $\boldsymbol{b}$ 的值。Tramèr 等人[240] 于 2016 年率先探讨了模型窃取攻击，提出一种等式求解的模型窃取方法。自此之后，各种模型窃取攻击及防御之间的博弈持续升温。本章探讨模型窃取攻击及其代表性的防御方法，根据窃取模型信息的不同将模型窃取攻击分为四种类型，分别为模型参数窃取攻击、模型结构窃取攻击、模型决策边界窃取攻击和模型功能窃取攻击。本章的目标是使读者能够对模型窃取攻击及其防御方法有一个直观全面的了解，并能掌握一些经典算法的整体实现流程。在具体介绍算法之前，首先明确模型窃取的动机和目标。

10.1.1 模型窃取动机

模型窃取攻击的目的是破坏部署在远程服务上的目标模型的机密性，这里的模型指的是它的结构、参数和功能。结构细节包括神经元之间的连接方式、神经网络隐含层的层数和激活函数等。参数是训练的结果，比如神经网络的权重和偏置。功能是指目标模型的具体任务，如分类任务。针对攻击者模型窃取动机可以分为两种类型：偷窃型和恶意型。首先，偷窃型的攻击者是受经济利益驱使的。通常情况下，模型拥有者会经历一个昂贵的过程来设计模型的结构，采集大量的数据集进行训练从而确定参数值。在这种情形下，目标模型可以被看作攻击者试图窃取的知识产权。在后一类攻击中，攻击者对目标模型进行侦察，以便随后对目标模型的其他安全属性进行攻击。例如，攻击者通过模型窃取攻击获取与目标模型等价的模型后，更容易生成对抗样本，或实现成员推理攻击。模型窃取使先前对黑盒威胁模型进行的操作转变成对白盒威胁模型进行的攻击，从而提高了其他攻击的成功率，这里的白盒模型是指攻击者通过模型窃取获得的等价模型。

10.1.2 模型窃取目标

根据难易程度模型窃取的目标从高到低依次为等价、保真度和任务精度三个类别。以任务精度为目标的攻击者多为偷窃型的攻击者，以功能等价、保真度为目标的攻击者多为恶意型的攻击者。

等价提取的目标是构造一个模型 $\hat{O}$，$\forall \boldsymbol{x} \in X$，$\hat{O}(\boldsymbol{x}) = O(\boldsymbol{x})$。对于任意输入的样本 $\boldsymbol{x}$，$\hat{O}$ 和 O 均输出相同的预测信息，这是模型窃取攻击中一种最理想的结果，但仅使用输入-输出对是最难实现的目标，且目前还没有研究工作实现对深度神经网络模型的功能等价提取。

保真度衡量的是提取模型和目标模型在任何输入上使相似函数值的最大化。在 X 上给定目标分布 D_F 和目标相似函数 $S(p_1, p_2)$。保真度提取的目标是构建一个 $\hat{O}$，使相似函数 $S(\hat{O}(\boldsymbol{x}), O(\boldsymbol{x}))(\forall \boldsymbol{x} \in X)$ 最大化。保真度与功能等价的最大区别在于其添加了一些限制条件，首先限制 X 在某个给定的分布上，其次是只需目标相似函数 $S(p_1, p_2)$ 最大化。现如今大部分的工作都是在如何提高保真度上开展，最常用的目标相似函数是计算目标模型输出标签与窃取模型输出标签之间的准确率。

任务精度度量的是特定任务上的准确性。比如目标模型是一个区分猫和狗的分类器，任务精度的目标是窃取模型在区分猫和狗任务上性能的最大化。形式化表示为在 X，Y 上给定任务分布 D_A，任务精度提取的目标是构造一个 $\hat{O}$，最大化 $\Pr_{(\boldsymbol{x},\boldsymbol{y})} \sim D_A \operatorname{argmax}(\hat{O}(\boldsymbol{x})) = \boldsymbol{y}$。任务精度计算的是提取模型对样本集 X 预测标签与样本集 X 真实标签 Y 的准确率。

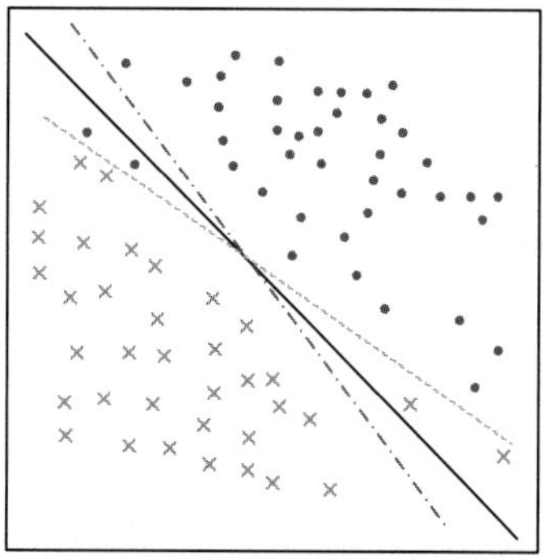
图 10.1 模型窃取目标可视化

图 10.1 展示了将三种不同目标模型窃取进行可视化，其中实线是目标模型，等价提取是准确地恢复与目标模型

相同的边界线。粗虚线实现了高保真，它在所有数据点上都与目标模型匹配。细虚线达到了完美的精度，它正确地分类了所有的点。

10.2　模型参数窃取攻击

模型参数窃取攻击是指攻击者利用模型输出等信息获取目标模型的参数。这些参数主要包括：①模型从数据中自动学习的参数，比如权重和偏置；②模型训练前预先设置的超参数，主要包括学习率、批样本数量、目标函数中平衡损失函数和正则项的参数等。

10.2.1　基于线性回归模型的参数窃取

基于线性回归模型的参数窃取是指攻击者通过某些手段恢复线性回归模型的参数。方程求解方法[240] 是实现线性回归模型参数窃取的经典方法之一，该方法将概率视为输入 $\boldsymbol{x}$ 和模型参数的连续函数，然后利用数据样本构建模型参数方程，通过求解方程实现参数窃取。具体来说，攻击者首先将线性回归模型转化为分类模型，即 $F(\boldsymbol{x})=\sigma(\boldsymbol{wx}+\boldsymbol{b})$，$\sigma(t)$ 表示激活函数；然后利用足够样本 $\boldsymbol{x}$，攻击者通过求解方程 $\boldsymbol{wx}+\boldsymbol{b}=\sigma^{-1}(F(\boldsymbol{x}))$来恢复参数（如 $\boldsymbol{w}$，$\boldsymbol{b}$）。

以二分类线性回归模型的参数窃取为例，攻击者首先将线性回归模型转化为分类模型，即 $F(\boldsymbol{x})=\sigma(\boldsymbol{wx}+\boldsymbol{b})$，其中，$\boldsymbol{w}\in\mathbf{R}_d$，$b\in\mathbf{R}$，$\sigma(t)=1/(1+\mathrm{e}^t)$。然后，攻击者将样本 $\boldsymbol{x}$ 输入目标模型 $F(\boldsymbol{x})$ 获得数据（$\boldsymbol{x}$，$F(\boldsymbol{x})$），此时获得线性方程 $\boldsymbol{wx}+\boldsymbol{b}=\sigma^{-1}(F(\boldsymbol{x}))$。假设查询的 $\boldsymbol{x}$ 是线性无关的，$d+1$ 个样本就可以恢复出 $\boldsymbol{w}$ 和 $\boldsymbol{b}$。

10.2.2　基于决策树模型的参数窃取

基于决策树模型的参数窃取[240] 是指攻击者通过查询获得目标决策树模型的策略。与线性回归模型相比，决策树模型不计算类别概率，而是将输入空间划分为若干离散区域，每个区域被分配一个标签和置信度得分。假设决策树模型为 T，T 中的每个非叶子节点 v 都有一个特征索引，每个叶子节点都有唯一的标识符 id。攻击者向 T 中随机输入 $\boldsymbol{x}$，企图获得 T 中所有叶子节点的 id，以实现对决策树模型的窃取。下面以包含连续特征 Size 和离散特征 Color 的决策树模型为目标，说明具体的攻击流程。决策树的模型结构如图 10.2 所示。

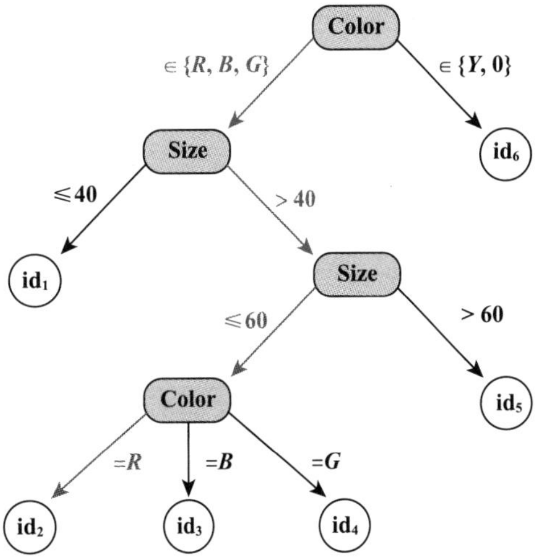

图 10.2　决策树的模型结构图

基于决策树的模型结构图，其参数窃取的基本流程包括：①连续特征拆分。从特征 $X_i\in[a,b]$ 的上下界开始，攻击者对决策树模型进行查询。在本示例中，Size∈[0，100]，设置 Size 的值为 0 和 100，查询 T，得到 id_1 和 id_5。其后对特征 Size 进行二分搜索，找到不同的特征索引对应的区间，即［0，40]、(40，60]、(60，100]。从这些区间中，找到当前节点（即 Size∈(40，60]）的述语，并构建查询来探索新的路径。②离散特征拆分。在示例中，改变 Color 值并查询 T，以获得每个值的叶子 id。然后，构建一组通向当前叶子的值 S 以及一组候选值 V，以探索其他叶子。在本例中，可以让 $V=\{B, G, Y\}$ 或者 $V=\{B, G, O\}$。基于上述两个操作，即可找到定义叶子节点 id_2 的述语，并为 T 中未访问的叶子节点生成新的查询，直至成功获得目标决策树模型。

10.2.3 基于神经网络模型的参数窃取

基于神经网络模型的参数窃取是指攻击者对神经网络模型的参数窃取。与上述的线性回归模型和决策树模型相比，神经网络模型的参数更多，结构更复杂，窃取难度也更大。目前，基于神经网络模型的参数窃取攻击的能力相对有限，其中，比较经典的是 Rolnick 等人[202] 提出的方法。但是，该方法仅限于窃取具有 ReLU 激活函数的神经网络，而且只能窃取具有 1~2 个隐含层的神经网络。下面从理论框架和攻击算法两个角度介绍该方法。

1. 理论框架

将具有 ReLU 激活的完全连接的前馈神经网络 N 定义为从输入空间 $\mathbf{R}^{n_{\text{in}}}$ 到输出空间 $\mathbf{R}^{n_{\text{out}}}$ 的函数 $N(x)$。定义 $\boldsymbol{W}_k$ 表示从第 $k-1$ 层到第 k 层的权重矩阵，其中第 0 层为输入，定义 $\boldsymbol{b}_k$ 为第 k 层的偏置向量。对于 N 中的神经元 z，定义 $z(\boldsymbol{x})$ 表示它的预激活输入，$\boldsymbol{x}\in\mathbf{R}^{n_{\text{in}}}$。因此，对于 k 层的第 j 个神经元，有

$$z_j^k(\boldsymbol{x}) = \sum_{i=1}^{n_{k-1}} \boldsymbol{W}_{ij}^k \mathrm{ReLU}(z_j^{k-1}(\boldsymbol{x})) + \boldsymbol{b}_j^k \tag{10.1}$$

对于每个神经元 $z\in N$，定义 B_z 表示 $z(\boldsymbol{x})=0$ 的 $\boldsymbol{x}$ 集合，则在 B_z 的一侧 $\boldsymbol{x}$ 是活跃的，在另一侧 $\boldsymbol{x}$ 是不活跃的，此时称 B_z 为与 z 相关的边界，$B=\cup B_z$ 是整体网络的边界。将 $\mathbf{R}^{n_{\text{in}}}\setminus B$ 的连接部分称为线性区域，则每个线性区域都对应着网络上活跃/不活跃的 ReLU 模式。这意味着，在一个线性区域内，神经网络计算一个固定的线性函数。

该方法[202] 建立在以下三个定理的基础上。

定理 10.1（边界意味着网络结构）

设 N 是一个全连接 ReLU 神经网络，满足线性区域假设。那么，对于每个神经元 z，边界 B_z 在它与边界 $B_{z'}$ 相交的地方弯曲，使得 z' 在比 z 更早的一层。

定理 10.2（边界意味着网络权重）

设 N 是一个全连接 ReLU 神经网络，满足线性区域假设。假设对于 N 的每个神经元 z，边界 B_z 为连通集，设任意两个神经元 z 和 z' 之间有权重，边界 B_z 与 $B_{z'}$ 相交。那么，给定线性区域之间的边界点集，可以恢复 N 的结构以及每个隐含层的权重和偏置。

定理 10.3（逆向工程深度 ReLU 网络）

设 N 是一个深度 ReLU 网络，满足定理 2 的假设。然后，对于指定的查询通过观察输出 N，可以近似网络的边界，从而恢复整个体系结构、权重和偏置。

每个区域代表输入空间的最大连通分量，其上的分段线性函数 N（$\boldsymbol{x}$）由单个线性函数给出。

2. 攻击算法

攻击算法假设网络 $N(\boldsymbol{x})$ 可以对不同的输入 $\boldsymbol{x}$ 进行查询，但不具有任何线性区域或边界的先验知识。从窃取网络的第一个隐含层开始，需推断出神经元的数量、权重矩阵 $\boldsymbol{W}_1$ 和偏置 $\boldsymbol{b}_1$。对于第一层中的每个神经元 $z=z_i^1$，边界 B_z 是一个超平面，其方程为 $\boldsymbol{W}_i^1\boldsymbol{x}+\boldsymbol{b}_i^1=\boldsymbol{0}$。每个神经元 z 在后面的隐含层，边界 B_z 在一般情况下会弯曲而不是一个超平面。因此，可通过统计网络边界中包含的超平面数目来确定神经元个数，通过确定超平面方程来推断权重和偏置。第一层隐含层窃取的伪代码如算法 10.1 所示，该算法的简图如图 10.3 所示。

算法 10.1　第一层

Initialize $P_1=P_2=S_1=\{\}$ ←初始化
for $t=1,\cdots,L$ **do**
　　Sample line segment ℓ ←在线段 ℓ 采样
　　$P_1 \leftarrow P_1 \cup$ PointsOnline(ℓ)将满足条件的点添加到 P_1
end for
for $\boldsymbol{p} \in P_1$ **do**
　　$H=$ InferHyperplane($\boldsymbol{p}$)
　　if TestHyperplane(H) **then**
　　　$S_1 \leftarrow S_1 \cup$ GetParams(H)
　　else
　　　$P_2 \leftarrow P_2 \cup \{\boldsymbol{p}\}$ 未使用的样本点添加到 P_2
　　end if
end for
return S_1, P_2 ←参数 S_1，未使用的样本点集 P_2

该攻击采用的 PointsOnLine 算法[202] 以一条线段作为输入 $\ell \subset \mathbf{R}^{n_{in}}$，并近似于沿该线段的边界点集 B。该算法利用边界点细分成区域证实 $N(\boldsymbol{x})$ 是线性的。按照 l(初始化为 l 线段的端点和中点）的顺序维护一个点列表，并迭代地执行以下操作：$\boldsymbol{x}_1$、$\boldsymbol{x}_2$、$\boldsymbol{x}_3$，确定向量 $(N(\boldsymbol{x}_2)-N(\boldsymbol{x}_1))/\|\boldsymbol{x}_2-\boldsymbol{x}_1\|_2$ 和 $(N(\boldsymbol{x}_3)-N(\boldsymbol{x}_2))/\|\boldsymbol{x}_3-\boldsymbol{x}_2\|_2$ 是否相等（在一定的误差范围内）。如果是，则从列表中删除点 $\boldsymbol{x}_2$，否则将点 $(\boldsymbol{x}_1+2\boldsymbol{x}_2)/3$ 和 $(\boldsymbol{x}_3+2\boldsymbol{x}_2)/3$ 添加到列表中。列表中的点通过二分搜索收敛到梯度 $\nabla N(\boldsymbol{x})$ 为不连续点集，即需要获取的边界点。伪代码中，P_1 为样本线段上识别边界点的整体集合。使用 InferHyperplane[202] 方法将边界 B_z 上的点 $\boldsymbol{p}$ 作为输入，并近似 $\boldsymbol{p}$ 所在的局部超平面。对于每个 $\boldsymbol{p} \in P_1$，都有一个神经元 z，$\boldsymbol{p} \in B_z$。该算法通过对 $\boldsymbol{p}$ 点周围的许多小线段进行采样，使用 PointsOnLine 算法找到它们与 B_z 的交点，并进行线性回归，以找到包含这些点的超平面的方程。由于并不是识别的所有超平面都是第一个隐含层神经元的边界，所以需要测试哪些超平面是完整包含在 B 中的，哪些是弯曲边界的局部超平面，由此 TestHyperplane 方法[202] 应运而生。TestHyperplane 方法将一个点 $\boldsymbol{p}$ 和包含该点的超平面 H 作为输入，判断整个超平面 H 是否包含在网络边界 B 中。该算法首先对 H 内远离 $\boldsymbol{p}$ 的点进行采样，然后将 PointsOnLine 算法应用到每个点周围的短线段上，检查这些点是否都在 B 上。最后，对于第一个隐含层中的 $z=z_i^1$，超平面 B_z 由 $\boldsymbol{W}_i^1\boldsymbol{x}+\boldsymbol{b}_i^1=\boldsymbol{0}$ 给出。因此，可以确定第一个隐含层神经元的权重和偏置。

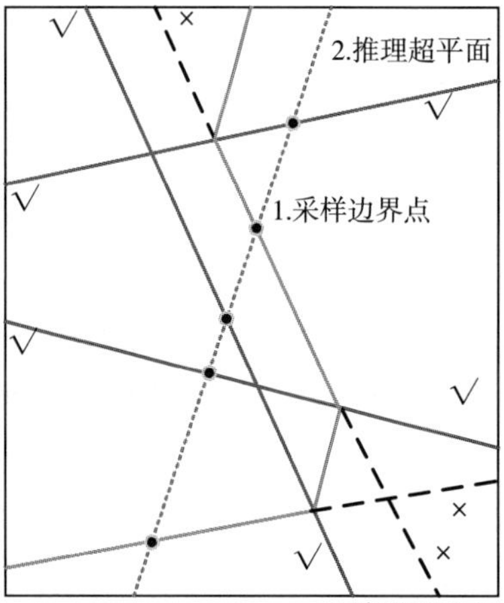

图 10.3 窃取 N 的第一个隐含层的算法简图

对于 ReLU 网络后面隐含层的 z，可从 B_z 与前面一层 z_0 的每个 B_{z_0} 相交时的弯曲程度来推断权重，伪代码如算法 10.2 所示，算法的简图如图 10.4 所示。在这部分算法中，需要能够沿着一个边界移动到它与另一个边界的交点。为此，引入 ClosestBoundary 方法[202]。它以一个点 $\boldsymbol{p}$、一个向量 $\boldsymbol{v}$ 和第 $k-1$ 层确定网络参数作为输入，输出最小的 $c>0$，使 $\boldsymbol{q}=\boldsymbol{p}+c\boldsymbol{v}$ 位于最大 $k-1$ 层的某个 z 上。输出最小的 $c>0$，使得 $\boldsymbol{q}=\boldsymbol{p}+c\boldsymbol{v}$ 位于 B_z 上。为了计算 c，考虑了 $\boldsymbol{p}$ 所在的区域 R，该区域与某个活动和非活动 ReLU 模式有关。对于每个边界 B_z，需计算 B_z 与 R 相交时的超平面方程，由于 R 内的激活模式是固定的，计算 $\boldsymbol{p}$ 到这个超平面的距离。虽然不是每个边界 B_z 都与 R 相交，但是最近的边界与 R 相交，因此能够找到所需的 c。

算法 10.2 其他层

输入： P_k and $S_1,\cdots,S_{k-1}$

1：Initialize $S_k=\{\}$ ←初始化

for $\boldsymbol{p}_1 \in P_{k-1}$ on boundary S_z **do**
　Initialize $A_z = \{\boldsymbol{p}_1\}$, $L_z = H_z = \{\}$
　while $L_z \not\supseteq$ Layer $k-1$ **do**
　　Pick $\boldsymbol{p}_i \in A$ and $\boldsymbol{v}$
　　$\boldsymbol{p}'$, $B_{z'}$ = ClosestBoundary($\boldsymbol{p}_i$, $\boldsymbol{v}$)
　　if $\boldsymbol{p}'$ on boundary **then**
　　　$A_z \leftarrow A_z \cup \{\boldsymbol{p}' + \boldsymbol{\varepsilon}\}$
　　　$L_z \leftarrow L_z \cup \{z'\}$
　　　$H_z \leftarrow H_z \cup \{$InferHyperplane($\boldsymbol{p}_i$)$\}$
　else
　　　$P_k \leftarrow P_k \cup \{\boldsymbol{p}_1\}$
　　　break
　　end if
　end while
　if $L_z \supseteq$ Layer $k-1$ **then**
　　　$S_k \leftarrow$ GetParams(T_z)
　end if
end for
return S_k, $P_{k+1} \leftarrow$ 参数 S_k，未使用的样本点集 P_{k+1}

为了识别第 k 层中 z 的边界 B_z，需识别一组边界点，每个边界上至少有一个边界点。然而，在算法的前面步骤中，创建了一组边界点 P_{k-1}，其中一些用于确定较早层的参数。现在考虑不属于 B_z 的点的子集 $P_k \subset P_{k-1}$，对于第一个隐含层到 k-1 层中的 z，这些点已经确定了它们的局部超平面。考虑点 $\boldsymbol{p}_1 \in P_k$，即 $\boldsymbol{p}_1 \in B_z$。注意，通常 B_z 与 $B_{z'}$ 相交处具有非线性，因此 z' 位于比 z 更早的层中。探索这些相交处，特别是试图为 k-1 层中的每个 z' 找到一个 $B_z \cap B_{z'}$ 点。给定在 $\boldsymbol{p}_1$ 处的局部超平面 H，可选择一个沿着 H 的方向 $\boldsymbol{v}$，并应用 ClosestBoundary 方法来计算网络中已经确定的所有 z' 与 $B_{z'}$ 的最近交点 $\boldsymbol{p}'$。现在，通过测量边界在交叉处弯曲的程度来识别 N 的第 k 层，以及第 k-1 层参数的符号，还能够通过解一个过约束系统来识别第 k-1 层的正确符号，该系统捕获了第 k-1 层神经元对输入空间不同区域的影响。

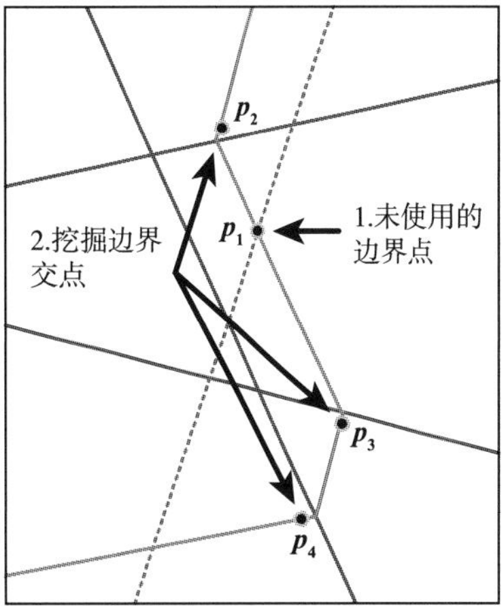

图 10.4　窃取 N 的其他层的算法简图

10.2.4 基于可解释信息模型的参数窃取

基于可解释信息模型的参数窃取是指攻击者根据模型的可解释信息窃取模型的参数，这里的可解释信息主要是指基于梯度的解释信息。下面以窃取两层 ReLU 神经网络参数为例，对该攻击进行具体介绍[165]。

首先，可将两层 ReLU 神经网络表示为

$$f(\boldsymbol{x})=\sum_{i=1}^{h} g(\boldsymbol{x})_i \boldsymbol{w}_i \boldsymbol{A}_i^{\mathrm{T}} \boldsymbol{x} \tag{10.2}$$

其中，$g(\boldsymbol{x})=\mathbb{I}\{\boldsymbol{A}\boldsymbol{x}\geqslant 0\}$，由法向量定义的分离超平面，$\boldsymbol{A}_1\cdots\boldsymbol{A}_h$ 将输入空间划分为用 $g(\boldsymbol{x})$ 的可能值表示的单元格。在每个这样的单元格内，函数 f 是线性的。图 10.5 显示了这些单元格的示例。

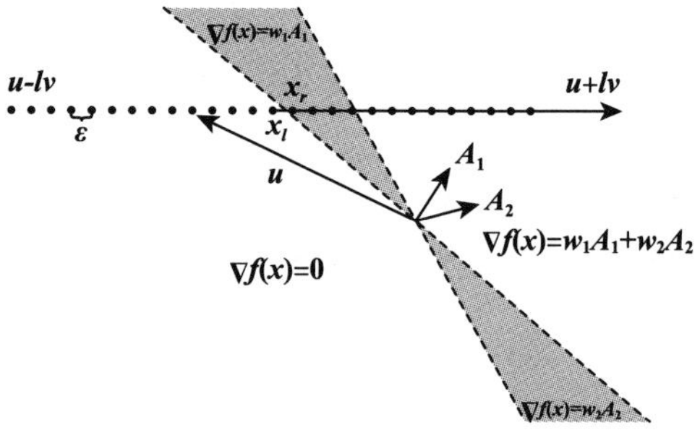

图 10.5　算法 10.3 的图解

对于两层 ReLU 神经网络的模型参数窃取攻击主要包括以下两步：

第一步，确定分离超平面，如算法 10.3 所示。算法 10.3 利用 f 的梯度结构找到分离超平面：

$$\nabla f(\boldsymbol{x})=\sum_{i=1}^{h} g(\boldsymbol{x})_i \boldsymbol{w}_i \boldsymbol{A}_i \tag{10.3}$$

其中，$g(\boldsymbol{x})=\mathbb{I}\{\boldsymbol{A}\boldsymbol{x}\geqslant 0\}$，同一单元格内的点具有相同的梯度。如果找到两个梯度不同的点 $\boldsymbol{x}$ 和 $\boldsymbol{y}$，可知道至少有一个超平面在 $\boldsymbol{x}$ 和 $\boldsymbol{y}$ 之间。而且，如果 $\boldsymbol{x}$ 点和 $\boldsymbol{y}$ 点足够接近，那么它们之间很可能只存在一个分隔超平面。在这种情况下，可使用梯度的差来恢复超平面（直到符号）。这是因为每个梯度只是一个子集的和 $\{\boldsymbol{w}_i\boldsymbol{A}_i\}_{i=1}^{h}$，所以 $\nabla f(\boldsymbol{y})$ 和 $\nabla f(\boldsymbol{x})$ 的差值等于 $\boldsymbol{w}_i\boldsymbol{A}_i$ 或 $-\boldsymbol{w}_i\boldsymbol{A}_i$，$i\in[h]$。算法 10.3 根据 f 的梯度变化，为每个 $i\in[h]$ 恢复 $\boldsymbol{w}_i\boldsymbol{A}_i$ 到一个符号。

算法 10.3　恢复 Z

function recover $\boldsymbol{Z}h,\varepsilon,l$:
Pick $\boldsymbol{u},\boldsymbol{v}\sim N(0,I_d)$ and let $\boldsymbol{Z}\in\boldsymbol{R}^{h\times d}$
$t_l,t_r\leftarrow -l,l$
for $i=1,\cdots,h$ **do**
　　$\boldsymbol{Z}_i,t_l\leftarrow$ binarySearch(t_l,t_r,ε)
end for
return Z
function binarySearch (t_l,t_r,ε)

9：   **while** $t_l \leqslant t_r$ **do**
10：　　　$t_m \leftarrow (t_l + t_r)/2$
11：　　　$\boldsymbol{x}_l \leftarrow \boldsymbol{u} + t_l \boldsymbol{v}$
12：　　　$\boldsymbol{x}_m \leftarrow \boldsymbol{u} + t_m \boldsymbol{v}$
13：　　　$\boldsymbol{x}_r \leftarrow \boldsymbol{u} + t_r \boldsymbol{v}$
14：　　　**if** $t_r - t_l \leqslant \varepsilon$ **then**
15：　　　　**return** $\nabla f(\boldsymbol{x}_r) - \nabla f(\boldsymbol{x}_l), t_r$
16：　　　**end if**
17：　　　**if** $\| \nabla f(\boldsymbol{x}_r) - \nabla f(\boldsymbol{x}_l) \|_2 > 0$ **then**
18：　　　　$t_r \leftarrow t_m$
19：　　　**else if** $\| \nabla f(\boldsymbol{x}_m) - \nabla f(\boldsymbol{x}_r) \|_2 > 0$ **then**
20：　　　　$t_l \leftarrow t_m$
21：　　　**else**
22：　　　　**throw** Failure
23：　　　**end if**
24：　　　　**throw** Failure
25：　**end while**

① 选择 $\boldsymbol{u}$，$\boldsymbol{v} \sim N(0, I_d)$。

② 沿 $\boldsymbol{u} - l\boldsymbol{v}$ 和 $\boldsymbol{u} + l\boldsymbol{v}$ 之间线段的一部分进行二元搜索，查找两个足够接近（$\| \boldsymbol{x}_r - \boldsymbol{x}_l \|_2 \leqslant \varepsilon \| \boldsymbol{v} \|_2$）但梯度不同的点 $\boldsymbol{x}_l$ 和 $\boldsymbol{x}_r$。将 $\nabla f(\boldsymbol{x}_r) - \nabla f(\boldsymbol{x}_l)$ 作为一行添加到矩阵 $\boldsymbol{Z}$ 中。对于某些 $i \in [h]$，$\nabla f(\boldsymbol{x}_r) - \nabla f(\boldsymbol{x}_l)$ 很可能等于 $w_i \boldsymbol{A}_i$。

③ 重复步骤②h 次，恢复所有行的 $w_i \boldsymbol{A}_i$，成为矩阵 $\boldsymbol{Z}$ 的行。

第二步，确定法向量的符号，如算法 10.4 所示。算法 10.3 恢复无符号的加权法向量 $w_i \boldsymbol{A}_i$ 或 $-w_i \boldsymbol{A}_i$，$i \in [h]$。但是要确定函数 f，仍需要这些向量的符号 $\boldsymbol{s} \in \{-1, 0, 1\}^{2h}$。在算法 10.4 中，恢复一个对符号信息进行编码的向量。准确地说，算法 10.4 返回一个向量 $\boldsymbol{s}$，使得

$$f(\boldsymbol{x}) = \left[\max(\boldsymbol{Zx}, 0)^{\mathrm{T}} \max(-\boldsymbol{Zx}, 0)^{\mathrm{T}} \right] \boldsymbol{s} \tag{10.4}$$

其中

$$\sigma'(\boldsymbol{z}) = \begin{cases} \mathrm{sgn}(w_i) & 1 \leqslant i \leqslant h, z_i = | w_i | \boldsymbol{A}_i \\ 0 & h+1 \leqslant i \leqslant 2h, z_i = | w_i | \boldsymbol{A}_i \\ 0 & 1 \leqslant i \leqslant h, z_i = -| w_i | \boldsymbol{A}_i \\ \mathrm{sgn}(w_i) & h+1 \leqslant i \leqslant 2h, z_i = -| w_i | \boldsymbol{A}_i \end{cases} \tag{10.5}$$

显然，如果算法 10.4 返回向量 $\boldsymbol{s}$，那么函数 f 就被识别出来了。算法 10.4 求解 $2h$ 个线性

方程来确定向量 $\boldsymbol{s}$。

算法 10.4 恢复 s

1: **function** recover $\boldsymbol{SZ}$:

2: Pick $X \in \mathbf{R}^{d\times h}$ such that $\nabla f(\boldsymbol{x}_1)=\cdots=\nabla f(\boldsymbol{x}_h)$ and $\text{Rank}(\boldsymbol{ZX})=h$.

3:

$$M \leftarrow \begin{bmatrix} \max(\boldsymbol{ZX},0)^{\mathrm{T}} & \max(-\boldsymbol{ZX},0)^{\mathrm{T}} \\ \max(-\boldsymbol{ZX},0)^{\mathrm{T}} & \max(\boldsymbol{ZX},0)^{\mathrm{T}} \end{bmatrix}$$

4: **for** $s \in \mathbf{R}^{2h}$ such that $\boldsymbol{Ms}=[f(\boldsymbol{x}_1),\cdots f(\boldsymbol{x}_h),f(-\boldsymbol{x}_1),\cdots f(-\boldsymbol{x}_h))]$

5: **return** s

10.2.5 训练超参数窃取攻击

训练超参数窃取攻击的目标是通过窃取他人的训练超参数来降低自己的计算开销。目前，超参数窃取攻击的目标主要是获取目标函数中平衡损失函数和正则项的超参数[252]。具体来说，假设攻击者知道训练数据集、机器学习算法和模型参数。观察模型的训练过程可知，基于预先设定的超参数，当目标函数达到最小值，即目标函数的梯度为0时，模型训练完成。基于该观察，可在模型参数和超参数之间建立联系，实现超参数窃取攻击。以下将分别以非核算法和核算法为目标进行介绍。

非核算法：假设非核算法的目标函数为 $L(\boldsymbol{w})=L(X,\ y,\ z)+\lambda R(\boldsymbol{w})$，令目标函数的梯度为0，可得

$$\frac{\partial L(\boldsymbol{w})}{\partial \boldsymbol{w}} = \boldsymbol{b} + \lambda \boldsymbol{a} = \mathbf{0} \tag{10.6}$$

其中

$$\boldsymbol{b} = \begin{bmatrix} \dfrac{\partial L(X,y,\boldsymbol{w})}{\partial \boldsymbol{w}_1} \\ \dfrac{\partial L(X,y,\boldsymbol{w})}{\partial \boldsymbol{w}_2} \\ \vdots \\ \dfrac{\partial L(X,y,\boldsymbol{w})}{\partial \boldsymbol{w}_m} \end{bmatrix} \tag{10.7}$$

$$\boldsymbol{a}=\begin{bmatrix}\dfrac{\partial R(\boldsymbol{w})}{\partial \boldsymbol{w}_1}\\ \dfrac{\partial R(\boldsymbol{w})}{\partial \boldsymbol{w}_2}\\ \vdots\\ \dfrac{\partial R(\boldsymbol{w})}{\partial \boldsymbol{w}_m}\end{bmatrix} \tag{10.8}$$

由上可知，式（10.6）为线性方程组，而且线性方程的数量大于超参数的数目，因此式（10.6）为超定方程组。对于超定方程组的求解通常采用最小二乘法。具体地，对超参数 λ 的估计为

$$\hat{\lambda}=-(\boldsymbol{a}^{\mathrm{T}}\boldsymbol{a})^{-1}\boldsymbol{a}^{\mathrm{T}}\boldsymbol{b} \tag{10.9}$$

核算法：对于核算法，模型参数是训练实例和映射的线性组合，即

$$\boldsymbol{w}=\sum_{i=1}^{m}\alpha_i\phi(X_i) \tag{10.10}$$

因此，目标函数对模型参数的梯度求解可以转化为对权重 α 的梯度求解，假设核算法的目标函数为 $L(\boldsymbol{w})=L(\phi(X),\ y,\ z)+\lambda R(\boldsymbol{w})$，则

$$\boldsymbol{b}=\begin{bmatrix}\dfrac{\partial L(\phi(X),y,\boldsymbol{w})}{\partial \alpha_1}\\ \dfrac{\partial L(\phi(X),y,\boldsymbol{w})}{\partial \alpha_2}\\ \vdots\\ \dfrac{\partial L(\phi(X),y,\boldsymbol{w})}{\partial \alpha_m}\end{bmatrix} \tag{10.11}$$

$$\boldsymbol{a}=\begin{bmatrix}\dfrac{\partial R(\boldsymbol{w})}{\partial \alpha_1}\\ \dfrac{\partial R(\boldsymbol{w})}{\partial \alpha_2}\\ \vdots\\ \dfrac{\partial R(\boldsymbol{w})}{\partial \alpha_m}\end{bmatrix} \tag{10.12}$$

其后，将式（10.11）和式（10.12）的求解结果代入式（10.10），即可获得超参数 λ 的估计值。

综上可知，训练超参数窃取攻击主要包括两个步骤：①基于训练数据集、机器学习

算法和模型参数计算向量 $\boldsymbol{b}$ 和向量 $\boldsymbol{a}$；②基于式（10.9）估计训练超参数。值得注意的是，基于式（10.10）计算训练超参数时，可能面临目标函数在某个维度或者某个训练实例不可微的问题。对于该问题，可选用可微的维度或可微的方程构建超定方程组，选用可微的训练实例估计训练超参数。另外，如果目标函数包含多个训练超参数，则 $\boldsymbol{b}$ 和 $\boldsymbol{a}$ 为矩阵形式，只需利用各列向量分别求解各超参数即可。

10.3　模型结构窃取攻击

模型结构窃取攻击旨在获得模型的结构信息。这些结构信息主要包括模型的层数、每层神经元的数量、神经元的连接方式以及使用的激活函数。

10.3.1　基于元模型的模型结构窃取

基于元模型的模型结构窃取[174]的基本原理是训练可以预测模型结构信息的元模型，其后通过元模型获取模型的结构信息。元模型的训练过程主要包括：①采集训练数据集。假设攻击者具有与目标模型训练集同分布的数据集，攻击者首先基于这些数据集训练同一架构下不同结构的神经网络，例如设定不同的隐含层层数、每层不同的神经元个数、不同类型的激活函数等。然后，攻击者将同分布的数据集输入到不同结构的神经网络，获得对应的预测信息。其后，记录预测信息与对应神经网络的结构信息。至此，完成元模型训练数据集的采集。②训练元模型。基于采集的训练数据集，使用已有算法训练元模型，比如多层感知机。其后，攻击者向目标模型发起 n 次问询，然后将查询信息输入元模型，获得元模型输出的结构信息，攻击完成。下面以 MNIST 数据集为例，对基于元模型的模型结构窃取攻击进行具体介绍。

采集训练数据集：设定元模型提供训练数据集的模型共享相同的卷积架构为 N 个卷积块→M 个全连接块→1 个线性分类器。其中，卷积块的结构为 $ks\times ks$ 卷积核、可选 2×2 最大池化、非线性激活；全连接块的结构为线性映射、非线性激活、可选的 Dropout。为提高元模型的泛化能力，需采集不同结构模型的输出信息。所以，在上述的基础架构中，设定了多个自由参数，如层数（N 和 M）、Dropout 或 Maxpooling 层是否存在、非线性激活的类型等。设定不同的自由参数的组合即可获得大量的网络结构。最后，将不同结构模型的输出作为元模型的训练集特征，将模型结构作为元模型的训练集标签。MNIST 分类模型的结构信息如表 10.1 所示。

训练元模型：设定元模型的结构为多层感知机，其训练和测试流程如图 10.6 所示。训练损失函数为

$$\min_{\theta} \mathop{\mathbf{R}}_{f\sim F}\left[\sum_{a=1}^{12} L\left(m_{\theta}^{a}\left(\left[f(\boldsymbol{x}^{i})\right]_{i=1}^{n}\right), y^{a}\right)\right] \tag{10.13}$$

表 10.1　MNIST 分类模型的结构信息

	操作	属性	值
结构	act	Activation	ReLU,PReLU,ELU,Tanh
	drop	Dropout	Yes,No
	pool	Max pooling	Yes,No
	ks	Conv ker. Size	3,5
	conv	Conv layers	2,3,4
	fc	FC layers	2,3,4
	#*par*	Parameters	$2^{14},\cdots,2^{21}$
	ens	Ensemble	Yes,No
超参数	alg	Algorithm	SGD,ADAM,RMSprop
	bs	Batch size	64,128,256
数据	split	Data split	All_0,$Half_{0/1}$,$Quarter_{0/1/2/3}$
	size	Data size	All,Half,Quarter

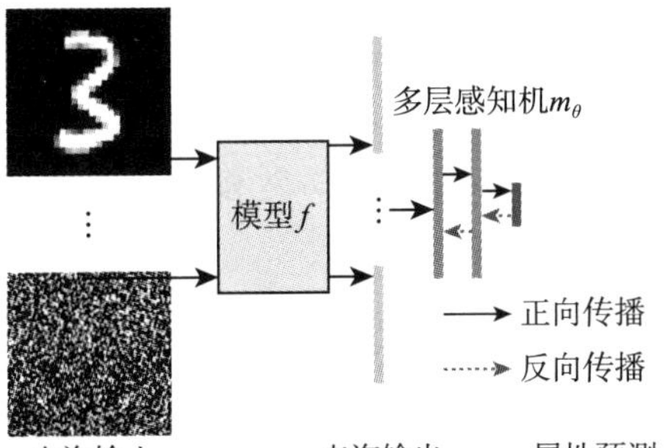

图 10.6　元模型训练的流程图

其中，F 为提供训练数据集的模型分布，y^a 是属性 a 的真实标签，即模型的结构信息，L 是交叉熵损失函数。a 的最大值设定为 12，是指待获取的目标模型的结构信息数目，具体如表 10.1 所示。

10.3.2　基于时间侧信道的模型结构窃取

模型的执行时间依赖于网络的层数或深度，所以攻击者可将模型的执行时间作为时间侧信道信息用于获取黑盒模型的深度，即基于时间侧信道的模型结构窃取攻击[60]。该攻击的基本流程如图 10.7 所示。具体而言，①通过发送输入查询目标模型；②测量目标模型查询的执行时间；③将执行时间输入攻击者的回归模型，该回归模型用于预测目标模型的深度；④基于预测的模型深度信息，进行体系结构搜索；⑤在有限的搜索空间内利用强化学习生成最优体系结构。下面对该攻击进行详细介绍。

建立阶段：建立阶段的目标是创建一个包含不同超参数的神经网络架构的执行时间侧信道数据集，用于训练攻击模型。该数据集包含模型推理的执行时间、模型的相应深度。创建该数据集的基本流程包括：①创建与目标模型训练集同分布的查询数据集；具体来说，攻击者首先对目标模型进行成员推理攻击，选择合适的阈值，判断数据样本 $\boldsymbol{x}_i$ 是否属于目标模型的训练数据。然后，将目标模型输出的软标签作为查询数据集的标签 $f_{\text{target}}(\boldsymbol{x}_i)$。最后，聚合训练数据（$\boldsymbol{x}_i$，$f_{\text{target}}(\boldsymbol{x}_i)$）获得查询数据集。②设计不同结构的神经网络，使用查询数据集训练这些神经网络，并收集查询数据集在这些神经网络上的推理时间，最后聚合神经网络的执行时间，深度完成数据集构建。另外，该数据集需特定于指定的硬件，收集的数据可以用来窃取在同一硬件上运行的任何模型。

攻击阶段：使用建立阶段创建的攻击模型时间侧信道数据集训练回归模型 $R(k)=E\{K\mid T=t\}$，使用从目标模型测得的执行时间 t 来估计目标模型的深度 k。

重建阶段：重建阶段的目标是基于估计的神经网络深度，搜索最优的神经网络结构。与直接搜索神经网络结构相比，神经网络深度的估计简化了搜索空间，降低了模型重建的时间和计算成本。为提高神经网络结构的搜索效率，可采用强化学习技术，其基本流程如图 10.8 所示。具体而言：①递归神经网络控制器根据前一次迭代的结果从状态搜索空间中选择值，输出一种神经网络结构；②输出的模型以目标模型的预测作为输出预测进行训练，模拟目标模型的行为；③输出的模型和目标模型预测的损失用于计算奖励，该奖励被发送给控制器以预测性能更好的模型。

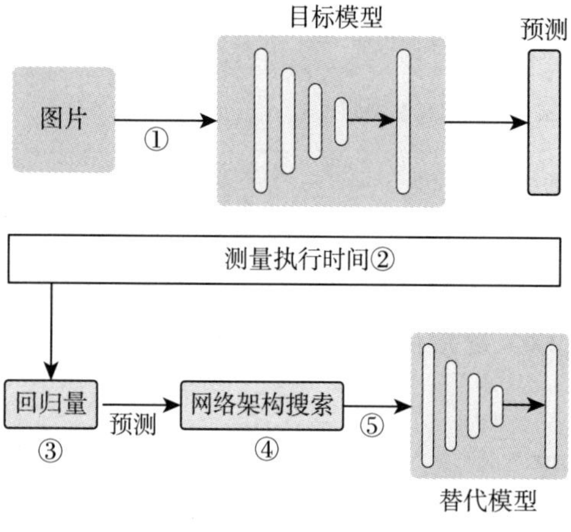

图 10.7　基于时间侧信道的模型结构窃取攻击流程

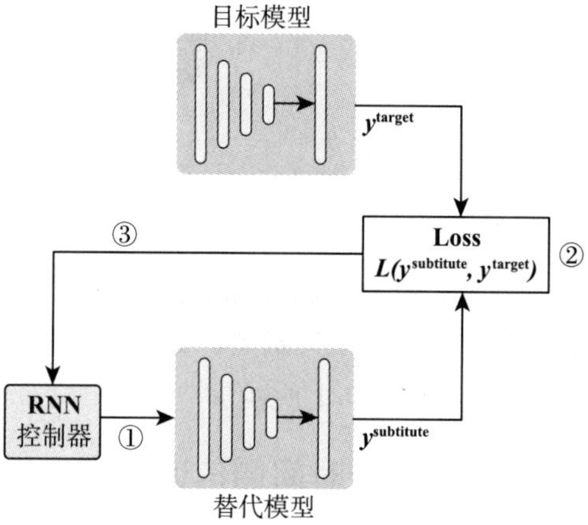

图 10.8　神经网络结构搜索

10.4　模型决策边界窃取攻击

决策边界是不同类别之间的分类边界。攻击者通过对抗样本获取决策边界进而生成与目标模型功能等效的模型。模型决策边界窃取攻击的基本思想是攻击者通过一些方法重新生成处于目标模型决策边界附近的样本，然后使用这些样本实现模型窃取。模型决策边界窃取攻击中着重介绍了基于雅可比矩阵的模型决策边界窃取[180]、基于随机合成样本的模型决策边界窃取[108] 和基于生成对抗网络的模型决策边界窃取[297] 三项经典工作。

10.4.1　基于雅可比矩阵的模型决策边界窃取

基于雅可比矩阵的模型决策边界窃取方法[180] 使用基于雅可比矩阵的数据集聚合方法生成合成样本，这些合成样本是位于当前类和所有其他类之间的决策边界最近的样本，通过生成更多位于决策边界附近的合成样本训练替代模型进而实现目标模型决策边界窃取，替代模型即为克隆复制的目标模型，也称为窃取到的模型。具体地，首先，攻击者收集一个有限大小的初始替代模型的训练数据集，并通过查询目标模型对其进行标记，即该训练数据集由目标模型打上标签，该数据集与目标模型解决的任务相同。随后，使用这些标记的数据，训练替代模型 f。因为用于训练的样本数量较少，此时的 f 性能可能表现不佳，因此需要更多的训练数据提高替代模型的性能。如何获取更多额外有效的数据就是本节的核心。获取到额外数据后，重复以上工作步骤训练替代模型从而到达目标模型决策边界的窃取。接下来将详细介绍如何生成合成样本。

为了选择额外的训练数据，其核心如式（10.13）所示：

$$S_{\rho+1} = \{\boldsymbol{x} + \lambda_{\rho}\operatorname{sgn}(J_f[\tilde{O}(\boldsymbol{x})]:\boldsymbol{x} \in S_{\rho})\} \cup S_{\rho} \tag{10.14}$$

其中，S_{ρ}、$S_{\rho+1}$ 是前一个和新的训练集，λ_{ρ} 是一个参数，微调增广步长，J_f 是代替模型 f 的雅可比矩阵（雅可比矩阵体现了一个可微方程与给出点的最优线性逼近），目标模型 $\tilde{O}(\boldsymbol{x})$ 关于样本 $\boldsymbol{x}$ 的输出。获取新的训练数据集之后，用新的训练数据集 $S_{\rho+1}$ 重新训练一个新的替代模型 f。该算法通过交替地扩充训练集并训练多个迭代 ρ 的替代模型 f，从而实现目标模型决策边界窃取。在整个替代学习迭代 ρ 中使用固定步长参数 λ_{ρ}，展示了通过让步长在正负值之间周期性地交替，可以提高替代模型 f 与目标模型之间的相似度，相似度函数是通过与目标模型匹配的标签数量度量。更精确地，步长参数 λ_{ρ} 的定义如式（10.15）所示，引入迭代周期 τ，步长乘以-1。因此，定义步长 λ_{ρ} 为

$$\lambda_{\rho} = \lambda \cdot (-1)^{\frac{\rho}{\tau}} \tag{10.15}$$

除此之外，为减少与目标模型的查询次数，基于雅可比矩阵的模型决策边界窃取方法[180] 使用蓄水池抽样（reservoir sampling）技术。这在现实环境中获取替代模型十分有用，从而攻击者可以在不超过配额或被防御者检测到的情况下进行预测样本的标签查询。蓄水池抽样是一种从样本列表中随机选取 k 样本的算法。列表中的样本总数可能非常大，也可能是未知的。在基于雅可比矩阵的模型决策边界窃取方法[180] 的例子中，使用蓄水池抽样来选择有限数量的新输入 k，执行基于雅可比矩阵的数据集扩增。这可以防止在每

次扩展迭代时对目标模型的查询呈指数增长。具体地，在迭代 $\rho>\sigma$ 时（一开始的 σ 迭代正常执行），前一组替代模型训练输入的数据为 $S_{\rho-1}$，从 $S_{\rho-1}$ 中选择 k 个样本以增加在 S_ρ 中。如算法 10.5 所述，这些 k 样本是使用蓄水池抽样得到的。该技术确保 $S_{\rho-1}$ 中的每个样本在 S_ρ 中增加的概率为 $\frac{1}{S_{\rho-1}}$。通过蓄水池抽样，目标模型的查询数量从 $n\cdot 2_\rho$ 减少到 $n\cdot 2_\sigma+k\cdot(\rho-\sigma)$，并且实验表明，在蓄水池抽样变量中减少的训练数据并不会显著降低替代模型的质量。

算法 10.5　基于雅可比矩阵的储水池采样

$S_{\rho-1}, k, J_f, \lambda_\rho$

$N \leftarrow |S_{\rho-1}|$

Initialize $S_{\rho-1}\leftarrow$初始化

$S_\rho[0:N-1]\leftarrow S_{\rho-1}$

for $i\in 0,\cdots,k-1$ **do**

　　$S_\rho[N+i]\leftarrow S_{\rho-1}[i]+\lambda_\rho\cdot \mathrm{sgn}(J_f[\tilde{O}(\mathrm{S}_{\rho-1}[\mathrm{i}])])$

end for

for $i\in k,\cdots,N-1$ **do**

　　$r\leftarrow$在 0 到 i 随机一个整数

　　if$<k$ **then**

　　　$S_\rho[N+r]\leftarrow S_{\rho-1}[i]+\lambda_\rho\cdot \mathrm{sgn}(J_f[\tilde{O}(\mathrm{S}_{\rho-1}[\mathrm{i}])])$

　　end if

end for

return S_ρ

10.4.2　基于随机合成样本的模型决策边界窃取

基于随机合成样本的模型决策边界窃取方法[108]指出，模型决策边界窃取攻击中合成样本可以使用部分数据集训练的替代模型 F' 来构造，也可以独立于 F' 来构造。将替代模型 F' 来构造策略称为基于雅可比矩阵的合成样本生成，将独立于 F' 来构造策略称为随机合成样本生成。基于雅可比矩阵合成样本的思想与上文基于雅可比矩阵的模型决策边界窃取方法类似，因此不再重复描述。在本小节中着重介绍随机合成样本生成。随机合成样本生成，是一种通用的合成样本生成方法，随机扰动颜色通道。对于灰度图像，颜色按步长 λ 随机增加或减少亮度。对于彩色图像，对于给定的颜色通道，随机地以相同的量扰动每个像素的颜色通道。获取到合成样本后，与基于雅可比矩阵的模型决策边界窃取方法同样的方式，将合成的样本用于训练替代模型依次迭代，从而实现目标模型决策边界的窃取。

除此之外，基于随机合成样本的模型决策边界窃取方法[108] 指出，模型决策边界窃取攻击关键除合成样本的生成技术外，超参数选择也是核心之一，因为神经网络的预测性能质量一定程度上依赖于训练的超参数。超参数包括学习速率和训练迭代的次数。学习速率过低可能会妨碍在终止前找到最优解，而学习速率过高则会越过最优解。选择超参数的方法基本上有三种方式：①经验法则，即使用一个固定的学习速率和少量的迭代次数；②复制，即从目标模型复制或通过采用其他最先进方法的超参数；③CV-SEARCH，即对初始种子样本进行交叉验证，在基于随机合成样本的模型决策边界窃取方法[108] 工作中，采用 CV-SEARCH 确定超参数。

10.4.3　基于生成对抗网络的模型决策边界窃取

对于黑盒设置，生成一个高可转移性的对抗样本往往需要训练一个与目标模型相似的替代模型（获取替代模型的过程即属于目标模型窃取工作）。基于生成对抗网络的模型决策边界窃取方法[297] 提出了一种无数据（Data-free）替代模型训练方法（Data-free Substitute Training，DaST），在不需要任何真实数据的情况下获得替代模型。为了实现这一点，DaST 专门设计了一个生成对抗网络，用于生成训练替代模型的数据集。特别地，基于生成对抗网络的模型决策边界窃取方法[297] 设计了一个多分支结构和标签控制损失的生成模型去处理合成样本的不均匀分布问题。然后用生成模型生成的合成样本查询目标模型进行标记，最后训练替代模型。DaST 概述图如图 10.9 所示，基于生成对抗网络的模型决策边界窃取方法主要包含两个模块：生成对抗网络生成器的训练和基于标签可控数据的生成。

生成对抗网络生成器的训练：在没有任何训练数据的条件下，使用生成模型 G 为替代模型 D 生成训练数据。生成器从输入空间随机采样噪声向量 z，并生成数据 $\hat{X}=G(z)$。

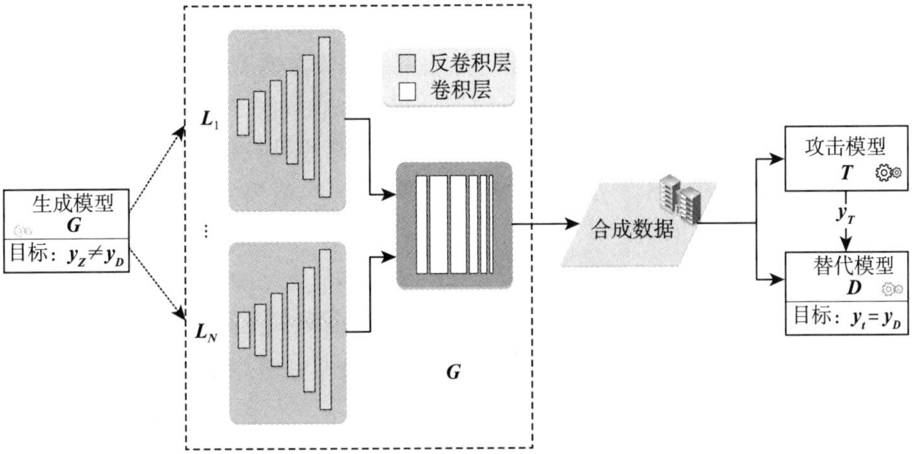

图 10.9　DaST 概述图

然后，生成的数据查询目标模型 T，得到预测输出信息 $T(\hat{\boldsymbol{X}})$。替代模型由图像输出对（$\hat{\boldsymbol{X}}$，$T(\hat{\boldsymbol{X}})$）训练。如图 10.9 所示，G 的目标是创建新的样本探索目标模型 T 和替代模型 D 之间的差异，D 的作用是模拟 T 的输出。这是一个特殊的双人游戏，在这个游戏中目标模型是裁判。为了简化表达式，但又不失一般性，这里利用了二分类作为案例进行分析。DaST 中博弈的价值函数表示为

$$\max_G \min_D V_{G,D} = d(T(\hat{\boldsymbol{X}}), D(\hat{\boldsymbol{X}})) \tag{10.16}$$

其中，$d(T(\hat{\boldsymbol{X}}), D(\hat{\boldsymbol{X}}))$ 是度量 T 到 D 之间输出距离的度量，对于目标模型仅提供标签的攻击场景中，该度量可以表述为

$$d(T(\hat{\boldsymbol{X}}), D(\hat{\boldsymbol{X}})) = \mathrm{CE}(D(\hat{\boldsymbol{X}}), T(\hat{\boldsymbol{X}})) \tag{10.17}$$

其中，$D(\hat{\boldsymbol{X}})$ 和 $T(\hat{\boldsymbol{X}})$ 分别表示替代模型的输出标签和目标模型的输出标签。$\mathrm{CE}(D(\hat{\boldsymbol{X}}), T(\hat{\boldsymbol{X}}))$ 表示交叉熵损失，利用 T 的输出标签作为交叉熵损失的标号。交叉熵损失的作用是约束 T 和 D 之间的差值。对于目标模型仅提供类别概率的攻击场景中，该度量公式为

$$d(T,D) = \| D(\hat{\boldsymbol{X}}), T(\hat{\boldsymbol{X}}) \|_F \tag{10.18}$$

其中，$D(\hat{\boldsymbol{X}})$ 和 $T(\hat{\boldsymbol{X}})$ 分别表示替代模型和目标模型的输出类别概率。

通过博弈价值函数，替代模型 D 通过对抗性训练复制了目标模型 T 的信息。在训练中，将 D 的损失函数设为 $L_D = V_{G,D}$。为了保持训练的稳定性，将 G 的损失函数设计为 $L_D = \mathrm{e}^{-d(T,D)}$。因此，当且仅当 $\forall \hat{\boldsymbol{X}}$，$T(\hat{\boldsymbol{X}}) = D(\hat{\boldsymbol{X}})$ 时，得到全局最优替代网络 D，此时，$L_D = 0$ 和 $L_G = e^0 = 1$。

假设 $\forall \hat{\boldsymbol{X}} = G(z)$，$\hat{\boldsymbol{X}} \in \mathbf{R}$，$\mathbf{R}$ 是 T 的输入空间。如果 D 能够达到 $D(\hat{\boldsymbol{X}}) = T(\hat{\boldsymbol{X}})$，则对替代模型 D 进行的对抗性攻击相当于对目标模型 T 进行白盒攻击。因此，对于替代模型 D，针对 D 生成的对抗样本对 T 具有很强的可转移性。然而，如果不限制 G 的输出，依靠 T 合成的训练数据很可能只分布在 $\mathbf{R}$ 的一个很小的范围内，因此这种训练不起作用。为了解决这个问题，基于生成对抗网络的模型决策边界窃取方法[297] 设计了一个标签可控生成模型 G，它可以控制合成数据的分布，加快训练的收敛速度。

基于标签可控数据的生成： 为了获得均匀分布的合成数据来训练替代模型 D，基于生成对抗网络的模型决策边界窃取方法[297] 设计了一种标签可控的生成模型 G，使得 $\hat{\boldsymbol{X}}$ 可覆盖目标模型的所有预测类别。如图 10.9 虚线框所示，生成模型 G 设计了一个包含 N 个上采样反卷积分量的生成网络，N 为类别的数量。所有上采样组件共享一个后处理卷积网络。模型 G 从输入空间随机采样噪声向量 $\boldsymbol{z}$ 和可变标签值 n。将 $\boldsymbol{z}$ 输入第 n 个上采样反卷积网络和共享卷积网络，得到数据 $\hat{\boldsymbol{X}} = G(\boldsymbol{z}, n)$。生成模型 G 的附加标签控制损失公式为

$$L_G = \mathrm{CE}(T(G(\boldsymbol{z}, n)), n) \tag{10.19}$$

上述方法生成带有随机标签的数据，这些标签是由 T 产生，但是这种标签控制损失的反向传播需要目标模型 T 的梯度信息，它违反了黑盒攻击的规则。因此需要训练一个无梯

度信息的标签可控生成模型。对于模拟过程，可以近似为以下目标函数：

$$\min_{D^d}(D(\hat{X}),T(\hat{X})) \tag{10.20}$$

在训练过程中，在相同的输入条件下，D 的输出逐渐接近 T 的输出。因此，用 D 代替式（10.19）中的 T，式（10.19）转变为式（10.21），其中 $\mathrm{CE}(D(G(z, n)), n)$ 为计算 $D(G(z, n))$ 和 n 的交叉熵损失：

$$L_C = \mathrm{CE}(D(G(z,n)),n) \tag{10.21}$$

训练替代模型 D 可以避免获取 T 的信息，然后更新 G 的损失：

$$L_G = \mathrm{e}^{-d(T,D)} + \alpha L_C \tag{10.22}$$

其中，α 控制标签控制损失的权重。

在训练阶段，随着 D 的模仿能力的增加，用 T 标记的合成样本的多样性也会增强。因此，D 可以学习目标 T 模型的信息，也可以提高 D 生成的对抗样本的可转移性。

10.5 模型功能窃取攻击

模型功能窃取攻击是指在预测结果上尽可能地复制目标模型，主要目标是构建一个与目标模型有最接近的输入输出对的预测模型或构建一个比目标模型精确度更高的模型。模型功能窃取攻击的基本思想与模型决策边界窃取攻击相似，均是将一个样本集作为目标模型的输入，依靠目标模型为样本集标记标签，然后用于训练替代模型，为了保证替代模型的质量，需要不断迭代以获取更多丰富的数据训练替代模型。模型功能窃取攻击与模型决策边界窃取攻击不同之处在于模型功能窃取攻击无须攻击者生成位于目标模型决策边界附近的样本，攻击者只需从自己拥有的数据集中有目的地选择样本集查询目标模型，然后训练替代模型。模型功能窃取攻击中着重介绍了基于强化学习的模型功能窃取攻击[176]、基于学习和直接恢复的模型功能窃取攻击[176] 和基于主动学习的模型功能窃取攻击[179] 三项经典工作。

10.5.1 基于强化学习的模型功能窃取

基于强化学习的模型功能窃取方法[176] 在缺乏目标模型所使用的训练/测试数据、内部结构和模型输出语义的情况下窃取模型功能。将模型功能窃取分为三步：第一步向目标模型查询一组输入图像并获得相应的预测输出信息；第二步用查询图像及其对应的预测结果，训练一个克隆的模型；第三步依次迭代采样图像输入目标模型获取预测输出，重新训练克隆的模型，从而实现模型功能窃取。接下来详细描述实现细节。基于强化学习的模型功能窃取攻击概述如图 10.10 所示。

攻击者首先选择一个图像分布对图像进行采样，假设是一个很大的离散图像集。一旦选择了图像分布 $P_A(X)$，攻击者使用学习策略 π 对图像进行采样。学习策略 π 自适应采样图像（$x_i \sim P_\pi(\{x_i, y_i\}_{i=1}^{t-1})$），以提高查询的采样效率，帮助解释性黑盒目标模型，因为此时假设攻击者不理解目标模型输出预测信息代表的语义。图 10.10 概述了该方法。在每次采样 t，策略模块均会采样一组图像查询目标模型。奖励信号 r_t 用于更新策略。为了鼓励相关查询，通过将每个图像 x_i 与标签$z_i \in Z$ 关联来丰富攻击者的图像分布。

由于攻击者不知道标签 z_i 与目标模型输出标签的语义信息，基于强化学习的模型功能窃取方法[176] 指出标签 z_i 可以通过非监督度量，如聚类或估计图密度获得。在每次采样 t，从一个离散空间 $z_t \in Z$ 即攻击者的独立标签空间中采样。如图 10.11 所示，通过树的向前传递在每个节点上，被选择的概率为 $\pi_t(z)$ 分别为 0.3、0.5、0.2。到达叶节点时，返回与标签 z_t 对应的图像样本 x_t 和奖励信号 r_t。初始化 $\pi_0(z)$ 和 $H_0(z)$，树结构中所有叶节点的概率相等。

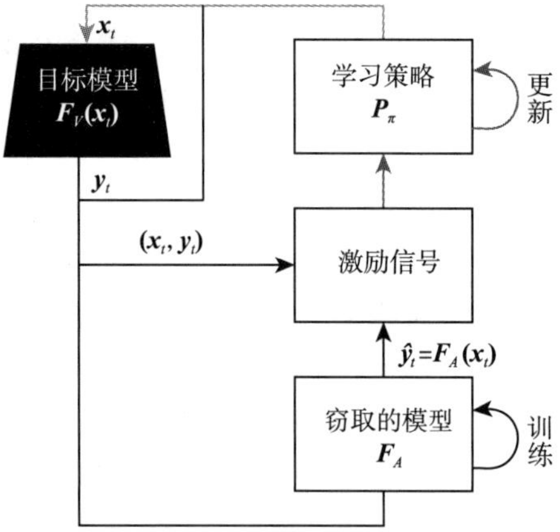

图 10.10　基于强化学习的模型功能窃取攻击概述

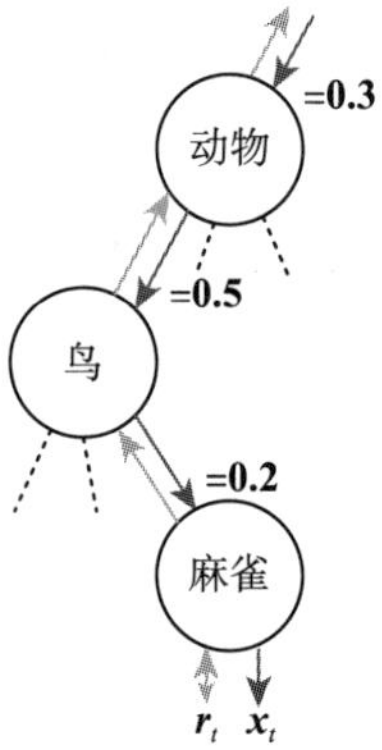

图 10.11　学习策略

$$\pi_t(z) = \frac{e^{H_t(z)}}{\sum_{z'} e^{H_t(z')}} \tag{10.23}$$

$$H_{t+1}(z_t) = H_t(z_t) + \alpha(r_t - \bar{r}_t)(1 - \pi_t(z_t)) \tag{10.24}$$

$$H_{t+1}(z') = H_t(z') + \alpha(r_t - \bar{r}_t)\pi_t(z'), \forall z' \neq z_t \tag{10.25}$$

$$R^L(y_t, \hat{y}_t) = L(y_t, \hat{y}_t) \tag{10.26}$$

其中，$\alpha = 1/N(z)$ 是学习速率，$N(z)$ 是 z 被抽取的次数，$\bar{r}_t$ 是平均值。

10.5.2　基于混合策略的模型功能窃取

Jagielski 等人[99] 开发了一个基于混合策略的模型功能窃取攻击方法，利用目标模型来监督窃取模型的训练。基于学习策略窃取高保真模型具有内在局限性，即窃取模型与目标模型对所有可能输入的预测是否相同。针对这些局限性基于混合策略的模型功能窃取方法，Jagielski 等人[99] 开发了一个更加保真的模型窃取方法，其核心思想是先借助模型参数窃取思想恢复目标模型前两层神经网络的权值，然后利用基于学习的方式构建窃取模型剩余部分的网络。

基于学习的模型窃取：对于对盗窃感兴趣的攻击者，基于学习的策略应尽量减少查询数量，达到更高的精度。基于混合策略的模型功能窃取方法[99] 采用半监督学习技术以实现在使用尽可能少的查询次数的条件下，实现更高窃取模型的精确度，它以旋转损失来增强模型。该方法模型包含两个线性分类器，一个是用于图像分类任务的分类器，另一个是用于图像旋转的预测器。旋转预测器的目标是预测应用于输入的旋转，每个图像样本分别旋转四次，旋转度数为 {0°，90°，180°，270°}。对于这些旋转后的图像，分类器分别输出一个热编码 {OH(0；4)，OH(1；4)，OH(2；4)，OH(3；4)}，则旋转损失为

$$L_R(X;f_\theta) = \frac{1}{4N}\sum_{i=0}^{N}\sum_{j=1} rH(f_\theta(R_j(\boldsymbol{x}_i)),j) \tag{10.27}$$

其中，R_j 为第 j 次旋转，H 为交叉熵损失，f_θ 为图像旋转预测器对旋转任务的概率输出。因为输入不需要标记，所以可以实现在未标记数据上计算损失，不需目标模型查询。也就是说，在未标记数据（具有旋转损失）和标记数据（具有标准分类损失）上训练模型，两者有助于学习所有数据（包括未标记数据）的良好表示。

混合策略：基于学习的模型窃取方法有几个不确定性的来源。①模型参数的随机初始化；②数据组装成随机梯度下降（Stochastic Gradient Descent，SGD）批训练的顺序；③GPU 指令中的不确定性。这些不确定性影响从训练中获得的模型参数值。因此，即使攻击者能够完全访问目标模型的训练数据、超参数等，攻击者也仍然需要知道所有非确定性信息以实现功能等价模型窃取，这对实现功能等价窃取造成阻碍。为缓解这一问题，基于混合策略的模型功能窃取方法[99] 提出了一种混合策略机制，将模型参数窃取攻击与基于学习的模型窃取攻击结合起来。混合策略既能提高基于学习的模型窃取攻击的查询效率，又能提高模型参数窃取攻击的保真度。模型参数窃取攻击的保真度会随着模型大小的增加而降低，这是由于第一个权值矩阵的低概率错误导致了第一个隐含层上的错误偏差，而这反过来传播并导致了第二个隐含层上产生更严重的误差。混合策略就是一种执行基于学习的错误恢复的方法。虽然执行基于学习的攻击会留下太多的自由变量，无法进行功能等价窃取，但如果通过模型参数窃取攻击将许多变量固定在特定的值上，就可以只学习其余的变量，从而减少了学习变量的数量。换言之，混合策略首先使用模型参数窃取攻击的方法窃取目标模型的前两个隐含层的信息，然后通过基于学习的方法进行训练构造剩余部分的模型信息并进一步完善恢复前两个隐含层因直接恢复误差导致的错误。

10.5.3　基于主动学习的模型功能窃取

Soham 等人[179] 基于主动学习的模型功能窃取方法，设计了一个用于深度神经网络的模型窃取的框架 ACTIVETHIEF，它利用主动学习技术和未标记的公共数据集来进行模型窃取。ACTIVETHIEF 框架如图 10.12 所示。首先，攻击者从数据集随机选取初始种子 S_0 的子集。然后，在第 i 次迭代中（$i=0$，1，2，…，N），攻击者根据目标模型 f 查询 S_i 中的样本，并获得标签集 $D_i=\{(\boldsymbol{x}, f(\boldsymbol{x})): \boldsymbol{x}\in S_i\}$。其次，替代模型 $\tilde{f}$ 使用 D_i 数据集训练。再次，攻击者根据替代模型 $\tilde{f}$ 查询剩余的样本，为它们分配标签，如式（10.28）。最后，采用主动学习子集选择策略，选择 k 个样本组成数据集 S_{i+1} 进行下一步查询，使得 $\boldsymbol{x}\in S_i+1$ 仅当$(\boldsymbol{x}, \tilde{\boldsymbol{y}})\in\widetilde{D}_i$。

$$\widetilde{D}_i=\{(\boldsymbol{x},\tilde{f}(\boldsymbol{x})):\boldsymbol{x}\notin S_1\cup\cdots\cup S_i\} \tag{10.28}$$

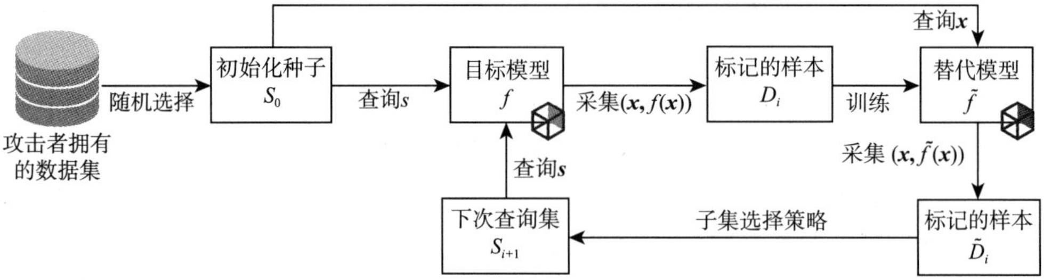

图 10.12　ACTIVETHIEF 框架图

在固定的迭代次数内重复该过程，在每次迭代中从头开始重新训练替代模型 $\tilde{f}$。每次迭代中要标记的样本数 k、迭代数 N 和初始种子样本数 S_0 都是超参数。该项工作的核心为主动学习子集选择策略，在每次迭代中，攻击者通过查询目标模型 $\tilde{f}$ 来选择一组新的 S_i（k 个样本）进行标记。每个子集选择策略将 $\widetilde{D}_i=\{(\boldsymbol{x}_n, \tilde{\boldsymbol{y}}_n)\}$ 作为输入，并返回一个集 S_{i+1}，基于主动学习的模型功能窃取方法[179] 提供了四种策略。

随机策略：随机均匀选取样本 $\boldsymbol{x}_n$ 中大小为 k 的子集。

不确定性策略：该方法是基于不确定性抽样。计算预测概率向量 $\tilde{\boldsymbol{y}}_n$ 的熵 $H_n=-\sum_j \tilde{\boldsymbol{y}}_{n,j}\log\tilde{\boldsymbol{y}}_{n,j}$，$j$ 是标签索引。选择 k 个最高熵值 H_n 的样本 $\boldsymbol{x}_n$。

K-center 策略：该方法使用贪婪的 K-center 算法。将预测的概率向量 $\tilde{\boldsymbol{y}}_m$ 进行聚类。初始种子样本的概率标记为聚类中心。在后续的每一次迭代中，该策略选择距离聚类质心最远的 k 个样本。

DFAL 策略：使用基于 DeepFool 的主动学习（Deep Fool Active Learning，DFAL）算

法。对每个样本 $\boldsymbol{x}_n$ 应用 DeepFool 得到一个被替代模型误分类的扰动样本 $\hat{\boldsymbol{x}}_n$，$\tilde{f}(\boldsymbol{x}_n) \neq \tilde{f}(\boldsymbol{x}_n)$。计算扰动 $\alpha_n = \| \boldsymbol{x}_n - \hat{\boldsymbol{x}}_n \|_2^2$，并选择扰动 α_n 最小的 k 个样本 $\boldsymbol{x}_n$。注意，扰动的 $\hat{\boldsymbol{x}}_n$ 样本不需要查询目标模型。

10.6 模型窃取攻击的防御手段

模型窃取攻击的防御可大致分为三类：限制信息泄露、扰动策略和异常检测。限制信息泄露的实质是减少返回查询用户的预测信息，如只返回预测标签或预测类别概率向量较高类别对应的结果。扰动策略的核心是在保证最终预测标签不变的情况下，对类别概率添加噪声，混淆攻击者，具体实现技术也可以查阅成员推理攻击对应的一些防御方法。限制信息泄露和扰动策略只对需要获取目标模型预测类别概率信息的攻击方法有效果，对于只需获取目标模型预测标签的攻击方法并不能起到任何防御功能。异常检测的基本思想是在攻击者完成窃取模型之前检测出访问用户是否具有恶意行为。攻击者为了窃取黑盒的模型，往往需要对目标模型进行大量的查询操作。为了提高窃取效率，攻击者会对正常的样本进行有目的地修改，针对这一特点，防御者可以通过检测对异常样本的查询，来识别模型窃取行为。在本节中着重介绍了基于后验概率扰动的防御策略[177]、基于多个样本特征之间的距离分布的异常检测[108] 和自适应错误信息的防御策略[112] 三项经典防御工作。

10.6.1 基于后验概率扰动的防御策略

基于后验概率扰动的防御策略[177] 的基本思想是在一个可控的环境中对预测信息添加扰动 $\tilde{\boldsymbol{y}} = F_V^{\delta} = \boldsymbol{y} + \boldsymbol{\delta}$，$\tilde{\boldsymbol{y}}$，$\boldsymbol{y} \in \Delta^K$。扰动后的后验概率对正常用户仍然有用，即预测结果仍然正确 $\mathrm{Acc}(F_V^{\delta}, D^{\mathrm{test}})$。扰动后的后验概率可降低攻击者的测试精度 $\mathrm{Acc}(F_A, D^{\mathrm{test}})$，$F_A$ 是攻击者构建的仿制模型。扰动的测量方式为 $\mathrm{dis}(\boldsymbol{y}, \tilde{\boldsymbol{y}}) = \| \boldsymbol{y} - \tilde{\boldsymbol{y}} \|_p = \boldsymbol{\varepsilon}$。

作为防御者，事先并不知道请求查询服务的是恶意用户还是正常用户，也不知道攻击者使用的策略，可确定的是攻击者最终优化目标模型的参数为 $F_A(\boldsymbol{x}; \boldsymbol{w})$ 以最小化训练样本 $\{(\boldsymbol{x}_i, \tilde{\boldsymbol{y}}_i)\}$ 的损失。一般情况下，大多数优化算法是通过计算损失的梯度来估计经验损失的一阶近似，如式（10.29）所示。模型参数 $\boldsymbol{w} \in \mathbf{R}^{\mathrm{D}}$：

$$\boldsymbol{u} = -\nabla_{\boldsymbol{w}} L(F(\boldsymbol{x}; \boldsymbol{w}), \boldsymbol{y}) \tag{10.29}$$

基于后验概率扰动的防御策略[177] 的核心是扰动后验概率 $\boldsymbol{y}$，使得产生最大偏离原始梯度的梯度信号。更正式地说，将目标噪声添加到后验概率中，从而产生梯度方向如式（10.30）所示。最大化原始梯度信号和中毒梯度信号之间的角度偏差 $\max \| \hat{\boldsymbol{a}} - \hat{\boldsymbol{u}} \|_2^2$，其中 $\hat{\boldsymbol{a}} = \boldsymbol{a} / \| \boldsymbol{a} \|_2$，$\hat{\boldsymbol{u}} = \boldsymbol{u} / \| \boldsymbol{u} \|_2$。

$$a = -\nabla_w L(F(\boldsymbol{x};\boldsymbol{w}),\tilde{y}) \tag{10.30}$$

由于防御者无法访问攻击者模型 F，因此上述对防御提出了黑盒优化问题的挑战。Soham 等人[177] 使用代理模型 F_{sur} 估计每个输入查询 $\boldsymbol{x}$ 的雅可比矩阵 $G=\nabla_w \log F_{sur}(\boldsymbol{x};\ \boldsymbol{w})$，然后，根据经验确定 F_{sur} 架构，从而解决无法访问攻击模型的问题。

10.6.2　基于多个样本特征之间距离分布的异常检测

基于多个样本特征之间距离分布的异常检测的方法 PRADA[108]，它是一种检测模型窃取攻击的通用方法，其对模型或其训练数据不作任何假设。PRADA 方法的目标不是确定单个查询是否恶意，而是根据多个样本特征之间的距离分布判断该用户是否正在执行模型窃取攻击。基于多个样本特征之间距离分布的异常检测方法[108] 判断随机选取的正常样本特征间的距离是否大致服从正态分布，而模型窃取过程中查询的样本往往具有鲜明的人工修改痕迹，样本间距离分布与正态分布差距较大，通过这一发现，PRADA 方法对若干次的查询进行统计检验则可检测异常查询用户。接下来详细介绍 PRADA 方法的实现细节。

考虑一个客户端将 $\boldsymbol{x}$ 样本流 S 输入目标模型 F 查询后，PRADA 方法计算一个新的查询样本 $\boldsymbol{x}_i$ 和同一类 c 的任何以前的样本 $\boldsymbol{x}_{0,\cdots,i-1}$ 之间的最小距离 $d_{\min}(\boldsymbol{x}_i)$。所有 $d_{\min}(\boldsymbol{x}_i)$ 都被存储在集合 D 中，从而模拟查询样本之间的距离分布。为了提高效率，PRADA 方法不存储 S 中的所有过去的查询，而是为每个类 c 增量地构建一个不断增长的 G_c 集。G_c 只包含距离 $d_{\min}$ 高于阈值 T_c 的样本。PRADA 方法把 T_c 定义为已经存在于 G_c 中的任何两个元素之间的最小距离 $d_{\min}$ 的平均值减去标准差。距离 $d_{\min}(\boldsymbol{x}_i)$ 仅针对 $F(\boldsymbol{x}_i)=c$ 计算 G_c 中的元素。PRADA 方法攻击检测标准是基于量化 D 中的距离是否符合正态（高斯）分布，如果这些距离的分布严重偏离正态分布，就标记为攻击。量化 D 中的距离是否符合正态（高斯）分布可以采用 Anderson-Darling 检验、Shapiro-Wilk 检验和 kš 检验。Shapiro-Wilk 检验是因为它的检验统计量 W 的值在计算正常样本查询和对抗性样本查询时可以产生很大的差异。Shapiro-Wilk 检验在评估一组值是否符合正态分布方面具有很强的预测能力。Shapiro-Wilk 检验中使用的检验统计量 W 在式（10.31）中给出，其中 $\boldsymbol{x}_{(i)}$ 是样本 D 中的第 i 阶统计量，$\bar{\boldsymbol{x}}$ 是样本平均值，a_i 是与阶统计量期望值相关的常数。

$$W(D)=\frac{\left(\sum_{n}^{i=1} a_i \boldsymbol{x}_i\right)^2}{\sum_{n}^{i=1}(\boldsymbol{x}_i-\bar{\boldsymbol{x}})^2}, D=\{\boldsymbol{x}_1,\cdots,\boldsymbol{x}_n\} \tag{10.31}$$

算法 10.6 详细描述了 PRADA 的检测技术。当客户端查询大于 100 个样本时，检测过程才启动，因为需要足够多的值来计算相关检验统计量 W。算法 10.6 的输入变量 F 是目标模型，S 是客户端输入目标模型的样本流，D 是对于样本流 S 最小距离的集合，G_c 是

针对类别 c 的增量集，D_{G_c} 是对于 G_c 样本集中最新距离集合，T_c 是类别 c 的阈值，δ 是检测阈值。

算法 10.6　检测模型窃取攻击的 PRADA 算法

1：$F, S, D, G_c, D_{G_c}, T_c, \delta$

2：$D \leftarrow \varnothing, G_c \leftarrow \varnothing, D_{G_c} \leftarrow \varnothing$, attack←false

3：**for** $x : x \in S$ **do**

4：　　　$c \leftarrow F(x)$

5：　　　初始化阈值和集合

6：　　　**if** $G_c == \varnothing$ **then**

7：　　　　　$G_c \cup \{x\}, D_{G_c} \cup \{0\}, T_c \leftarrow 0$

8：　　　**else**

9：　　　　　$d \leftarrow \varnothing$

10：　　　　**for** all $y : y \in G_c$ **do**

11：　　　　　　$d \cup \{\mathrm{dis}(y, x)\}$

12：　　　　**end for**

13：　　　　$d_{\min} \leftarrow \min(d)$ 最小化元素距离

14：　　　　$D \cup \{d_{\min}\}$ ←添加距离

15：　　　　更新阈值和集合

16：　　　　**if** $d_{\min} > T_c$ **then**

17：　　　　　　$G_c \cup \{x\}$

18：　　　　　　$D_{G_c} \cup \{d_{\min}\}$

19：　　　　　　T_c

20：　　　　**end if**

21：　　　　分析 D 的分布

22：　　　　**if** $|D| > 100$ **then**

23：　　　　　　$D' \leftarrow \{z \in D, Z \in <\overline{D} \pm 3 \times \mathrm{std}(D)>\}$

24：　　　　　　**if** $W(D') < \delta$ **then**

25：　　　　　　　attack←True

26：　　　　　　**else**

27：　　　　　　　attack←False

28：　　　　　　**end if**

29：　　　　**end if**

30：　　　**end if**

31：**end for**

10.6.3　自适应错误信息的防御策略

模型窃取攻击通常将人工合成或采样的数据集查询目标模型，以构造具有标签的数据集。攻击者利用标记好的数据集训练替代模型，从而达到与目标模型具有相当分类精度的模型。自适应错误信息的防御策略[112] 的基本思想是对用户查询的样本自适应地提供错误的预测信息，其目标是对攻击者的大多数查询使用错误的预测提供服务，而对正常用户提供准确预测。之所以能够执行自适应错误信息的防御策略的原因是攻击者的数据有限，无法访问代表目标模型训练数据集的大型数据集，攻击者会生成大量分布外（Out-of Distribution，OOD）的样本查询目标模型。由于攻击者数据集的很大一部分被错误标记，因此降低了攻击者训练克隆模型的分类精度。

如图 10.13 为自适应错误信息的防御策略概述图。除了防御者的目标模型 f 外，还有三个组成部分：OOD 样本检测器、错误信息预测模型 $\hat{f}$ 和预测切换机制。对于输入查询 $\boldsymbol{x}$，首先确定输入样本 $\boldsymbol{x}$ 是分布内（In Distribution，ID）还是 OOD。如果输入是 ID，则假定用户是正常的，使用 f 的预测来服务请求。如果 $\boldsymbol{x}$ 是 OOD 输入，则认为用户是恶意的，并且使用 $\hat{f}$ 生成的错误预测来服务查询。

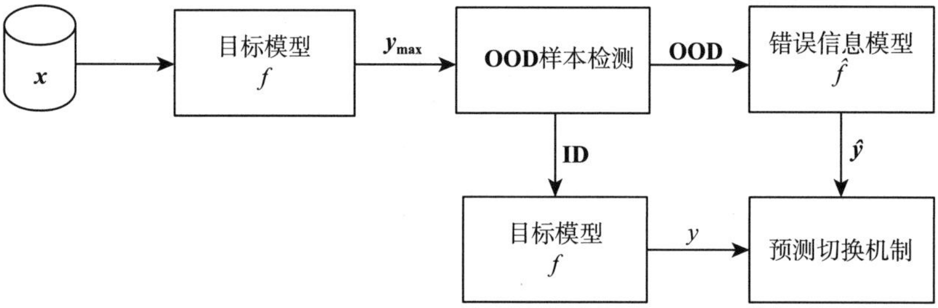

图 10.13　自适应错误信息的防御策略概述图

OOD 样本检测： OOD 样本检测是深度学习中一个很好的研究问题，其目标是确定模型在测试过程中接收到的测试样本是否与训练集样本不同，这可以用来检测和标记异常或难以分类的测试样本。一个简单的方案来检测 OOD 样本是使用模型输出的置信区间中最大的概率值，即对于为输入 $\boldsymbol{x}$ 输出一组概率 $\{y_i\}_K^{i=1}$，OOD 样本检测可以通过比较阈值与最大类别概率值完成，如式（10.32）所示。模型对 ID 样本产生高置信度的预测，而对 OOD 样本产生低置信度的预测。

$$\mathrm{Det}(\boldsymbol{x})=\begin{cases}\mathrm{ID} & \max_i(y_i)>\tau \\ \mathrm{OOD} & 其他\end{cases} \tag{10.32}$$

错误信息模型： 对于被检测器视为 OOD 的样本提供与模型预测不同的错误结果，以此欺骗攻击者，错误信息模型的职责就是为 OOD 样本提供错误预测信息的模型。自适应错误信息的防御策略利用错误信息函数获取错误预测，其通过最小化式（10.33）的反向交叉熵损失来训练错误信息模型 $\hat{f}$。

$$\min_{\theta} E_{(\boldsymbol{x},y)} \sim D_{\text{in}}[L((1-\hat{f}(\boldsymbol{x};\hat{\theta})),y)] \tag{10.33}$$

预测切换机制： 预测切换机制是为了实现目标模型 f 和错误信息模型 $\hat{f}$ 输出之间进行切换的机制，触发切换机制根本在于输入样本 $\boldsymbol{x}$ 是 ID 还是 OOD。为了实现这一点，首先将样本 $\boldsymbol{x}$ 通过 OOD 检测器，只需要计算 f 输出类的最大 Softmax 概率 $y_{\max}$。

$$y_{\max} = \max(y_i) \tag{10.34}$$

$y_{\max}$ 的值越大，表示样本 $\boldsymbol{x}$ 是 ID，$y_{\max}$ 的值越小，表示样本 $\boldsymbol{x}$ 是 OOD。使用阈值 τ 对 ID 和 OOD 进行分类，如式（10.32）所示。

10.7　模型窃取攻击与防御实现案例

具体实现案例，请扫下面二维码获取。

10.8　小结

本章对模型窃取攻击展开描述，分别从模型参数窃取攻击、模型结构窃取攻击、模型决策边界窃取攻击、模型功能窃取攻击四个方面阐述，并为每种类型的模型窃取方法列举了目前一些经典的攻击算法。除此之外，还列举了三种模型窃取攻击的防御方法。期望读者阅读完本章内容后，能够对模型参数窃取攻击、模型结构窃取攻击、模型决策边界窃取攻击、模型功能窃取攻击有一个清晰的了解，并掌握其对应的不同经典算法的工作流程。

第四部分

应用与实践

CHAPTER 11

第 11 章

面向真实世界的对抗样本

内容提要

- 11.1 面向真实世界的对抗样本概述
- 11.2 不同传感器的对抗样本生成
- 11.3 不同传感器的对抗样本防御
- 11.4 自动驾驶应用中的安全与对抗
- 11.5 人工智能博弈（游戏对抗）
- 11.6 小结

11.1 面向真实世界的对抗样本概述

在数字世界的对抗样本中，攻击者可以直接接触到机器学习模型，因此，攻击者可以轻易地针对机器学习模型发起攻击。然而，在物理世界中，攻击者面对各种物理传感器，例如，摄像头、麦克风或激光雷达等传感器，不仅难以直接接触到这些传感器背后的机器学习模型，而且受制于复杂的物理环境，攻击的成功率大大下降。在这种情况下，能否生成物理世界有效的对抗样本，Kurakin 等人[200] 于 2017 年率先采用数字世界典型的对抗样本生成算法，例如快速梯度符号法（Fast Gradient Sign Method，FGSM）、基础迭代法（Basic Iterative Methods，BIM）、最相似迭代法（Iterative Least-Likely Class Method，ILLCM）等算法，将 ImageNet 数据集的一些图像生成对抗样本，并打印在纸上。然后，使用手机的摄像头进行拍照，再将照片输入分类器进行攻击。实验结果表明，经过“摄像头变换”后的大多数对抗样本图像，能误导分类器。此项研究工作第一次说明了在物理世界中也可能存在对抗样本攻击人工智能算法模型的风险隐患。

物理世界的对抗样本与数字世界的样本类似，都能诱导深度学习算法输出错误结果这一安全风险。然而，物理世界对抗样本一旦被犯罪分子恶意利用，将给人们的生命及财产安全带来更巨大的危害。例如，当执法人员通过摄像头等传感器追踪嫌疑犯时，嫌疑犯可以利用对抗样本的生成原理，对自己进行精心设计与伪装，从而躲避摄像头的人脸识别系统；在高速路上行驶的自动驾驶汽车，依赖于机器学习算法感知环境的结果进行决策，通过对抗样本致使自动驾驶汽车错误地识别路标，从而做出错误的驾驶决策，很可能会造成严重的交通事故。因此，Kurakin 等人的研究工作，引起了人们的关注。关于深度学习算法存在诸多的安全漏洞不断被挖掘，针对物理世界各种应用场景的攻击方法也逐步被提出。尽管如此，与数字世界对抗样本的生成机制相比，物理世界对抗样本的生成面临着更严峻的挑战。

- **资源的访问受限：**在数字世界中，攻击者对输入具有“数字级”访问权限。例如，攻击者可以对分类器的输入图像进行任意像素级的修改。然而，在实际应用中，物理系统通过各种传感器捕捉信号数据，攻击者无法控制系统的传感器和数据管道。
- **环境的复杂多变：**在真实世界中，生成的扰动需要适应环境的各种变化以及各种因素的干扰等。例如，要通过修改路牌成功攻击自动驾驶的车辆的路牌识别系统，那么在路牌上添加的扰动需要能够适应动态变化的背景、角度、大小等，持续保持攻击。
- **扰动的被感知与生成受限：**数字世界中的对抗样本生成方法往往很难直接迁移到物理世界中应用，首先受限于现实中的设备，数字世界产生的对抗样本无法完全在真实世界中还原出来。比如打印的彩色对抗扰动贴纸受限于打印机的色域，导致打印出来的颜色与数字世界的图片存在偏差，从而可能会使对抗样本失效。另外，真实场景中存在着大量的噪声，这些噪声会干扰不可观测约束所产生的扰动。同时，受限于感知设备的性能，可能导致部分扰动无法被设备正常捕获。

尽管真实世界存在的一系列限制因素会影响攻击真实系统的对抗样本的生成，但如果攻击者消除了这些影响，生成鲁棒的对抗样本，将会造成严重的安全问题。近年来。不少真实世界对抗样本的发现和生成方法的发掘，提醒人们注意潜在的安全风险，需要人们探索有效的方法来抵御对手的攻击。然而，目前对物理世界中的对抗性攻防机制还缺乏系统的研究，迫切需要得到解决。

11.2　不同传感器的对抗样本生成

根据物理世界中不同应用系统采用的传感器类型，目前关于物理世界的对抗攻击与防御的研究主要集中在四种传感器：**光学相机传感器、激光雷达传感器、麦克风传感器、多模态传感器**。

11.2.1　光学相机传感器

光学相机传感器是一种利用光学成像原理形成影像并使用存储介质记录影像的设备，物理世界中的景物反射出的光线能够被光学相机传感器捕捉并记录。自从发现对抗样本存在于物理世界后，光学相机传感器便面临着对抗样本的威胁，针对光学相机传感器的对抗攻击方法也因此得到了广泛的关注。到目前为止，针对光学相机传感器的对抗样本生成方法主要有：对抗样本打印攻击、相机传感器攻击、三维对抗物体攻击、对抗补丁攻击。

1. 对抗样本打印攻击

在对抗样本打印攻击中，攻击者先采用数字世界的对抗样本生成算法制作出对抗样本，用光学图像传感器采集打印出来的图像后，将图像输入到识别系统中实现攻击。前面提到的 Kurakin 等人的工作就是典型的例子，首先，他们从图 11.1a 的数据集中获取一个干净的图像，基于该图像，使用 FGSM、BIM、ILLCM 等对抗样本生成方法，来生成具有不同对抗性扰动的图像。由于不能保证所有方法生成的对抗性图像都能够被错误分类，他们将对抗样本生成方法进行了实验比较，以了解生成图像的实际分类精度以及每种方法所利用的扰动类型。然后，他们选择了能够产生更好的对抗图像的对抗样本生成方法，并在进一步的实验中，将扰动限制在很小的一个范围内，使得该扰动只能够被视为小噪声，这个噪声在物理世界中将难以被感知。这样，对抗方法就能够生成大量与干净图像没有显著差别的对抗图像。最后，为了探索物理世界中存在对抗样本的可能性，他们将干净图像和对抗图像以无损的 PNG 格式进行打印输出，再采用相机（Nexus5x）拍摄打印后的图像，并使用分类器对相机拍摄到的图像进行分类，计算对抗图像的分类精度。如图 11.1b 所示，通过摄像头感知到的干净图像被正确识别为“洗衣机”，而对抗性图像被错误分类为“保险箱”，如图 11.1c 所示。然而，这种方法攻击性能比较弱，往往不能取得非常令人满意的效果。

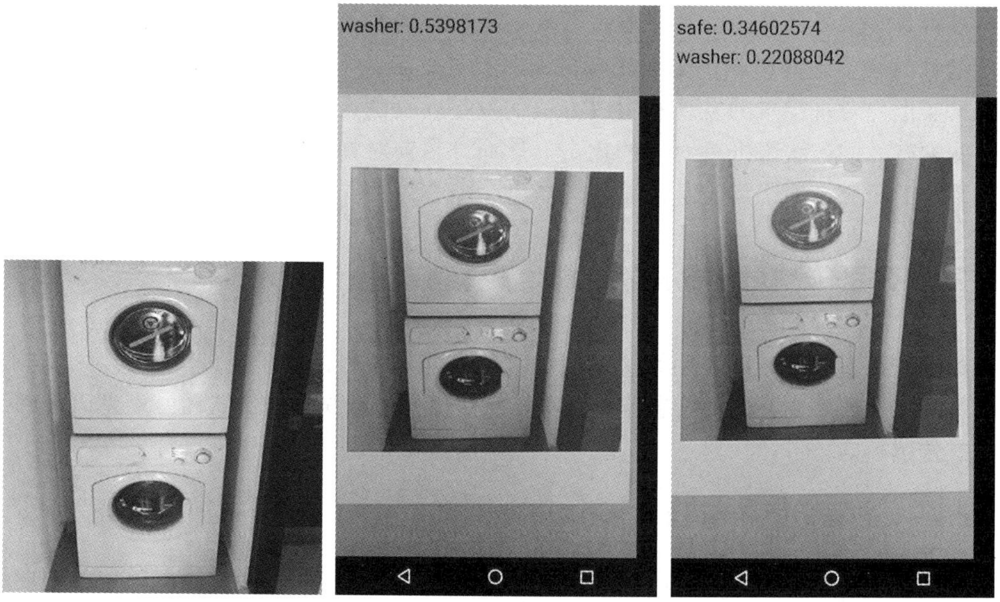

a）数据集的示例图　　b）干净样本　　c）对抗样本

图 11.1　对抗样本打印攻击

2. 相机传感器攻击

在相机传感器攻击中，攻击者直接在传感器上做一些手脚，使得传感器采集到的图像包含着攻击者制造的一些扰动，误导识别系统输出错误的结果。Juncheng Li 等人[137]提出了一种基于优化算法生成“通用”扰动的对抗相机贴纸攻击方法。在该方法中，首先，为了设计一个相机传感器攻击的威胁模型，必须考虑在贴纸上放置扰动的近似效果。由于相机透镜的光学特性，放置在相机镜头上的一个不透明扰动将在图像本身上形成一个半透明扰动。因此，他们提出了一种针对物理相机传感器攻击的扰动模型，该模型将扰动拟合到真实数据，可以在一个自动分化工具包中实现样本扰动。实验结果表明，上述的威胁模型在捕获了物理贴纸后，可以创建对抗攻击的合理近似。然而，简单地通过数据拟合来进行攻击存在明显的问题：就算生成的对抗样本能够轻而易举地误导分类器输出错误结果，在物理世界中，对抗样本中的扰动对观察者来说可能是很明显的。然后，针对上述问题，他们使用了结构相似（Structural Similarity，SSIM）测量清晰图和扰动图的相似性，来拟合扰动模型的参数，以尽可能地弱化观察到的扰动。最后，在构建完扰动模型后，他们打印了扰动模型对应的物理贴纸，再用相机拍摄这些物理贴纸。这些物理贴纸造成相机捕捉到的目标图像中产生一些相对不显眼的模糊点，由于这些模糊点产生了普遍的对抗性扰动，导致目标物体被 ResNet 分类器错误识别成特定类别。至此，该方法证明了该攻击方法在物理世界是可实现的。图 11.2 展示了 Li 等人在物理场景中实施这种攻击的实例，他们在摄像头上覆盖了精心制作的对抗贴纸，将传感器拍摄到的“被污染”的键盘图像输入分类器中识别，系统错误识别成鼠标。

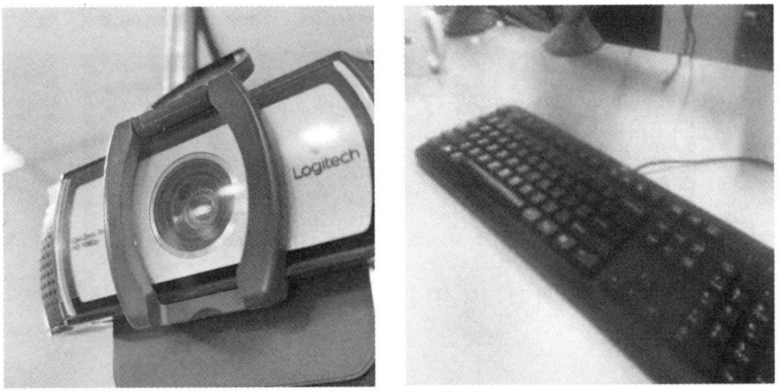

a）相机镜头贴上对抗贴纸　　b）相机镜头下的贴纸效果（键盘被模型识别为鼠标）

图 11.2　相机传感器攻击

3. 三维对抗物体攻击

在三维对抗物体攻击中，攻击者采用算法制作出三维对抗物体并使用 3D 打印技术打印出来，然后，由光学图像传感器采集二维图像后输入到识别系统中使得系统输出错误的识别结果。Athalye 等人[9] 提出一种通用的三维对抗样本生成方法——变换期望算法(Expectation Over Transformation，EOT)，该算法通过在优化过程中对不同干扰进行建模，使得该方法生成的三维对抗样本在模糊、旋转、缩放、光照等变换下都表现出很强的鲁棒性。在这项工作中，首先，他们引入了 EOT 在优化过程中对扰动进行建模。EOT 没有优化单个示例的对数似然，而是使用变换函数的选定分布，在实践中，该选定分布可以模拟感知扭曲，如随机旋转、平移或噪声的添加。EOT 基于该变换函数的选定分布，可以执行对抗样本的三维渲染等操作。然后，鉴于 EOT 能够合成鲁棒的对抗性例子，他们使用 EOT 框架来生成三维模型。在建立优化诱导目标函数后，使用投影梯度下降来最大化目标，对三维模型进行视觉优化，以保证生成图像中的扰动具有视觉不可感知性，并使用 3D 打印技术生成物理世界的对抗性物体。最后，他们使用基于 TensorFlow 的标准预训练 Inception-v3 分类器对三维对抗物体进行分类。在不同的相机距离、照明亮度、拍摄角度等变量设置下，他们使用该三维对抗对象成功地欺骗了 Inception-v3 分类器。如图11.3 所示，他们制作了不同的随机姿势的三维打印海龟并且成功误导 ImageNet 分类器将其分类为步枪，说明所生成的三维对抗物体能够对于原始物体/图像的各种变换分布保持对抗性。

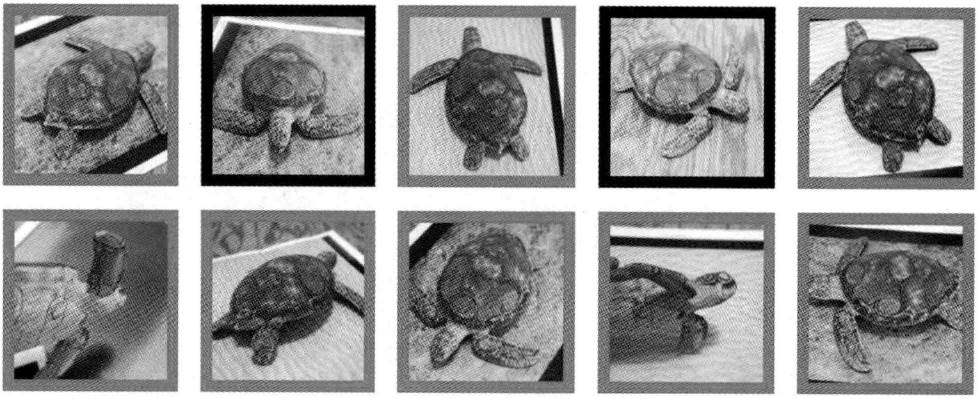

图 11.3 3D 打印对抗海龟攻击

4. 对抗补丁攻击

对抗补丁是针对光学图像传感器攻击的一种重要方法，其核心思想是采用算法精心制作对抗补丁，然后完全替换图像的一部分来创建攻击。根据攻击场景，对抗补丁攻击的主要攻击方法有：人脸识别攻击、人体检测攻击、路牌识别攻击。

(1) 人脸识别攻击

在针对人脸识别任务发起的攻击中，攻击者的目标通常是逃避识别或冒充他人，攻击对象是人脸识别系统。人脸识别攻击可以通过使用面部配饰中的对抗补丁来实现，例如，粘贴在眼镜框上的对抗补丁。在制作对抗补丁的过程中，攻击者可以在数字世界调整目标数学公式，以增强扰动的鲁棒性，使这些扰动更加难以被观察，且能够通过 3D 甚至 2D 打印技术实现。Sharif 等人[216] 的工作就是一个典型的例子，首先，为了找到实现逃避识别或冒充他人所需图像的颜色，他们将贴纸的颜色初始化为实色，并通过 GD 过程迭代地更新图像的颜色。这样做的目的是制造对抗性扰动，以适应眼镜框在佩戴过程中的自然轻微运动。其次，由于不同的成像条件，同一张脸的两幅图像不太可能完全相同。为了找到从泛化到单一成像条件之外的扰动，他们找到了能够导致多张图像都被错误分类的扰动，并使用该扰动为每个图像进行目标优化。接着，为了增强扰动的光滑性，使扰动图像更接近自然图像，他们通过最小化总变分目标函数，提高了扰动图像的光滑性。然后，为了能够成功地使用打印机来打印出对抗性扰动，他们定义了图像中所包含颜色的不可打印评分，通过最小化不可打印颜色，制作了打印机可打印的颜色组成的扰动。最后，他们使用喷墨打印机将眼镜框的前平面打印在光滑的纸上，在实现物理攻击时将其粘贴到实际的眼镜框上。攻击者佩戴上制作的对抗眼镜后，可以攻击人类级别识别准确度的人脸识别算法，逃避检测器的识别或模拟特定的目标。

（2）人体检测攻击

在针对人体检测任务发起的攻击中，攻击者的目标通常是逃避人体检测系统的检测。通过生成一个能够成功欺骗人体检测器的补丁，攻击者在人体前方拿着该补丁的打印纸板，可以显著降低人体检测器的准确性，并成功规避监视系统。在 Thys 等人[248] 的工作中，首先，他们确立三个优化目标——不可打印评分、总变分、最大客观评分，计算其三个损失之和，并使用 Adam 算法进行优化。然后，为了适应人体的差异，如外表差异——衣服、肤色、体型、姿势等，他们先在图像数据集上运行目标探测器。目标探测器将在图像中的人体上产生边界框，在相对于这些边界框的固定位置上，他们将补丁应用在不同的图像上，再将结果图像输入人体检测器。最后，他们探索在物理世界使用这些对抗补丁的可行性。要在物理世界中使用的补丁，就意味着它们需要被打印出来，再用摄像机拍摄。然而，在实际操作中，很多因素会影响补丁的外观：灯光亮度、补丁角度、补丁大小、相机噪声、观看角度等。针对这些问题，他们在将对抗补丁应用到图像之前，做了一些随机转换，包括角度旋转、尺寸缩放、随机噪声、亮度调节等。另外，为了适应现实中人体的移动和姿态变化，Xu 等人[269] 提出了一种对抗 T 恤的方法。这种方法具有更强的鲁棒性，攻击者只需穿上精心制作的对抗 T 恤，就可以躲避 YOLOv2 人体探测器的检测，即使人体在运动过程中可能导致 T 恤发生非刚性变形。

（3）路牌识别攻击

路牌识别是自动驾驶系统中的视觉子系统的一个重要功能，它利用深度神经网络识别交通路牌，在自动驾驶决策中起到重要作用。路牌识别主要包括两个过程：一是采用目标检测捕获交通路牌，二是采用分类器对捕获的交通路牌进行分类识别。因此，针对路牌识别的攻击可以分为两类：针对分类器的识别攻击、针对目标检测器的检测攻击。

在路牌识别攻击中，攻击者通过修改路牌，能够误导自动驾驶的识别系统输出错误的分类结果。针对路标目标分类器的攻击，Eykholt 等人[67] 提出了鲁棒物理扰动（Robust Physical Perturbations，RP2）来生成物理世界对象的物理扰动，通过“污染”路标，能够在不同的视角和距离条件下，导致基于 DNN 的分类器错误分类路牌。在这项工作中，首先，他们从优化方法开始推导目标函数，为单个图像产生扰动，而不考虑其他物理条件，包括路牌的距离和角度、照明的变化、摄像机或道路标志上的碎片等。然后，他们修改目标函数来考虑环境条件，通过生成包含实际物理条件可变性的实验数据，从中采样不同的实例，将物理扰动添加到实例内的特定对象中。路标的物理条件，包括在各种条件下拍摄路标的图像，如距离、角度和闪电。这种方法旨在更近似地模拟物理世界的动力学。最后，他们在 Lisa-CNN 上生成对抗样本，并设计了两种方法实现对抗攻击——海报打印攻击和贴纸扰动攻击，以此来评估算法的有效性。对于海报打印攻击，攻击者打印一张受到干扰的路标海报，并将其放置在物理世界的路标上，如图 11.4a 所示；而对于贴纸扰动攻击，打印算法生成对抗扰动纸张，并将纸张粘贴在物理世界的路标上，如图 11.4b 所示。以上两种攻击方法能够在各种环境条件下（包括视角、距离和分辨率的变化），对物理世界中的标准路标分类器实现较高的误分类率。后续的大量研究工作，主要针对物理世界动态变化的场景，生成更加鲁棒的

a）海报攻击

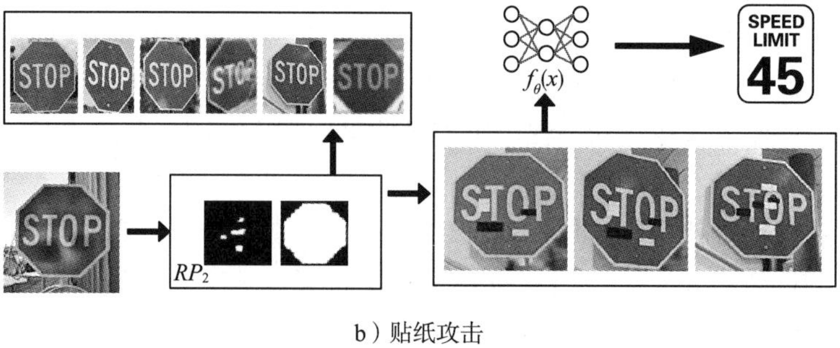

b）贴纸攻击

图 11.4 RP2 路牌识别攻击

对抗样本，以实现对行驶过程中的车辆在更大的动态范围保持攻击性。

在针对目标检测器的检测攻击中，攻击者通过修改路牌逃避自动驾驶检测系统的检测，或者制作虚假的指示牌使得虚假的图案被检测器错误捕获到。针对路标目标检测器的攻击，Yue Zhao 等人[294] 提出了一种针对物理世界目标探测器的鲁棒性和实用性的对抗攻击方法。在这项工作中，他们提出了特征干扰增强、增强现实约束生成、嵌套对抗样本三种方法来提高对抗样本在物理世界中的鲁棒性，使这些对抗样本能够适应不同的距离、角度、背景、照明，确保了在现实环境中具有很强的鲁棒性，能够在 1～25m 的距离和−60°～60°的角度范围内攻击目前最先进的实时目标探测器，如 YOLO V3 探测器和更快的 RCNN。其中，特征干扰增强方法通过设计特定的损失函数，使对抗样本能够扰动模型隐藏层上的对象特征。这种扰动阻止了物体原始图像的特征转移到每个隐藏层的后一层，特别是最后一层，从而进一步误导预测结果。增强现实约束生成方法利用图像的原始背景来生成对抗样本，这能够使生成的对抗样本更加真实且更加鲁棒。其基本思想是提取目标对象，对目标对象执行各种转换，并将其放回原始图像，以替换原始对象。嵌套对抗样本方法通过将不同距离攻击的任务解耦为两个子任务，即远程攻击和短距离攻击，可以在不同距离的场景下产生鲁棒的对抗样本。在嵌套对抗样本方法的帮助下，对抗样本能够在 6～25m 的距离上取得较高的攻击成功率。在实际道路测试中，他们验证了这些方法生成的对抗样本具有较高的成功率。图 11.5 展示了这种攻击算法生成的对抗样本在阴天和晴天两种不同环境条件下，不同角度、距离以及光照的实验设置中的攻击效果，可以看出生成对抗样本具有较强的鲁棒性。

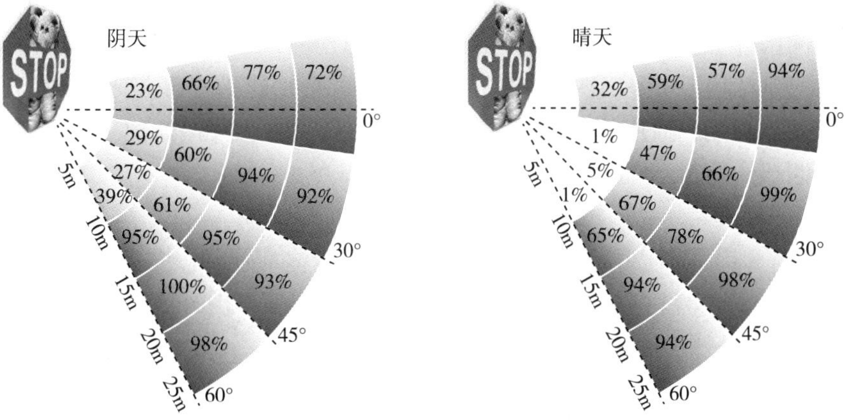

a）阴天攻击效果　　b）晴天攻击效果

图 11.5　路牌检测攻击

11.2.2　激光雷达传感器

激光雷达是一种采用光电探测技术手段的主动遥感设备。在物理世界中，激光雷达利用收发器发射红外激光来探测周围的障碍物，并计算反射激光往返时间来测量障碍物与传感器的距离。自从对抗样本被证明在物理世界中存在，针对激光雷达传感器的对抗攻击方法得到了广泛的关注。激光雷达传感器的攻击场景通常存在于目标检测任务当中，攻击方法主要有两类：三维对抗物体攻击、激光雷达传感器攻击。

1. 三维对抗物体攻击

与光学相机传感器的三维对抗物体方法类似，攻击者首先需要制作并使用 3D 打印技术打印出三维对抗物体，接着激光雷达传感器针对目标物体采集三维点云数据输入到系统进行目标检测，这种攻击的目的往往是逃避感知系统对目标物体的检测。

Cao Y 等人[25] 提出了一种端到端合成三维对抗物体的方法，成功对基于激光雷达（Light Detection and Ranging，LiDAR）的自动驾驶检测系统发动了攻击。在这项工作中，三维对抗物体攻击的过程如下：首先，他们使用传感器在水平和垂直方向上发射连续的激光束，捕捉反射回来的光强度，并计算光子沿着每个光束移动的时间。通过计算出光子沿光束表面点的移动距离和坐标，他们用这些点生成了环境中对象表面的原始点云。然后，进入预处理阶段，他们基于高清地图对原始点云进行转换和过滤，将这个点云切割成垂直单元格。切片后，在每个单元格中，高度、强度、点计数等信息被聚集，得到该单元格的特征图，这个特征图将被输入一个机器学习模型。最后，进入后处理阶段，后处理阶段聚合了来自机器学习模型的先前输出，并识别被检测到的对象，获得预测结果。在物理场景测试中，将对抗物体使用 3D 打印技术打印出来放置在道路中，然后驾驶一辆装载有激光雷达的汽车从物体旁边驶过，如图 11.6 所示。结果显示了三维对抗物体在大部分时间内逃避了百度阿波罗自动驾驶平台的检测，表明基于激光雷达的自动驾驶检测系统在对抗性攻击中是脆弱的。除此之外，一种更加通用的攻击方法被提出来。Tu J 等人[244] 提出通过制作通用的 3D 对抗物体作为车顶货物放置在车辆顶部，能够使得车辆整体逃避检测器的检测，如图 11.7 所示。

a）装载LiDAR的汽车在道路上的场景

b）放置在道路上的3D打印对抗物体

图 11.6　三维对抗物体逃避激光雷达检测器的检测

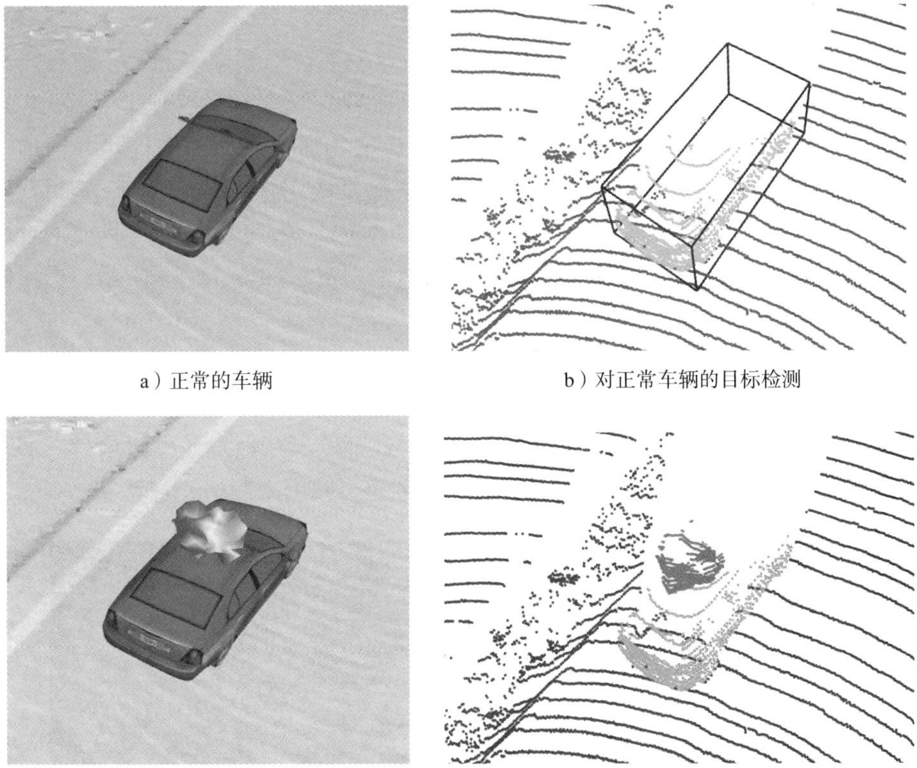

a）正常的车辆　　b）对正常车辆的目标检测

c）车顶放置3D对抗物体的车辆　　d）对放置3D对抗物体车辆的目标检测

图 11.7　车顶放置三维对抗物体使车辆逃避激光雷达检测器的检测

2. 激光雷达传感器攻击

根据激光雷达传感器工作原理，攻击者可以使用外部设备向激光雷达传感器发射虚假信号，使得被攻击的传感器采集到的三维点云数据中包含攻击者注入的假点，从而误导检测系统将注入的假点聚簇识别成特定物体。这种攻击的攻击流程如图 11.8 所示。发动攻击的设备由三部分组成：光电二极管、延迟组件和一个攻击激光。光电二极管与被攻击的激光雷达系统同步，每当光电二极管捕获到从被攻击的激光雷达传感器发射的激光脉冲时，它就会触发延迟组件。然后延迟组件在一定时间后触发攻击激光，以攻击受害者 LiDAR 的后续发射周期。由于激光脉冲的发射顺序是一致的，因此攻击者可以通过制作脉

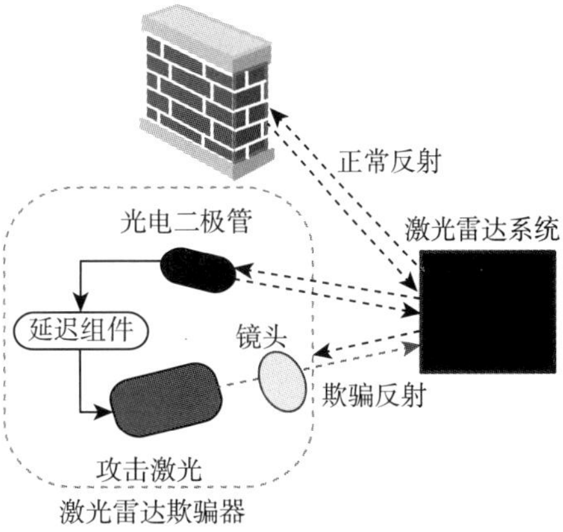

图 11.8　激光雷达传感器注入假点攻击流程

冲波形来触发攻击激光选择哪些假点出现在点云中。

Cao Y 等人[25] 研究了基于百度阿波罗的自动驾驶平台检测系统的工作流程，他们使用百度阿波罗提供的模拟功能 Sim-cotrtol 进行案例研究，观察自动驾驶车辆（Autonomous Vehicle，AV）系统在驾驶决策层面上的行为。在该案例研究中，他们构建并评估了两种攻击场景：紧急制动攻击和 AV 冻结攻击。在紧急制动攻击中，他们生成了对抗性的 3D 点云，利用这些 3D 点云欺骗一个正在移动的受害者 AV，使得检测系统将攻击者注入的假点检测成车辆，导致 AV 对这次攻击做出了急刹车决定。如图 11.9a 所示。虚假障碍物触发的急刹车决定迫使受害者 AV 在 1s 内将速度从 43 km/h 降低到 0 km/h。这个急刹车决定将导致硬制动，可能会造成追尾碰撞。在 AV 冻结攻击中，他们生成了一个对抗性的 3D 点云，当受害者 AV 等待红灯时，通过对抗性 3D 点云在受害者 AV 面前形成障碍物。如图 11.9b 所示，由于受害者 AV 是静止的，攻击者可以不断地发送虚假信号。即使在交通信号变成绿色后，也会攻击并防止它移动，这可能会被用来制造交通堵塞。

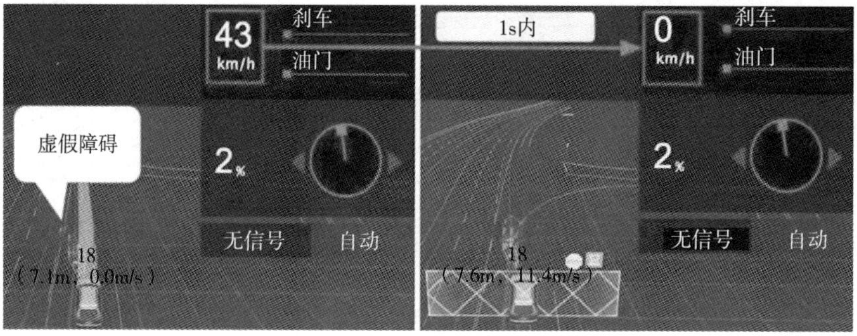

a）急刹车攻击

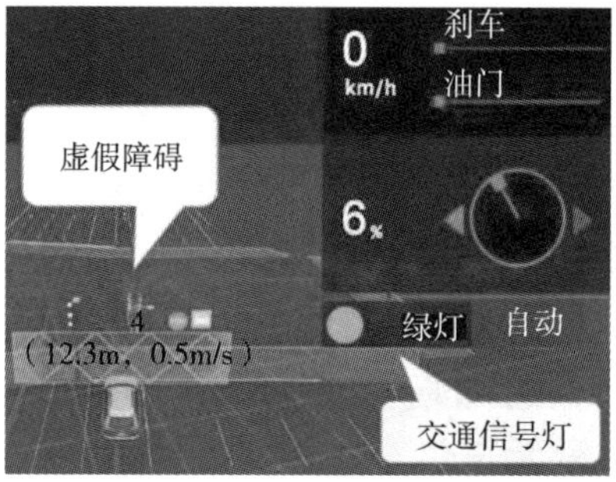

b）冻结攻击

图 11.9　激光雷达传感器攻击

11.2.3　麦克风传感器

麦克风传感器是一种将声音信号转换为电信号的能量转换器件，它是语言识别系统中的一个重要组件，充当了物理世界与数字世界之间的桥梁。最近研究表明，语音识别系统可能会受到人耳听不见的语音命令的入侵，即来自物理世界的对抗样本的入侵，语言识别系统中的麦克风传感器也因此成为物理世界对抗样本的攻击对象。其中，一个典型的例子就是海豚音攻击。

海豚音攻击的目标是在语言控制系统所有者没有意识到的情况下，将语音命令注入语音控制系统中，并执行未经身份验证的操作。海豚音攻击要操控语音控制系统（Voice Controllable Systems，VCS）执行控制命令，必须在注入控制命令之前注入激活命令，成功激活 VCS 后，才能注入控制命令来操控 VCS 中的语音识别（Speech Recognition，SR）系统。因此，发起海豚音攻击必须生成两种类型的语音命令：激活命令和控制命令。Guoming Zhang 等人[287] 基于麦克风和人耳可接收的声音频率不同的特点，向语音识别系统注入隐蔽的语音命令发起攻击。首先，他们使用文本语音转换（Text To Speech，TTS）技术生成了一组具有不同音色的激活命令，并通过 TTS 语音来训练和攻击语音控制系统。在 TTS 技术的帮助下，攻击者即使没有机会从用户那里获得任何语音录音，也可以生成一组激活命令。接着，与激活命令不同，SR 系统不对命令发送者的身份进行验证。因此，攻击者可以选择任何控制命令的文本，并利用 TTS 系统来生成相应的控制命令。然后，生成激活命令和控制命令的基带信号后，他们在超声波载体上对这些信号进行调制，利用幅度调制（Amplitude Modulation，AM）将被麦克风捕获到的超声波信号经过非线性解调恢复到正常的语音信号，使其听不见。最后，他们同时测试激活命令和控制命令，通过 iPhone6 Plus 和台式设备来播放激活命令和控制命令，并通过 iPhone 4S 接收激活命令和控制命令进行测试。最终，iPhone 4S 成功被激活，其 SR 系统也成功识别了控制命令。此外，不仅在 Siri 语音控制系统，海豚音攻击技术在多个主流的语音识别系统上都展示了它的有效性，包括 Google Now、Samsung S Voice、Huawei HiVoice、Cortana 和 Alexa。

11.2.4 多模态传感器

自动驾驶汽车的视觉感知系统依赖汽车装载的传感器感知外部物理环境，而且为了确保系统的鲁棒性，大多数自动驾驶汽车同时依靠激光雷达和 RGB 摄像机传感器进行感知，即多模态传感器。基于多模态传感器，视觉感知系统以密集的 2DRGB 图像和稀疏的 3D 点云的形式生成场景的互补表示。自从对抗样本被发现在物理世界中存在以后，基于 2DRGB 图像和稀疏 3D 点云的对抗样本相继被提出，多模态传感器的安全性也因此引起了人们的普遍关注。针对多模态传感器的攻击主要是多模态检测器攻击。

依据对 2DRGB 图像和 3D 点云两种类型数据的利用方式不同，多模态模型可以分为两种类型：级联模型和融合模型。级联模型独立地使用每个模态，即 RGB 图像被二维 DNN 检测器用于生成汽车可以驻留的建议区域，然后从每个建议区域中提取激光雷达点，采用基于点云的三维检测器进行检测。而融合模型并行使用 DNN 模型提取和结合图像、点云的特征，然后将组合特征输入三维 DNN 检测器进行检测。针对这两种多模态模型，有研究者对它们的安全性进行了研究。其中，Mazen Abdelfattah 等人[2] 提出了一个通用的对抗攻击方法，并且攻击了级联、融合三维汽车检测模型。首先，为了制作一个物理对抗对象，选择一个可以保持 3D 几何图形和纹理的网格作为图形表示。为了确保对抗对象在物理世界中是真实的，对网格几何形状的大小和平滑度进行约束，并在顶点颜色之间进行插值，确保没有颜色的突然变化，以产生真实的平滑纹理。然后，发射相同角度频率的射线，并在射线中合并激光雷达中存在的少量噪声，来模拟用于捕获数据集点云的激光雷达。计算三维场景中这些光线和网格面之间的交点，对于每条有交点的射线，他们取最近的点，将所有结果点添加到激光雷达点云场景中。至此，完成网格到点云的渲染。最后，他们将制造的三维对抗物体放置在汽车顶部，并采用具有代表性的 F-PN（Frustum-PointNet）级联受害者模型和 EPNet 融合受害者模型来进行目标检测。生成的三维对抗样本能够使车辆成功逃避两种目标检测器的检测，表明这两种模型都容易受到对抗样本的攻击。图 11.10a 和图 11.10b 分别展示了级联模型与融合模型的工作流程与攻击的方法。

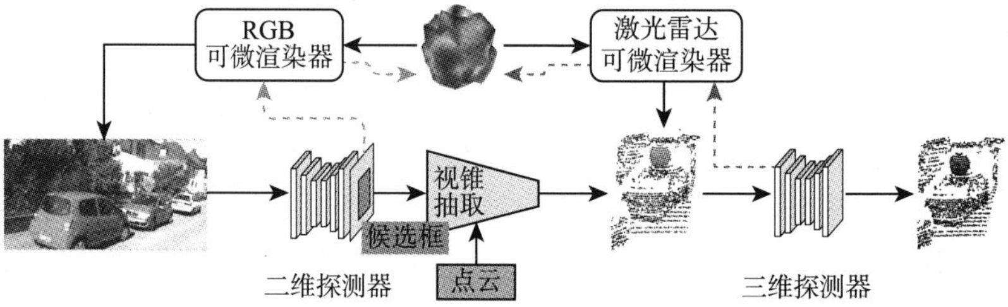

a）F-PN级联模型攻击

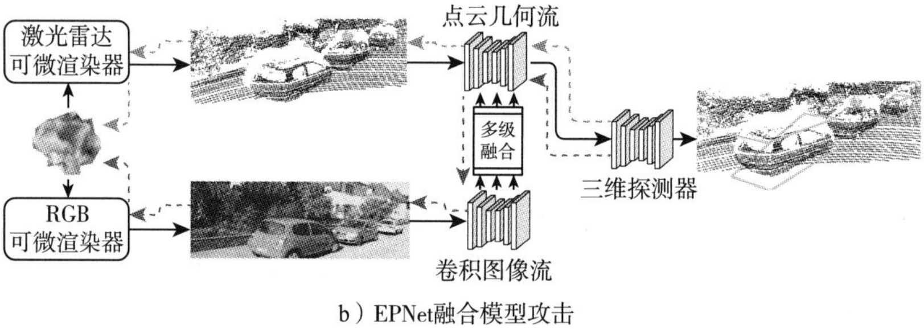

b）EPNet融合模型攻击

图 11.10　多模态检测器攻击

11.3　不同传感器的对抗样本防御

11.3.1　光学相机传感器

针对光学图像传感器的对抗样本防御方法主要有两类：对抗训练和对抗样本检测。对抗训练通过使用物理对抗样本训练模型，能够有效提供模型针对物理对抗样本的鲁棒性。对抗样本检测主要对图像识别任务中的各种物理世界攻击场景实施防御。

1. 对抗训练

对抗训练是增强神经网络鲁棒性的重要方式。在对抗训练的过程中，样本会被混合一些微小的扰动（改变很小，但是很可能造成误分类），然后使神经网络适应这种改变，从而对对抗样本具有鲁棒性。在数字世界中，对抗训练模型的防御表现取得了一定的效果。然而，面对物理世界的对抗攻击，直接将对抗训练模型迁移到物理世界的防御效果如何是一个值得探索的问题。对此，Tong Wu 等人针对深度神经网络在图像分类任务上的防御方法展开了研究，发现采用数字世界的 PGD 攻击的对抗训练方法达不到令人满意的防御效果。对抗训练技术一个关键问题是制造合适的对抗样本用于执行对抗训练。因此，Tong Wu 等人[265] 提出了矩形遮挡攻击（Rectangular Occlusion Attack，ROA）算法生成对抗样本，发现使用这种对抗样本训练产生的图像分类模型对物理对抗攻击具有很高的鲁棒性，并将相应的图像分类模型命名为抵御遮挡攻击（Defense against Occlusion Attack，DOA）防御模型。DOA 中，使用灰色矩形执行穷举搜索以找到最大损失的位置。然后，在找到最大损失位置后，在矩形内应用 PGD 攻击算法，生成 ROA 对抗样本。最后，得到 ROA 对抗样本后，采用 ROA 对抗样本基于标准的对抗训练方法来训练防御模型。实验结果表明，DOA 对几个突出的物理攻击例子（例如对抗补丁攻击、停车标志攻击、对抗眼镜攻击等），实现了较高的鲁棒性。

2. 对抗样本检测

在物理世界中，对抗样本检测方法通过对传感器采集的图像数据进行鉴别，来检测对抗样本，以抵御物理对抗样本的攻击。这种防御方法通常用于图像识别任务中，Zirui Xu 等人[273] 的工作就是一个典型的例子。针对图像识别任务中的物理对抗攻击方法，他们基于正常样本与对抗样本之间存在语义差异的特点，提出了一种被称为 LanCe 的全面并且轻量级的对抗样本检测方法。在这项工作中，首先，他们提出了两个不一致性度量：输入语义不一致性度量和预测激活不一致性度量。这两个不一致性度量表明了对抗攻击和正常图像识别输入模式与预测激活之间的差异。利用这两个不一致性指标，他们提出了一种防御方法，这个方法在 CNN 决策过程中加入了自我验证和数据恢复。然后，在自我验证阶段，他们将图像输入到 CNN 推理中，并得到预测类。接着，CNN 可以从输入的图像中定位主要的激活源，并在最后一个卷积层中获得激活。之后，CNN 利用所提出的不一致性度量来衡量输入图像的两个不一致性。一旦任何一个不一致度量超过给定的阈值，CNN 便将该图像视为一个对抗图像。最后，在自验证阶段检测到物理对抗攻击后，他们使用数据恢复方法来恢复被攻击的输入图像。这种防御方法能够在图像识别任务中，抵御不同类型的物理对抗攻击，在消除图像和音频识别的攻击实验上达到了 90%左右的检测准确率。然而，在图像识别中的目标检测任务中，针对对抗补丁攻击，现有的防御方法大多应用于图像分类问题，难以抵抗人体检测攻击。对此，Nan Ji 等人[103] 在 YOLO 检测系统上提出了一个高效的插件防御组件 Ad-YOLO。从神经网络的结构来看，Ad-

YOLO 保留了 YOLOv2 的所有层，并在网络的最后一层添加一个“补丁”类别，从而目标检测器可以对输入的图像识别出目标物体和对抗补丁。同时，为了提高 Ad-YOLO 的训练效果，研究人员在 Inria 数据集的基础上开发了一个补丁数据集，用于对检测模型执行对抗训练，以提高模型的泛化性和防御效果。

11.3.2 激光雷达传感器

针对激光雷达传感器的对抗样本防御方法主要有四种[198]：调整激光信号、引入随机因素、融合多传感器、随机数据增强。

1. 调整激光信号

在激光雷达传感器攻击中，攻击者需要依据激光雷达的工作原理同步发射红外激光，使得假激光与激光雷达到同步，才能够成功使得传感器捕获到注入的假点。在一个方向上多次发射激光脉冲（如三次）对与激光雷达激光不同步的攻击者是有效的。针对此类攻击，激光雷达可以在旋转过程中只接收特定角度的激光，减少接收角度可以减轻攻击的影响，但这在一定程度上将会影响激光雷达的灵敏度。另一种对策是减少激光雷达的接收时间，从而减少了激光雷达的探测范围。这种方法通过减少接收时间使攻击者执行攻击的机会更少，但也可能导致从正常对象反射回来的激光无法被接收。

2. 引入随机因素

机械式激光雷达通过旋转收发器来扫描周围的环境。因此，在激光雷达工作时引入随机性，以随机速度旋转并向随机方向发射激光，甚至发射随机信号或以随机脉冲间隔发射信号，可以使激光雷达的激光更加不可预测。在这种情况下，攻击者将难以预测激光雷达传感器收发激光的时机，无法同步发射虚假信号实施攻击。

3. 融合多传感器

为避免特定激光雷达传感器遭受攻击者的攻击而影响识别系统的感知性能，可以在系统中装载多个激光雷达传感器进行联合感知或使用多模态传感器（如光学相机传感器+激光雷达传感器）融合感知，从而修正被攻击的激光雷达的识别结果，保障系统整体的稳定性。不过，由于需要给系统安装新设备，这将给客户带来额外成本。此外，在传感器探测范围内的非重叠区域，针对单一传感器的攻击仍然可以启动。

4. 随机数据增强

针对 Jiachen Tu、James 等人[244] 基于 LiDAR 的感知系统在检测遮挡信息时存在的漏洞发动的攻击，他们认为采用随机数据增强技术可以弥补训练数据潜在的限制，以提高检测系统的鲁棒性。当使用随机数据增强进行训练时，他们在图像中生成一个随机的网格，使用该网格渲染 3D 对抗物体，并将该 3D 对抗物体放置在随机的车辆上。该方法由于不针对攻击者所使用的优化类型（例如白盒或黑盒），因此与常规的对抗性训练相比，可能会得到更好的泛化效果。

11.3.3 麦克风传感器

Guoming Zhang 等人[287] 使用海豚音攻击成功入侵了语音控制系统，麦克风传感器作为语言控制系统中的一个重要组件，也面临着海豚音攻击的威胁。针对麦克风传感器中存在的安全漏洞，Guoming Zhang 等人提出了两种方法来提升其防御能力，这两种方法为硬件方法和软件方法。

1. 硬件方法

基于硬件的防御方法主要通过麦克风增强，这种方法通过限制麦克风接收高频信号来防御海豚音攻击。麦克风传感器能够受到海豚音攻击的根本原因是它可以感知频率高于 20kHz 的声音，安全的麦克风不应感知频率高于 20kHz 的声音。然而，现在移动设备上的大多数 MEMS 麦克风允许信号超过 20kHz。因此，可以通过限制麦克风可接收的频率范围或者对音频信号进行调制，防止麦克风接收任何频率在超声波范围内的音频信号。例如，iPhone6 Plus 的麦克风可以很好地抵抗听不见的语音命令。

2. 软件方法

基于软件的防御方法通过研究原始信号与攻击信号之间的差异，来发现攻击信号的独特特征。该方法通过分析攻击信号在 500Hz 至 1000Hz 的高频范围内显示出与原始信号和攻击信号的差异，然后根据信号差异，基于机器学习的分类器可以检测到攻击信号。为了验证检测海豚攻击的可行性，在 Zhang 等人的工作中，首先利用 SVM 作为分类器，从音频中提取时频域的 15 个特征，生成 24 个样本，用于训练、测试一个 SVM 分类器。然后，他们使用 5 个录制的音频作为阳性样本，5 个调制的音频作为阴性样本。其余 14 个样品用于测试。最后，使用 SVM 分类器对测试样品进行分类预测，结果显示，该分类器可以对录制音频和调制音频进行精准分类，表明基于软件的防御策略可用于检测海豚音攻击。

11.4 自动驾驶应用中的安全与对抗

从 20 世纪 80 年代，相关研究人员着手自动驾驶系统的研发以来，各种自动驾驶系统（Automatic Driving System，ADS）不断被开发与改进。此后，随着人工智能特别是深度学习技术的快速发展，自动驾驶技术在学术界和工业界都受到了广泛的关注。深度学习被广泛应用于自动驾驶车辆中，以完成不同的感知任务，并进行实时决策。目前，自动驾驶车辆正在经历从 0 级（无自动化）到 4 级（高自动驾驶自动化）的五级转型。像特斯拉这样的大多数公司专注于 3 级 ADS 的开发，这些 ADS 可以在某些条件下（例如高速公路上）实现有限的自动驾驶。Google Waymo 目前致力于在大多数情况下不需要人类互动的 4 级 ADS 的研究和产业化。先进的自动驾驶系统为几乎任何驾驶事件提供精确的控制决策，从抗疲劳安全驾驶到智能路线规划方向发展，自动驾驶车辆的出现将大大改善人们的驾驶体验。

然而，目前自动驾驶车辆的研究还处于起步阶段，特别是与安全有关的问题，需要在进入全面工业化之前得到妥善解决。最近发生多起由于 ADS 决策错误引发的交通事故，引起了人们的重视。另外，Deng 等人[55] 的研究表明，ADS 存在受到各种攻击的潜在风险。这些潜在风险对工业自动驾驶车辆的发展和部署具有重要影响。如果自动驾驶车辆在行驶中不能保证其自身安全，就不会被公众接受。因此，必须弄清楚基于深度学习的 ADS 是否易受到攻击，它们如何受到攻击，攻击会造成多大的损害，并且提出有效的措施来防御这些攻击。

本节将针对基于深度学习的 ADS 中的安全问题展开分析。本节的组织结构如下：第一小节将针对自动驾驶系统的发展现状进行概述；第二小节将自动驾驶系统的工作流程进行展开介绍，以便在下一小节阐明 ADS 各个工作环节中存在的潜在安全问题；第三小节将针对 ADS 的各种攻击方法进行详细介绍；第四小节将分别介绍目前 ADS 面对各种攻击的防御方法。

11.4.1　基于深度学习的 ADS 工作流程

基于深度学习的 ADS 通常由三个**功能层**组成，包括传感层、感知层和决策层，另外还有一个**云服务层**，流程图如图 11.11 所示。首先，在传感层，系统使用 GPS、照相机、激光雷达、无线电雷达和超声波传感器等异构传感器来收集实时环境信息，包括当前位置和时空数据（例如时间序列图像帧）。然后，感知层使用深度学习模型，对传感层采集的数据进行分析，并从原始数据中提取有用的环境信息进行进一步处理。最后，决策层作为决策单元，根据从感知层提取的信息，输出有关速度和转向角变化的指令。下面将具体介绍基于深度学习的 ADS 的每一层的具体工作和功能。

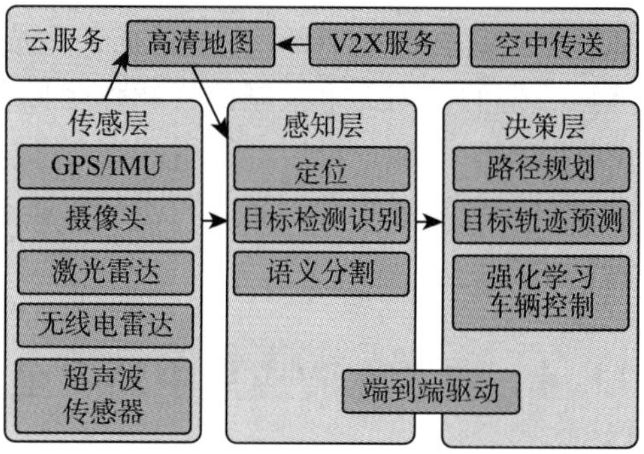

图 11.11　ADS 的工作流程图

1. 传感层

传感层包含异构传感器，用于收集自动驾驶车辆周围的信息。百度等领先的自动驾驶汽车公司采用和部署的最受欢迎的传感器是 GPS/惯性测量单元（IMU）、摄像头、光探测和测距（LiDAR）、无线电探测和测距（无线电雷达）以及超声波传感器。更具体地说，GPS 可以通过地球静止卫星提供绝对位置数据。IMU 提供方向、速度和加速度数据。摄像机用来捕捉自动驾驶车辆周围的视觉信息，为感知层提供丰富的信息进行分析，使车辆能够识别交通标志和障碍物。激光雷达通过测量物体与车辆之间的距离来帮助探测物体，这有助于自动驾驶车辆进行更准确地实时定位。雷达和超声波传感器用来检测目标的电磁脉冲和超声波脉冲波。

2. 感知层

在感知层中，感知器通过光流和深度学习模型等算法从原始数据中提取语义信息。目前，在感知层的深度学习模型中，来自摄像机的图像数据和来自 LiDAR 的云数据被广泛应用于各种任务，如定位、目标检测和语义分割。

① **定位**：定位在 ADS 的路线规划任务中起着关键作用。通过利用定位技术，自动驾驶车辆能够获得其在地图上的准确位置，并了解实时环境。目前，定位大多是利用 GPS、IMU、LiDAR 点云和 HD 地图的融合数据来实现的。具体来说，融合后的数据用于里程估计和地图重建任务。这些任务的目的是估计自动驾驶车辆的运动，重建车辆周围的地图，并最终确定车辆的当前位置。例如，采用 CNN 和 RNN 来对摄像机拍摄的连续图像进行分析，预测车辆的运动和姿势。再者，使用一个深度自动编码器将观察到的图像编码成一种紧凑的格式，用于地图重建和定位。

② **道路目标检测与识别**：道路目标检测是自动驾驶车辆的一个关键问题，因为在实时和不断变化的周围环境中，要正确检测大量不同形状的目标（如车道、交通标志、其他车辆和行人）非常复杂。在目标检测领域，对于二维图像，Faster-RCNN 被认为是检测图像中目标的有效方法。YOLO 是另一种著名的目标检测算法，它将检测任务转换为回归问题。而对于三维数据，基于 LiDAR 的目标检测深度学习模型得到了研究者和业界的广泛关注。体素网是第一个基于激光雷达点云直接预测物体的端到端模型。PointRCNN 采用了 RCNN 的结构，将三维点云作为目标检测的输入，取得了优异的性能。

③ **语义分割**：语义分割是将图像的不同部分语义分割成特定的类别，如车辆、行人和地面。它有助于车辆定位、目标检测、车道划分和地图重建。在语义切分领域，完全卷积网络是一种能够获得良好性能的基本深度学习模型，它将普通 CNN 中的全连接层改为卷积层。另外，PSPNet 是一个著名的语义分割网络，它应用金字塔池架构来更好地从图像中提取信息。

3. 云服务

云服务器通常被用作自动驾驶车辆领域中许多依赖资源服务的提供商。首先，自动驾驶公司利用激光雷达和其他传感器构建了可以部署在云端的高清地图。高清地图包含了许多有价值的信息，如车道、标志和障碍物。然后，车辆可以使用这些数据启动预路线规划，并增强对周围环境的感知。同时，其他自动驾驶车辆的实时原始数据和感知数据可以通过车到一切（Vehicle to Everything，V2X）服务上传到云端，帮助高清地图保持最新，使高清地图能够提供更多相关的实时信息，如同一道路上的周边车辆。其中，所有应用于自动驾驶车辆的深度学习模型都提取在模拟环境中的云上进行训练。当这些模型得到验证后，云计算将提供空中传送（Over The Air，OTA）更新，以远程升级其软件和自动驾驶车辆中的深度学习模型。

4. 决策层

在决策层，通常需要结合感知层的输出结果对自动驾驶车辆的行驶行为做出决策，从而完成各种任务，如路径规划和目标轨迹预测、通过深度强化学习的车辆控制和端到端驱动。

① **路径规划和目标轨迹预测**：路径规划被认为是自动驾驶车辆的一项基本任务，它涉及确定从起始位置到目标位置之间的路线，目标轨迹预测任务要求自动驾驶车辆借助传感层和感知层预测感知障碍物的轨迹。近年来，一些研究者尝试利用逆强化学习方法来实现路径规划。通过学习人类驾驶员的奖励函数，自动驾驶车辆的路线被训练至更像人类操作的路线。对于轨迹预测，有研究者提出了 RNN 和 LSTM 的一些变体，以获得较高的预测精度和效率。

② **通过深度强化学习的车辆控制**：传统的基于规则的算法不能简单地覆盖所有复杂的驾驶场景。深度强化学习可以训练一个智能体如何在不同的场景下行动，因此在自主驾驶场景中更具应用前景。例如，一种基于 CNN 的逆向强化学习模型，可以利用在许多正常驾驶场景中采集的 2D 和 3D 数据来规划驾驶路径。

③ **端到端驱动**：端到端驱动（End to End，E2E）模型是一种结合感知和决策过程的特殊深度学习模型。在这种情况下，模型根据环境感应信息预测当前的转向角和行驶速度。例如，一个名为 DAVE-2 系统的 CNN 架构 E2E 驾驶模型将前置摄像头图像作为输入，预测当前的转向角。

11.4.2　针对 ADS 的攻击

上节介绍了基于深度学习的 ADS 工作流程和体系结构。简而言之，首先将不同传感器收集的原始数据和云中的高清地图信息输入感知层的深度学习模型，以提取环境信息，然后在决策层建立不同的深度/强化学习模型，启动实时决策过程，如图 11.12 所示。例如，特斯拉部署了用于目标检测的高级人工智能模型来实现自动驾驶。然而，采用这种流水线结构的基于深度学习的 ADS 存在受到攻击的风险。根据 ADS 被攻击的层次，有不同的攻击类型。对于传感层，传感器容易受到多种物理攻击，在这种攻击下，大多数传感器不再能够正常工作以收集高质量的数据，或者它们可能会被不利地指示收集虚假数

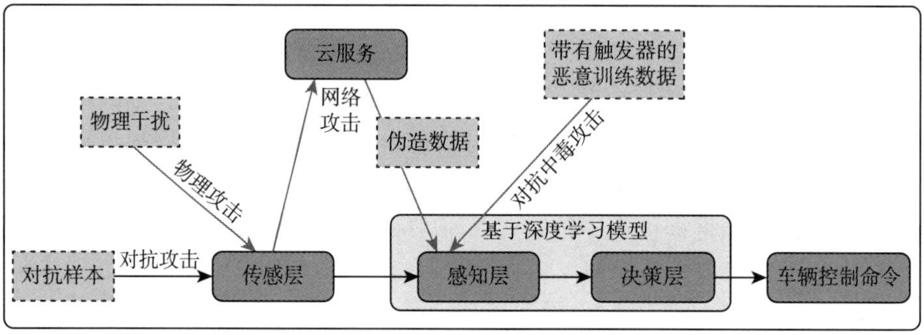

图 11.12　ADS 的攻击概述

据，从而导致后续各层中所有基于学习的模型性能严重下降。对于云服务层，系统容易受到各种网络攻击的威胁，干扰车辆与云服务器进行数据交换以获取实时环境、交通等信息，自动驾驶车辆可能无法连接高清地图进行精确导航和感知服务等。对于感知层和决策层，深层神经网络容易受到对抗攻击，导致基于学习的模型做出错误预测，影响 ADS 做出正确的决策。本节将对各种攻击类型进行介绍，并总结各自的特点。

1. 针对传感器的物理攻击

针对传感层，攻击者意图通过添加噪声信号或伪造数据信号使传感器收集虚假数据来降低传感器数据的质量。低质量甚至虚假的数据会影响深度学习模型在感知层和决策层的性能，进而影响自动驾驶车辆的行为。对于针对传感器的物理攻击，攻击者可以通过干扰传感器收集的数据，或者利用一些外部硬件制造信号来欺骗传感器。在这种情况下，有两种最常见的物理攻击，即干扰攻击和欺骗攻击。

① **干扰攻击：**干扰攻击被认为是最基本的物理攻击，它利用特定的硬件向环境中添加噪声，降低传感器的数据质量，使环境中的目标无法被检测到。例如，有研究者对相机进行了干扰攻击的实验，通过向相机发射强光使其失明。当相机接收到比正常环境强得多的入射光时，相机的自动曝光功能将无法正常工作，拍摄的图像将过度曝光，无法被感知层的深度学习模型识别。实验中设置了不同距离、不同光强的正面/侧面攻击。结果表明，在黑暗环境中，近距离的致盲攻击会严重影响图像的质量，这意味着当这种攻击发生时，感知系统不能有效地识别目标。除了对相机的致盲攻击以外，有研究者提出了一种激光雷达致盲攻击方法，将激光雷达暴露在与激光雷达波长相同的强光源下，激光雷达无法从光源方向感知物体。与此类似，有研究试验了对超声波传感器和雷达的干扰攻击，通过超声波干扰机发起路边攻击，攻击四辆车的泊车辅助系统，导致车辆无法探测到周围的障碍物。除此之外，陀螺仪、GPS 等传感器也可能受到这种干扰攻击。

② **欺骗攻击：**攻击者在传感器数据收集阶段使用硬件制造或注入信号，伪造的信号数据可能会影响传感器对环境的感知，进而导致自动驾驶车辆出现异常行为。例如，对于激光雷达的欺骗攻击，攻击者依据激光雷达通过监听目标反射的回波来区分不同位置的不同目标，可以制造比真实信号提前返回的伪信号。此时，激光雷达接收到的伪信号会导致车辆与目标之间的距离计算错误。基于这一思想，有研究者通过向被攻击的 LiDAR 传感器注入欺骗的物理信号，这使得激光雷达忽略了合法的输入，从而检测到错误的目标物体。类似地，有研究者成功伪造了超声波脉冲和雷达信号，成功攻击了超声波传感器和雷达。另外，GPS 也是一个易受到此类型攻击的对象。2013 年一艘游艇遭遇 GPS 欺骗攻击，导致其偏离预设路线。针对 GPS 的攻击，有研究者利用一个类似的 GPS 欺骗装置成功地攻击商业民用 GPS 接收器。此外，有研究者提出了一种专门为操纵导航系统而设计的 GPS 欺骗装置。该装置可以对 GPS 位置进行轻微的移动，进而操纵导航系统的路由算法，从而导致自动驾驶车辆偏离原来的路线。

2. 针对云服务的网络攻击

自动驾驶车辆需要通过 ADS 系统与云端进行连续通信，以获取高清导航等信息和服务。其中，ADS 系统与云端的通信可能受到篡改和阻断两种类型的攻击，导致自动驾驶车辆的不稳定性。对于篡改攻击，攻击者可能控制 V2X 服务，向 ADS 发送伪造的信息，干扰自动驾驶系统的正常运作。例如，Sybil 攻击主要针对 V2X 中实时的高清地图更新，在目标定位系统中制造出大量的“假司机”，使用虚假的 GPS 信息。这些攻击的目的是诱使系统通过交通堵塞，并进一步干扰车辆的定位和导航任务。再如，消息伪造攻击通过截取、篡改从车辆更新到高清地图服务器的交通信息，并通过该服务器更新高清地图信息欺骗其他车辆。对于阻断攻击，攻击者直接阻断 ADS 与云端的正常通信。例如，拒绝服务和分布式拒绝服务攻击导致 V2X 网络的高延迟甚至网络不可用。在这种情况下，自动驾驶车辆可能无法连接高清地图进行精确导航和感知服务，这严重危及自动驾驶车辆的安全。由于云服务攻击与网络攻击的关系更为密切，这里不做过多阐述。

3. 感知层和决策层深度学习模型的对抗攻击

对于感知层和决策层，由于深度学习模型在感知层和决策层的广泛应用，因此，ADS 容易受到对抗样本的攻击。关于对抗样本在白盒和黑盒的各种攻击算法，在第 4 章已经做了详细的介绍，这里只对 ADS 在模拟环境或物理世界场景的对抗攻击方法进行概述。根据攻击的方式，ADS 的对抗攻击方法大致可分为两大类：对抗躲避攻击和对抗中毒攻击。

① **对抗躲避攻击**：攻击者在不改变目标 ADS 感知模型的情况下，通过构造特定输入样本以完成欺骗目标系统的攻击。针对自动驾驶车辆，这一类型攻击的攻击任务主要有路牌识别攻击、车辆、行人、障碍物目标检测等，这些攻击的目标是诱导感知层的深度学习模型输出错误的预测，从而影响 ADS 做出正确的驾驶决策，有可能导致车辆发生碰撞、偏离正常行驶轨道等交通事故，给乘车人员的生命安全造成了严重的威胁。

② **对抗中毒攻击**：攻击者通过将带有触发器的恶意数据和误导性标签注入原始训练数据中，以使目标模型学习触发器的特定模式。在推断期间，当输入包含恶意触发器时，会诱使模型产生错误的预测。中毒攻击也被认为类似于特洛伊木马攻击或后门攻击。针对此类型的攻击，有研究者对 E2E 驾驶模型的特洛伊木马攻击进行了模拟。对抗触发器（例如正方形或 Apple 徽标）已构建并放置在原始输入图像的角上。实验结果表明，如果道路图像包含这些恶意触发器，则车辆很容易偏离预先计划的轨道。

以上介绍了针对 ADS 的三种类型的攻击，这些攻击往往在实验室条件下实施。然而，在复杂的真实场景中，要对 ADS 发动攻击，往往会受到很多限制条件的约束，具有一定的难度。

物理攻击是直接的攻击方法，攻击效果往往也比较明显，但是这种攻击往往只在比较小的范围内有效，因为这种攻击要求目标靠近攻击者。例如，只有将激光置于目标车辆前方时，才会发生摄像机致盲攻击，这使得此类攻击难以实施。

网络攻击是有效的，但具有挑战性。对云端的网络攻击可能会影响 V2X 网络中连接的许多自动驾驶车辆，从而导致严重后果。然而，要发动这种攻击，攻击者需要捏造云端和车辆之间传输的数据，或者通过大型僵尸网络实施 DDoS 攻击。而数据传输过程的加密可能会阻碍这两种攻击，云端可以部署检测系统在一定程度上防御 DDoS 攻击。

对抗攻击是有效的，在现实世界中构成威胁。由于黑盒环境中存在对抗性扰动，对抗攻击尤其是规避攻击会给 ADS 的深度学习模型带来相当大的风险。对于对抗逃逸攻击，对手可以任意制作恶意贴纸，并在各处偷偷粘贴。对抗中毒攻击可能发生在企业间谍有机会污染训练数据的情况下，这种攻击也可能是隐蔽和危险的。

11.4.3 针对 ADS 的防御

针对 ADS 的三种类型的攻击，即针对传感器的物理攻击、针对云服务的网络攻击、感知层和决策层深度学习模型的对抗攻击，本节将详细介绍 ADS 相应的防御策略及其研究现状。

1. 物理传感器攻击的防御

① **防御干扰攻击：**在所有针对物理传感器攻击的对策中，冗余往往认为是最有前途的防御干扰攻击的策略。冗余意味着部署许多相同的传感器来收集指定类型的数据，并将其融合为感知层的最终输入。例如，当攻击者在一个摄像头上实施致盲攻击时，其他设备仍然可以收集正常的图像来感知环境。毫无疑问，这种方法会导致更多的成本。同时，不同类型传感器的数据融合也被普遍认为是一个有前景的研究课题。对于摄像机的鲁棒性，可以采用近红外截止滤波器对白天的近红外光进行滤波，以提高采集图像的质量。此外，建立干扰检测系统也是一种有效的措施。对于超声波传感器和雷达，由于噪声在正常工作环境中很难出现，因此建立一个检测系统来检测来袭的干扰攻击并不困难。对于 GPS 干扰检测系统，可以从路边监测站和手机等多种来源中提取 GPS 信息，提高 GPS 信息的准确性。

② **防御欺骗攻击：**防御欺骗攻击的有效方法是在输入收集中引入随机性以及采用数据融合机制，例如 LiDAR 防御方法。

2. 云服务的防御

在 V2X 地图更新过程中，高清地图需要保证真实性和完整性。每个映射包都应该包含服务提供商的唯一标识。更新过程中还应确保数据的完整性和机密性，以防止数据被窃取或更改。例如，在传输过程中对 GPS 数据进行加密和认证，以防御消息伪造攻击；采用基于对称密钥加密的更新技术，在服务供应商和车辆之间应用一个链接密钥，形成一个安全的包更新连接；采用基于哈希函数的更新技术等。

3. 对抗逃逸攻击的防御

针对对抗样本，现有的对抗防御技术主要分为主动防御和被动防御两大类。主动防御侧重于提高目标深度学习模型的鲁棒性，而被动防御则致力于在将对抗样本输入模型之前对其进行检测和反击。主动防御方法主要有五种，即对抗训练、网络蒸馏、网络正则化、模型集成和认证防御。被动防御主要有对抗检测和对抗转化。这些防御方法已在前面的章节进行了详细的介绍，下面主要对这些方法在自动驾驶车辆上的适用性进行分析。

目前，大多数防御系统只在图像分类任务上进行了实验，但考虑到在提高模型鲁棒性或预处理模型输入方面的相似方法，这些防御系统的思想对自动驾驶中的其他任务是一个很好的推广。然而，目前的对抗性防御方法不适用于自动驾驶车辆。

对于主动防御方法，对抗训练和防御蒸馏需要在原有模型训练的基础上训练一个新的鲁棒模型。然而，自动驾驶模型的训练通常需要大量的数据集，并且需要大量的训练时间。导入这些技术无疑会导致资源开销。此外，对抗训练和防御蒸馏只有在处理类似 FGSM 的简单对抗攻击时才有效。模型集成方法利用多个模型的结果来提高鲁棒性，这也会导致额外的资源开销。另一方面，网络正则化和鲁棒性方法可以集成到自动驾驶模型的训练过程中，而不会产生大量额外的资源开销。但值得一提的是，这些方法大多是在网络结构简单的深度学习模型上进行实验，其有效性还需要在 ADS 环境下进一步验证。

对于被动防御方法，对抗变换应用于对抗样本时，可以得到满意的结果。但是，在正常样本输入下，性能可能会下降，这对于安全关键型自动驾驶车辆来说是不可接受的。在对抗检测方面，一些技术建议利用其他分类器来检测对抗样本，这也是不可行的，因为分类器需要额外的计算资源，并且可能违反 ADS 中严格的时序约束。因此，只有不会造成大量资源开销的对抗检测方法才可以纳入自动驾驶模型中。

4. 针对抗中毒攻击的防御

针对中毒攻击的防御方法的一般原理是检测当前输入图像是否带有触发器的劫持图像。另一个高级思想是识别模型中的中毒攻击，然后删除后门或特洛伊木马。这两种观点都属于被动的对抗检测防御。具体方法在前面章节做了详细介绍。与对抗逃逸攻击的防御类似，要将这些攻击方法应用到 ADS 上，也需要考虑防御策略带来的资源开销和 ADS 的时序约束。

11.5　人工智能博弈（游戏对抗）

计算机博弈[302] 属于人工智能领域的一个重要分支，计算机博弈水平一定程度上代表了现代计算机的智能水平。学术上一般从状态复杂度和博弈树复杂度两个角度衡量博弈问题。博弈问题的求解策略可分为四种：采取任何方法都可求解、采取蛮力搜索可以求解、采取知识库可以求解、采取任何方法都不可求解。比如，对于一些比较复杂的博弈问题，可使用剪枝算法对博弈树进行处理从而避免分支过于庞大。应用剪枝算法可以节省计算机的内存空间，提高搜索效率，但也存在一定的风险，即如果估值函数不能准确地评估局面的话，这种算法可能将存在最佳着法的分支剪掉。但若博弈树复杂度比较小，就可以采用蛮力搜索的方式，在时间允许的条件下，一定就可以找到最佳着法。常见的博弈问题复杂度如表 11.1 所示。以博弈双方能获取到的知识，即能否获取博弈的全部信息，可将一般的博弈局面分为完备信息博弈和非完备信息博弈。

表 11.1　一些博弈问题的状态复杂度和博弈树复杂度

旗种	状态复杂度	博弈树复杂度
西洋跳棋	10^{21}	10^{31}
国际象棋	10^{46}	10^{123}
中国象棋	10^{48}	10^{150}
日本将旗	10^{71}	10^{226}
围棋	10^{172}	10^{360}

11.5.1　完备信息博弈

完备信息博弈是指所有参与者都知道博弈的结构、博弈的规则、博弈的支付函数等方面（对应强化学习中的环境、动作空间、奖励函数）准确信息的博弈。例如，在国际象棋、围棋这类完备信息博弈中，参与者能够看到其他所有参与者的游戏状态。围棋之所以被视为人类在棋类里面最后的堡垒，是因为围棋的空间复杂度极大，而且局面非常难于评价。19 路围棋的状态空间复杂度和博弈树复杂度都远远高于双人、零和、完备信息的棋类游戏的复杂度。针对高复杂度完备信息博弈问题，其研究主要集中在围棋上（博弈树复杂度为 10^{360}）。由于其极大极小树的分支因子过大，Alpha-Beta 搜索及其优化方法无法搜索足够的深度，导致其无法在围棋上学得良好的策略。在相当长的一段时间内，静态方法成为研究的主流方向，其顶峰为“手谈”和 GNUGO 两个程序，在 9×9 的围棋中达到了人类 5 至 7 级水平。直到 2006 年，S. Gelly 等人提出的 UCT 算法彻底解决了探索和利用的平衡问题，并采用随机模拟方法对围棋局面进行评价，极大地提升了计算机围棋的水平。其在 9 路围棋中已经可以偶尔击败人类职业棋手，但在 19 路围棋中还远远无法与人类棋手抗衡。此后的十年中，围棋的研究基本围绕于 UCT 搜索框架展开，但由于围棋领域知识难以有效提炼，研究的进展并不令人满意。直至 D. Silver 等人利用深度学习对围棋领域知识进行学习[222]，利用专家棋谱进行监督学习和自博弈强化学习，使用策略网络和估值网络实现招法选择和局势评价，通过与蒙特卡洛树搜索算法的结合，最终极大地改善了搜索决策的质量。同时，Google 提出了一种异步分布式并行算法，使其可运行于 CPU/GPU 集群上。在此基础上开发的 AlphaGo 于 2016 年击败了韩国九段棋手李世石；其升级版本“Master”于 2017 年以 60 连胜击败人类顶级高手；2017 年 AlphaGo 的新版本以 3：0 的比分完胜围棋世界排名第一的柯洁，引起了行业内外巨大的轰动。这些人机大战是人工智能的划时代事件，并将持续推动人工智能的发展。

11.5.1.1　UCT 方法

上限置信度绑定（Upper Confidence Bound，UCB）算法原本用来解决老虎机吃角子问题而提出的，属于统计学领域的方法。其计算公式为 $\text{Gen}_i = X_i + \sqrt{\frac{2\ln N}{T_i}}$，其中 Gen_i 表示第 i 台机器新的收益，X_i 表示第 i 台机器目前为止的平均收益，T_i 表示第 i 台机器玩过的次数，N 表示全部机器玩过的次数。由 Kocsis 和 Szepesvári Csaba[118] 提出了基于蒙特卡洛的上限置信度绑定（UCB for Tree，UCT）算法。UCT 将 UCB 的公式用于围棋全局搜索中，是一种最佳优先的算法。它把每个叶子节点都当作一个老虎机吃角子问题，收益来自执行随机对弈的模拟棋局，胜负结果将更新树中所有节点的收益值。UCT 算法不断展开博弈树并重复这个过程，直到达到限定的模拟对局次数或耗尽指定时间，UCT 算法会最终选择收益最高的子节点。UCT 算法将蒙特卡洛方法和 UCB 的思想结合到树搜索的算法中，利用每个节点在蒙特卡洛模拟结果中的收益作为博弈树节点展开的依据。蒙特卡洛树搜索算法的过程如图 11.13 所示。搜索算法包含四个过程：选择、拓展、模拟和反馈。在选择过程中，搜索算法首先从树的根节点开始。根据一定的策略选择一个到达叶子节点的路径，并对到达的叶子节点进行展开（拓展过程），之后对这个叶子节点做蒙特卡洛模拟对局并记录结果（模拟过程），最后将模拟对局的结果按照路径向上更新节点的值（反馈）。蒙特卡洛树搜索算法迭代进行了四个过程，直到达到终止条件，例如到了规定的最大时间限制，或者树的叶子节点数和深度达到了预先设定的值。

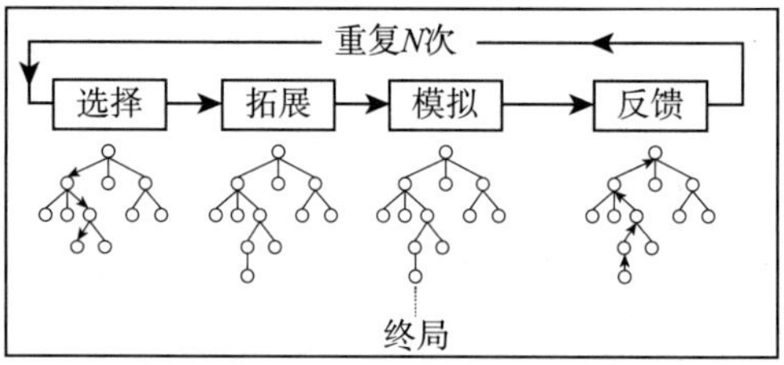

图 11.13　蒙特卡洛树搜索过程

简而言之，UCT 搜索过程使用 UCB 作为博弈树展开的依据，利用蒙特卡洛过程进行叶子节点的评价，评价值回溯并更新展开的子树，作为节点的收益。

11.5.1.2　深度学习与 UCT 结合

对于人类棋手而言，无论是落子“直觉”还是盘面综合评估，主要还是依赖棋手的经验来选点，推演只是辅助手段。AlphaGo 充分借鉴了人类棋手的下棋模式，用策略网络模拟人类的“棋感”，用价值网络模拟人类对盘面的综合评估。同时，运用蒙特卡洛树搜索将策略网络和价值网络融合起来，来模拟人类棋手“深思熟虑”的搜索过程。AlphaGo 由策略网络和价值网络组成，如图 11.14 所示。策略网络又分为有监督学习策略网络、快速走子策略和增强学习策略网络。

有监督学习策略网络 p_σ 是一个 13 层的卷积神经网络，其主要功能是输入当前的盘面特征参数，输出是下一步的落子行动的概率分布 $p\ (a \mid s)$，判断预测下一步落子位置，如图 11.14 所示。p_σ 首先将围棋盘面状态 s 抽象为 19×19 的网格图像，再将人工抽取出的

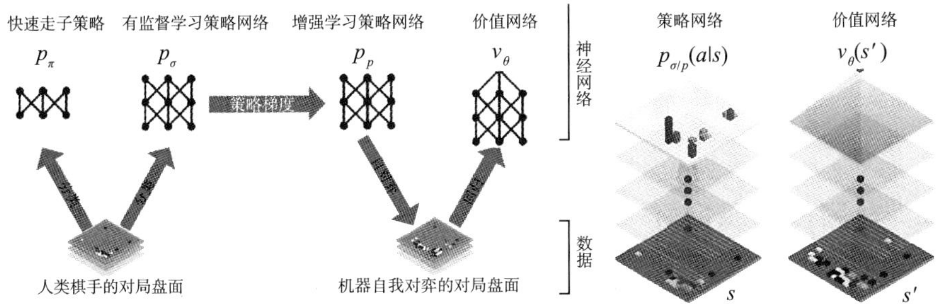

图 11.14　AlphaGo 神经网络的训练

48 个盘面特征作为图像的通道，p_σ 的输入尺寸为 19×19×48 的图像。其中，p_σ 采用了 3000 万个人类围棋棋手产生的盘面数据（s，a）作为训练样本，用随机梯度下降算法进行训练调优。p_σ 的每个卷积层有 192 个卷积核，一共包含约 40 万个神经元，网络最后一层是 Softmax 层，将标签映射为每个位置走子 P 概率的概率 p（a | s），其中 s 为当前盘面，a 表示下一步的行动，p（a | s）表示在当前盘面 s 下，下一步采用行动 a（或者叫在 a 处落子）的概率值。p_σ 在使用中选择概率值最大的 a 作为下一步采取的策略（行动）。如果单纯用 p_σ，可以实现在测试集上以 57%的准确率预测围棋大师下一步的落子位置。速度方面，AlphaGo 平均走子速度为 3ms，远超人类棋手。

快速走子 p_π 是一个神经网络模型，其主要功能与 p_σ 相同。模型的输入是人工抽取的当前盘面的特征模式，输出是下一步的落子行动的概率分布 p（a | s）。快速走子可以看成是一个两层的神经网络，输入层是数十万个特征模式，输出层是通过 softmax 函数将输入映射为一个概率分布：p（a | s）。如果单纯用快速走子，能够在测试集上以 24.2%的准确率预测围棋大师下一步的着法。其走子速度比上述 p_σ 快 1000 多倍。

增强学习策略网络 p_p 是通过强化学习方法对 p_σ 进行加强。p_p 的网络结构和功能与有监督学习策略网络 p_σ 完全相同，性能上优于有监督学习。其增强学习的主要过程是：首先取 p_σ 为第 1 代版本 $p_{\sigma1}$，让 $p_{\sigma1}$ 与 $p_{\sigma1}$ 自对弈 N 局，产生出 N 个新的棋谱，再用新的棋谱训练 $p_{\sigma1}$ 产生第 2 代版本 $p_{\sigma2}$，再让 $p_{\sigma2}$ 与 $p_{\sigma1}$ 自对弈 N 局，训练产生第 3 代版本 $p_{\sigma3}$，第 i 代版本随机选取前面的版本进行自对弈，如此迭代训练 n 次后得到第 n 代版本 $p_{\sigma n}=p_p$，这就产生了增强学习的策略网络 p_p。AlphaGo 通过增强学习自对弈共进行了 3000 万局。用训练过的 p_p 与 Pachi 围棋软件对战能取得 85%的胜率，而若用训练过的 p_σ 与 Pachi 围棋软件弈棋仅能取得 11%的胜率。

价值网络 v_θ 是一个 13 层的卷积神经网络，与策略网络具有相同的结构。主要功能是：输入当前的盘面参数，输出下一步在棋盘某处落子时的估值，以此评价走子的优劣。v_θ 利用人类棋手的 16 万局对弈所拆分出的 3000 万盘面来训练，用测试集测试有 0.37 的均方误差，而在训练集上只有 0.19 的均方误差，显然发生了过拟合。究其原因主要是

3000 万盘面之间具有相关性。为了克服相关性带来的过拟合，v_θ 从增强学习策略网络 p_p 产生的 3000 万局对弈中抽取样本，每一局中抽取一个盘面从而组成 3000 万不相关的盘面作为训练样本。最终在训练集上只有 0.226 的均方误差，在测试集上获得 0.234 的均方误差。

11.5.2 非完备信息博弈

非完备信息博弈指的是对除自己之外的博弈者的特征、策略空间及收益函数等信息了解不准确或不完整。现实中，有很多问题可以看作非完备信息博弈，如桥牌、德州扑克和竞技麻将等。作为非完备信息博弈的典型代表，德州扑克是人工智能领域内极具挑战的难题，是计算机博弈的另一分支。非完备信息机器博弈问题已被证明是一个 NP 难问题。其中尤以多人无限注德州扑克最为困难，一个优秀的牌手（智能体）善于发现和总结以下信息，并综合起来做出决策。

① **选手位置**：一般而言，后做出行动的选手比先做出行动的选手更具优势。这是因为后位行动的选手可以在观察前位选手行动之后再决策，因此能收集到更多信息。例如翻牌前，位置越靠后，公开加注所需牌力越小。

② **筹码深浅**（多少）：因为筹码的数量影响到隐含赔率和反向隐含赔率，也直接影响到牌手后续的下注强度和操作空间。

③ **博弈规则**：如德州扑克的比赛类型，主要分锦标赛和现金局两大类。锦标赛后续买入次数有限或无法后续买入；现金局不限买入次数。其次，锦标赛的盲注通常会不断上涨，而现金局盲注固定。

④ **对手的打牌风格**：按入局的手牌范围，有松紧之分。后者大部分情况只选择很强的手牌入局；前者除了强牌以外还会掺杂投机牌甚至弱牌入局。按下注风格，有凶弱之分。后者以防守居多，较少加注；前者常采取进攻态势，伴随更多的加注和再加注。

⑤ **对手在本局中的下注行为**：对手的下注行为很大程度体现了他的手牌情况。例如，对手进行一个超过底池的下注，可能意味着他拿到了强牌但又担心对手反超；半个底池左右的下注可能是拿到了强牌并希望对手跟注，我们称之为价值注。

⑥ **手牌和公共牌**：两者的组合可得到自己的牌力。牌力的强弱主要由两方面进行表征：当前牌力和后续潜力（如果翻牌未完全结束）。例如手持两张红桃花色的小牌，同时牌面也有两张红桃牌。当前牌力很小，但有较大可能形成同花，即后续潜力较大。

2019 年 7 月，由脸书和卡耐基梅隆大学合作开发的新型人工智能系统 Pluribus[24] 扑克机器人，在 6 人无限制德州扑克比赛中击败了 15 名顶尖选手，其中包括多位世界冠军。这是 AI 首次在超过两人的复杂对局中击败人类顶级玩家，突破了过去 AI 仅能在国际象棋等二人游戏中战胜人类的局限，成为机器在游戏中战胜人类的又一个里程碑性的工作，被《科学》杂志评为 2019 年的十大科学突破之一。Pluribus 与 13 名德州扑克高手进行了

1 万次不限注对局的 6 人桌比赛，且 Pluribus 在与 5 名人类选手的对抗中获胜。同时，在由 5 个 Pluribus 和 1 名人类选手组成的对局中，Pluribus 分别在 5000 手对局中先后击败了德州扑克世界冠军达伦 · 伊莱亚斯和克里斯 · 弗格森。据介绍，Facebook 和卡内基梅隆大学设计的比赛分为两种模式：1 个 AI+5 个人类玩家和 5 个 AI+1 个人类玩家，Pluribus 在这两种模式中都取得了胜利。如果一个筹码值 1 美元，Pluribus 平均每局能赢 5 美元，与 5 个人类玩家对战 1h 就能赢 1000 美元。

技术上，Pluribus 整合了一种新的在线搜索算法，可以通过搜索前面的几步而不是只搜索到游戏结束来有效地评估其决策。此外，Pluribus 还利用了速度更快的新型自我博弈非完美信息游戏算法。综上所述，这些改进使得使用极少的处理能力和内存来训练 Pluribus 成为可能。训练 Pluribus 所用的云计算资源总价值还不到 150 美元。这种高效与最近其他人工智能里程碑项目形成了鲜明对比，后者的训练往往要花费数百万美元的计算资源。

研究者表示，他们用来构建 Pluribus 的算法并不能保证在双人零和游戏之外收敛到纳什均衡。尽管如此，他们观察到 Pluribus 在 6 人扑克中的策略始终能击败职业玩家，因此这些算法能够在双人零和游戏之外的更广泛的场景中产生超人类的策略。

一个成功的扑克 AI 必须推理（如别人牌面等）隐藏的信息，并慎重平衡自己的策略（以保持不可预测），同时采取良好的行动。例如，bluff 偶尔会有效，但总是 bluff 就容易被抓，从而导致损失大量资金。因此，有必要仔细平衡 bluff 概率和强牌下注的概率。换句话说，不完美信息游戏中动作的值取决于其被选择的概率以及选择其他动作的概率。相反，在完美信息游戏中，玩家不必担心平衡动作的概率。国际象棋中的好动作，无论选择的概率如何都是好的。像先前 Libratus 这样的扑克 AI，在两个玩家无限制德州扑克这样的游戏中，通过基于虚拟遗憾最小化算法（counterfactual regret minimization）理论将合理的自我游戏算法与精心构造的搜索程序相结合，解决游戏中的隐藏信息问题。然而，在扑克中添加额外的玩家会以指数方式增加游戏的复杂性。即使计算量高达 10 000 倍，那些以前的技术仍然无法扩展到 6 人扑克。

11.5.3　非完备信息博弈（游戏对抗）

在非完备信息博弈领域内，应用 AI 的大型对抗性游戏主要有以《星际争霸》为代表的 RTS 游戏和以《DOTA》为代表的多人在线战术竞技（Multi player Online Battle Arena，MOBA）游戏。《星际争霸》提供了一个游戏战场用以玩家之间进行对抗，这也是该游戏以及所有即时战略游戏的核心内容。在这个游戏战场中，玩家可以操纵任何一个种族在特定的地图上采集资源、生产兵力，并摧毁对手的所有建筑取得胜利。游戏同时为玩家提供了多人对战模式。《DOTA》是《魔兽争霸 3》中的一款多人即时对战、自定义地图，可支持 10 个人同时连线的游戏，是暴雪公司官方认可的魔兽争霸的 RPG 地图。游戏中，选手通过打怪兽、击杀对手获得经验升级等级和金钱升级装备，基于选手的操作和团队配合推翻敌方战略要地，获得胜利。单个英雄操作复杂，玩家主要学习如何操控以及团队配合。《星际争霸》和《DOTA》等对抗游戏的共同特点都是由于战争迷雾导致的选手无法观察到全部信息，因此是一个非完备信息博弈。

腾讯 AILab 利用深度强化学习在《王者荣耀》一对一和五对五游戏虚拟环境中构建“觉悟”AI[281]，实现了高扩展、低耦合的强化训练系统。“觉悟”AI 系统具备与人类高端玩家类似的技巧，具有进攻、诱导、防御、欺骗和技能连招释放的能力。MOBA 一对一类型游戏的复杂性来自巨大的动作和状态空间，以及游戏机制：①智能体需要在部分可观测环境中实现决策过程；②多种单位如小兵、炮塔、野怪、敌方英雄等会给智能体的目标选择带来挑战，因此需要更精细的决策和动作控制；③不同英雄玩法差别大，因此需要进行统一的、具有鲁棒性的建模；④缺乏高质量的训练数据，使用监督方法难以训练。

“觉悟”AI 提出了控制依赖解耦、动作屏蔽、目标注意力和双裁剪最近策略[214]，训练用于对 MOBA 动作控制进行建模的 Actor-Critic 神经网络，能够实现对大规模多智能体竞争环境的有效探索。如图 11.15 所示，“觉悟”AI 系统架构由 4 个模块组成：游戏环境 AI 服务器、调度模块、内存池和强化学习器训练模型。游戏环境 AI 服务器实现 AI 模型与环境交互的方式；调度模块用于样本收集、压缩和传输；内存池存储数据，为强化学习器提供训练数据；强化学习器训练模型，并以点对点的方式同步到游戏环境 AI 服务器中。“觉悟”AI 使用 384 块 GPU，日均对战局数约等于人类 440 年的对战局数。训练半个月以上后，其在与大量顶级业余玩家的 2100 场对战中取得了 99%的胜率。

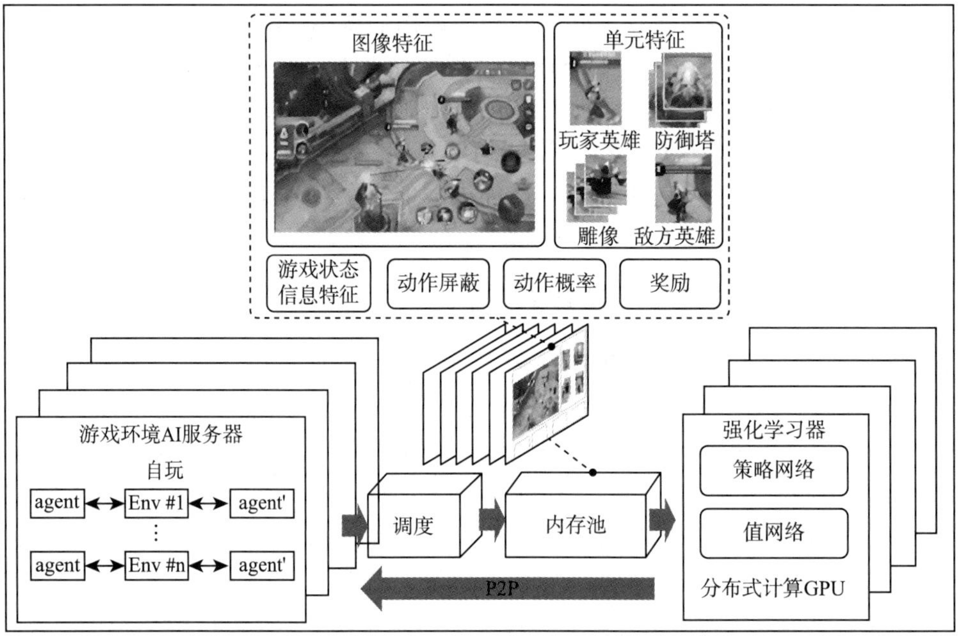

图 11.15 腾讯“觉悟”AI 框架

11.6 小结

本章主要向读者介绍了在真实物理场景中，不同传感器下的对抗攻击、防御方法以及人工智能对抗博弈的现状。由于基于深度学习的目标识别和检测任务等在现实生活中得到广泛的应用，其安全性得到了广泛的关注。到目前为止，面对各种各样的对抗样本攻击，仍没有足够有效的防御机制进行抵抗，更何况这些对抗样本或补丁还在进一步的研究之中。相信未来这些对抗样本将会变得更小、更隐蔽、更具破坏力与迁移力，并对真实世界中的更多应用场景发动攻击，使得安防系统、智能汽车的视觉感知系统、智能语音识别系统等无法检测出它们的存在。这将对这些智能设备的安全性提出巨大的挑战。如果不能研究出可以高效抵御这些对抗样本的防御方法，对抗样本的存在将如同一枚定时炸弹，时刻威胁着人们的生命财产安全。针对对抗样本攻击与防御方法的研究将是一个长期的任务，它不仅有趣而且至关重要。另一方面，人工智能对抗博弈领域快速发展，取得了长足的进步，相信在不久的将来，将会持续出现振奋人心的人工智能博弈算法、程序。

BIBLIOGRAPHY

参考文献

参考文献请扫下面二维码获取。